Klaus Wüst

Mikroprozessortechnik

T0225190

Klaus Wüst

Mikroprozessortechnik

Grundlagen, Architekturen, Schaltungstechnik
und Betrieb von Mikroprozessoren und Mikrocontrollern

4., aktualisierte und erweiterte Auflage

Mit 195 Abbildungen und 44 Tabellen

STUDIUM

VIEWEG+
TEUBNER

Bibliografische Information der Deutschen Nationalbibliothek
Die Deutsche Nationalbibliothek verzeichnet diese Publikation in der
Deutschen Nationalbibliografie; detaillierte bibliografische Daten sind im Internet über
<http://dnb.d-nb.de> abrufbar.

Das in diesem Werk enthaltene Programm-Material ist mit keiner Verpflichtung oder Garantie irgendeiner Art verbunden. Der Autor übernimmt infolgedessen keine Verantwortung und wird keine daraus folgende oder sonstige Haftung übernehmen, die auf irgendeine Art aus der Benutzung dieses Programm-Materials oder Teilen davon entsteht.

Höchste inhaltliche und technische Qualität unserer Produkte ist unser Ziel. Bei der Produktion und Auslieferung unserer Bücher wollen wir die Umwelt schonen: Dieses Buch ist auf säurefreiem und chlorfrei gebleichtem Papier gedruckt. Die Einschweißfolie besteht aus Polyäthylen und damit aus organischen Grundstoffen, die weder bei der Herstellung noch bei der Verbrennung Schadstoffe freisetzen.

1. Auflage 2003
2. Auflage 2006
3. Auflage 2009
4., aktualisierte und erweiterte Auflage 2011

Alle Rechte vorbehalten
© Vieweg+Teubner Verlag | Springer Fachmedien Wiesbaden GmbH 2011

Lektorat: Reinard Dapper| Walburga Himmel

Vieweg+Teubner Verlag ist eine Marke von Springer Fachmedien.
Springer Fachmedien ist Teil der Fachverlagsgruppe Springer Science+Business Media.
www.viewegteubner.de

Umschlaggestaltung: KünkelLopka Medienentwicklung, Heidelberg
Druck und buchbinderische Verarbeitung: MercedesDruck, Berlin
Gedruckt auf säurefreiem und chlorfrei gebleichtem Papier.
Printed in Germany

ISBN 978-3-8348-0906-3

Vorwort

Die Mikroprozessortechnik in einem Buch von ca. 250 Seiten – geht das? Kann man einen Bereich der Technik so kompakt darstellen, der sich wie eine Supernova entwickelt und Monat um Monat Zeitschriften füllt?

Dieses Buch kann keine flächendeckende Darstellung der Mikroprozessortechnik sein, viele Themen müssen aus Platzgründen ausgeklammert oder sehr kurz behandelt werden. Es kann auch kein Nachschlagewerk sein für technische Daten von Bausteinen, keine Bauanleitung für Bastler und auch keine Kaufberatung für die Anschaffung von Computern. All dies würde zu viel Raum einnehmen und, vor allem, zu schnell veralten. Auch zugehörige Themen, die eigene Fachgebiete darstellen wie z. B. Digitaltechnik oder Assemblerprogrammierung, werden allenfalls gestreift.

Das Buch behandelt nach einer Einführung zunächst einige Grundlagen, wie die Darstellung von Informationen, die Halbleitertechnik und den Aufbau von Speicherbausteinen. Es folgen zentrale Themen der Mikroprozessortechnik wie Bussysteme, der Aufbau von Prozessoren, Interrupttechnik und DMA. An drei Beispielarchitekturen werden die Gemeinsamkeiten und die Unterschiede herausgestellt. Danach werden die etwas komplexeren Themen Speicherverwaltung, RISC-Technologie, Energieeffizienz und SIMD behandelt. Den Abschluss bilden ein großes Kapitel über Mikrocontroller und eine sehr kompakte Darstellung der digitalen Signalprozessoren. Um die Lernkontrolle zu erleichtern, gibt es zu jedem Kapitel Aufgaben und Testfragen und am Ende des Buches natürlich die Lösungen.

Das Buch wendet sich an Studenten und Praktiker der Informatik, Elektrotechnik, Physik und aller anderen Ingenieursdisziplinen aber auch an Schüler und Umschüler. Es soll vor allem diejenigen ansprechen, die bei begrenzter Zeit einen leichten Einstieg in das Thema und einen Überblick darüber suchen. Deshalb kann es auch mit geringen Vorkenntnissen gelesen und verstanden werden.

Wir haben versucht, die wesentlichen Begriffe der Mikroprozessortechnik herauszuarbeiten. Dabei war uns grundsätzlich das Verständnis wichtiger als die Detailfülle. Das Buch zeigt viele Probleme und Lösungsansätze, Querverbindungen und Parallelen auf, denn jedes Verständnis fördert den Lesenutzen und die Behaltensleistung. Es erklärt gerade die Ideen und Verfahren, die nicht der typischen Kurzlebigkeit der Computerwelt unterworfen sind – Inhalte von bleibendem Wert. Trotzdem wird der Bezug zum aktuellen Stand der Technik hergestellt, alle wichtigen Themen sind mit Fallstudien an modernen Bausteinen konkretisiert. Dabei wird auch deutlich, mit welch großer Phantasie heute die Mikroprozessortechnik weiterentwickelt wird.

So mag das Buch zu einem guten Start in der Mikroprozessortechnik verhelfen und, so hoffen wir, die Neugier auf dieses faszinierende Gebiet wecken.

Ich danke dem Herausgeber, Herrn Prof. Dr. O. Mildenberger, für die immerwährende Unterstützung und gute Zusammenarbeit. Meiner Frau Gisa danke ich für ihre Hilfe bei den Korrekturen und meiner ganzen Familie für ihre Geduld während der vielen Monate, in denen ich an dem Buch gearbeitet habe.

Gießen im April 2003   *Klaus Wüst*

Vorwort zur 4. Auflage

Ich freue mich nunmehr die 4. Auflage des Buches vorlegen zu können. Das Mooresche Gesetz gilt heute, nach 45 Jahren, noch immer und beflügelt die Fortschritte der Mikroprozessortechnik. Der ARM Cortex-M3 wurde sehr erfolgreich auf dem Markt etabliert und wurde deshalb auch in die 4. Auflage aufgenommen. Die Darstellung des MSP430 von Texas Instruments erhält mehr Raum, nun wird auch seine Peripherie beschrieben und auch einige Codeabschnitte dazu angegeben. Ebenfalls neu ist ein kleiner Abschnitt über die Software-Struktur in eingebetteten Systemen . Auch diesmal mussten viele technische Angaben aktualisiert werden. Ich bedanke mich bei den Lesern für zahlreiche Anregungen und Hinweise und bei Herrn Dapper, Frau Broßler und Frau Roß vom Verlag Vieweg+Teubner für die wiederum sehr gute Zusammenarbeit.

Gießen im September 2010 *Klaus Wüst*

Email-Adresse des Autors: `Klaus.Wuest@mni.fh-giessen.de`
Homepage zum Buch: `http://homepages.fh-giessen.de/Klaus.Wuest/mptbuch.html`

Hinweis: Pentium, Itanium und Core sind eingetragene Warenzeichen der Fa. Intel Corporation, Athlon ist ein eingetragenes Warenzeichen der Fa. Advanced Micro Devices, FRAM ist ein eingetragenes Warenzeichen der Fa. Ramtron.

Inhaltsverzeichnis

1 Einführung   **1**
1.1   Geschichtliche Entwicklung der Mikroprozessortechnik   1
1.2   Stand und Entwicklungstempo der Mikroprozessortechnik   3
1.3   Grundbestandteile eines Mikrorechnersystems   4
1.4   Aufgaben und Testfragen   6

2 Informationseinheiten und Informationsdarstellung   **7**
2.1   Bits, Tetraden, Bytes und Worte   7
2.2   Die Interpretation von Bitmustern   8
2.3   Zahlensysteme   9
2.4   Die binäre Darstellung von Zahlen   10
    2.4.1   Vorzeichenlose ganze Zahlen   11
    2.4.2   Vorzeichenbehaftete ganze Zahlen (Zweierkomplement-Darstellung) . .   11
    2.4.3   Festkommazahlen   13
    2.4.4   Gleitkommazahlen   14
2.5   Aufgaben und Testfragen   18

3 Halbleiterbauelemente   **19**
3.1   Diskrete Halbleiterbauelemente   19
    3.1.1   Dotierte Halbleiter   19
    3.1.2   Feldeffekttransistoren   19
3.2   Integrierte Schaltkreise (Integrated Circuits)   21
    3.2.1   Allgemeines   21
    3.2.2   Schaltkreisfamilien   23
    3.2.3   TTL-Bausteine   24
    3.2.4   CMOS-Bausteine   25
    3.2.5   Weitere Schaltkreisfamilien   27
    3.2.6   Logische Verknüpfungen und Logische Schaltglieder   27
3.3   Aufgaben und Testfragen   30

4 Speicherbausteine   **31**
4.1   Allgemeine Eigenschaften   31
4.2   Read Only Memory (ROM)   34
    4.2.1   Masken-ROM (MROM)   34
    4.2.2   Programmable ROM (PROM)   35
    4.2.3   Erasable PROM (EPROM)   36

      4.2.4   EEPROM und Flash-Speicher 37
  4.3   Random Access Memory (RAM) 38
      4.3.1   Statisches RAM (SRAM) 38
      4.3.2   Dynamisches RAM (DRAM) 40
  4.4   Magnetoresistives RAM und Ferroelektrisches RAM 52
  4.5   Aufgaben und Testfragen 54

5 Ein- und Ausgabe   56
  5.1   Allgemeines 56
  5.2   Eingabeschaltung, Ausgabeschaltung 56
  5.3   Ein-/Ausgabe-Steuerung von Bausteinen und Geräten 58
      5.3.1   Aufbau von Bausteinen und Geräten mit Ein-/Ausgabe-Steuerung . . 58
      5.3.2   Fallbeispiel: Der programmierbare Ein-/Ausgabebaustein 8255 59
  5.4   Aufgaben und Testfragen 61

6 Systembus und Adressverwaltung   62
  6.1   Busaufbau 62
      6.1.1   Warum ein Bus? 62
      6.1.2   Open-Drain-Ausgänge 63
      6.1.3   Tristate-Ausgänge 64
      6.1.4   Bustreiber : 65
      6.1.5   Synchrone und asynchrone Busse 67
      6.1.6   Busdesign 68
      6.1.7   Busvergabe bei mehreren Busmastern 69
  6.2   Busanschluss und Adressverwaltung 70
      6.2.1   Allgemeines zu Adressen und ihrer Dekodierung 70
      6.2.2   Adressdekodierung von Ein-/Ausgabebausteinen 71
      6.2.3   Adressdekodierung von Speicherbausteinen 76
      6.2.4   Big-Endian- und Little-Endian-Byteordnung 80
  6.3   Chipsätze moderner PCs 81
  6.4   Aufgaben und Testfragen 85

7 Einfache Mikroprozessoren   87
  7.1   Die Ausführung des Maschinencodes 87
  7.2   Interner Aufbau eines Mikroprozessors 89
      7.2.1   Registersatz 89
      7.2.2   Steuerwerk 91
      7.2.3   Operationswerk (Rechenwerk) 93
      7.2.4   Adresswerk und Adressierungsarten 95
      7.2.5   Systembus-Schnittstelle 99
  7.3   CISC-Architektur und Mikroprogrammierung 100
  7.4   RISC-Architektur 101
  7.5   Programmierung von Mikroprozessoren 103
      7.5.1   Maschinenbefehlssatz 103
      7.5.2   Maschinencode und Maschinenprogramme 105
      7.5.3   Assemblersprache und Compiler 106
      7.5.4   Hardware-Software-Schnittstelle (Instruction Set Architecture) 107

7.6 Reset und Boot-Vorgang 108
7.7 Ergänzung: Hilfsschaltungen 109
    7.7.1 Taktgenerator 109
    7.7.2 Einschaltverzögerung 109
7.8 Aufgaben und Testfragen 109

8 Besondere Betriebsarten   111
8.1 Interrupts (Unterbrechungen) 111
    8.1.1 Das Problem der asynchronen Service-Anforderungen 111
    8.1.2 Das Interruptkonzept 112
    8.1.3 Interrupt-Behandlungsroutinen 112
    8.1.4 Aufschaltung und Priorisierung von Interrupts 113
    8.1.5 Vektorisierung und Maskierung von Interrupts, Interrupt-Controller . 114
8.2 Ausnahmen (Exceptions) 116
8.3 Direct Memory Access (DMA) 116
8.4 Aufgaben und Testfragen 118

9 Beispielarchitekturen   119
9.1 Die CPU08 von Freescale 119
    9.1.1 Übersicht 120
    9.1.2 Der Registersatz 121
    9.1.3 Der Adressraum 123
    9.1.4 Die Adressierungsarten 123
    9.1.5 Der Befehlssatz 127
    9.1.6 Unterprogramme 129
    9.1.7 Reset und Interrupts 130
    9.1.8 Codebeispiele 133
9.2 Die MSP430CPU von Texas Instruments 141
    9.2.1 Übersicht 141
    9.2.2 Der Registersatz 142
    9.2.3 Der Adressraum 143
    9.2.4 Die Adressierungsarten 144
    9.2.5 Der Befehlssatz 145
    9.2.6 Reset und Interrupts 147
    9.2.7 Unterstützung für die ALU: Der Hardware-Multiplizierer 150
    9.2.8 Codebeispiele 151
9.3 Der ARM Cortex-M3 156
    9.3.1 Historie der ARM- und Cortex-Prozessoren 156
    9.3.2 Übersicht 158
    9.3.3 Der Registersatz des Cortex-M3 158
    9.3.4 Der Adressraum und Adressierungsarten 160
    9.3.5 Der Befehlssatz 161
    9.3.6 Reset, Exceptions und Interrupts 165
    9.3.7 Schutzmechanismen des Cortex-M3 166
    9.3.8 Erstellung von Software 167
9.4 Kurzer Vergleich der drei Beispielarchitekturen 170

9.5   Aufgaben und Testfragen 171

10 Speicherverwaltung   **173**
10.1 Virtueller Speicher und Paging 173
10.2 Speichersegmentierung 177
10.3 Caching 180
    10.3.1 Warum Caches? 180
    10.3.2 Strukturen und Organisationsformen von Caches 183
    10.3.3 Ersetzungsstrategien 187
    10.3.4 Aktualisierungsstrategien 187
10.4 Fallstudie: Intel Pentium 4 (IA-32-Architektur) 189
    10.4.1 Privilegierungsstufen 189
    10.4.2 Speichersegmentierung, Selektoren und Deskriptoren 191
    10.4.3 Paging 195
    10.4.4 Kontrolle von E/A-Zugriffen 197
    10.4.5 Caches 197
    10.4.6 Der Aufbau des Maschinencodes 198
10.5 Aufgaben und Testfragen 201

11 Skalare und superskalare Architekturen   **203**
11.1 Skalare Architekturen und Befehls-Pipelining 203
11.2 Superskalare Architekturen 209
    11.2.1 Mehrfache parallele Hardwareeinheiten 209
    11.2.2 Ausführung in geänderter Reihenfolge 212
    11.2.3 Register-Umbenennung 214
    11.2.4 Pipeline-Länge, spekulative Ausführung 214
    11.2.5 VLIW-Prozessoren 216
    11.2.6 Hyper-Threading 216
    11.2.7 Prozessoren mit mehreren Kernen 218
11.3 Fallbeispiel: Core Architektur der Intel-Prozessoren 222
    11.3.1 Der 64-Bit-Registersatz 222
    11.3.2 Die Entwicklung bis zu Pentium 4 223
    11.3.3 Die Mikroarchitektur der Core Prozessoren 227
11.4 Fallbeispiel: IA-64 und Itanium-Prozessor 231
11.5 Aufgaben und Testfragen 235

12 Energieeffizienz von Mikroprozessoren   **237**
12.1 Was ist Energieeffizienz und warum wird sie gebraucht? 237
12.2 Leistungsaufnahme von integrierten Schaltkreisen 238
    12.2.1 Verminderung der Leistungsaufnahme 241
12.3 Das Advanced Control and Power Interface (ACPI) 242
12.4 Praktische Realisierung von energieeffizienten Architekturen und Betriebsarten 243
    12.4.1 Mikrocontroller 243
    12.4.2 PC-Prozessoren 244
    12.4.3 Prozessoren für Subnotebooks 247
12.5 Aufgaben und Testfragen 248

13 Single Instruction Multiple Data (SIMD) **249**
13.1 Grundlagen 249
13.2 Fallbeispiel: SIMD bei Intels IA-32-Architektur 250
    13.2.1 Die MMX-Einheit 251
    13.2.2 Die SSE-, SSE2-, SSE3- und SSE4-Befehle 254
13.3 Aufgaben und Testfragen 256

14 Mikrocontroller **258**
14.1 Allgemeines 258
14.2 Typische Baugruppen von Mikrocontrollern 259
    14.2.1 Mikrocontrollerkern (Core) 259
    14.2.2 Busschnittstelle 260
    14.2.3 Programmspeicher 260
    14.2.4 Datenspeicher 261
    14.2.5 Ein-/Ausgabeschnittstellen (Input/Output-Ports) 261
    14.2.6 Zähler/Zeitgeber (Counter/Timer) 262
    14.2.7 Analoge Signale 267
    14.2.8 Interrupt-System 269
    14.2.9 Komponenten zur Datenübertragung 270
    14.2.10 Bausteine für die Betriebssicherheit 273
    14.2.11 Energieeffizienz 274
    14.2.12 Die JTAG-Schnittstelle 274
14.3 Software-Entwicklung 277
    14.3.1 Einführung 277
    14.3.2 Programmstruktur 278
    14.3.3 Header-Dateien 282
    14.3.4 Die Übertragung des Programmes auf das Zielsystem 284
    14.3.5 Programmtest 286
    14.3.6 Integrierte Entwicklungsumgebungen 288
14.4 Fallbeispiel: Der MSP430 von Texas Instruments 290
    14.4.1 Der Watchdog Timer+ 290
    14.4.2 Digitale Ein- und Ausgänge 291
    14.4.3 Der Zähler/Zeitgeber Timer_A 293
    14.4.4 Der 10-Bit-Analog/Digital-Wandler ADC10 297
    14.4.5 Serielle Schnittstellen 299
14.5 Aufgaben und Testfragen 301

15 Digitale Signalprozessoren **302**
15.1 Digitale Signalverarbeitung 302
15.2 Architekturmerkmale 305
    15.2.1 Kern 305
    15.2.2 Peripherie 308
15.3 Fallbeispiel: Die DSP56800-Familie von Freescale 308
    15.3.1 Kern der DSP56800 309
    15.3.2 DSP-Peripherie am Beispiel des DSP56F801 313
15.4 Aufgaben und Testfragen 314

Lösungen zu den Aufgaben und Testfragen   315

Literaturverzeichnis   326

Sachwortverzeichnis   329

1 Einführung

1.1 Geschichtliche Entwicklung der Mikroprozessortechnik

Die Geschichte der Computer beginnt lange vor der Geschichte der Mikroprozessoren, denn die ersten Rechnersysteme waren mechanisch. [45],[7] Die ersten Rechenmaschinen waren mechanisch und wurden von Wilhelm Schickard im Jahr 1623 und von Blaise Pascal 1642 erbaut.[1] Sie funktionierten mit einem Rädertriebwerk und konnten addieren und subtrahieren. Weitere mechanische Rechenmaschinen wurden von Gottfried Wilhelm Leibniz (1672) und Charles Babbage (1833) erbaut; alle diese Maschinen litten aber an der Fehleranfälligkeit der Mechanik und blieben Einzelstücke.

Besser waren die Rechner mit elektromagnetischen Relais, wie die 1941 von Konrad Zuse fertiggestellte Z3. Die Z3 lief immerhin mit einer Taktfrequenz von 5 Hertz. Sie war frei programmierbar und verarbeitete sogar Gleitkommazahlen. Das Programm wurde über einen Lochstreifen eingegeben. Die MARK I von Howard Aiken wurde 1944 fertig. Sie arbeitete ebenfalls mit Relais und konnte Festkommazahlen verarbeiten.

Die nächste Generation von Rechnern wurde mit Elektronenröhren betrieben. Berühmt wurde COLOSSUS, ein während des zweiten Weltkrieges in Großbritannien entwickelter Röhrenrechner. Mit ihm konnten die mit der Verschlüsselungsmaschine ENIGMA erstellten Funksprüche an die deutschen U-Boote teilweise entschlüsselt werden. Ein Mitarbeiter des streng geheimen COLOSSUS-Projektes war der bekannte englische Mathematiker Alan Turing. In den USA wurde von John Mauchley und John Presper Eckert der Röhrenrechner ENIAC entwickelt und 1946 vorgestellt. Röhrenrechner waren Ungetüme: ENIAC besaß 18000 Elektronenröhren, 1500 Relais und eine Masse von 30 Tonnen. Alle Rechner wurden bis zu diesem Zeitpunkt mit Programmen gespeist, die entweder von Lochstreifen eingelesen oder sogar durch elektrische Verbindungen mit Steckbrücken und Kabeln dargestellt wurden. Das war natürlich sehr umständlich. Einer der damaligen Projektmitarbeiter war John von Neumann; er ging nach Princeton und entwickelte ein neues Konzept: Das Programm sollte einfach im Arbeitsspeicher liegen, wie die Daten. Damit war die *von-Neumann-Maschine* geschaffen, heute die dominierende Architektur. Im Jahr 1953 stellte eine kleine amerikanische Büromaschinen-Firma namens IBM ihren ersten Elektronenröhrencomputer (IBM701) vor; IBM baute Röhrenrechner bis zum Jahr 1958.

Die Erfindung des Transistors durch Bardeen, Brattain und Shockley 1948 (Nobelpreis 1956) in den Bell Laboratorien revolutionierte die Computerwelt in kurzer Zeit. Transistoren können sich in binärer Logik gegenseitig schalten wie Röhren, sind aber viel kleiner und billiger.

---

[1] Der Abakus wird hier nicht als Rechenmaschine betrachtet.

Schon 1950 wurde am Massachusetts Institute auf Technology (M.I.T.) der erste Transistor-Computer TX-0 gebaut. 1957 wurde die Firma DEC gegründet, die 1961 einen kommerziellen auf Transistoren beruhenden Rechner namens PDP-1 auf den Markt brachte. Die Nachfolger PDP-8 und PDP-11 hatten schon ein modernes Buskonzept und Zykluszeiten von $5\mu s$ und weniger. Sie waren um Größenordnungen billiger als Röhrenrechner und verdrängten diese vom Markt. Mit den PDP-Rechnern war der Minicomputer geboren, den sich schon ein einzelnes Labor leisten konnte. Auch Marktführer IBM stellte nun auf transistorisierte Computer um. Eine junge Firma namens Control Data Corporation (CDC) stellte 1964 den CD6600 vor, einen Rechner mit vielen modernen Konzepten, der speziell bei numerischen Aufgaben seine Konkurrenten um Größenordnungen schlug und an vielen Universitäten eingesetzt wurde.

Der nächste Technologie-Sprung wurde durch die Erfindung der integrierten Schaltkreise durch Robert Noyce im Jahr 1958 ausgelöst. Es war nun möglich Dutzende von Transistoren, und damit ganze Logikschaltungen, auf einem Chip unterzubringen. Eine zentrale Prozessoreinheit (CPU) passte allerdings noch nicht auf einen Chip, sondern musste aus vielen integrierten Schaltungen aufgebaut werden. Trotzdem wurden die Computerschaltungen kompakter, schneller, zuverlässiger und billiger. IBM nutzte die neue Technik für ihre Rechner der Familie System/360, die nun immerhin bis zu 16 MByte adressieren konnten – damals ein unvorstellbar großer Arbeitsspeicher. Noyce gründete mit Gordon Moore und Arthur Rock eine kleine Firma, die sich mit integrierten Schaltkreisen beschäftigte und den Namen Intel erhielt. Intel stellte z.B. 1969 das erste EPROM (1701) vor, ein lösch- und wiederbeschreibbarer nichtflüchtiger Speicher. Intel erhielt 1969 einen Entwicklungsauftrag von der japanischen Firma Busicom: Für einen Tischrechner sollte ein Satz von integrierten Schaltkreisen entwickelt werden. Einer der Intel-Ingenieure schlug vor, einen der Chips als frei programmierbare CPU zu bauen. Man verwirklichte dieses Konzept und brauchte statt der vorgesehenen 12 Chips nun nur noch vier Chips. Einer davon war die CPU, die die Bezeichnung 4004 erhielt. Sie hatte eine 4-Bit-ALU (Arithmetisch/Logische Einheit), 4-Bit-Register, 4 Datenleitungen und konnte mit ihren 12 Adressleitungen einen Arbeitsspeicher von 4 Kbyte ansprechen. Man musste in dem integrierten Schaltkreis 2300 Transistoren einbauen, um alle Funktionen zu realisieren. Der 4004 wird heute als der erste *Mikroprozessor* betrachtet: Ein stark verkleinerter Prozessor auf einem einzigen Chip.[2] Nach der Fertigstellung begann Intel mit der Entwicklung des 8-Bit-Nachfolgers 8008, der mit seinen 14 Adressleitungen schon 16 KByte adressieren konnte und 1971 erschien. Wegen der großen Nachfrage entwickelte Intel sofort die verbesserte Version 8080, die 1972 auf den Markt kam. Der 8080 hatte schon einen Interrupt-Eingang und 64 KByte Adressraum; ab 1974 wurde er als anwendungsfreundlicher NMOS-Baustein gefertigt. 1976 erschien von Intel ein verbesserter 8-Bit-Prozessor, der 8085. Bald traten weitere Anbieter für Mikroprozessoren auf: Motorola stellte 1974 den 6800 vor, National Semiconductor den PACE und den SUPER–PACE. Intel brachte 1978 den ersten 16-Bit-Mikroprozessor 8086 auf den Markt.

Mit der Verfügbarkeit von preiswerten universellen Mikroprozessoren war es nun möglich, kleine billige Computer zu bauen, die *Mikrocomputer*. Da diese für den Einzelarbeitsplatz gedacht waren und nur von einer Person benutzt wurden, nannte man sie auch *Personal Computer* oder PC. Mikrocomputer wurden nun in aller Welt von Firmen, Forschungsinstituten, Ausbildungseinrichtungen aber auch Privatleuten benutzt. Viele Mikrocomputer wurden sogar als Bausätze verkauft und von den Kunden zusammengebaut. Da sich nun herausstellte, dass

---

[2] Die Bezeichnung Mikroprozessor hat sich erst etwas später durchgesetzt.

Personal Computer ein großer Markt sein würden, entschloss sich IBM einen eigenen PC auf den Markt zu bringen. Der IBM-PC erschien 1981 und war mit Intels 16-Bit-Prozessor 8086 ausgestattet. Bei der Vorstellung des IBM-PC schlug IBM eine ganz neue Taktik ein: Um möglichst viele Anbieter für die Entwicklung von Zubehör zu gewinnen, legte man die Konstruktionspläne des PC offen. Die Idee funktionierte. Die Drittanbieter entwickelten allerdings nicht nur Zubehör, sondern komplette Nachbauten des IBM-PC, die so genannten Klone. Die nachgebauten PCs waren billiger als die Originale von IBM und das Geschäft entglitt IBM mehr und mehr. Die Nachfrage entwickelte sich so stark, dass der IBM-PC die anderen Mikrocomputer mehr und mehr vom Markt verdrängte. PCs arbeiten noch heute mit den abwärtskompatiblen Nachfolgern des 8086-Prozessors oder dazu kompatiblen Konkurrenzprodukten, und so hat die Architektur des 8086 ein ganzes Marktsegment auf Jahre hinaus geprägt.

1.2 Stand und Entwicklungstempo der Mikroprozessortechnik

Die Computer- und speziell die Mikroprozessortechnik ist ein Gebiet, das sich bekanntermaßen rasant entwickelt. Einige Zahlen sollen das verdeutlichen:

Die Komplexität Der erste Mikroprozessor (i4004) hatte ca. 2300 Transistoren, heute werden Prozessoren mit mehr als 1 Milliarde Transistoren gefertigt

Der Integrationsgrad Die Anzahl von Elementarschaltungen (z.B. Gatter) ist von weniger als 100 (SSI) auf mehr 1 Million pro Chip angestiegen.

Der Arbeitstakt Die ersten Mikroprozessoren wurden mit Taktfrequenzen unterhalb von 1 MHz betrieben, aktuelle PC-Prozessoren laufen mit über 4 GHz

Die Verarbeitungsbreite Der i4004 arbeitete mit 4 Bit Verarbeitungsbreite, heute sind 64 Bit Verarbeitungsbreite üblich.

Die Entwicklung der Mikroprozessortechnik ist wohl eine der dynamischsten im gesamten Techniksektor, dies mag auch folgendes Beispiel verdeutlichen: Die Rechner der Apollo-Missionen, mit denen 1969 die Mondlandung durchgeführt wurde, hatten eine CPU, die aus 5000 NOR-Gattern bestand. Der Arbeitsspeicher hatte eine Größe von 2048 Byte. Der Programmspeicher umfasste 36 kWorte ROM. Das Programm lag in einem so genannten core rope ROM: Jeder Speicherplatz ist ein kleiner Ringkern. Die Datenleitungen werden durch den Ring geführt um eine 1 darzustellen und am Ring vorbei um eine 0 darzustellen. Programmierung bedeutete also, ca. 72000 Leitungen richtig einzufädeln! Dieses Beispiel verdeutlicht sehr schön die riesigen Fortschritte der Rechnertechnik. Man muss dazu allerdings anmerken, dass in der Raumfahrt Zuverlässigkeit oberste Priorität hat und daher eher bewährte Komponenten als Komponenten auf dem neuesten Stand der Technik verwendet werden [14].

Der technische Fortschritt in der Mikroprozessortechnik wirkte sich nicht nur auf die Spitzenprodukte aus, sondern ermöglichte auch riesige Fortschritte bei computergesteuerten Geräten, den *Embedded Systems*. Ohne die heute verfügbaren preiswerten und leistungsfähigen Mikrocontroller wären Handys, MP3-Player[3], kompakte GPS-Empfänger[4] u.s.w. überhaupt nicht denkbar. So rasant diese Entwicklung auch ist, verläuft sie doch seit vielen Jahren sehr gleichmäßig. Gordon Moore, einer der Intel-Gründer, stellte 1994 fest, dass die Anzahl der Transistoren in den integrierten Schaltungen sich regelmäßig in 18 Monaten verdoppelt. Dieser Zusammenhang, das *Mooresche Gesetz*, lässt sich an Speicherbausteinen und Prozessoren beobachten [45], [30]. Offenbar war man bisher noch immer in der Lage, die technologischen Probleme zu meistern, die mit der weiteren Verkleinerung einhergehen. Wenn allerdings die Bauelemente in den integrierten Schaltungen nur noch die Größe von einigen Atomen haben, werden quantenphysikalische Effekte ihr Verhalten bestimmen und eine ganz neue Technologie wird entstehen.

1.3   Grundbestandteile eines Mikrorechnersystems

Die *Zentraleinheit* eines Computers sichert das Voranschreiten des Systemzustandes und heißt daher auch *Prozessoreinheit* oder *Prozessor*[5] (*Central Processing Unit, CPU*). Sie hat folgende zentrale Aufgaben:

1. Die Ansteuerung aller notwendigen Funktionseinheiten, wie Speicher, Ein-/ Ausgabeeinheiten, Schnittstellen usw.

2. Die Durchführung der eigentlichen Datenverarbeitung, d.h. die Bearbeitung von Bitmustern mit arithmetischen und logischen Operationen.

Die Zentraleinheit war zunächst aus diskreten Elementen wie NAND- und NOR-Gattern als Prozessorkarte aufgebaut. Durch die Erfindung der *integrierten Schaltkreise* konnte nun die CPU auf einem einzigen Chip untergebracht werden, so dass sich der Begriff *Mikroprozessor* einbürgerte.

Werden Mikroprozessoren in ein System aus Speicher, Ein-/Ausgabeeinheiten, Schnittstellen und Peripherie eingebettet, entsteht ein *Mikrocomputer*, auch *Mikrorechnersystem* oder *Rechner* genannt.

Man unterscheidet *Befehle* und *Daten*. Befehle und Daten sind binär codiert, d.h. als Bitmuster bestimmter Länge (z.B. 8, 10, 12, 16 oder 32-Bit). Die Befehle sind Bitmuster, die den Prozessor anweisen, bestimmte Operationen auszuführen. Die Daten sind Bitmuster, die auf bestimmte Art interpretiert werden, z.B. als vorzeichenlose 32-Bit-Zahl oder als 8-Bit-Zeichen. Die Bitmuster werden im Computer durch verschiedene Techniken dargestellt.

Die Verbindung der Komponenten erfolgt durch elektrische Leiterbahnen und Leitungen. Leitungsbündel, an denen viele Komponenten parallel angeschlossen sind, werden auch *Busleitungen* oder einfach *Bus* genannt. Bei einer Übertragung transportiert jede Busleitung ein Bit, wobei die Einsen und Nullen der Bitmuster auf den Busleitungen als HIGH- und LOW-Pegel dargestellt werden (Abb. 1.1). Man unterscheidet verschiedene Busleitungen:

---

[3]   Abkürzung für MPEG-1 Audio Layer 3; MP3 ist ein häufig für Musikdateien benutztes Kompressionsverfahren.

[4]   Global Positioning System, System zur Positionsbestimmung mit speziellen Satellitensignalen.

[5]   procedere = voranschreiten.

- Die Leitungen, über die Befehle und Daten übertragen werden, nennt man *Datenleitungen* oder *Datenbus*.

- Die Leitungen, mit denen in Speicherbausteinen und Ein-/Ausgabebausteinen bestimmte Plätze angewählt werden, nennt man *Adressleitungen* oder *Adressbus*; die übermittelten Bitmuster sind die Adressen. Mit n Adressleitungen können 2^n verschiedene Bitmuster dargestellt werden und somit 2^n Adressen angesprochen werden.

- Die Leitungen, die die Bausteine in Ihrer Arbeitsweise steuern und koordinieren, nennt man *Steuerleitungen* oder *Steuerbus*. Im Gegensatz zum Datenbus und Adressbus hat im Steuerbus jede Leitung eine ganz spezielle Bedeutung.

D7 —— LOW	
D6 —— LOW	
D5 —— LOW	
D4 —— HIGH	Abbildung 1.1: Die Übertragung des Bitmu-
D3 —— HIGH	sters 00011011b auf einem 8-Bit-Datenbus
D2 —— LOW	
D1 —— HIGH	
D0 —— HIGH	

Eingabebausteine nehmen Signale von Peripheriebausteinen und externen Geräten, z.B. einer Tastatur, entgegen. Der Eingabebaustein legt sie dann auf den Datenbus auf dem sie an den Prozessor übermittelt werden. *Ausgabebausteine* dienen dazu, Signale an externe Geräte bzw. Peripheriegeräte auszugeben, z.B. an einen Grafik-Controller, an den ein Bildschirm angeschlossen ist. Dazu legt der Prozessor das gewünschte Bitmuster auf den Datenbus, von dort kommen sie auf den Ausgabebaustein, der es an die Peripherie weitergibt.

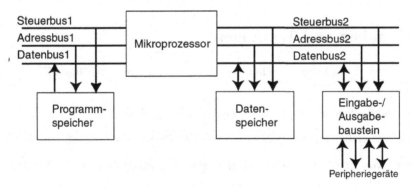

Abbildung 1.2: Mikroprozessorsystems mit Harvard-Architektur

Man unterscheidet zwei Architekturen: Computer mit *Harvard-Architektur* haben getrennten Daten- und Programmspeicher (Abb. 1.2), Computer mit *von Neumann-Architektur* haben gemeinsamen Daten- und Programmspeicher (Abb. 1.3).

Jeder Prozessor verfügt über einen *Programmzähler*, der die Adresse des nächsten auszuführenden Befehles enthält. Die grundsätzliche Funktionsweise eines Mikrorechnersystems ist nun eine endlose Wiederholung der folgenden Sequenz:

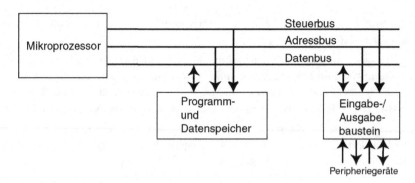

Abbildung 1.3: Mikroprozessorsystems mit von Neumann-Architektur

1. Auslesen des nächsten Befehls aus dem Programmspeicher, Programmzähler erhöhen.

2. Erkennen und Ausführen des Befehls; falls notwendig, werden auch Operanden aus dem Programmspeicher gelesen, auch dann muss der Programmzähler weitergerückt werden. Danach fortsetzen bei 1.

Typische Befehle sind arithmetisch/logische Operationen, Zugriffe auf Datenspeicher, Zugriffe auf Ein-/Ausgabebausteine usw. Sprünge werden einfach realisiert, indem der Programmzähler einen neuen Wert erhält. Wie bei einem Schaltwerk werden alle Vorgänge durch ein gemeinsames Taktsignal zeitlich gesteuert, man braucht also einen *Taktgenerator*.

In einem typischen Computer mit Bildschirm und Tastatur werden meist Universal-Mikroprozessoren verwendet. Im Gegensatz dazu gibt es Mikroprozessoren für spezielle Zwecke, z.B. *Signalprozessoren, Mikrocontroller, Arithmetik-Prozessoren* und *Kryptographieprozessoren*.

1.4   Aufgaben und Testfragen

1. Nennen Sie die bisherigen Rechnergenerationen und ihren ungefähren Einführungszeitpunkt.

2. Was sind die beiden Hauptaufgaben einer Zentraleinheit.

3. Nennen Sie mindestens zwei Mikroprozessoren für Spezialaufgaben.

4. Welche Vor- und Nachteile hat die Harvard-Architektur gegenüber der von-Neumann-Architektur?

5. Die kleinste Ausdehnung der Bauelemente eines integrierten Schaltkreises (Strukturbreite) aus dem Jahr 2003 beträgt 90 nm. Welche Strukturbreite erwarten Sie im Jahr 2015, welche im Jahr 2027?

Lösungen auf Seite 315.

2 Informationseinheiten und Informationsdarstellung

2.1 Bits, Tetraden, Bytes und Worte

Die kleinste Dateneinheit in der Mikroprozessortechnik ist das *Bit*, die Abkürzung für *Binary digit*. Ein Bit kann die Werte 0 und 1 annehmen. Diese Werte werden technisch bzw. physikalisch auf unterschiedliche Art dargestellt:

- durch verschiedene Spannungspegel (Bus- und Schnittstellenleitungen),

- durch vorhandene oder nicht vorhandene leitende Verbindung (ROM),

- durch den Ladungszustand eines Kondensators (DRAM),

- durch den Zustand eines Flipflops (SRAM),

- durch den leitenden oder gesperrten Schaltzustand eines Transistors (Treiberbaustein),

- durch die Magnetisierungsrichtung eines Segmentes auf einer magnetisierbaren Schicht (magnetische Massenspeicher),

- durch die Reflexionseigenschaften einer spiegelnden Oberfläche (optischer Massenspeicher),

- durch den Polarisationszustand eines Ferroelektrikums (evtl. zukünftiger Speicherbaustein).

In Mikroprozessorsystemen werden fast immer mehrere Bit zu einer Informationseinheit zusammengefasst:

- 4 Bit sind eine *Tetrade* oder ein *Nibble*.

- 8 Bit sind ein *Byte*.

- Die Verarbeitungsbreite des Prozessors umfasst ein *Maschinenwort* oder *Wort*; bei einem Prozessor mit 32-Bit-Verarbeitungsbreite sind also 4 Byte ein Maschinenwort.

- Ausgehend vom Maschinenwort wird auch von *Halbworten*, *Doppelworten* und *Quadworten* (vier Maschinenworte) gesprochen; bei einem 16 Bit-Prozessor z.B. umfasst ein Quadwort 64-Bit.

Die meistgebrauchte Einheit ist nach wie vor das Byte. So werden u.a. alle Speicher und Dateigrößen in Byte angegeben. Das niedrigstwertige Bit innerhalb eines Bytes oder Wortes heißt *Least Significant Bit* (LSB) das höchstwertige heißt *Most Significant Bit* (MSB). Die Nummerierung der Bits innerhalb eines Bytes oder Wortes *beginnt immer beim LSB mit 0* (s. Tab. 2.1).

Tabelle 2.1: Zählung der Bits in einem Byte

Bit 7	Bit 6	Bit 5	Bit 4	Bit 3	Bit 2	Bit 1	Bit 0
MSB							LSB

Für größere Informationseinheiten gibt es gebräuchliche Abkürzungen, die an die Einheitenvorsätze der Naturwissenschaften angelehnt sind, wie z.B. das Kilobyte (s. Tab. 2.2).

Tabelle 2.2: Bezeichnungen für größere Informationseinheiten

2^{10} Byte	=	ein Kilobyte	= 1 KByte	= 1024 Byte	=		1024 Byte
2^{20} Byte	=	ein Megabyte	= 1 MByte	= 1024 KByte	=		1048576 Byte
2^{30} Byte	=	ein Gigabyte	= 1 GByte	= 1024 MByte	=		1073741824 Byte
2^{40} Byte	=	ein Terabyte	= 1 TByte	= 1024 GByte	=		1099511627776 Byte
2^{50} Byte	=	ein Petabyte	= 1 PByte	= 1024 TByte	=		1125899906842624 Byte
2^{60} Byte	=	ein Exabyte	= 1 EByte	= 1024 PByte	=		1152921504606846976 Byte

Oft werden diese Einheiten abgekürzt, z.B. „KByte" zu „KB", „MByte" zu „MB" usw.[1]

2.2 Die Interpretation von Bitmustern

Ein Mikroprozessorsystem verarbeitet immer Bitmuster in Einheiten zu 8, 16, 32 oder mehr Bit. Erst durch die Art der Verarbeitung wird diesem Bitmuster eine bestimmte Bedeutung zugewiesen. Wende ich z.B. einen arithmetischen Maschinenbefehl auf ein Bitmuster an, so wird es als Zahl interpretiert. Eine Ausgabe auf den Bildschirm interpretiert das gleiche Bitmuster dagegen als darstellbares Zeichen des aktuellen Zeichensatzes. Betrachten wir ein Beispiel: Ein Byte habe den Inhalt 01000011b = 43h = 67d Dies kann interpretiert werden als:

- Zeichen 'C' eines 8-Bit-Zeichensatzes,
- Vorzeichenlose oder vorzeichenbehaftete 8-Bit-Zahl: 67d = 43h,
- Festkommazahl 16,75 ,
- als Maschinenbefehl; für einen Pentium-Prozessor bedeutet dieser Code z.B. „INC BX",
- Bitmuster um die Interrupts 0,1 und 6 freizugeben.

---

[1] Bei diesen Einheiten besteht eine gewisse Verwechslungsgefahr mit den wissenschaftlichen Einheiten, wo kilo = 10^3 ist, mega=10^6 usw. Um den Unterschied noch deutlicher zu machen wurden von der IEC für die Zweierpotenzen die Einheiten kibi (kilobinary, 2^{10}), mebi (megabinary, 2^{20}), gibi (gigabinary, 2^{30}), tebi (terabinary, 2^{40}), pebi (petabinary, 2^{50}) und exbi (exabinary, 2^{60}) vorgeschlagen.

Für die Ausgabe auf einen Bildschirm oder Drucker muss ein definierter Vorrat an Buchstaben, Ziffern und sonstigen Zeichen verfügbar sein, der *Zeichensatz*. Es sind verschiedene Zeichensätze in Gebrauch, z.B. der *ASCII-Zeichensatz* (American Standard Code for Information Interchange). Da im ASCII-Zeichensatz jedes Zeichen mit 7 Bit verschlüsselt ist, enthält er 128 Zeichen. Die ersten 32 Zeichen sind Steuerzeichen, wie z.B. Wagenrücklauf, Zeilenvorschub, Tabulator u.a.m. Es gibt auch 8-Bit- und 16-Bit-Zeichensätze. Der Zeichensatz steht in den Geräten hardwaremäßig zur Verfügung, und ordnet jedem Code das Bitmuster des dazu gehörigen Zeichens zu. Soll z.B. das große 'A' des ASCII-Zeichensatzes auf den Bildschirm ausgegeben werden, so muss an eine alphanumerische Grafikkarte nur der zugehörige Code 65d übermittelt werden.

2.3   Zahlensysteme

Die Systeme für ganze Zahlen sind alle nach dem gleichen Schema aufgebaut: Jede Ziffer wird mit einer Wertigkeit gewichtet, die ihrer Position entspricht, wobei die Wertigkeiten Potenzen der Zahlenbasis dieses Systems sind. Betrachten wir als Beispiel zunächst das uns geläufige *Dezimalsystem*, in dem zehn verschiedene Ziffern a_i mit Potenzen der Zahl 10 gewichtet werden. Eine Dezimalzahl mit n Ziffern hat den Wert

$$Z = \sum_{i=0}^{n-1} a_i \cdot 10^i \quad z.B. \quad Z = 1 \cdot 10^2 + 2 \cdot 10^1 + 3 \cdot 10^0 = 123$$

Im allgemeinen Fall werden stattdessen die Potenzen einer beliebigen Zahlenbasis B benutzt und die Zahl berechnet sich zu:

$$Z = \sum_{i=0}^{n-1} a_i \cdot B^i \tag{2.1}$$

Um klar zu machen, in welchem Zahlensystem eine Zahl ausgedrückt ist, wird an die Ziffernfolge ein Buchstabe angehängt, der Index. Die gebräuchlichen Zahlensysteme sind in Tab. 2.3 dargestellt:

Tabelle 2.3: Die in der Informatik gebräuchlichen Zahlensysteme

Zahlensystem	Zahlenbasis B	Index
Binärzahlen (Dualzahlen)	2	b
Oktalzahlen	8	o
Dezimalzahlen	10	d
Hexadezimalzahlen	16	h

Es stehen also verschiedene Zahlensysteme für die *Darstellung* einer Zahl zur Verfügung, der Wert der Zahl hängt aber nicht von ihrer Darstellung ab. Der Wechsel des Zahlensystems, d.h. die Umwandlung in eine andere Darstellung, kann nach folgender Regel durchgeführt werden:

Man teilt die Zahl durch die Zahlenbasis des neuen Zahlensystems und notiert den Rest; dies wiederholt man so lange, bis das Divisionsergebnis Null ist. Die notierten Reste sind die Ziffern der neuen Darstellung in umgekehrter Reihenfolge.

Als Beispiel wollen wir die Zahl 245d in eine binäre Darstellung bringen. Die Basis der neuen Darstellung ist 2, also muss fortlaufend durch 2 geteilt werden:

Division und Divisionsergebnis	Rest
$245 : 2 = 122$	1
$122 : 2 = 61$	0
$61 : 2 = 30$	1
$30 : 2 = 15$	0
$15 : 2 = 7$	1
$7 : 2 = 3$	1
$3 : 2 = 1$	1
$1 : 2 = 0$	1

Ziffernfolge: 11110101, d.h. 245d = 11110101b

Besonders einfach ist die Umrechnung Binär — Hexadezimal: Beginnend von rechts können jeweils vier Binärziffern in eine Hexadezimalziffer umgewandelt werden. So entspricht ein Byte zwei, ein 32-Bit-Wort acht hexadezimalen Ziffern usw. In Tab. 2.4 sind beispielhaft die Zahlen von 0 – 15 (vorzeichenlose 4-Bit-Zahlen) in binärer, dezimaler und hexadezimaler Darstellung angegeben. In der Mikroprozessortechnik haben die kleinsten Speichereinheiten, die Bits, nur

Tabelle 2.4: Die Zahlen von 0 – 15 in binärer, dezimaler und hexadezimaler Darstellung

Binär	Hexadezimal	Dezimal	Binär	Hexadezimal	Dezimal
0000b	0h	0d	1000b	8h	8d
0001b	1h	1d	1001b	9h	9d
0010b	2h	2d	1010b	Ah	10d
0011b	3h	3d	1011b	Bh	11d
0100b	4h	4d	1100b	Ch	12d
0101b	5h	5d	1101b	Dh	13d
0110b	6h	6d	1110b	Eh	14d
0111b	7h	7d	1111b	Fh	15d

zwei Zustände (s. Abschn. 2.1). Man hat daher nur die Ziffern 0 und 1 zur Verfügung und *alle Zahlen sind intern im Binärsystem dargestellt.* Wegen der platzsparenden Schreibweise und der einfachen Umrechnung werden in der Mikroprozessortechnik Speicheradressen und andere Konstanten meistens in hexadezimaler Darstellung formuliert.

2.4   Die binäre Darstellung von Zahlen

Bei allen binären Darstellungen ist die Zahlenbasis 2. Alle Mikroprozessoren können Bitmuster als vorzeichenlose ganze Zahl interpretieren, dabei unterscheidet man zwischen *vorzeichenlosen* und *vorzeichenbehafteten* ganzen Zahlen. Alle Zahlenformate können theoretisch in beliebiger Bitbreite benutzt werden. In der Mikroprozessortechnik ist zunächst die Bitstellenzahl durch die Verarbeitungsbreite begrenzt, sie kann aber erweitert werden, indem man algorithmisch mehrere Verarbeitungseinheiten verkettet.

2.4.1 Vorzeichenlose ganze Zahlen

Der Wert einer mit den Binärziffern a_i dargestellten vorzeichenlosen Zahl Z mit N Bit ist

$$Z = \sum_{i=0}^{N-1} a_i \cdot 2^i \tag{2.2}$$

Beispiel Das Bitmuster 11110101b (s. auch Abb.2.1) entspricht dem Wert:

$$
\begin{aligned}
11110101b &= 1 \cdot 2^7 + 1 \cdot 2^6 + 1 \cdot 2^5 + 1 \cdot 2^4 + 0 \cdot 2^3 + 1 \cdot 2^2 + 0 \cdot 2^1 + 1 \cdot 2^0 \\
&= 128 + 64 + 32 + 16 + 4 + 1 = 245d
\end{aligned}
$$

1	1	1	1	0	1	0	1
128	64	32	16	8	4	2	1

Binäre Ziffern

Wertigkeit

Abbildung 2.1: Die Zahl 245 als vorzeichenlose 8-Bit-Binärzahl.

Der darstellbare Zahlenbereich für vorzeichenlose ganze Binärzahlen mit N Bit ist:

$$0 \leq Z \leq 2^N - 1$$

Alle Mikroprozessoren können Bitmuster als vorzeichenlose ganze Binärzahl interpretieren. Bei vorzeichenlosen ganzen 8-Bit-Zahlen z.B. ist der Zahlenbereich $0 \leq Z \leq 255$. Zahlen ausserhalb dieses Bereichs sind nicht darstellbar und eine Operation, deren Ergebnis über die obere oder untere Grenze hinaus führt, ergibt ein falsches Ergebnis (Abb. 2.5). Diese Bereichsüberschreitung wird vom Mikroprozessor mit dem *Carry Flag* (*Übertragsbit*, s. Abschn. 7.2.3) angezeigt.

Bitmuster	Wert dezimal
11111110	254
11111111	255
00000000	0
00000001	1
00000010	2

Tabelle 2.5: Der Übertrag bei vorzeichenlosen Binärzahlen am Beispiel der 8-Bit-Zahlen. Die Operation 255+1 führt z.B. zu dem falschen Ergebnis 0, der Fehler wird durch das Carry Flag (Übertragsbit) angezeigt.

Bei einer Bereichsüberschreitung landet man also nach der größten darstellbaren Zahl wieder bei Null bzw. umgekehrt. Das erinnert an einen Ring oder eine Uhr und man kann tatsächlich den Zahlenbereich bei ganzen Zahlen sehr anschaulich durch den so genannten Zahlenring darstellen (Abb. 2.2 links).

2.4.2 Vorzeichenbehaftete ganze Zahlen (Zweierkomplement-Darstellung)

Um einen Zahlenbereich zu erhalten, der auch negative Zahlen erlaubt, werden die Zahlen als *vorzeichenbehaftete ganze Zahlen* (*signed binary numbers*) im Zweierkomplement dargestellt. Dabei gibt es nur einen Unterschied zu den vorzeichenlosen Binärzahlen: Die höchstwertige Ziffer wird negativ gewichtet. Der Wert einer vorzeichenbehafteten Zahl Z mit N Bit ist:

$$Z = -a_{N-1} \cdot 2^{N-1} + \sum_{i=0}^{N-2} a_i \cdot 2^i \tag{2.3}$$

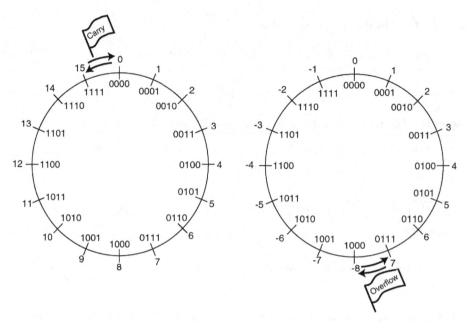

Abbildung 2.2: Der Zahlenring für die 4-Bit-Zahlen. Links die Interpretation der Bitmuster als vorzeichenlose ganze Zahlen, rechts die Interpretation als vorzeichenbehaftete Zahlen (Zweierkomplementzahlen). Die Bereichsüberschreitung wird durch das Carry Flag (Übertragsbit) bzw. Overflow Flag (Überlaufbit) angezeigt.

Beispiel Wir interpretieren wieder das Bitmuster 11110101b (s. auch Abb. 2.3), diesmal als vorzeichenbehaftete Binärzahl:

$$11110101b = -1 \cdot 2^7 + 1 \cdot 2^6 + 1 \cdot 2^5 + 1 \cdot 2^4 + 0 \cdot 2^3 + 1 \cdot 2^2 + 0 \cdot 2^1 + 1 \cdot 2^0$$
$$= -128 + 64 + 32 + 16 + 4 + 1 = -11d$$

1	1	1	1	0	1	0	1	Binäre Ziffern
-128	64	32	16	8	4	2	1	Wertigkeit

Abbildung 2.3: Die Zahl -11 als vorzeichenbehaftete 8-Bit-Binärzahl.

Der darstellbare Zahlenbereich für vorzeichenbehaftete ganze Binärzahlen mit N Bit ist:

$$-2^{N-1} \ldots + 2^{N-1} - 1$$

Vorzeichenbehaftete 8-Bit-Zahlen beispielsweise können den Zahlenbereich $-128 \ldots +127$ darstellen. Das höchstwertige Bit ist bei negativen Zahlen gesetzt (=1) und bei nichtnegativen Zahlen nicht gesetzt (=0), man bezeichnet es daher auch als *Vorzeichenbit*. Die Zweierkomplementzahlen haben die angenehme Eigenschaft, dass die positiven Zahlen nahtlos an die negativen Zahlen anschließen. Nehmen wir als Beispiel wieder die 8-Bit-Zahlen im Zweierkomplement und betrachten den in Tab. 2.6 dargestellten Ausschnitt aus dem Zahlenbereich.

Man sieht, dass man mit einem vorzeichenlos arbeitenden Addierwerk ganz zwanglos von den positiven zu den negativen Zahlen gelangen kann, wenn man das Übertragsflag (Carry)

Bitmuster	Wert dezimal
11111101	-3
11111110	-2
11111111	-1
00000000	0
00000001	1
00000010	2

Tabelle 2.6: Der Anschluss an die negativen Zahlen am unteren Ende der positiven Zweierkomplement-Zahlen. Für das Beispiel wurden 8-Bit-Zahlen gewählt. Die Berechnung von -1 + 1 führt zu dem richtigen Ergebnis 0, das Carryflag muss dabei ignoriert werden.

ignoriert, und genau so arbeitet ein Mikroprozessor! Bei der Arbeit mit den Zweierkomplementzahlen lauert allerdings eine andere Gefahr: Ein Übertrag auf das Vorzeichenbit, der so genannte *Überlauf*, ändert nämlich das Vorzeichen der Zahl. Nehmen wir dazu ein einfaches Beispiel: Die Operation 127+1 führt zu dem falschen Ergebnis -128! Dies lässt sich anhand der Bitmuster in Tab. 2.7 leicht erkennen. Der Prozessor setzt in diesem Fall das *Overflow Flag* (*Überlaufbit*) um den Fehler anzuzeigen (s. Abschn. 7.2.3). Ein Fehler liegt allerdings nur vor, wenn nicht gleichzeitig auch ein Übertrag entsteht und Mikroprozessoren setzen auch nur dann das Überlaufbit.

Bitmuster	Wert als vorzeichenbehaftete Zahl, dezimal
01111101	125
01111110	126
01111111	127 (größter darstellb. Wert)
10000000	-128 (kleinster darstellb. Wert)
10000001	-127
10000010	-126
10000011	-125

Tabelle 2.7: Der Anschluss an die negativen Zahlen am oberen Ende der positiven Zweierkomplement-Zahlen, wieder am Beispiel der 8-Bit-Zahlen. Die Operation $127 + 1$ beispielsweise führt zu dem falschen Ergebnis -128, der Fehler wird durch das Überlaufbit (Overflow) angezeigt.

Es stellt sich natürlich die Frage, wie beim Arbeiten mit vorzeichenlosen Zahlen mit dem gesetzten Überlaufbit umgegangen wird. Hier wird ja das Ergebnis als 128 interpretiert und es liegt kein Fehler vor. Das Überlaufbit muss hier einfach ignoriert werden! Auch die Zweierkomplement-Zahlen können sehr schön im Zahlenring dargestellt werden, die Bereichsüberschreitung wird hier durch das Überlaufbit angezeigt (Abb. 2.2 rechts). Die Vorzeichenumkehr einer Zahl in Zweierkomplement-Darstellung wird bewirkt durch die Bildung des Zweierkomplements: *Invertieren aller Bits und anschließendes Inkrementieren.*

$$-Z = \bar{Z} + 1 \tag{2.4}$$

Dabei ist $\bar{Z}$ die bitweise invertierte Zahl Z. Man bezeichnet daher diese Art der Darstellung auch als *Zweierkomplement-Darstellung*. Als Beispiel betrachten wir die Vorzeichenumkehr von -11d = 11110101b; nach Invertieren ergibt sich 00001010b und nach dem anschließenden Inkrementieren 00001011b = 11d.

2.4.3 Festkommazahlen

Festkommazahlen bestehen aus einem Vorzeichenbit S, einem ganzzahligen Anteil mit I Bit und einem gebrochenen Anteil mit F Bit. Eine andere Bezeichnungsweise ist (I, F)-Format.

Die Wertigkeit der Bits nimmt von rechts nach links wieder um den Faktor 2 je Bitstelle zu, die Wertigkeit des LSB ist hier aber 2^{-F}. Der Wert einer Festkommazahl ergibt sich aus den binären Ziffern a_i gemäß

$$Z = (-1)^S \sum_{i=0}^{I+F-1} a_i \cdot 2^{(i-F)} \tag{2.5}$$

Beispiel Im Format ($I = 4, F = 3$) ist die Wertigkeit des LSB $2^{-3} = \frac{1}{8}$. Der Wert des Bitmusters 00100101b (25h) ergibt sich aus Gl. 2.5 zu

$$\begin{aligned}
00100101b &= 0 \cdot 2^3 + 1 \cdot 2^2 + 0 \cdot 2^1 + 0 \cdot 2^0 + 1 \cdot 2^{-1} + 0 \cdot 2^{-2} + 1 \cdot 2^{-3} \\
&= 4 + \frac{1}{2} + \frac{1}{8} = 4.625
\end{aligned}$$

Zur Verdeutlichung der drei Anteile der Festkommazahl ist dieses Beispiel noch einmal in Abb. 2.4 dargestellt.

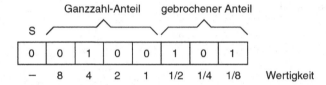

Abbildung 2.4: Die Zahl 4.625 im Festkommaformat mit $I = 4, F = 3$.

Bei einer Festkommazahl Z im Format (I,F) sind die betragsmäßig kleinsten darstellbaren Zahlen $\pm 2^{-F}$; der darstellbare Zahlenbereich ist:

$$-(2^I - 2^{-F}) \leq Z \leq +(2^I - 2^{-F})$$

Festkommazahlen können allgemein mit Ganzzahl-Multiplizierwerken multipliziert werden, wenn anschließend durch eine Schiebeoperation nach rechts die korrekte Wertigkeit wieder hergestellt wird. Auch dazu ein Beispiel (Behandlung der Vorzeichenbits erfolgt separat): Im Format $I = 5, F = 2$ entspricht die Zahl 3.5 dem Bitmuster 00001110b und die Zahl 1.5 dem Bitmuster 00000110b. Ein Ganzzahl-Multiplizierwerk interpretiert die Bitmuster als 14d und 6d und erhält als Ergebnis 84d = 01010100b. Da $F = 2$ ist, erfolgt eine anschließende Schiebeoperation um zwei Bit nach rechts, wobei links Nullen nachgezogen werden müssen. Es ergibt sich das Bitmuster 00010101b, das im (5,2)-Format dem korrekten Ergebnis 5.25 entspricht. Ein Mikroprozessor mit Ganzzahl-Multiplizierwerk kann also im Rahmen seiner Bitbreite Zahlen in beliebigen Festkommaformaten multiplizieren, wenn anschließend ein Schieben nach rechts ausgeführt wird. Dies wird bei digitalen Signalprozessoren ausgenutzt, die häufig mit 16- oder 24-Bit-Festkommazahlen rechnen. Es bleibt zu ergänzen, dass durch das Schieben nach rechts und die begrenzte Bitzahl Rundungsfehler entstehen können.

2.4.4 Gleitkommazahlen

In der Wissenschaft und Technik gibt es viele Zahlen, die sich in den bisher vorgestellten Formaten nicht gut darstellen lassen. Als Beispiel fomulieren wir zwei physikalische Größen in Festkommadarstellung:

Die Elementarladung ist $e_0 = 000000000000.0000000000000000001602$ As

Der mittlere Abstand Erde – Sonne ist $d = 149700000000.00000000000000000000000$ m

Mit dieser Darstellung erhält man viele unnütze und unbekannte Stellen und außerdem könnte im Laufe einer Berechnung leicht der darstellbare Zahlenbereich verlassen werden. In der Wissenschaft benutzt man daher eine Darstellung, bei der Vorzeichen, signifikante Ziffern und Zehnerpotenz separat dargestellt werden:

$e_0 = 1.602 \cdot 10^{-19}$ As

$d = 1.497 \cdot 10^{11}$ m

Das Komma gleitet also hinter die erste Ziffer der Ziffernfolge und diese Verschiebung wird durch einen entsprechenden Exponenten ausgeglichen. Von dieser wissenschaftlichen Notation wurden die *Gleitkommazahlen* abgeleitet. Sie bestehen aus den Bestandteilen *Vorzeichen*, *Exponent* (Hochzahl) und *Mantisse* (Ziffernfolge, auch Signifikand). Der Wert einer Gleitkommazahl Z mit Vorzeichen V, Mantisse M und Exponent E ist:

$$Z = (-1)^V \cdot M \cdot 2^E \qquad (2.6)$$

Mantisse und Exponent werden binär dargestellt. Die Darstellung von Gleitkommazahlen ist seit 1985 in der Norm IEEE 754 festgelegt. Es werden dort zwei Basisformate für Gleitkommazahlen festgelegt: Das *einfach genaue Gleitkommaformat* (single precision floating point format) mit 32 Bit und das *doppelt genaue Gleitkommaformat* (double precision floating point format) mit 64 Bit (Abb. 2.5). Weiterhin wird ein drittes Format mit 80 Bit Gesamtlänge und erhöhter Genauigkeit definiert, das hauptsächlich als Zwischenformat während der Berechnungen gedacht ist (temporäres Gleitkommaformat).

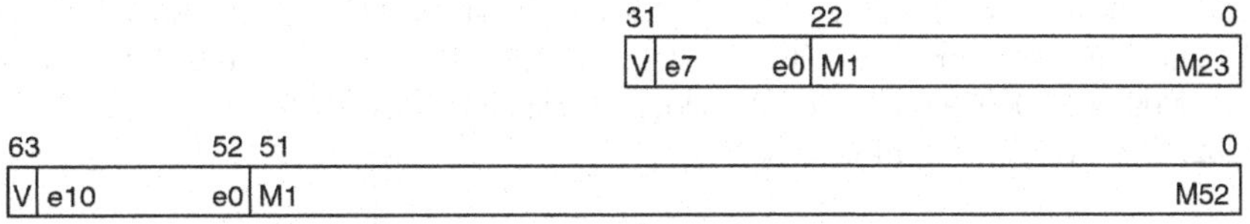

31		22		0
V	e7 ... e0	M1		M23

63	52	51		0
V	e10 ... e0	M1		M52

Abbildung 2.5: Die IEEE 754 hat die Basisformate der einfach genauen (32 Bit, oben) und der doppelt genauen (64 Bit, unten) Gleitkommazahlen festgelegt.

Die größtmögliche Genauigkeit wird erzielt, wenn die höchstwertige Eins im Mantissenfeld ganz links steht. Die Zahl wird *normalisiert*, indem der Dezimalpunkt so verschoben wird („Gleitkomma"), dass er rechts von dieser Eins steht; der Exponent wird entsprechend angepasst. Die Mantisse entspricht damit einer Festkommazahl mit nur einer Vorkommastelle. In der Mantisse ist also die Wertigkeit des Bits $M0$ gleich 1, die von $M1$ gleich 2^{-1}, die von $M2$ gleich 2^{-2} usw. Im IEEE-Format können nur normalisierte Gleitkommazahlen gespeichert werden, das höchstwertige Mantissenbit M0 ist also immer eine Eins. Man hat daher festgelegt, M0 nicht mit abzuspeichern, sondern implizit zu führen (Abb. 2.5). Dadurch gewinnt man ein Bit für die Mantisse, was die Genauigkeit erhöht. Auch der Exponent wird nicht so abgespeichert, wie er in Gl. 2.6 eingeht. Abgespeichert wird der so genannte *Biased-Exponent* (*Überschuss-Exponent*) e, der sich aus dem rechnerisch wirkenden Exponenten E ergibt durch:

$$e = E + Ueberschuss \qquad (2.7)$$

Der Überschuss (Bias) wird so festgelegt, dass der Überschuss-Exponent immer eine vorzeichenlose Zahl ist. In Tab. 2.8 sind einige Eigenschaften der einfach und doppelt genauen Gleitkommazahlen aufgeführt:

Tabelle 2.8: Eigenschaften der Gleitkommazahlen nach der Norm IEEE 754

	Einfach genaues Format	Doppelt genaues Format
Gesamtbitzahl	32 Bit	64 Bit
Exponent	8 Bit	11 Bit
Überschuss	127	1023
Überschuss-Exponent	$0 \ldots 255$	$0 \ldots 2048$
rechnerisch wirkender Exp.	$-126 \ldots 127$	$-1022 \ldots 1023$
Mantisse	23 Bit + M0 implizit	52 Bit + M0 implizit
Genauigkeit	≈ 7 Dezimalstellen	≈ 15 Dezimalstellen
Darstellbarer Zahlenbereich	$\pm 1.2 \cdot 10^{-38} \ldots \pm 3.4 \cdot 10^{+38}$	$\pm 2.2 \cdot 10^{-308} \ldots \pm 1.8 \cdot 10^{+308}$

Beispiel Das Bitmuster C3210201h, also binär 1100 0011 0010 0001 0000 0010 0000 0001b, soll eine einfach genaue Gleitkommazahl darstellen. Gemäß Abb. 2.5 ergibt sich die Aufteilung auf die Bitfelder wie in Abb. 2.6 gezeigt.

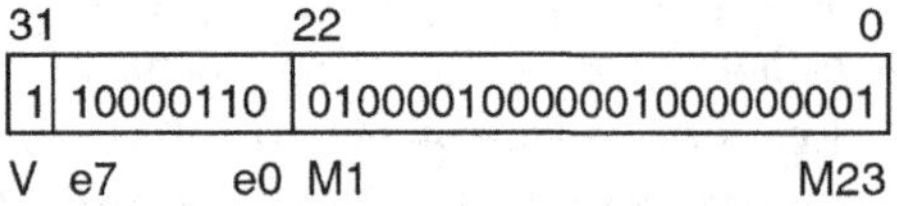

Abbildung 2.6: Die Interpretation des Bitmusters C3210201h als einfach genaue Gleitkommazahl.

Man liest ab: Das Vorzeichen ist 1, die Zahl ist also negativ. Der Überschuss-Exponent ist 10000110b = 134, der rechnerisch wirkende Exponent ist also $E = e - Ueberschuss = 134 - 127 = 7$. Die Mantisse wird an erster Stelle um das implizite M0=1 ergänzt und ist dann 1010 0001 0000 0010 0000 0001b; der Wert der Mantisse ist also $1 + 2^{-2} + 2^{-7} + 2^{-14} + 2^{-23} = 1.25781262$. Der Wert der Zahl ist also

$$Z = (-1)^1 \cdot 1.25781262 \cdot 2^7 = -161.007828$$

Dem aufmerksamen Leser ist sicher nicht entgangen, dass in der obigen Tabelle beim rechnerisch wirkenden Exponenten jeweils der größt- und der kleinstmögliche Wert fehlen. Diese Exponenten sind für die nachfolgend beschriebenen Sondercodierungen reserviert:

Null braucht eine eigene Darstellung, weil ja implizit $M0 = 1$ ist und die Mantisse somit immer größer als Null ist. Eine Gleitkommazahl wird als Null betrachtet, wenn der Biased-Exponent und alle gespeicherten Mantissenbits gleich Null sind. Das Vorzeichenbit kann 0 oder 1 sein, wodurch sich in der Darstellung eine positive und eine negative Null ergibt.

Denormalisierte Zahlen sind in bestimmten Situationen sehr nützlich. Ein Beispiel: Eine einfach genaue Gleitkommazahl besitzt den rechnerisch wirkenden Exponenten $e = -126$. Diese Zahl wird durch 4 geteilt. Die Gleitkommaeinheit des Prozessors ermittelt für das Ergebnis den Exponenten -128, der nicht mehr im erlaubten Bereich liegt. Statt nun eine Ausnahme auszulösen und den Vorgang abzubrechen, kann auch der Exponent bei -126 belassen werden und die Mantisse um zwei Bits nach rechts geschoben werden. M0 ist jetzt ausnahmsweise gleich 0. Im temporären Gleitkommaformat ist das möglich, weil hier auch M0 mitgeführt wird. Die Zahl ist nun denormalisiert. Bei denormalisierten Zahlen ist der Biased-Exponent gleich Null und die gespeicherte Mantisse ungleich Null. Durch die Denormalisierung geht Genauigkeit verloren, weil die Anzahl der signifikanten Stellen in der Mantisse kleiner wird, aber die Rechnung kann immerhin fortgesetzt werden. Viele Mikroprozessoren können mit denormalisierten Zahlen rechnen, wobei ein Flag den Genauigkeitsverlust anzeigt.

Unendlich wird im Gleitkommaformat dargestellt, indem alle Bits des Biased-Exponenten gleich eins sind und alle Bits der gespeicherten Mantisse gleich Null. Abhängig vom Vorzeichenbit erhält man die Darstellungen für $+\infty$ und $-\infty$.

Not a Number (NaN, keine Zahl) sind Bitmuster, die keine Gleitkommazahl darstellen und mit denen unter keinen Umständen gerechnet werden soll. Bei NaNs sind alle Exponenten-Bits gleich eins und mindestens ein Mantissenbit gleich eins.

Tabelle 2.9: Codierungen für einfach genaue Gleitkommazahlen. ign: wird ignoriert.

	V	**Biased-Exponent**	**Mantisse (M1...M23)**
$\pm$ Null	$0/1$	0	0
$\pm$ denormalisiert	$0/1$	0	$> 0,\ M0 = 0$
$\pm$ normalisiert	$0/1$	$1 \ldots 254$	beliebig, $M0 = 1$ implizit
$\pm$ unendlich	$0/1$	255	0
keine Zahl (NaN)	ign.	255	> 0

Eine Zusammenfassung der Codierungen für das Beispiel der einfach genauen Gleitkommazahlen zeigt. Tab. 2.9. In Abb. 2.7 sind die möglichen Codierungen grafisch dargestellt. Die schwarzen Punkte symbolisieren die Gleitkommazahlen. Wegen der begrenzten Bitzahl liegen die Gleitkommazahlen nicht beliebig dicht, wie im reellen Zahlenraum, sondern mit endlichen Abständen. Mit Gleitkommazahlen können also nur bestimmte Werte dargestellt werden, deshalb muss in der Regel nach einer Rechenoperation auf den nächstliegenden darstellbaren Wert gerundet werden. Im Gegensatz zur Ganzzahlarithmetik ist also die Gleitkommaarithmetik in Mikroprozessoren grundsätzlich von Rundungsfehlern begleitet. Für die Programmierung muss daher auch davon abgeraten werden, Gleitkommazahlen auf Gleichheit zu prüfen.

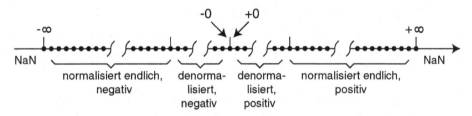

Abbildung 2.7: Die darstellbaren Gleitkommazahlen auf dem rellen Zahlenstrahl

Da die Darstellung der Gleitkommazahlen sich grundlegend von der der ganzen Zahlen unterscheidet, gibt es in Mikroprozessoren für Gleitkommaoperationen eine eigene Hardware-Einheit (floating point unit, FPU).

2.5 Aufgaben und Testfragen

1. Wieviel Bit umfasst ein Wort eines i8008 und ein Quadwort eines i8086?

2. Welche Nummer hat das MSB bei einem Doppelwort eines i8086?

3. Wieviel Speicher kann mit 16, 24 und 32 Adressleitungen angesprochen werden, wenn hinter jeder Adresse ein Byte steht? Drücken Sie die Ergebnisse in KByte, MByte usw. aus.

4. a) Schreiben Sie 0100011011100111b in hexadezimaler und dezimaler Darstellung.
   b) Schreiben Sie 7D2h in binärer und dezimaler Darstellung.
   c) Schreiben Sie 23456d in binärer und hexadezimaler Darstellung.

5. Welche Flags werden bei 8-Bit-Verarbeitung gesetzt, wenn folgende Rechnungen durchgeführt werden:
   a) 90d + 200d (Addition),
   b) 90d + 40d (Addition),
   c) 90d - 110d (Subtraktion),
   d) -90d - 60d (Subtraktion).

6. Schreiben Sie -3, -89 und -160 als binäre 8-Bit-Zweierkomplementzahlen.

7. Beweisen Sie Gl. 2.4.

8. Welches Bitmuster repräsentiert die Zahl 18,75 im Festkommaformat mit zwei Nachkommastellen?

9. Welchen Wert hat die einfach genaue Gleitkommazahl, die durch das Bitmuster 3F900000h repräsentiert wird?

Lösungen auf Seite 315.

3 Halbleiterbauelemente

3.1 Diskrete Halbleiterbauelemente

3.1.1 Dotierte Halbleiter

Halbleiter sind Stoffe, die den elektrischen Strom besser leiten als Nichtleiter aber schlechter als Leiter. Es gibt Halbleiter, die nur aus einem Element bestehen, wie Silizium, Germanium und Selen; andere Halbleiter sind Verbindungen, wie Galliumarsenid, Indiumphosphid oder Zinksulfid. Halbleiter haben Kristallstruktur, d.h. die Atome sitzen an regelmäßigen Plätzen eines gedachten räumlichen Gitters. Hat der ganze Halbleiter eine einzige, durchgehende Gitterstruktur, spricht man von einem *Einkristall*. Reine Halbleiter sind allerdings für elektronische Bauelemente wenig interessant.

Für die Herstellung von Halbleiterbauelementen werden die reinen Siliziumkristalle *dotiert*, d.h. es werden in geringer Anzahl gezielt Fremdatome in die Kristallstruktur eingeschleust. Man unterscheidet zwei Arten Fremdatome:

- *Donatoren* (lat. donare = schenken) setzen im Kristallverband jeweils ein Elektron frei, der Kristall hat dadurch bewegliche negative Ladungen, er ist *n-leitend*.

- *Akzeptoren* (lat. akzeptare = annehmen) binden jeweils ein Elektron, das vorher zum Halbleiterkristall gehörte. Es entsteht eine Fehlstelle (Loch), die einer positiven Elementarladung entspricht und beweglich ist. Der Kristall wird *p-leitend*.

Dotierte Halbleiter haben allerdings nur dann gute elektronische Eigenschaften, wenn das Ausgangsmaterial ein hochreiner Einkristall mit einer Reinheit von mindestens $1 : 10^{10}$ ist. Zum Vergleich: Auf der Erde leben ca. $6.7 \cdot 10^9$ Menschen! Dies ist einer der Gründe für die extrem hohen Kosten von Halbleiterfertigungsanlagen.

3.1.2 Feldeffekttransistoren

In Feldeffekttransistoren (FET) wird die Leitfähigkeit eines leitenden Kanals durch ein elektrisches Feld beeinflusst, das von einer Steuerelektrode erzeugt wird.[1] Mit FETs lässt sich eine nahezu leistungslose Steuerung realisieren, da der Steuerungsstrom fast Null ist. Damit dies möglich ist, muss die Steuerungselektrode gegen den stromführenden Kanal elektrisch

---

[1] Die in früheren Auflagen enthaltenen Abschnitte über bipolare Bauelemente wurden weggelassen, da sie in heutigen Mikroprozessoren kaum noch zum Einsatz kommen.

isoliert sein. Dies wird beim Sperrschicht-FET (Junction-FET, JFET) durch einen gesperrten pn-Übergang bewirkt und beim Insulated Gate FET (FET mit isoliertem Gate, IGFET)
durch eine echte Isolationsschicht. Die beiden Anschlüsse des leitfähigen Kanals heißen *Source*
(Quelle) und *Drain* (Senke), die Steuerungselektrode ist das *Gate*. Bei vielen FET sind Source und Drain völlig gleichwertig und können vertauscht werden. Bei manchen FET ist noch
ein Anschluss am Substrat herausgeführt, der *Bulk*. Es gibt n-Kanal-FET und p-Kanal-FET,
wobei Source, Drain und der Kanal immer vom gleichen Leitfähigkeitstyp sind. Feldeffekttransistoren sind also *unipolare Transistoren*, was die Herstellung vereinfacht. Ein spezieller
IG-FET ist der *MOSFET*, den wir hier kurz vorstellen wollen.

Insulated Gate- und MOS-Feldeffekttransistoren

Der Name MOSFET (Metal-Oxide-Semiconductor-FET) leitet sich vom Aufbau ab: Ein Gate
aus Metall ist durch Oxid gegen den Halbleiter (Semiconductor) isoliert. Der Schichtenaufbau
ist also Metall – Oxid – Semiconductor, MOS. Wir wollen die Funktionsweise am Beispiel des
selbstsperrenden n-Kanal-MOSFETs zeigen. In einem schwach p-leitenden Siliziumsubstrat
sind Drain und Source als zwei n-leitende Inseln eingelassen und nach außen durch kleine
metallische Inseln kontaktiert. Der Bereich zwischen Drain und Source ist der Kanal. Das
Gate ist eine flache Metallschicht oberhalb des Kanals auf dem Oxid. Mittlerweile wird das
Gate nicht mehr aus Metall sondern aus Polysilizium gefertigt. Man benutzt deshalb oft
wieder den Oberbegriff Insulated Gate FET (IGFET).

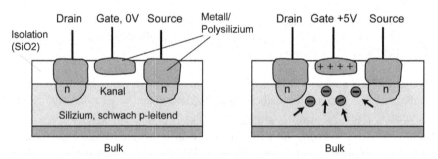

Abbildung 3.1: Selbstsperrender n-Kanal-MOSFET. Ein leitender Kanal bildet sich
erst aus, wenn positive Gate-Spannung anliegt (rechts).

Im Kanal befinden sich zunächst fast keine Ladungsträger. Es fließt daher kein Strom, wenn
man nun zwischen Drain und Source eine Spannung anlegt, der MOSFET ist gesperrt. Legt
man dagegen eine positive Gate-Spannung an, so werden durch elektrostatische Anziehung
n-Ladungsträger in den Kanal gezogen. Dadurch wird der Kanal leitfähig und es kann ein
Strom von Drain nach Source fließen. Das Gate selbst bleibt stromlos, weil es durch die
Isolationsschicht vom Kanal getrennt ist (Abb. 3.1).

Da dieser FET ohne Ansteuerung gesperrt ist, nennt man ihn *selbstsperrend*, andere Bezeichnungen sind *Anreicherungstyp, enhancement-type* und *normally-off*. Die Ansteuerung
erfolgt beim n-Kanal-FET durch eine positive und beim p-Kanal-FET durch eine negative
Gatespannung, die den Kanal zunehmend leitend macht.

Selbstleitende FET erhalten bereits bei der Herstellung einen Kanal, der wie Source und Drain n- oder p-leitend dotiert ist, wenn auch nicht unbedingt gleich stark. Dieser Kanal ist ohne Gate-Ansteuerung leitend. Eine Ansteuerungsspannung am Gate bewirkt nun je nach Vorzeichen entweder, dass weitere Ladungsträger in den Kanal gezogen werden, oder, dass die vorhandenen Ladungsträger aus dem Kanal herausgedrückt werden. Je nach Polarität der Gate-Spannung wird die Leitfähigkeit des Kanals also größer oder kleiner. Beim selbstleitenden n-Kanal-FET wird durch eine positive Gate-Spannung die Leitfähigkeit vergrößert und durch eine negative verkleinert. Beim p-Kanal-FET ist es gerade umgekehrt. Andere Bezeichnungen für den selbstleitenden FET sind *Verarmungstyp, depletion-type, normally-on.* Die Schaltzeichen der FETs sind in Abb. 3.2 gezeigt.

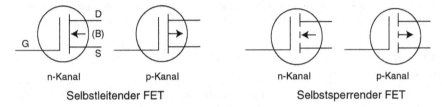

Abbildung 3.2: Schaltzeichen der Feldeffekttransistoren. Die Kreise entfallen, wenn der FET kein eigenes Gehäuse hat, sondern Teil einer integrierten Schaltung ist. Bulk kann auch mit Drain oder Source verbunden sein.

Feldeffekttransistoren bieten vor allem den Vorteil der fast leistungslosen Steuerung und der einfachen Herstellung in unipolarer Technik. Sie haben allerdings wegen der Gate-Kapazitäten etwas höhere Schaltzeiten als bipolare Transistoren.

3.2 Integrierte Schaltkreise (Integrated Circuits)

3.2.1 Allgemeines

Wir haben schon erwähnt, dass die Schaltungen der Digitalelektronik mit Transistoren arbeiten. Wäre man dabei auf einzelne diskrete Transistoren angewiesen, so würden z. B. die 42 Mio. Transistoren des Pentium 4-Prozessors, wenn sie im Abstand von 5 mm auf Platinen gelötet werden, ca. 1000 m^2 Fläche einnehmen. Man bräuchte einen ganzen Saal, um diese Platinen unterzubringen. Wenn wir die elektrische Leistung jedes Transistors mit 0.1 Watt annehmen, ergibt sich schon eine Summe von 4 Megawatt, die Abnahmeleistung einer ganzen Ortschaft! Der Abtransport der entstehenden Wärme wäre auch mit Wasserkühlung kaum möglich. Selbst wenn die Lötverbindungen im Durchschnitt 100 Jahre fehlerfrei funktionieren würden, müsste man doch im Schnitt jeden Tag über 3000 defekte Lötverbindungen reparieren! Und dabei haben wir nur den Prozessor betrachtet, 128 MByte Arbeitsspeicher würden drei mal so viel Platz belegen – man sieht, wie schnell diese Überlegungen ins Absurde führen.

Moderne Computer können nur mit Hilfe integrierter Schaltkreise (Integrated Circuits oder kurz ICs) gebaut werden. Ein integrierter Schaltkreis entsteht aus einem Halbleiterplättchen, dem *Chip* oder auch *Die*, der in der Regel aus einkristallinem Silizium aufgebaut wird. Schaltungselemente und Verdrahtung werden in einem gemeinsamen Fertigungsprozess in den Chip eingebracht. Dazu müssen kleine Teilbereiche des Siliziums gezielt verändert werden, so dass sie die Funktion von Transistoren, Kondensatoren, Widerständen, Leiterbahnen usw. erhalten. Am Ende des Fertigungsprozesses ist dann die gewünschte Schaltung in das ursprünglich neutrale Silizium eingearbeitet. Der Chip wird dann noch in ein Schutzgehäuse gesetzt und seine Anschlusspunkte mit den Gehäuseanschlüssen durch feine Drähte verbunden. Jetzt kann der Chip in eine Anwendungsschaltung eingebaut werden. Diese Bauweise bietet viele gewichtige Vorteile:

- Der integrierte Schaltkreis ist gut geschützt und in seinem Inneren gibt es keine fehleranfälligen Löt- oder Steckverbindungen.

- Die Bauelemente im Inneren des IC lassen sich sehr klein fertigen. Eine intergierte Schaltung ist also viel kleiner, als eine gleichwertige Schaltung aus diskreten Bauelementen; hochkomplexe Schaltungen, wie z. B. Mikroprozessoren, lassen sich nun in einem Baustein unterbringen.

- Wegen der winzigen Abmessungen der Bauelemente ist der Stromverbrauch und damit die Verlustwärme gering.

- Die Signalwege sind sehr kurz, das bedeutet kurze Signallaufzeiten und weniger Abstrahlung und ermöglicht höhere Arbeitsfrequenzen.

- Durch die Einsparung an Montage-, Material- und Testaufwand sinken die Herstellungskosten für große Stückzahlen gewaltig.

Diese Vorteile sind so wichtig, dass man seit Jahren große Anstrengungen unternimmt, die Miniaturisierung voranzutreiben. Ein Maß dafür ist der *Integrationsgrad*, d.h. die Anzahl der Funktionselemente pro Schaltkreis. Der Integrationsgrad ist mit jeder neuen IC-Generation rasant gestiegen (Tabelle 3.1).

Tabelle 3.1: Die Generationen der Integrierten Schaltkreise.

Integrationsgrad	Beschreibung
SSI (Small Scale Integration)	geringe Integration, bis zu 100 Funktionselemente pro Chip
MSI (Medium Scale Integration)	mittlere Integration, bis zu 1000 Funktionselemente pro Chip
LSI (Large Scale Integration)	große Integration, bis zu 10000 Funktionselemente pro Chip
VLSI (Very Large Scale Integration)	sehr große Integration, bis zu 100000 Funktionselemente pro Chip
ULSI (Ultra Large Scale Integration)	besonders hohe Integration, bis zu 1 Million Funktionselemente pro Chip
SLSI (Super Large Scale Integration)	extrem hohe Integration, mehr als 1 Million Funktionselemente pro Chip

Ein anderes Maß für die Miniaturisierung ist die *Strukturbreite*, die kleinste fertigbare Breite die z. B. bei einer Leiterbahn oder einem MOSFET-Gate zum Einsatz kommt. Betrug die Strukturbreite zu Beginn noch einige Mikrometer so ist man heute bei 45 nm angelangt.

3.2.2 Schaltkreisfamilien

Schaltkreisfamilien sind Gruppen von integrierten Schaltkreisen, die mit einheitlicher Versorgungsspannung arbeiten, genormte Pegel einhalten und sich problemlos zusammenschalten lassen. In der Mikroprozessortechnik kommen verschiedene Schaltkreisfamilien zum Einsatz, manchmal sogar auf einem Chip. Wenn Bausteine verschiedener Familien kombiniert werden, sind evtl. Umsetzerbausteine erforderlich.

Allgemeine Ziele bei der Entwicklung von Schaltkreisen sind eine hohe Arbeitsgeschwindigkeit d.h. kleine Schaltzeiten, niedrige Verlustleistung, große Störsicherheit, geringe Herstellungskosten und natürlich ein hoher Integrationsgrad. Diese Ziele lassen sich aber nicht alle gleichzeitig verwirklichen, man muss Kompromisse schließen. Speziell niedrige Verlustleistung und kurze Schaltzeiten stehen einander oft entgegen.

Binäre Spannungspegel

Ein Pegel ist eine elektrische Spannung, die auf einer Leitung liegt und relativ zu einem gemeinsamen Bezugspotenzial gemessen wird. In der Digital- und Mikroprozessortechnik werden binäre Spannungspegel verwendet, d.h. der Pegel ist nur in zwei bestimmten Bereichen gültig, dazwischen liegt ein ungültiger (verbotener) Bereich. Die Mitglieder einer Schaltkreisfamilie produzieren an ihren Ausgängen immer binäre Pegel, die an den Eingängen anderer Bausteine der gleichen Schaltkreisfamilie gültig sind und verwendet werden können. Die Bezeichnung der beiden Pegel ist meist:

- L = LOW = niedriger Spannungspegel,
- H = HIGH = hoher Spannungspegel.

Die Pegel LOW und HIGH werden als logische 0 und logische 1 interpretiert:

- Positive Logik: LOW = 0 und HIGH = 1 verwendet z. B. bei TTL,CMOS,
- Negative Logik: LOW = 1 und HIGH = 0 verwendet z. B. bei ECL.

Signal-Laufzeit und Signal-Übergangszeiten

Die Arbeitsgeschwindigkeit von digitalen Schaltungen, also auch Computerhardware, wird durch ihr Zeitverhalten bestimmt. Je höher nämlich der Arbeitstakt eines Systems ist, um so kürzer ist die Zeit die einem Digitalbaustein für seine Aufgabe bleibt. Man quantifiziert dazu einerseits die Durchlaufzeit von Signalen und andererseits die Geschwindigkeit des Pegelanstiegs: Die *Signal-Laufzeit* ist die Laufzeit eines Impulses vom Eingang bis zum Ausgang eines Bausteines. Die *Signal-Übergangszeiten* ergeben sich beim Pegelwechsel am Ausgang: Die Anstiegszeit t_{LH} ist die Zeit, die beim Pegelwechsel gebraucht wird, um von 10% auf 90% des Bereiches zwischen HIGH und LOW zu kommen. Entsprechend gibt es auch eine Abfallzeit t_{HL}.

Sehr wichtig ist auch die *Verlustleistung* der Bausteine. Diese berechnet man pro Schaltgatter und bei einer Taktfrequenz von 1 kHz.

Lastfaktoren

An den Ausgang eines Bausteines dürfen evtl. mehrere andere Bausteine angeschlossen werden. Da aber jeder Eingang auch eine elektrische Last darstellt, dürfen nicht beliebig viele Bausteine angeschlossen werden. Bei Überlast werden nämlich die Stromgrenzwerte überschritten und die Einhaltung der Pegel ist nicht mehr gewährt. Um die Berechnung der maximal anschließbaren Eingänge zu vereinfachen, hat man den Begriff der Lastfaktoren eingeführt. Der *Ausgangslastfaktor* F_A (Fan-Out) gibt an, wie viele Standardeingänge (Normallasten) dieser Schaltkreisfamilie von diesem Ausgang getrieben werden können. Der *Eingangslastfaktor* F_I (Fan-In) gibt das Verhältnis zwischen der Eingangslast dieses Bausteins und der Normallast dieser Schaltkreisfamilie an; also: $F_I = 1$ bedeutet Normallast, $F_I = 2$ bedeutet doppelte Normallast usw. Was eine Normallast ist, ist für jede Schaltkreisfamilie durch Ströme bzw. Leistungen definiert. Typische Werte sind Ausgangslastfaktoren 10–30 und Eingangslastfaktoren 1–3.

3.2.3   TTL-Bausteine

Die *Transistor-Transistor-Logik*, kurz TTL ist die älteste Schaltkreisfamilie. In TTL-Bausteinen werden die logischen Verknüpfungen durch bipolare Transistoren realisiert, die andere bipolare Transistoren schalten. Natürlich werden in TTL-Schaltungen weitere Bauelemente gebraucht, wie Dioden, Widerstände u.a. TTL-Bausteine sind immer integrierte Schaltungen. Für die Bausteine der TTL-Familie gelten bei 5 V Betriebsspannung folgende Pegel:

	Eingang	Ausgang
LOW	0.0 V – 0.8 V	0.0 V – 0.4 V
HIGH	2.0 V – 5.0 V	2.4 V – 5.0 V

Man erkennt, dass die TTL-Ausgangspegel immer um 0.4 V weiter im HIGH- oder Low-Bereich sein müssen, als die TTL-Eingänge verlangen (Abb. 3.3). Dies stellt einen Sicherheitsabstand gegen Störungen dar.

Die Versorgungsspannung für TTL-Bausteine ist 5V, meist ist ein Bereich von 4.75 V bis 5.25 V erlaubt. Ein typischer TTL Baustein hat einen Ausgangslastfaktor von 10 und einen Eingangslastfaktor von 1. Die ursprünglichen TTL-Bausteine wurden sehr bald weiterentwickelt und es entstanden *TTL-Unterfamilien*. Diese weisen in bestimmten Punkten verbesserte Eigenschaften auf, z. B. in der Signallaufzeit oder der Verlustleistung. Zur Abgrenzung bezeichnet man die ursprüngliche TTL-Familie nun als *Standard-TTL*. Tabelle 3.2 zeigt einige Unterfamilien mit den wichtigsten Eigenschaften.

Wegen ihrer günstigen elektrischen Daten, ihrer großen Typenvielfalt und ihres günstigen Preises sind LS-TTL-Bausteine am stärksten verbreitet. Die Typenbezeichnung der Bausteine ist aus Ziffern und Buchstaben zusammengesetzt. Die Ziffern kennzeichnen die Funktion, z. B. ist 7400 ein Vierfach-NAND. Die Buchstaben werden in die Ziffernkette eingefügt und kennzeichnen die TTL-Familie. Wir geben folgende Beispiele an:

> 7400   Vierfach-NAND in Standard-TTL
> 74LS00   Vierfach-NAND in Low Power Schottky-TTL
> 74LS02   Vierfach-NOR in Low Power Schottky-TTL

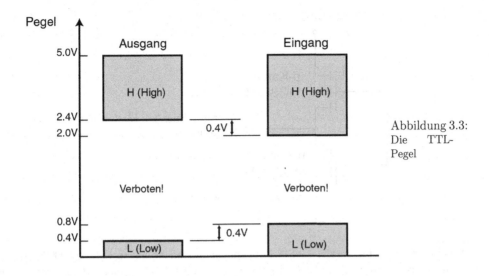

Abbildung 3.3:
Die TTL-Pegel

Tabelle 3.2: Die TTL-Familien und ihre typischen Betriebsdaten

Technologie	Kurzbezeichnung	Verlustleistung pro Gatter bei 1 kHz	Signal-Laufzeit pro Gatter
Standard-TTL	(Std-)TTL	10 mW	10 ns
Low-Power-TTL	L-TTL	1 mW	33 ns
High-Speed-TTL	H-TTL	23 mW	5 ns
Schottky-TTL	S-TTL	20 mW	3 ns
Advanced Schottky	AS-TTL	10 mW	1.5 ns
Fast Schottky	F-TTL	4 mW	2 ns
Low-Power Schottky	LS-TTL	2 mW	9 ns
Advanced Low Power Schottky	ALS-TTL	1 mW	4 ns
Fairchild Advanced Schottky	FAST	4 mW	3 ns

3.2.4 CMOS-Bausteine

In der *PMOS-Familie* sind die Schaltungen aus selbstsperrenden p-Kanal-MOSFETs aufgebaut. PMOS-Bausteine sind langsam und benötigen relativ hohe Speisespannungen. Sie sind aber sehr störsicher und können auch in kleinen Stückzahlen wirtschaftlich hergestellt werden. Ihre Verlustleistung ist der von TTL-Bausteinen vergleichbar. Die Bausteine der *NMOS-Familie* bestehen aus selbstsperrenden n-Kanal-MOSFETs. NMOS-Bausteine sind ebenso schnell wie TTL-Bausteine und Pegel-kompatibel zu TTL. In NMOS-Technik werden z. B. Speicherbausteine hergestellt. Besonders einfache und stromsparende Bausteine erhält man, wenn man NMOS und PMOS kombiniert zum *Complementary MOS, CMOS* (auch Complementary Symmetry MOS).

Dies ist beispielhaft in Abb. 3.4 für einen CMOS-Inverter gezeigt. Es ist immer ein Transistor leitend und einer gesperrt. Dadurch fließt niemals ein direkter (Verlust–)Strom von +5V Betriebsspannung nach Masse. Außerdem bleiben auch die Ansteuerungsleitungen zum Gate stromlos (zumindest im stationären Zustand), weil das Gate ja durch Oxid vom Kanal isoliert ist. Dies führt dazu, dass CMOS-Bausteine mit extrem geringer Verlustleistung arbeiten,

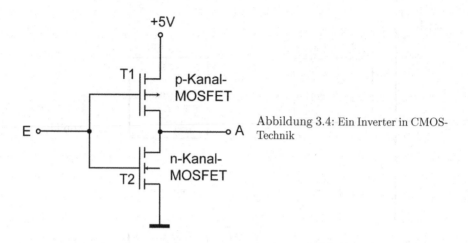

Abbildung 3.4: Ein Inverter in CMOS-Technik

wie Tabelle 3.3 zeigt. Im Vergleich zu TTL-Bausteinen sind sie bis zu Faktor 100000 sparsamer! Die Verlustleistung von CMOS-Bausteinen steigt allerdings mit der Arbeitsfrequenz an. Ein weiterer Vorteil der CMOS-Bausteine ist ihr hoher Eingangswiderstand, der durch die elektrisch isolierten Gates der MOS-Feldeffekttransistoren entsteht.

Tabelle 3.3: Typische Daten von CMOS-Bausteinen

Technologie	Abk.	Verlustleistung pro Gatter und kHz	Signal-Durchlaufzeit pro Gatter
Standard-CMOS	C	0.3 μW	90 ns
High Speed-CMOS	HC	0.5 μW	10 ns
Advanced CMOS	AC	0.8 μW	3 ns

Wegen des klaren Konzepts ergeben sich am Ausgang eines CMOS-Bausteines Pegel, die sehr nah bei 0 V bzw. der positiven Betriebsspannung liegen. CMOS-Pegel sind daher anders definiert, als TTL-Pegel. Bezogen auf 5 V Betriebsspannung lauten sie:

	Eingang	Ausgang
LOW	0.0 V – 1.5 V	0.0 V – 0.05 V
HIGH	3.5 V – 5.0 V	4.95 V – 5.0 V

Bei den CMOS-Pegeln (Abb. 3.5) besteht also ein Sicherheitsabstand zwischen Eingangs- und Ausgangspegelgrenzen von 1.45V. Ein Vergleich mit den TTL-Pegeln ergibt, dass ein TTL-Baustein ohne weiteres von einem CMOS-Baustein angesteuert werden kann, aber nicht umgekehrt. Die ACT- und HCT-Baureihen arbeiten mit direkt TTL-kompatiblen Pegeln. CMOS-Bausteine lassen sich mit Betriebsspannungen zwischen 3 V und 15 V betreiben und haben eine große statische Störsicherheit. CMOS-Bausteine haben p- *und* n-dotierte Bereiche, ihre Herstellung ist also aufwändiger, als die von NMOS- oder PMOS-Bausteinen. CMOS-Bausteine müssen gegen statische Elektrizität geschützt werden, in vielen CMOS-Bausteinen sind dazu schon Schutzdioden an den Eingängen eingebaut. Die Typbezeichnungen von CMOS-Bausteinen enthalten eine Buchstabenkombination für die Familienzugehörigkeit z. B. 74C04, 68HC05, 74ACT02.

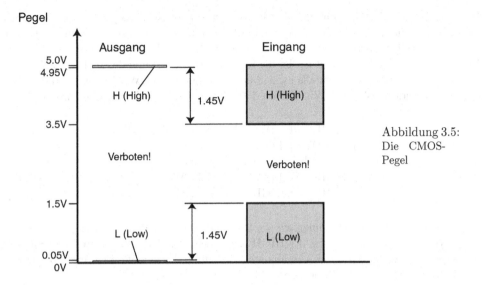

Abbildung 3.5:
Die CMOS-
Pegel

Die CMOS-Technologie hat sich einen großen Marktanteil erobert. Sie wird meist dann verwendet, wenn sparsame Bausteine gebraucht werden und keine extrem hohe Arbeitsgeschwindigkeit notwendig ist, z. B. in batteriebetriebenen, portablen Geräten.

3.2.5 Weitere Schaltkreisfamilien

ECL steht für *Emitter Coupled Logic*. ECL-Bausteine sind aus bipolaren Transistoren aufgebaut. ECL ist die schnellste Schaltkreisfamilie, die allerdings auch sehr viel Strom verbraucht. Typische Werte sind eine Versorgungsspannung von -5V, eine Verlustleistung von 60 mW/-Gatter, eine Signallaufzeit von 0.5 ns und Schaltfrequenzen bis 1 GHz. ECL wird nur in Bereichen mit höchster Arbeitsgeschwindigkeit eingesetzt, z. B. in superschnellen Steuerungen.

DTL steht für *Dioden-Transistor-Logik*. DTL-Bausteine sind aus Dioden und bipolaren Transistoren aufgebaut. Sie sind etwas langsamer aber auch etwas störsicherer als TTL-Bausteine. Sie arbeiten typischerweise mit einer Versorgungsspannung von 5V – 6V, einer Verlustleistung von 9 mW/Gatter, einer Signallaufzeit von 30 ns und einer statischen Störsicherheit von 1.2V.

Aus der DTL wurde *LSL*, die *Langsame störsichere Logik*, entwickelt. Die Schaltzeiten können bis zu 400 ns betragen, die Verlustleistung mehr als 50 mW/Gatter. LSL-Technik wird vor allem in Maschinensteuerungen verwendet.

3.2.6 Logische Verknüpfungen und Logische Schaltglieder

In den letzten Abschnitten wurde schon herausgestellt, dass Digitallogik in der üblichen Form binär ist, das heißt mit zwei Zuständen arbeitet. Alle Leitungen, Speicherelemente, Schaltvariable usw. kennen nur zwei Pegel bzw. Zustände. Ein Beispiel: Die Leitung IRQ (Interrupt Request) mit der ein Interrupt (siehe Kap. 8) ausgelöst wird, kann nur HIGH oder

LOW sein (1/0). IRQ ist für uns eine logische Variable. In Mikroprozessoren müssen nun häufig zwei logische Variablen verknüpft werden. Zum Beispiel wird durch die Leitung IRQ nur dann wirklich ein Interrupt ausgelöst, wenn zusätzlich das Bit IE (Interrupt Enable) im Prozessor auf 1 (HIGH) gesetzt ist. Ist die IRQ-Leitung HIGH und das IE-Flag LOW, so wird kein Interrupt ausgelöst. Ebenfalls nicht, wenn IRQ-Leitung LOW und das IE-Flag HIGH ist oder wenn beide LOW sind. Wir können das in folgender Tabelle zusammenfassen:

IRQ	IE	Interruptauslösung
LOW	LOW	LOW
LOW	HIGH	LOW
HIGH	LOW	LOW
HIGH	HIGH	HIGH

Diese Art der Verknüpfung nennen wir die *UND-Verknüpfung*, denn es muss ja die Bedingung IRQ=HIGH *und* die Bedingung IE=HIGH erfüllt sein. Die Digitallogik stellt ein Schaltglied mit zwei Eingängen und einem Ausgang zur Verfügung, das genau diese Verknüpfung leistet, das *UND-Gatter*. Das Schaltbild zeigt Abb. 3.6

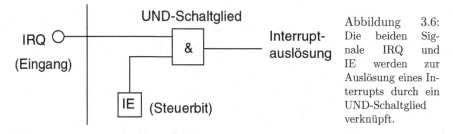

UND-Schaltglied

IRQ ○ (Eingang)   &   **Interrupt-auslösung**

IE (Steuerbit)

Abbildung 3.6: Die beiden Signale IRQ und IE werden zur Auslösung eines Interrupts durch ein UND-Schaltglied verknüpft.

In der Schaltalgebra kann man diesen Sachverhalt kompakter durch eine Gleichung ausdrücken: Interruptauslösung = IRQ ∧ IE. In der obigen Tabelle kann man bei positiver Logik HIGH durch 1 und LOW durch 0 ersetzen. Um sie etwas allgemeiner zu fassen, bezeichnen wir außerdem die Eingänge als A und B und den Ausgang als X. Damit erhalten wir die Beschreibung der UND-Verknüpfung (Abb.3.7).

A	B	X
0	0	0
0	1	0
1	0	0
1	1	1

A —
B — & — X   (DIN)

A —
B — ⊐ — X   (USA)

$$X = A \wedge B$$

Abbildung 3.7: Die UND-Verknüpfung; links die Wahrheitstabelle, in der Mitte das Schaltglied mit Schaltzeichen und rechts die schaltalgebraische Darstellung

Eine weitere wichtige Verknüpfung ist die *ODER-Verknüpfung*. Bei der ODER-Verknüpfung ist das Ausgangssignal dann 1, wenn mindestens ein Eingang 1 ist, sonst ist er 0. Anders ausgedrückt, der Ausgang ist nur dann 0, wenn beide Eingänge 0 sind, sonst ist der Ausgang gleich 1 (Abb. 3.8).

A	B	X
0	0	0
0	1	1
1	0	1
1	1	1

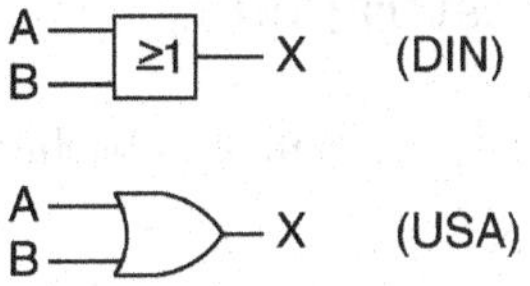

$X = A \vee B$

Abbildung 3.8: Die ODER-Verknüpfung

Die dritte Grundverknüpfung ist die *Negation*, auch NICHT-Verknüpfung oder Invertierung. Ein NICHT-Glied gibt am Ausgang eine 1 aus, wenn der Eingang 0 ist und eine 0, wenn der Eingang eine 1 ist (Abb. 3.9).

A	X
0	1
1	0

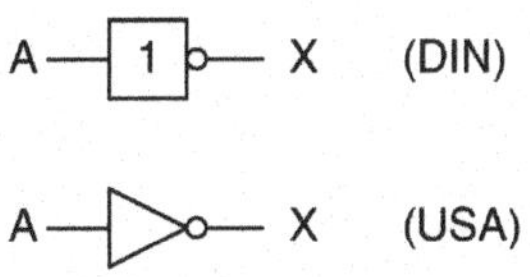

$X = \overline{A}$

Abbildung 3.9: Die Negation (NICHT-Verknüpfung)

Aus diesen drei Grundverknüpfungen kann man weitere Verknüpfungen zusammensetzen. Zwei davon werden häufig benutzt und ihre Schaltglieder werden als integrierte Schaltkreise gefertigt: Die NAND- und die NOR-Verknüpfung. Das *NAND-Schaltglied* (NOT-AND, NICHT-UND) arbeitet wie ein UND-Glied, das zusätzlich am Ausgang sein Signal negiert (Abb. 3.10).

A	B	X
0	0	1
0	1	1
1	0	1
1	1	0

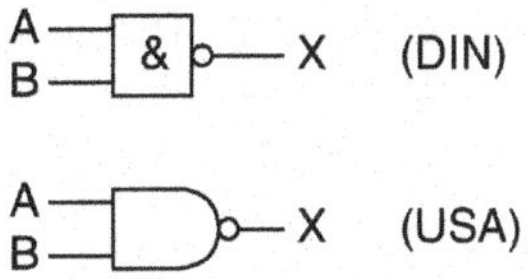

$X = \overline{A \wedge B}$

Abbildung 3.10: Die NAND-Verknüpfung (NICHT-UND)

Das NOR-Schaltglied (NOT-OR, NICHT-ODER) arbeitet wie ein ODER-Glied, das zusätzlich am Ausgang das Signal negiert. (Abb. 3.11)

A	B	X
0	0	1
0	1	0
1	0	0
1	1	0

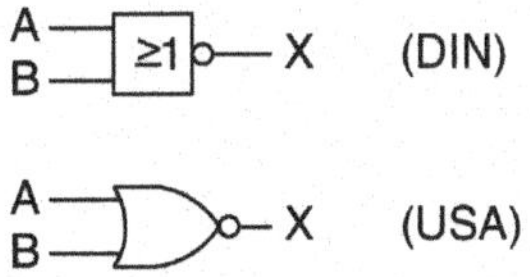

$X = \overline{A \vee B}$

Abbildung 3.11: Die NOR-Verknüpfung (NICHT-ODER)

Die hier genannten logischen Verknüpfungen werden auch als bitweise logische Operationen von den Arithmetisch/Logischen Einheiten (ALUs) der Mikroprozessoren angeboten (s. Abschn.7). Wir finden sie dann letztlich im Befehlssatz der Prozessoren wieder unter Namen wie AND, OR, NOT usw.

3.3   Aufgaben und Testfragen

1. Welche Spannung ergibt sich in der unten abgebildeten Schaltung (Abb. 3.12) an Ausgang A?

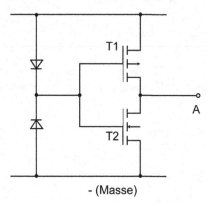

A

Abbildung 3.12: Zu Aufgabe 1.

- (Masse)

2. Wie heißen die Anschlüsse des Feldeffekttransistors? Über welchen Anschluss wird im Regelfall jeweils gesteuert?

3. Wie ist beim bipolaren Transistor das Verhältnis zwischen Ansteuerungsstrom an der Basis und fließendem Kollektorstrom?

4. Kann man die Ausgangspegel eines TTL-Bausteines am Eingang eines CMOS-Bausteines anlegen und umgekehrt? In welcher Richtung gibt es Probleme und bei welchen Pegeln?

Lösungen auf Seite 316.

4 Speicherbausteine

4.1 Allgemeine Eigenschaften

Speicherbausteine stellen sozusagen das Gedächtnis eines Computers dar. Manche Informationen müssen für Jahre gespeichert bleiben, wie z. B. die Laderoutinen im BIOS eines PC, andere nur für Millionstel Sekunden, wie die Schleifenvariable eines Anwendungsprogrammes. Massenspeicher wie Disketten, Festplatten, CD-Recorder u.ä. können riesige Datenmengen aufnehmen, haben aber wegen der Massenträgheit ihrer bewegten Teile eine hohe Zugriffszeit. Wir wollen hier die Halbleiterspeicher besprechen, die es in vielen verschiedene Bauarten gibt. Sie unterscheiden sich in der physikalischen Technik der Datenabspeicherung, was wiederum Unterschiede in der Dauer des Datenerhalts, der maximalen Anzahl der Schreib- und Lese-Zyklen sowie der Zugriffs- und Zykluszeit bedingt. Eine Übersicht über die Halbleiterspeicher ist in Abb. 4.1 gegeben.

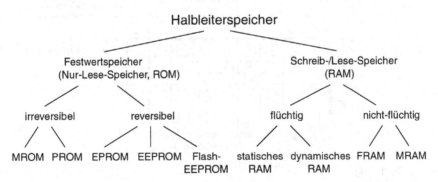

Abbildung 4.1: Die wichtigsten Typen von Halbleiterspeichern. MRAM und FRAM wurden in die Grafik aufgenommen, obwohl sie keine reinen Halbleiterschaltungen sind.

Speicher, die im normalen Betrieb beliebig beschrieben und gelesen werden können, nennt man *Schreib-/Lese-Speicher* oder auch *Random Access Memory* (*RAM*). Die üblichen Schreib-/Lese-Speicher SRAM und DRAM sind flüchtig, sie verlieren ihren Dateninhalt nach dem Abschalten der Versorgungsspannung. Die neueren Entwicklungen FRAM und MRAM sind nicht-flüchtige RAMs. Speicher, die im normalen Betrieb nur gelesen werden können, nennt man *Read Only Memory* oder kurz (*ROM*) (Festwertspeicher, Nur-Lese-Speicher). ROMs sind nicht-flüchtig, ihr Dateninhalt bleibt auch ohne Versorgungsspannung erhalten. Der Dateninhalt von reversiblen ROMs kann verändert werden, der von irreversiblen Festwertspeichern nicht.

Alle Halbleiterspeicherbausteine haben einen gitterartigen Aufbau mit waagerechten *Wortleitungen* und senkrechten *Bitleitungen*. An den Kreuzungspunkten der Leitungen sitzen die Speicherzellen (memory cells), die jeweils an eine Wort- und eine Bitleitung angeschlossen sind (Abb. 4.2). Die Wortleitung aktiviert die Speicherzellen einer Zeile, über die Bitleitung wird eine Speicherzelle ausgelesen.

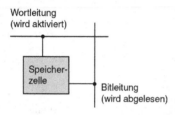

Abbildung 4.2: Speicherzelle mit Wort– und Bitleitung.

Die Speicherzellen sind also matrixartig in Zeilen und Spalten angeordnet, jede Speicherzelle speichert 1 Bit. Wenn N die Gesamtzahl der Adressbits ist, beträgt die Anzahl der Adressen auf dem Speicherchip

$$Z = 2^N$$

Zum Auslesen einer Speicherzelle wird die am Baustein angelegte Speicheradresse geteilt (Abb. 4.3). Der eine Teil geht an den Zeilenadressdekoder, welcher dieses Bitmuster als Zeilenadresse interpretiert, eine Wortleitung auswählt und aktiviert.

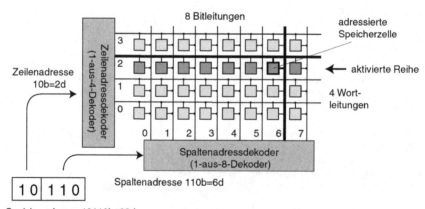

Abbildung 4.3: Selektieren der Speicherzelle mit der Adresse 22 in einem 32-Bit-Speicherbaustein.

Dadurch werden alle Speicherzellen aktiviert, die an diese Wortleitung angeschlossen sind, also eine ganze Zeile. Alle Speicherzellen geben ihren Dateninhalt in Form eines elektrischen Signals auf die Bitleitungen aus. Der zweite Teil der Adresse wird an den Spaltenadressdekoder gegeben. Der interpretiert dieses Bitmuster als Spaltenadresse und wählt damit eine Bitleitung aus.[1] Nur das Signal dieser einen Bitleitung wird gelesen, verstärkt und am Aus-

---

[1] Bei Speicherbausteinen mit einer zusätzlichen, für alle Zellen gemeinsamen Datenbusleitung werden die Bitleitungen ebenfalls zur Aktivierung der Speicherzelle benutzt.

gang ausgegeben. So wird also letzlich nur die eine adressierte Speicherzelle ausgelesen. Offensichtlich können so die Speicherzellen in beliebiger Reihenfolge angesprochen werden, eine wichtige Voraussetzung für Mikroprozessorsysteme. In Abb. 4.3 ist beispielhaft gezeigt, wie in einem 32-Bit-Speicherbaustein mit 4 Zeilen und 8 Spalten die Speicherzelle mit der Adresse 22 angesprochen wird. Durch die Teilung der Adresse ergeben sich die Zeilenadresse 2 und die Spaltenadresse 6.

Bei einem Schreibvorgang erfolgt die Selektion der Zelle ebenso; die Bitleitung wird dabei aber benutzt, um einen Dateninhalt in die Zelle einzuschreiben. Ob aus dem Speicher gelesen wird oder (falls möglich) in den Speicher geschrieben wird, steuert man durch ein Signal an einem zusätzlichen Eingang, der z. B. READ/WRITE heißt. Eine typische Bezeichnung für dieses Signal ist $R/\overline{W}$, was bedeutet: HIGH-aktives Read-Signal bzw. LOW-aktives Write-Signal. Ein HIGH an diesem Eingang signalisiert also Lesebetrieb und ein LOW Schreibbetrieb. Außerdem verfügt ein Speicherbaustein über einen Eingang zur Bausteinaktivierung, der z. B. „Chip Select" $(\overline{CS})$ heißt.

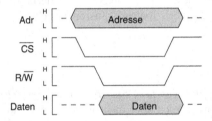

Abbildung 4.4: Typischer Ablauf eines Schreibzyklus. Die Daten werden dem Speicherbaustein schon früh im Zyklus zur Verfügung gestellt. Da es viele Adress- und Datenleitungen gibt, ist bei diesen immer durch eine Aufspreizung angedeutet, wann gültige Werte anliegen. $\overline{CS}$ = Chip Select, $R/\overline{W}$ = Read/Write.

Alle Signale müssen nach Herstellervorschrift bestimmte Zeitvorschriften, das *Timing* einhalten; darin sind z. B. Halte-, Verzögerungs- und Pegeländerungszeiten vorgeschrieben. Den ganzen Ablauf nennt man *Schreibzyklus* bzw. *Lesezyklus*. Bei einem Schreibzyklus werden die Daten schon frühzeitig auf die Datenleitung gelegt, damit der Speicherbaustein sie lesen kann, ein typisches Beispiel ist in Abb. 4.4 gezeigt. Bei einem Lesezyklus dagegen werden die Daten erst gegen Ende des Zyklus von dem Speicherbaustein bereitgestellt (Abb. 4.5).

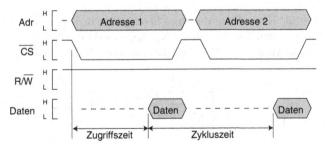

Abbildung 4.5: Typischer Ablauf zweier aufeinanderfolgender Lesezyklen. Der Speicher stellt die Daten gegen Ende der Zyklen zur Verfügung. Die Zykluszeit ist hier deutlich größer als die Zugriffszeit.

Die *Zugriffszeit* ist die Zeitdifferenz zwischen dem Beginn des ersten Lesezyklus und der Bereitstellung der Daten. Die *Zykluszeit* ist die Zeitdifferenz zwischen zwei unmittelbar aufeinanderfolgenden Lesezugriffen (Abb. 4.5). Die Zykluszeit ist bei manchen Speichertypen, speziell bei DRAM, größer als die Zugriffszeit, weil nach dem Auslesen erst wieder die Bereitschaft des Chips hergestellt werden muss.

Ein wichtiger Begriff ist die *Organisation* eines Speicherbausteines. Sie bezeichnet die Anzahl der Speicheradressen und die Bitzahl, die unter jeder Speicheradresse gespeichert wird (auch: Speichertiefe). Hat man z. B. einen Baustein, der 4096 Speicherzellen zu je 1 Bit enthält, spricht man von einer 4kx1 Bit-Organisation. Der Baustein hat dann 12 Adressleitungen und eine Datenleitung, die Gesamtkapazität beträgt 4 KBit. Ist dagegen in einem Speicherbaustein eine Zellenmatrix von 8196 Zellen vierfach vorhanden, so ist es ein 8kx4 Bit-Speicher mit 13 Adressleitungen und vier Datenleitungen; hier werden also unter jeder Adresse 4 Bit gespeichert, die Gesamtkapazität ist 32 kBit.

Speicher von Mikroprozessorsystemen sind bis auf Ausnahmen Byte-strukturiert oder Wort-strukturiert. Man kann an den Speicheradressen kein einzelnes Bit ansprechen, sondern immer nur Gruppen von 8, 16 oder 32 Bit. Um diese Strukturierung zu erreichen, muss man je nach Organisation mehrere Speicherbausteine parallel schalten. Bei Speicherbausteinen mit Nx8-Organisation ergibt sich zwanglos eine Byte-Strukturierung. Bei Nx4-Speicherbausteinen muss man dafür zwei Bausteine parallel schalten, bei Nx1-Speicherbausteinen acht.

4.2   Read Only Memory (ROM)

Read Only Memory (ROM, auch *Festwertspeicher* oder *Nur-Lese-Speicher*) haben einen festen Dateninhalt, der im normalen Betrieb zwar beliebig gelesen aber nicht überschrieben werden kann. ROM-Speicher sind nicht-flüchtig, ein wichtiger Grund für ihre Verwendung. ROMs kommen in vielen Mikroprozessorsystemen zum Einsatz, in denen Programme dauerhaft und unabänderlich gespeichert werden müssen, z. B. in Handys, Messgeräten, Unterhaltungselektronik, Maschinensteuerungen, Spielzeug u.a.m. Die ROM-Bausteine unterscheiden sich hauptsächlich in der Einbringung der Dateninhalte und der Möglichkeit ihrer Abänderung.

4.2.1   Masken-ROM (MROM)

Man kann schon bei der Herstellung des Speicherchips an den Kreuzungspunkten zwischen Wort- und Bitleitungen Brücken vorsehen. An den Speicherstellen, die eine '1' enthalten sollen, wird eine Brücke vorgesehen; fehlt die Brücke, enthält die Speicherstelle eine '0'.

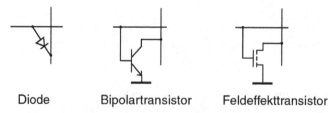

Diode   Bipolartransistor   Feldeffekttransistor

Abbildung 4.6: In den Speicherzellen von MROMs werden verschiedene Arten von Brücken zwischen Wortleitung und Bitleitung verwendet.

Als Brücken werden Dioden oder Transistoren verwendet (Abb. 4.6). Der Dateninhalt muss somit schon vor der Herstellung des Speicherchips festliegen und wird in die Belichtungsmaske eingearbeitet, was die Bezeichnung Masken-ROM erklärt. Da die Erstellung einer individuellen Belichtungsmaske teuer ist, lohnt sich MROM nur in großen Stückzahlen. Ein zu spät bemerkter Fehler in den Daten macht eine ganze Charge wertlos, denn der Dateninhalt kann natürlich nie mehr geändert werden. In großen Stückzahlen ist MROM der preiswerteste Speicher, es wird daher häufig in Massenartikeln verwendet.

4.2.2 Programmable ROM (PROM)

In Anwendungsfällen mit kleinen Stückzahlen wären MROMs zu teuer, hier kommen programmierbare ROMs zum Einsatz. Diese können mit einem Programmiergerät vom Anwender einzeln mit einem gewünschten Dateninhalt beschrieben („programmiert") werden. Die Speicherzellen sind so gebaut, dass durch einen einmaligen, kräftigen Stromstoss, den *Programmierimpuls*, die Brückenfunktion zwischen Wort- und Bitleitung dauerhaft hergestellt oder unterbrochen wird – je nach Bauweise. So wird der Dateninhalt 0 oder 1 in die Zellen eingeschrieben, das lässt sich aber nicht mehr rückgängig machen. PROMs können daher nur *einmal* programmiert werden und heißen deshalb auch One Time Programmable ROM oder *OTPROM*. Es gibt mehrere Funktionsprinzipien für die Speicherzellen (Abb. 4.7):

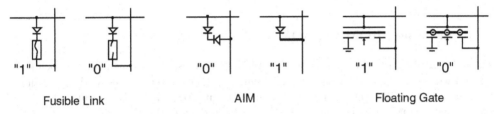

Abbildung 4.7: Verschiedene Arten von Speicherzellen in PROMs.

Bei *Fusible Link*-Speicherzellen (FL) befindet sich in der Zelle ein leicht schmelzbares Verbindungsstück, ähnlich einer Schmelzdrahtsicherung. Im ursprünglichen Zustand sind in allen Zellen Wort- und Bitleitung durch eine solche Verbindung verbunden. Der Programmierimpuls bringt in den gewünschten Zellen die Verbindung zum Schmelzen, was deren Dateninhalt von '1' auf '0' ändert. Fusible Link-Speicherzellen brauchen allerdings relativ viel Platz und FL-PROMs haben daher nur kleine Kapazitäten.

Bei der *Avalanche Induced Migration* („lawineninduzierte Wanderung"), *AIM*, befindet sich zwischen Wort- und Bitleitung zunächst ein sperrender Halbleiter, eine Diode oder ein Transistor. Durch den Programmierimpuls wird die Sperrschicht zerstört und der Halbleiter in eine leitende Verbindung umgewandelt.

Bei *Floating Gate-PROMs* gibt es zwischen Gate und Kanal eines Feldeffekttransistors eine zusätzliche Ladungszone, die nicht kontaktiert ist: das Floating Gate (Abb. 4.8). So lange das Floating Gate ungeladen ist, beeinflusst es den FET nicht, er ist normal ansteuerbar. Durch den Programmierimpuls wird ein starker Strom zwischen Drain und Source erzeugt. Dabei dringt ein Teil der Ladungsträger durch die Isolierschicht und das Floating Gate wird aufgeladen. Es schirmt nun die Wirkung des Gates ab, der FET läßt sich nicht mehr ansteuern, die Brückenfunktion besteht nicht mehr. Eine andere Bezeichnung für diese Speicherzellen ist *Floating Gate Avalanche MOS Transistor* oder kurz *FAMOST*.

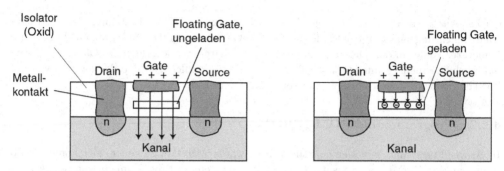

Abbildung 4.8: Feldeffekttransistor mit Floating Gate als Speicherzelle in einem PROM. Bild links: Die Feldlinien gehen durch das ungeladene Floating Gate und reichen bis in den Kanal. Bild rechts: Das aufgeladene Floating Gate schirmt den Kanal gegen das Gate ab, der Feldeffekttransistor ist nicht mehr ansteuerbar.

In allen Fällen ist die Veränderung dauerhaft und kann nicht rückgängig gemacht werden. PROMs sind also wie MROMs irreversibel. PROMs sind in der Regel wortweise organisiert, d.h. als Nx4 Bit, Nx8 Bit, Nx16 Bit usw.

4.2.3   Erasable PROM (EPROM)

Oft werden ROM-Bausteine gebraucht, deren Inhalt man löschen und neu einschreiben kann. Nehmen wir als Beispiel die Testphase eines eingebetteten Systems. Man wird mehrfach das Programm ändern, übersetzen und in den Speicher übertragen. Es ist unpraktisch, hierbei jedesmal ein PROM zu opfern, man braucht ein löschbares ROM.

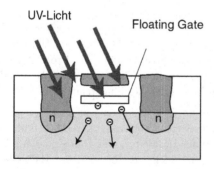

Abbildung 4.9: Bei einem EPROM kann das Floating Gate durch UV-Licht entladen werden.

PROMs mit Floating Gate bieten die Chance, die Programmierung rückgängig zu machen. Strahlt man hartes ultraviolettes Licht (UV) in den Halbleiter ein, so wird durch Lichtquanten Energie auf die Ladungsträger im Floating Gate übertragen. Diese haben nun genug Energie, um das Floating Gate zu verlassen, welches sich also entlädt (Abb. 4.9). Das Feld greift nun wieder durch bis zum Kanal und der FET ist wieder funktionsfähig. Der Dateninhalt ist damit gelöscht und das EPROM kann neu beschrieben werden. ROM-Bausteine dieser Bauart heißen *Erasable Programmable ROM* oder kurz *EPROM*.

Damit das UV-Licht bis zum Floating Gate gelangen kann, wird in das Gehäuse des Chips ein Quarzfenster eingebaut. Zum Löschen wird das EPROM in die Schublade eines EPROM-

Löschgerätes gelegt, wo es ca. 20 min dem UV-Licht ausgesetzt wird. Nun sind alle Zellen gelöscht und können im Programmiergerät neu beschrieben werden. Da auch Tageslicht UV-Anteile enthält, sollte nach dem Löschen das Fenster mit einem lichtundurchlässigen Aufkleber verschlossen werden.

4.2.4 EEPROM und Flash-Speicher

Auch EPROMs sind wegen der umständlichen Löschprozedur noch nicht für alle Anwendungsfälle geeignet. Oft verwendet man lieber *Electrical Erasable Programmable ROM*, kurz *EEPROM*. Bei den EEPROMs kann das Floating Gate *elektrisch* entladen werden. Dazu ist das Floating Gate an einer Stelle etwas weiter über den Drain-Bereich gezogen und dort etwas abgesenkt, so dass es nur noch durch eine dünne Isolationsschicht (typisch 20 nm), das so genannte Tunneloxid, von Drain getrennt ist (Abb. 4.10). Durch eine erhöhte Spannung (Programmierspannung) können Ladungsträger diese dünne Schicht durchqueren („durchtunneln") und das Floating Gate aufladen bzw. entladen.

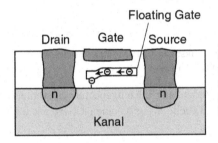

Abbildung 4.10: Das Floating Gate eines EEPROM ist über den Drainbereich gezogen. An einer Stelle ist die Isolationsschicht sehr dünn. Dort können Ladungsträger durchtunneln, so dass das Floating Gate elektrisch entladen oder aufgeladen werden kann.

EEPROMs werden wie EPROMs ebenfalls in speziellen Programmiergeräten beschrieben. Ihr Vorteil ist, dass sie in diesen Geräten auch gelöscht werden können. Es gibt allerdings eine wichtige Einschränkung: Die Anzahl der Schreibzyklen ist begrenzt auf $10^4 - 10^6$ Zyklen. Wenn in einem Programm ein Speicherplatz, der auf einem solchen EEPROM liegt, zu oft angesprochen wird (z. B. als Schleifenvariable), kann der Baustein schon nach wenigen Sekunden das Ende seiner Lebensdauer erreicht haben.

Interessant ist das *nonvolatile RAM* (NV-RAM). Hier sind alle Speicherzellen doppelt vorhanden: Als RAM- und als EEPROM-Zelle. Im normalen Betrieb wird das RAM benutzt und vor Abschaltung der Betriebsspannung werden die Daten schnell noch ins EEPROM übertragen, so dass sich ein nicht-flüchtiges RAM ergibt.

Eine Variante der EEPROMs sind die *Flash-Speicher*. Flash-Speicherzellen unterscheiden sich von EEPROM-Zellen dadurch, dass sie ein dünneres Tunneloxid haben. Das Löschen und Beschreiben der Zellen erfordert deshalb geringere Spannungen und Ströme. Spannungswandler und die Programmierlogik können deshalb schon in den Chip integriert werden. Im Flash-Speicher werden keine einzelnen Zellen beschrieben, sondern gleich ganze Blöcke, bei manchen Chips sogar der komplette Speicher. Zum Programmieren muss man nur die Adressen und Daten anlegen, den Rest führt der Chip selbstständig aus. Er arbeitet also fast wie ein RAM-Baustein, mit dem wichtigen Unterschied, dass der Flash-Speicher nicht-flüchtig ist. Das macht ihn in vielen Fällen zu einem idealen Speichermedium, z. B. in Handys. Sehr verbreitet sind transportable Flash-Speicher auch für Multimedia-Geräte wie Kameras und

MP3-Player. Hier gibt es verschiedene Bauformen: Das aus PCMCIA hervorgegangene CompactFlash (CF-Card), die MultiMediaCard und die besonders abgesicherte Secure Digital-Card (SD-Card). In rauer Umgebung kann der robuste Flash-Speicher statt einer Festplatte benutzt werden (Solid State Disk). Sehr praktisch sind USB-Memory-Sticks, Flash-Speicher die direkt am USB-Port eines PCs eingesteckt werden (Abb. 4.11).

Abbildung 4.11: Verschiedene Flash-Speicher; Links: Ein USB-Memory-Stick; Mitte: eine Secure-Digital-Card; Rechts: eine CompactFlash-Card

Alle Arten von ROM-Bausteinen sind von großer Bedeutung für eingebettete Systeme, die ja im Regelfall ohne Laufwerke auskommen müssen. Tabelle 4.1 gibt einen Überblick über die ROM-Bausteine und ihre Eigenschaften.

Tabelle 4.1: Eigenschaften und Verwendung von ROM-Bausteinen

Typ	Dauer Schreibvorgang	maximale Anzahl Schreibvorgänge	typische Verwendung
MROM	Monate	1	Ausgereifte Produktion, große Stückzahl
(OT)PROM	Minuten	1	Kleinserie, Vorserie
EPROM	Minuten	bis zu 100	Kundenspezifische Produkte, Entwicklung
EEPROM	Millisekunden	$10^4 - 10^6$	Feldprogrammierbare Systeme
Flash	10 μs	$10^4 - 10^6$	Speichermedien aller Art

4.3 Random Access Memory (RAM)

4.3.1 Statisches RAM (SRAM)

Statische RAM-Zellen sind im Wesentlichen taktgesteuerte D-Flipflops. Ein Flipflop ist eine Schaltung, die nur zwei stabile Zustände kennt und die man zwischen diesen Zuständen hin- und herschalten kann. Die beiden Flipflop-Zustände stellen '0' und '1' dar. Statische RAM-Zellen können schnell ausgelesen oder umgeschaltet werden und sie brauchen keinen Refresh, was das Systemdesign vereinfacht. Andererseits sind aber größer und deshalb auch teurer als DRAM-Zellen.

Die praktische Ausführung von SRAMs kann bipolar oder in MOS-Technik erfolgen. Das Flipflop besteht jeweils aus Transistoren, die sich gegenseitig schalten (Abb. 4.12).

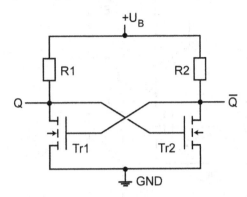

Abbildung 4.12: Ein aus zwei NMOS-Transistoren aufgebautes Flipflop. Die beiden Transistoren schalten sich gegenseitig. Q und $\overline{Q}$ sind gleichzeitig Ein- und Ausgänge.

Typischerweise gehen von jedem Flipflop zwei Ausgänge Q und $\overline{Q}$ ab, die komplementär zu einander sind. Beim Auslesen der SRAM-Zelle wird einfach der Zustand des Flipflops auf die beiden Bitleitungen übertragen und ein Differenzverstärker gewinnt daraus das eigentliche Datensignal. Beim Einschreiben von Daten wird umgekehrt der Zustand der Daten- bzw. Bitleitungen auf das Flipflop übertragen. Wenn nötig, wird dieses dabei in den anderen Zustand gekippt. Die SRAM-Zelle in Abb. 4.12 funktioniert so:

Stabiler Zustand
Wenn z. B. Tr1 durchgesteuert ist, liegt der linke Schaltungsausgang Q annähernd auf Masse (0 V). Die Basis von Tr2 ist auf Masse gelegt, Tr2 sperrt also. Der rechte Schaltungsausgang $\overline{Q}$ liegt also auf $+U_B$ und sorgt damit für die Ansteuerung von Tr1, der ja leitend ist. Die beiden Transistoren stabilisieren sich also gegenseitig. In dem anderen stabilen Flipflop-Zustand ist alles genau entgegengesetzt.

Auslesen
Über die Ausgänge Q und $\overline{Q}$ kann der Zustand nach Belieben invertiert oder nicht-invertiert ausgelesen werden.

Umschalten beim Dateneinspeichern
Gehen wir von dem oben geschilderten Zustand aus: Tr1 ist leitend und Tr2 gesperrt. Ein Anheben des Potenzials an Q sorgt dafür, dass Tr2 etwas Ansteuerung erhält. Dadurch wird Tr2 etwas leitend, das Potenzial von $\overline{Q}$ sinkt etwas zu Massepotenzial hin ab, die Ansteuerung von Tr1 wird schlechter. Dadurch wird Tr1 weniger leitend, das Potenzial von Q steigt weiter an und wirkt auf Tr2 zurück, der nun noch stärker leitend wird. Der Vorgang verstärkt sich von selbst, das Flipflop kippt in den anderen stabilen Zustand.

In einem SRAM sind die oben beschriebenen Flipflops als Speicherzellen in die Speichermatrix eingebaut (Abb. 4.13). Die Ausgänge des Flipflops werden über die Tortransistoren Tr3 und Tr4 herausgeführt auf die Bitleitungen BL und $\overline{BL}$. Die Tortransistoren werden durch die Wortleitung angesteuert. Wegen der einfacheren Fertigung werden die ohmschen Widerstände meist als Transistoren mit Festansteuerung ausgeführt (Tr5 und Tr6). So entsteht die klassische aus sechs Transistoren bestehende NMOS-SRAM-Zelle in Abb. 4.13.

SRAM-Zellen können alternativ auch aus schnellen bipolaren Multi-Emitter-Transistoren aufgebaut sein. Dieses bipolare SRAM erreicht Zugriffszeiten von 5 – 10 ns und wird für schnelle

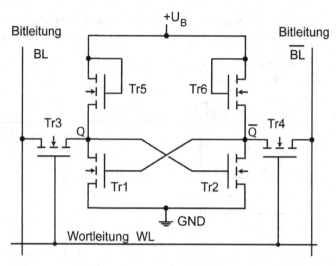

Abbildung 4.13: Das Flipflop aus zwei NMOS-Transistoren ist der Kern der SRAM-Speicherzelle. Die Wortleitung schaltet über zwei weitere Transistoren die Ein-/Ausgänge auf die Bitleitungen BL und $\overline{BL}$ durch. Über diese erfolgt das Schreiben und Lesen von Daten.

Cache-Speicher bevorzugt. Werden die Zellen als CMOS-Flipflops gebaut, entsteht das besonders stromsparende CMOS-SRAM. Letzteres hat typische Zugriffszeiten von 30–80 ns und wird gerne für batteriegepufferte Speicherbänke verwendet [4]. Flipflops bzw. Statische RAMs haben in der Mikroprozessortechnik große Bedeutung als 1-Bit-Speicher, zum Beispiel in Registern, Steuerbits und Ausgabeschaltungen.

4.3.2   Dynamisches RAM (DRAM)

Dynamisches RAM lässt sich wesentlich kleiner und billiger herstellen als SRAM und ist daher heute als Hauptspeicher dominierend. Der Markt für DRAMs ist gewaltig[2] und die großen Hersteller liefern sich hier einen spannenden und mit großer Phantasie vorangetriebenen technologischen Wettlauf. DRAMs sind daher Spitzenprodukte der Technik! Sie entwickeln sich rasant weiter und jede DRAM-Generation wird nach ein bis zwei Jahren abgelöst. Leistungsdaten von DRAMs sind daher auch oft nach kurzer Zeit überholt und werden deshalb hier nur gelegentlich angegeben.

Speicherzellen

Die gespeicherte Information wird durch den Ladungszustand eines Kondensators dargestellt: Ein geladener bzw. ungeladener Kondensator repräsentiert die logische '0' bzw. '1'. Die DRAM-Speicherzelle besteht daher im Wesentlichen aus einem Kondensator, der über einen Tortransistor (Auswahltransistor) mit der Bitleitung verbunden ist (Abb. 4.14). Der Tortransistor wird über die Wortleitung angesteuert. Das Problem der DRAM-Zelle ist die

---

[2]   25 Milliarden US-Dollar im Jahr 2007

allmähliche Entladung des Kondensators durch Leckströme. Der Dateninhalt geht also nach einiger Zeit verloren und es ist eine regelmäßige Auffrischung erforderlich, der so genannte *Refresh*. Der Refresh wird ab S.46 noch genauer besprochen.

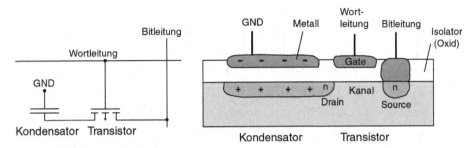

Abbildung 4.14: Die Zelle eines DRAM besteht aus einem Kondensator und einem Tortransistor. Links Schaltbild, rechts Schichtenaufbau.

Zum Auslesen der Daten wird der Tortransistor der Speicherzelle angesteuert. Die im Kondensator gespeicherte Ladung gelangt nun auf die Bitleitung und verursacht ein Signal, das nach Aufbereitung als Datensignal der Zelle an die Ausgangsleitung des Chips gegeben wird.

Beim Einschreiben der Daten erreicht das Datensignal die DRAM-Zelle als elektrisches Potenzial am Dateneingang. Ein Schreib-/Leseverstärker gibt es weiter auf die Bitleitung, während gleichzeitig der Tortransistor der angewählten Zelle angesteuert wird. Wird eine '1' eingeschrieben, so wird die Bitleitung auf die positive Betriebsspannung gelegt und es strömt Ladung in den Kondensator, bis er sich auf Leitungspotenzial aufgeladen hat. Wird dagegen eine '0' eingeschrieben, so liegt die Bitleitung auf $0V$ und der Kondensator wird völlig entladen. Der Tortransistor wird nun gesperrt und die Information ist im Kondensator gespeichert.

Mikrostruktur der Zellen

Eine solche DRAM-Speicherzelle besteht also nur aus zwei Bauelementen: Einem Kondensator und einem Transistor (1C1T-Zelle). Diese beiden Elemente werden teilüberlappend hergestellt: Der Drain-Bereich des Tortransistors wird verlängert und stellt gleichzeitig die untere Elektrode des Kondensators dar, wie in Abb. 4.14 gezeigt ist. Zur Erinnerung: Eine SRAM-Zelle besteht aus mindestens sechs Bauelementen (Abb. 4.13). DRAMs brauchen daher viel weniger Chipfläche und lassen sich gut in NMOS-Technik herstellen. Die Gate-Elektroden werden dabei heute oft aus Polysilizium statt aus Metall hergestellt. Die Integrationsdichte von DRAMs wurde in den vergangenen Jahren enorm gesteigert. Dabei wurden alle Bauelemente einschließlich der Speicherkondensatoren kontinuierlich verkleinert und die Speicherkapazität nahm ständig ab. Dies führte zu immer schwächeren Signalen bei der Auslesung der Zelle. Bis zur 1-Mbit-Generation konnte dieses Problem durch Verbesserung des Dielektrikums[3] und erhöhte Empfindlichkeit der Schreib-/Leseverstärker bewältigt werden. Für eine weitere Verkleinerung der Strukturen mussten andere Wege beschritten werden. In der *Trench-Technologie* werden statt flacher Kondensatoren nun dreidimensionale *Grabenkondensatoren* verwendet (Abb. 4.15), die eine größere Oberfläche haben.[4] Zur Zeit fertigt

---

[3] Das Dielektrikum ist die Schicht zwischen den ladungsspeichernden Bereichen.

[4] Die Kapazität eines Kondensators ist proportional zu seiner ladungsspeichernden Fläche.

besonders Qimonda (früher Infineon) stark in der Trench-Technologie. Aus den anfänglichen kleinen Mulden sind aber schon bald tiefe zylindrische Löcher im Verhältnis 75:1 geworden, die durch spezielle anisotrope Ätzverfahren erzeugt werden.

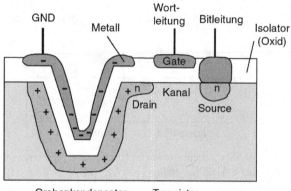

Abbildung 4.15: Durch die dreidimensionale Gestaltung der Kondensatoren als Grabenkondensatoren gewinnt man Fläche und damit Kapazität.

Eine andere Möglichkeit ist Faltung der Speicherkondensatoren in der so genannten *Stapeltechnik* (Stack Technology), die ebenfalls zu einer Vergrößerung der ladungsspeichernden Fläche führt (Abb. 4.16). Auf diese Technik hat sich z. B. die Fa. Samsung spezialisiert.

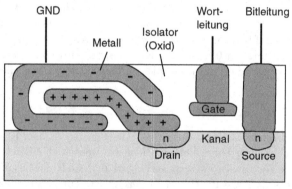

Abbildung 4.16: In der Stapeltechnik wird der Speicherkondensator gefaltet um seine ladungsspeichernden Fläche zu vergrößern.

Damit erreicht man z. B. bei den in $0,14$ μm Strukturbreite hergestellten DRAM-Zellen noch eine Kapazität von ca. $30 - 50$ Femtofarad[5]. Absolut gesehen ist das allerdings immer noch sehr wenig und tatsächlich ist die unerwünschte Kapazität der Bitleitung, die das Signal weiterleitet, fünf mal so groß! Wir werden beim Aufbau der DRAM-Chips sehen, wie das Signal trotzdem ausgewertet werden kann.

Organisation

Von der früher üblichen Bauweise mit einer Datenleitung/Chip ist man abgekommen. Bei den heute üblichen Busbreiten von 16 und 32 Bit würde das nämlich bedeuten, dass man für den

---

[5] 1 Femtofarad $= 1$ fF $= 10^{-15}$ Farad.

Speicheraufbau mindestens 16 bzw. 32 Chips braucht. Das ist nicht nur unhandlich, sondern ergibt auch einen manchmal unerwünscht hohen minimalen Speicherausbau: Bei Verwendung von z. B. 256Mx1-DRAMs an einem 32-Bit-Bus wäre der minimale Speicherausbau schon $32 \cdot 256$ M$/8 = 1$ GByte. DRAMs werden daher heute in x4-, x8-, x16- und x32-Organisation gefertigt. So kann man z. B. aus acht 64Mx8-Chips einen Speicher von 64 MByte aufbauen. Auch die früher getrennten Ein- und Ausgänge findet man nicht mehr, statt dessen haben die DRAMs bidirektionale Datenleitungen.

Adressmultiplexing

Die rasche Zunahme der Speicherkapazität führte schon früh zu einem anderen Problem: Die Chips brauchten sehr viele Anschlussstifte. Nehmen wir als Beispiel einen 256 Mb-Chip in 64Mx4-Organisation. Für die 64M $= 2^{26}$ Speicherplätze würden 26 Adressleitungen, 4 Datenleitungen und einige weitere Leitungen gebraucht. Der Chip müsste mehr als 30 Anschlussstifte haben, sein Gehäuse wäre unnötig groß. Das wäre z. B. bei der Bündelung zu Speichermodulen hinderlich. Heute arbeiten daher alle DRAMs mit *Address-Multiplexing*: Zeilenadresse und Spaltenadresse werden nacheinander über die gleichen Leitungen an den Chip gegeben. An zwei speziellen Leitungen wird signalisiert, ob gerade eine Zeilen- oder Spaltenadresse übergeben wird: RAS, Row Address Strobe (auch RE) signalisiert die Übergabe der Zeilenadresse, CAS, Column Address Strobe, (auch CE) die Übergabe der Spaltenadresse. Ein Beispiel für ein (älteres) DRAM mit Address-Multiplexing ist in Abb. 4.17 gezeigt. Chips mit Address-Multiplexing können nicht direkt am Bus betrieben werden, man braucht eine *Speichersteuerung*.

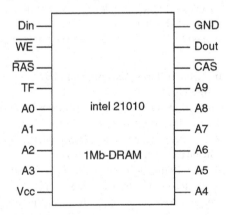

Abbildung 4.17: Ein älterer DRAM-Chip von Intel adressiert mit Address-Multiplexing 1Megabit (2^{20} Speicherplätze) mit 10 Adressleitungen. Anschlüsse: A_x: Adressleitungen, GND: Ground (Masse), V_{cc}: Betriebsspannung, Din, Dout: Datenleitungen, $\overline{WE}$: Write Enable, TF: Test Function.

Signalbewertung

Wir erwähnten schon im Abschnitt über den Zellenaufbau, dass die Kapazität der Speicherkondensatoren nur ca. 1/5 der Kapazität der Bitleitungen ist. Wenn also ein Tortransistor durchschaltet und ein geladener Speicherkondensator seine Ladung auf die Bitleitung ausschüttet, reicht das nicht aus, um das Potenzial der Leitung auf die volle Betriebsspannung des DRAM anzuheben. Es wird nur ein kleiner Potenzialanstieg von weniger als einem Volt stattfinden. War der Speicherkondensator ungeladen, wird das Potenzial einer auf 0 V liegenden Bitleitung sich gar nicht ändern. Um in beiden Fällen eine sichere Erkennung zu erreichen arbeitet man mit zwei komplementären Bitleitungen, BL und $\overline{BL}$.

Die Speicherzellen einer Spalte sind abwechselnd an die Bitleitungen BL und $\overline{BL}$ angeschlossen (Abb. 4.18). Beide werden vor dem Auslesen durch *Vorladeschaltkreise* exakt auf die halbe Betriebsspannung vorgeladen (Precharging).

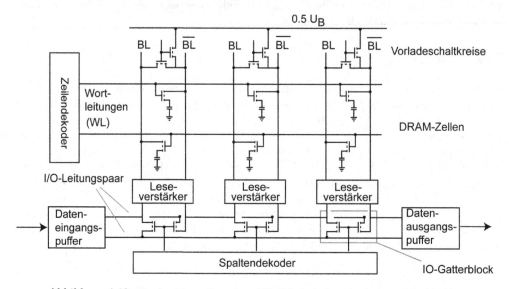

Abbildung 4.18: Die Speicherzellen eines DRAM sind abwechselnd an BL oder die komplementäre Leitung $\overline{BL}$ angeschlossen. Ein Vorladeschaltkreis bringt beide Bitleitungen vor dem Auslesen auf halbe Betriebsspannung. Die Schreib-/Leseverstärker arbeiten differentiell.

Die Schreib-/Leseverstärker (sense amplifier) arbeiten differenziell zwischen BL und $\overline{BL}$. Wenn nun ein geladener Speicherkondensator durchgeschaltet wird, fließt Ladung auf eine der Bitleitungen und das Potenzial steigt dort ein wenig an. Das Potenzial der anderen Bitleitung bleibt unverändert, so dass die empfindlichen Schreib-/Leseverstärker eine Potenzialdifferenz erkennen und verstärken können. Wird dagegen ein ungeladener Speicherkondensator auf die Bitleitung geschaltet, so fließt Ladung von der Bitleitung zurück in den Speicherkondensator. Das Potenzial auf dieser Bitleitung sinkt ab, der Schreib-/Leseverstärker erkennt eine Potenzialdifferenz umgekehrten Vorzeichens. Das Auslesen einer Speicherzelle erfordert also immer, dass vorher die Bitleitungen vorgeladen werden, was bei wiederholten Zugriffen einen Zeitverlust bedeutet. Wir werden noch sehen, wie man in vielen Fällen diese Vorladezeit umgehen kann.

Jeder Schreib-/Leseverstärker ist an einen *IO-Gatterblock* angeschlossen und alle IO-Gatterblöcke an ein gemeinsames IO-Leitungspaar. Durch eine Wortleitung werden zwar immer alle Speicherzellen einer ganzen Zeile aktiviert, der Spaltendekoder schaltet aber immer nur einen IO-Gatterblock auf das IO-Leitungspaar. So wird letztlich wirklich nur eine Zelle angesprochen.

In Abb. 4.19 ist der zeitliche Verlauf eines Lesevorganges in einem DRAM gezeigt, der aus folgenden Schritten besteht: [34]

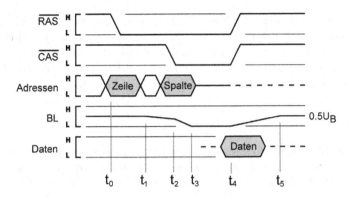

Abbildung 4.19: Der zeitliche Verlauf des Auslesevorgangs in einem DRAM; Erklärung im Text.

Im Bereitschaftszustand: Beide Bitleitungen liegen genau auf halber Betriebsspannung.

Zeitpunkt t_0: RAS und die Zeilenadresse werden angelegt, die Wortleitung wird aktiviert.

Zeitpunkt t_1: Alle Tortransistoren dieser Zeile werden leitend, die Ladungen der Kondensatoren fließen auf die Bitleitungen. Das Potenzial der Bitleitungen (nur eine gezeichnet) beginnt, sich leicht zu verändern. Parallel dazu wird die Spaltenadresse mit dem CAS-Signal übergeben.

Zeitpunkt t_2: Zwischen den Bitleitungspaaren entsteht eine kleine Potenzialdifferenz, z. B. 0.5V. Alle Leseverstärker erkennen diese Potenzialdifferenz und beginnen, sie zu verstärken.

Zeitpunkt t_3: Die verstärkte Spannung steht auf den I/O-Gatterblöcken zur Verfügung und fließt gleichzeitig über die Bitleitungen zurück in die Speicherzellen. Die Ladung der Kondensatoren in dieser Zeile ist somit wieder auf den maximalen Wert gebracht, also aufgefrischt (Refresh). Der Spaltendekoder aktiviert einen der Gatterblöcke.

Zeitpunkt t_4: Das Signal der ausgewählten Spalte gelangt in den Datenausgangspuffer. Das CAS-Signal zeigt das Ende des Lesevorgangs an. Leseverstärker und Wortleitungen werden deaktiviert, das I/O-Gatter wird gesperrt. Die Vorladeschaltkreise werden aktiviert und bringen die Bitleitungen wieder in den Bereitschaftszustand d.h. auf halbe Betriebsspannung.

Zeitpunkt t_5: Die Vorladung der Bitleitungen ist beendet, der DRAM ist wieder lesebereit.

Die Zugriffszeit, also die Zeit für einen einmaligen Zugriff aus dem Bereitschaftszustand heraus, ist die Zeitdifferenz $t_0 - t_4$. Die Zeitspanne $t_4 - t_5$ wird für die Vorladung der Bitleitungen auf die halbe Betriebsspannung gebraucht, erst dann ist der DRAM wieder bereit. Man nennt diese Zeit *Erholungszeit* oder *Vorladezeit* (*precharge time*). Die Zykluszeit, die Zeit zwischen zwei aufeinanderfolgenden Zugriffen, ist gleich der Zugriffszeit plus der Vorladezeit, also $t_0 - t_5$. Hier wird deutlich, warum SRAMs beim Lesezugriff schneller sind als DRAMs: Zum einen entfällt die aufwändige Verstärkung, weil die Zellen-Flipflops des SRAM schon ein kräftiges Signal abgeben, zum anderen brauchen SRAMs keine Vorladezeit.

Beim Schreibzyklus werden Zeilen- und Spaltenadresse in der gleichen Art nacheinander übergeben. Mit der Spaltenadresse werden die Datensignale an den Dateneingangspuffer gelegt, gelangen über den einen geöffneten IO-Gatterblock auf einen Schreib-/Leseverstärker und werden auf die beiden Bitleitungen der ausgewählten Spalte gegeben. Über den durchgesteuerten Tortransistor gelangt dann das Signal bzw. die Ladung in den Speicherkondensator der ausgewählten Zeile. Alle anderen Tortransistoren dieser Zeile werden dabei ebenfalls angesteuert. Auch in den nicht ausgewählten Spalten werden also die Schreib-/Lese-Verstärker aktiv, die verstärkte Spannung fließt zurück in die Speicherkondensatoren, deren Ladung somit aufgefrischt wird. Die ganze Zeile erhält also einen Refresh.

Refresh

DRAMs kommen nicht ohne Refresh aus. Das hat physikalische Gründe: Auch an einem optimal gefertigten Speicherkondensator treten Leckströme auf, die seine Ladung allmählich abfließen lassen [24]. Spätestens nach einigen Sekunden ist die Ladung so weit abgeflossen, dass die Schreib-/Leseverstärker die Zelle nicht mehr korrekt auslesen können. Diese Zeit, die Retention-Zeit, hängt von vielen Umgebungsgrößen ab, z. B. von der Temperatur und den Potenzialen in der Umgebung der Zelle auf dem Chip.

Ein DRAM-Speicher funktioniert also nur, wenn ein regelmäßiger Refresh aller Zellen gewährleistet ist. Im vorigen Abschnitt wurde schon erläutert, dass sowohl der Lese- als auch der Schreibzyklus einen Zeilenrefresh auslösen. Genau genommen reicht es schon aus, eine Zeilenleitung zu aktivieren, die Schreib-/Leseverstärker werden ja automatisch aktiv. Genau darauf beruht der *RAS-Only-Refresh*, bei dem nur eine Zeilenadresse nebst RAS-Signal übergeben wird. Eine Spaltenadresse folgt nicht, die aktivierte Zeile wird aufgefrischt. Damit nacheinander wirklich alle Zeilen rechtzeitig aufgefrischt werden, muss irgendwo verwaltet werden, welche Zeile als nächstes aufgefrischt werden soll. Der Z80-Prozessor besaß dafür noch ein eigenes Register, meistens übernimmt aber das Betriebssystem diese Aufgabe. Moderne DRAMs haben eigene selbstinkrementierende Refresh-Zähler. Diesen Chips muss man nur noch den Zeitpunkt des Refreshs signalisieren. Das geschieht dann meist, indem das CAS-Signal *vor* dem RAS-Signal angelegt wird, der *CAS-Before-RAS-Refresh* (CBR-Zyklus). Ein *Hidden-Refresh* wird unmittelbar an einen normalen Lesevorgang angeschlossen.

Es ist möglich, bei jedem Refresh nur eine Zeile anzusprechen (verteilter Refresh) oder in einem Durchgang gleich alle Zeilen aufzufrischen (Burst-Refresh). Für die insgesamt aufgewandte Zeit macht das wenig Unterschied, bei modernen DRAMs (SDRAM) wird ca. 1% der Performance durch den Refresh aufgezehrt. Typische Refresh-Intervalle sind 1–20 ms.

Die Speichermatrix eines DRAM enthält keineswegs immer gleich viele Zeilen und Spalten! Ein 4M-Chip z. B. kann 2048 Zeilen und 2048 Spalten haben (symmetrische 11/11-Adressierung), er kann aber auch 4096 Zeilen und 1024 Spalten haben (12/10-Adressierung). Im ersten Fall sind 2048 Refreshzyklen innerhalb der Refreshzeit nötig, im zweiten dagegen 4096. Der Nachteil der 11/11-Adressierung liegt im höheren Stromverbrauch, denn bei jedem Speicherzugriff werden hier 2048 Zellen aufgefrischt, bei 12/10 nur 1024 Zellen. Zur Zeit wird überwiegend der zweite Typ verwendet. Manche Hersteller fertigen auch DRAM-Chips gleicher Organisation, z. B. 4Mx4, in verschiedenen Adressierungsvarianten.

Speichermodule

In PCs werden Speicher heute als sogenannte Speichermodule (memory moduls) eingebaut, es gibt *Single Inline Memory Modules* (SIMMs) und *Dual Inline Memory Modules* (DIMMs).

Auf diesen Modulen ist dann eine entsprechende Anzahl Speicherchips montiert, z. B. kann ein 128 Megabyte-DIMM aus 16 64-Megabit-Chips aufgebaut sein. Neuere Speichermodule enthalten ein Serial Presence Detect-EEPROM (SPD-EEPROM). Dieses EEPROM enthält Informationen über die Speicherbausteine, wie z. B. Mapping, Refresh-Rate, Anzahl Bänke, Verschaltung, Spannungsversorgung, Parity. Die Speicherverwaltung kann über einen seriellen I^2C-Bus diese Daten lesen und damit das Modul korrekt ansteuern.

Schnelle Ausleseverfahren für DRAMs

Da Computerprogramme häufig Daten speichern und noch häufiger Daten aus dem Speicher lesen, bestimmt die Arbeitsgeschwindigkeit des Speichers wesentlich die Systemleistung. Leider dauerte das Auslesen von DRAMs relativ lange, was mit dem komplizierten Ablauf (vgl. Abb. 4.19) und der notwendigen Vorladezeit zusammenhängt. Es wurden daher Techniken entwickelt, um diese Vorladezeit möglichst gut zu umgehen und diese Techniken bestimmten die Entwicklung der DRAM-Generationen in den letzten Jahren, auf die wir kurz zurück blicken wollen

Beim *Interleaving* (Verschränkung) wird der Speicher in mehrere Bänke aufgeteilt und so angeschlossen, dass logisch benachbarte Speicherplätze (z. B. 10A04h, 10A05h) physikalisch auf verschiedenen Speicherchips sitzen. Dadurch kann bei sequentiellem Zugriff während der Vorladezeit des einen Chips schon auf den anderen Chip zugegriffen werden. Möglich sind 2-Weg-, 4-Weg- usw. Interleaving

Im *Fast Page Mode* (FPM) blieb die Zeilenadresse stehen und die Wortleitung aktiviert, solange keine Adresse in einer anderen Zeile angesprochen wird. Während dieser Zeit konnten durch das Anlegen verschiedener Spaltenadressen in Verbindung mit dem CAS-Signal beliebige Zellen dieser Zeile schreibend oder lesend angesprochen werden

Das CAS-Signal wurde benutzt, um das Ende des Zugriffs anzuzeigen. In dieser Zeit brauchte also keine neue Zeilenadresse übertragen werden und es waren keine Vorladezeiten notwendig. Erst beim Zugriff auf eine Zelle in einer anderen Zeile wurde die Wortleitung deaktiviert und die Bitleitungen werden neu vorgeladen. Beim Zugriff auf verstreute Adressen brachte der FPM keinen Vorteil. Da aber Programmdaten, wie auch Programmcode, oft zusammenhängende Blöcke bilden, reduzierte FPM im statistischen Mittel die Zykluszeit ungefähr auf ein Drittel!

Beim Enhanced Data Out-DRAM (EDO-DRAM) wurde das Ende des Lesevorgangs durch eine andere Signalleitung (OE) angezeigt. Dadurch wurde CAS frei und es konnte während des Zellenzugriffs schon eine neue Spaltenadresse übergeben werden. Die Zyklen überlappten also etwas und es wurde weitere Zeit eingespart. Beim *Burst EDO-DRAM* (BEDO) wi nur die Startadresse übergeben und dann ein *Burst* ausgeführt. Beim Burst wird mit Hilfe eines selbstinkrementierenden internen Adresszählers ohne weitere Anforderung ein ganzer Block von Daten ausgegeben.

Synchrones DRAM, kurz SDRAM, arbeitet im Takt des angeschlossenen Bussystems. Dadurch ist die Einbindung in das Gesamtsystem besser und Wartezeiten bei der Datenübergabe entfallen. Erst mit SDRAM konnte die Taktfrequenz des PC-Speicherbusses auf 100 bzw. 133 MHz gesteigert werden. SDRAMs arbeiten üblicherweise ebenfalls mit Burst-Reads. Dabei braucht der erste Zugriff z. B. fünf Takte, die Folgezyklen aber nur jeweils einen Takt.

An einem 100 MHz-Bus sinkt also während des Bursts die Zykluszeit auf 10 ns ab, bei 133 MHz auf 7.5 ns. SDRAM-Bausteine bestehen meist aus mehreren internen Bänken mit unabhängigen Schreib-/Leseverstärkern. In den meisten Fällen ist also ein Folgezugriff auf der gleichen Zeile schneller als der erste Zugriff, man spricht daher z. B. auch von SDRAM mit 5-1-1-1 Burst. Dagegen hatten EDO-DRAMs meist ein 5-2-2-2-Timing und FPM gar 5-3-3-3.

Seit dem Jahr 2000 wird *Double Data Rate-SDRAM*, kurz *DDR-SDRAM* eingesetzt. Es gibt bei jedem Taktimpuls des Busses nicht mehr ein, sondern zwei Datenworte aus, und zwar bei der ansteigenden *und* der fallenden Flanke des Taktimpulses. Damit erreicht es gegenüber dem bisherigen SDRAM die doppelte Datenrate.

In Abb. 4.20 ist das am Beispiel von zwei Burst-Zugriffen auf ein DDR-Speichermodul dargestellt.

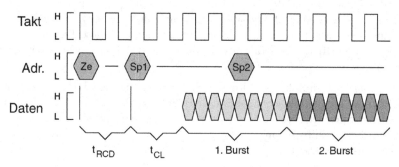

Abbildung 4.20: Ein Double Data Rate-DRAM überträgt bei der steigenden und der fallenden Flanke des Taktsignales Daten. Der erste Burstzugriff besteht aus acht Transfers in vier Takten, ein weiterer Burst kann unter günstigen Umständen direkt anschließend ausgegeben werden.

Das Modul hat eine Datenbusbreite von 64 Bit um zur Speichersteuerung zu passen. Die Burst-Länge ist auf 8 Transfers eingestellt, wodurch bei jedem Burst-Zugriff 8 mal 64 Bit also 64 Byte übertragen werden. Wegen der doppelten Datenrate werden für diese Übertragung nur vier Takte gebraucht. Die Burst-Länge könnte z. B. so gewählt sein, weil die Länge der Cache-Lines auch 64 Byte ist.

Der Zugriff beginnt mit der Übertragung der Zeilenadresse (Ze). Danach muss die so genannte RAS-to-CAS-Delay-Zeit (t_{RCD}) abgewartet werden, bis die Daten in den Schreib-/Leseverstärkern zur Verfügung stehen, hier zwei Takte. Nun kann die erste Spaltenadresse (Sp1) übergeben werden. Bis die Daten über die IO-Gatter in die Ausgangstreiber gelangt sind, vergeht die CAS-Latency (t_{CL}), in unserem Beispiel wieder zwei Takte. Nun beginnt ohne weitere Verzögerungen der Burst, zwei Transfers je Takt. Der zweite Burst-Zugriff betrifft eine andere Spalten-Anfangsadresse (Sp2) in der gleichen Zeile. Wenn diese Spaltenadresse rechtzeitig übermittelt wird, d.h. die CAS-Latency eingehalten wird, schließt sich der zweite Transfer lückenlos an.

Viel ungünstiger ist es, wenn eine Folgeadresse in einer anderen Zeile angesprochen wird. Nun muss eine andere Wortleitung aktiviert werden und vor allem müssen die Bitleitungen erst vorgeladen werden. Dazu kommt wieder t_{RCD} und t_{CL}. Selbst wenn die Vorladung schon während des laufenden Transfers ausgelöst wird, verliert man mehrere Taktzyklen.

Damit dieser ungünstige Fall selten auftritt, sind moderne DDR-SDRAMs in *Bänke* aufgeteilt. Eine Aufteilung in z. B. vier Bänke bedeutet, dass die Wortleitungen, und damit das ganze Speicherzellenfeld, in vier getrennt ansteuerbare Abschnitte aufgeteilt sind. Jede unbenutzte Bank wird sofort wieder vorgeladen und in Bereitschaft gebracht. Jetzt bedeutet der Wechsel auf eine andere Zeile nur noch dann einen Zeitverlust, wenn diese Zeile zufällig in der gleichen Bank liegt. Beim Zeilen- und Bankwechsel tritt kein Zeitverlust auf, weil jede andere Bank betriebsbereit ist. Der Chipsatz muss nur die neue Adresse rechtzeitig übermitteln, damit t_{RCD} und t_{CL} überlappend mit dem laufenden Burst stattfinden. Im statistischen Mittel wird der Zeitverlust also wesentlich geringer. Heutige DDR-DRAMs bestehen bis zu 512 MByte aus 4 Bänken, darüber aus 8. Abschnitt 4.3.2 stellt als Beispiel einen modernen DDR2-SDRAM-Chip vor.

Die genaue Typenbezeichnung der SDRAMS gibt die maximale Datenrate und die erwähnten Wartezeiten an. Ein Beispiel: Die Bezeichnung PC2100-2533 bedeutet: DDR-DRAM mit maximaler theoretische Transferrate von 2,1 Gbyte/s, CAS-Latency: 2,5 Bustakte, RAS-to-CAS-Delay: 3 Bustakte, RAS-Precharge-Time: 3 Bustakte. Weitere Informationen zu diesem DRAM findet man im SPD-EEPROM.

Die tatsächlich erreichte Datenübertragungsrate auf dem Speicherbus hängt also von der Verteilung der Adressen ab und liegt deutlich unterhalb der während des Burst erreichten Rate. Beim Auslesen großer Blöcke werden gute Datenraten erreicht, bei stark verstreuten Adressen weniger gute.

Ab dem Jahr 2004 stellte DDR2-SDRAM den PC-Standard dar. Dabei ist die Taktfrequenz in Schritten von 400 auf 800 MHz angewachsen. Interessanterweise hat sich in den letzten Jahren die eigentliche Zugriffszeit auf das Speicherfeld nicht weiter vermindert. Hier ist offenbar schon eine Grenze erreicht, die aus physikalischen Gründen nur noch schwer zu unterbieten ist. Um die Ausgabegeschwindigkeit für Daten trotzdem weiter zu steigern, muss man zu anderen Maßnahmen greifen. Neben der Aufteilung auf Bänke betreibt man jetzt ein Vierfach-Prefetching. Bei jedem Zugriff werden aus dem Speicherzellenfeld nicht eine Zelle sondern vier benachbarte Zellen (DDR: zwei Zellen) gleichzeitig parallel ausgelesen. Diese vier Bit werden auf einen Puffer/Multiplexer geführt und nun mit der hohen Taktfrquenz von 800 MHz auf einer Leitung nacheinander ausgegeben. Dabei gilt nach wie vor: Zwei Bit pro Takt. Bei einer Organisation mit 8 Datenleitungen kommen also aus einem Auslesevorgang 32 Bit zusammen, die in zwei Takten ausgegeben werden.

Um mit einer Taktfrequenz von 800 MHz übertragen zu können, müssen DDR2-Chips speziell ausgelegt werden. Ein Taktzyklus dauert nur noch 1.25 ns also bleibt für jedes Datenpaket 0.625 ns. In dieser Zeit legt das Signal auf der Platine nicht einmal 10 cm Weg zurück. Alle Leitungswege müssen deshalb in ganz engen Längentoleranzen bleiben, sonst werden die Signale asynchron. Die Datenwege müssen nach den Regeln der Hochfrequenztechnik entworfen werden und brauchen einen Abschlusswiderstand. Der ist bei DDR2 in den Chip verlegt (On-Die Termination). Als gehäuse kommen nur noch Ball Grid Arrays in Frage, die Anschlüsse sitzen dabei als kleine Kugeln direkt unter dem Chip. Auf diese Art werden Reflexionen und Abstrahlung gering gehalten. Die Betriebsspannung schließlich wurde schrittweise abgesenkt und liegt zur Zeit bei 1.8 Volt. Das geschieht einerseits, um den Energieverbrauch und die Abwärme zu verringern, ist aber auch notwendig, weil bei den immer kleineren Strukturen auf den Chips die Gefahr elektrischer Durchbrüche wächst.

Heute werden DDR3-Chips verkauft. Sie brauchen nur noch 1.3 V Spannung was bei Notebooks zu längeren Laufzeiten führt und bei allen Rechnern zu Energieeinsparungen führt.

Das einst von Intel favorisierte *Rambus-DRAM*, spielt heute im PC-Bereich keine große Rolle mehr, ebenso wenig das Sync-Link DRAM, (SLDRAM), das u.a. von Infineon unterstützt wurde und das Quad Band Memory.

Fallstudie: Ein DDR2-SDRAM mit 64 Megabyte von Qimonda

Wir betrachten den Speicherchip HYB18TC512800 des deutschen Herstellers Qimonda mit einer Kapazität von 64 Megabyte oder 512 Megabit als ein Beispiel für einen heutigen DRAM-Chip. Diese Chips werden als „Consumer-DRAM" verkauft und zum Beispiel als PC-Speicher eingesetzt. Aus 8 Chips von diesem Typ kann man ein Memory-Modul mit 512 Megabyte aufbauen. In Abb. 4.21 ist schematisch der Aufbau des Bausteins gezeigt.

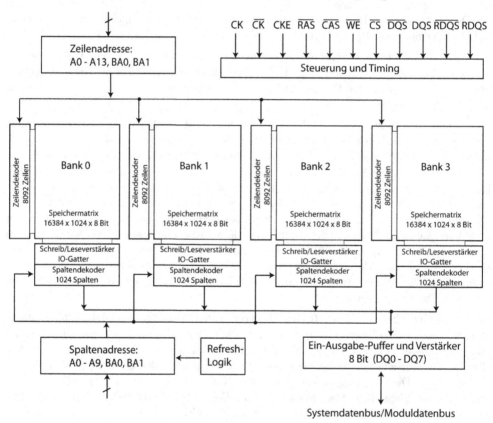

Abbildung 4.21: Blockdiagramm des HYB18TC512800 von Qimonda.

Die Speichermatrix ist in vier Bänke aufgeteilt um bessere Zugriffszeiten zu erreichen. Jede Bank besteht aus 16834 Zeilen und 1024 Spalten. Unter jeder Adresse finden sich 8 Speicherzellen die jeweils in Bit aufnehmen (im Bild nicht dargestellt) deshalb gibt es auch nach außen 8 I/O-Leitungen zum schreiben und lesen von Daten. Die Gesamtkapazität des Chips ist also:

16384 Zeilen mal 1024 Spalten mal 4 Bänke mal 8 Bit = 536870912 Bit = 512 Megabit oder 64 Megabyte

Der Speicherchip arbeitet mit Adressmultiplexing, der Speichercontroller übergibt zunächst die Zeilenadresse, dann im zweiten Schritt die Spalten- und die Bankadresse. Der erste Teil der Adressübergabe wird dem Chip durch das $\overline{RAS}$-Signal und der zweite durch das $\overline{CAS}$-Signal angezeigt. Die Adressbits sind wie folgt:

Adressteil	Adressbits	Bezeichnung
Zeilennummer	14	A0 – A13
Spaltennummer	10	A0 – A9
Banknummer	2	BA0, BA1

Man spricht hier auch von einer 14/10/2-Adressierung. Wenn in einer Bank eine Zeile ausgewählt und aktiv ist, können innerhalb dieser Zeile alle Zellen schnell gelesen werden. Man bezeichnet diese Gruppe von Zellen auch als *Page*. Hier ist die Pagegröße 1024 mal 8 Bit, also 1 Kilobyte. Der Speicherchip verfügt über einen zuschaltbaren Auto-Precharge (automatische Vorladung), womit nach jedem Zugriff automatisch ein Precharge für die ganze Zeile ausgelöst wird. Da aber häufig Daten in der nahen Umgebung der letzten benutzten Speicheradresse liegen (räumliche Lokalität, siehe S.180) verzichtet man meist auf den Auto-Precharge und lässt die Zeile aktiv. Die Burstlänge beträgt wahlweise 4 oder 8 Ausgaben. Mit 4 Ausgaben können über einen 64-Bit-Datenbus 32 Byte transportiert werden, was genau der üblichen Cacheline vieler PC-Prozessoren entspricht.

Der Speicherchip hat eine Betriebsspannung von 1.8 V und wird in einem sehr kompakten (10 mal 10,5 mm) so genannten FBGA60-Gehäuse (Fine Ball Grid Array) gefertigt (Abb.4.22).

Bei diesem Gehäuse liegen die Anschlüsse als ein Gitter (Abstand 0.8 mm) von kleinen runden Kontakten auf der Unterseite des Gehäuses.

Entwurf und Fertigung von DRAMs

Die tatsächliche Anordnung der Zellen in einem DRAM ist nicht rein matrixförmig, sondern wird bestimmt von dem Bestreben nach guter Ausnutzung der Chipfläche und gleichzeitig kurzen Signalwegen. Die dadurch verursachte „Unordnung" nennt man *Scrambling*. Dazu gehört auch, dass die Daten teilweise invertiert gespeichert werden. Chipkarten werden absichtlich mit einem starken Scrambling ihrer Speicherbereiche gefertigt, um Attacken gegen die Chipkarte zu erschweren.

Ein weiteres interessantes Thema ist die – selbstverständlich notwendige – 100%-Zuverlässigkeit von Speicherchips. Bei der hohen Anzahl an Zellen und den winzigen Dimensionen heutiger DRAMs lassen sich Strukturfehler nicht mehr gänzlich vermeiden. Schon ein mikroskopisches Staubteilchen im Fertigungsprozess kann einen Defekt in einem Teilbereich verursachen. Es werden daher neben dem eigentlichen Zellenfeld Reservezellen in den Chip eingebaut, die für eine gewisse Redundanz sorgen. Werden nun beim Funktionstest nach der Herstellung fehlerhafte Zellen entdeckt, so werden die entsprechenden Leitungen auf intakte Reservezellen umgeleitet. Dazu dient eine Sicherungsbank (Fusebank), die mit einem

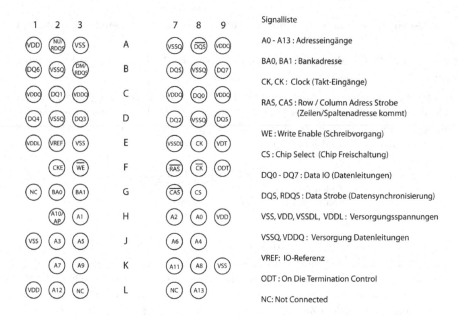

Abbildung 4.22: Anschlussschema und Signale des Speicherchips HYB18TC512800. Die Spannungsversorgungsleitungen sind mehrfach vorhanden um den Strom zu verteilen. Auf den freien Positionen sitzen Kunststoffnocken um den Chip verpolungssicher zu machen.

Laserstrahl umprogrammiert werden kann. Sind mehr fehlerhafte Zellen als Reservezellen vorhanden, ist der Chip unbrauchbar. Je größer die Erfahrung mit dem Fertigungsprozess dieses Chips wird, um so weniger Fehler werden auftreten. Die Anzahl an Reservezellen kann dann schrittweise verkleinert werden, wodurch der Chip insgesamt weniger Waferfläche beansprucht.

DRAMs sind wie alle MOS-Bausteine durch elektrostatische Entladungen (Electro Static Discharge, ESD) gefährdet. Eine solche Entladung kann einen leitfähigen Kanal im Oxid eines FET hinterlassen, der ihn unbrauchbar macht. Die nach außen führenden Leitungen werden daher mit Schutzdioden versehen, die solche elektrostatischen Entladungen verhindern sollen.

4.4 Magnetoresistives RAM und Ferroelektrisches RAM

Trotz aller beeindruckenden Erfolge, die bei der Entwicklung von Speicherbausteinen erzielt wurden, muss man doch feststellen, dass das ideale Speichermedium noch nicht existiert. Sehr praktisch wäre z. B. ein großer und schneller nicht-flüchtiger Hauptspeicher. Man könnte dann vielleicht einen Speicher für alle Aufgaben benutzen, die Trennung in Arbeitsspeicher und Massenspeicher würde entfallen. Nicht nur das langwierige Booten und Herunterfahren der Rechner, auch das ständige Auslagern von Daten auf die Festplatte wäre überflüssig (s. Abschn. 10.1, 10.2). Außerdem verbrauchen nicht-flüchtige Speicher nur bei Lese- oder Schreibzugriffen Strom, nicht aber zum Datenerhalt, ein großer Vorteil bei mobilen Systemen.

Es wird daher intensiv an neuen nicht-flüchtigen Speichermedien geforscht, von denen wir hier drei Richtungen kurz erwähnen wollen.

Das *Magnetoresistive RAM*, kurz *MRAM*, beruht auf den Effekten der Magnetoelektronik. Dies sind typische quantenphysikalische Effekte, die nur in Nanometer-Dimensionen auftreten und erst gefunden wurden, als man *sehr* dünne Schichten herstellen konnte. Im Jahr 1988 wurde der *Giant Magnetoresistive Effect* (GMR-Effekt) entdeckt. Ein GMR-Element besteht aus drei ultradünnen Schichten: Ein Ferromagnetikum, ein Metall und wieder ein Ferromagnetikum. Nun lässt man einen Strom quer durch alle drei Schichten fließt und misst damit den elektrischen Widerstand des Schichtenaufbaus. Das Entscheidende ist nun: Bei einer parallelen Magnetisierung der beiden ferromagnetischen Schichten ist der gemessene Widerstand deutlich kleiner als bei einer antiparallelen Magnetisierung! Der GMR-Effekt lässt sich für vielerlei Aufgaben in der Sensorik ausnutzen. IBM baute die ersten GMR-Leseköpfe für Festplatten und konnte die Schreibdichte damit erheblich vergrößern. Ein solches Schichtenelement mit den beiden Zuständen parallele Magnetisierung / antiparallele Magnetisierung stellt aber auch eine nicht-flüchtige Speicherzelle dar.

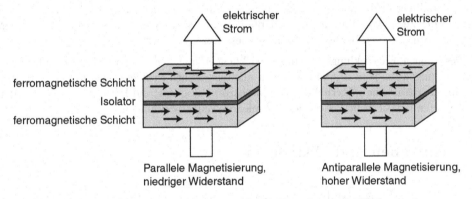

Abbildung 4.23: Die TMR-Zelle eines MRAM. Der elektrische Widerstand quer durch den Schichtenaufbau wird wesentlich durch die Magnetisierung der beiden Schichten bestimmt.

Im Jahr 1994 wurde der *Tunnel Magnetoresistive Effect* (TMR-Effekt) entdeckt. Im Unterschied zum GMR besteht hier die mittlere Schicht aus einem dünnen Isolator (Abb. 4.23). Trotz dieser Isolatorschicht fließt ein so genannten *Tunnelstrom* durch den Schichtenaufbau. Dieser Tunnelstrom bzw. der Schichtenwiderstand hängt nun wiederum deutlich davon ab, ob die beiden ferromagnetischen Schichten parallel oder antiparallel magnetisiert sind. Auch mit TMR-Zellen lässt sich also MRAM aufbauen. Dabei benutzt man einen Aufbau aus mehr als drei Schichten, um eine hartmagnetische Unterlage mit dauerhaft bleibender Magnetisierung zu erhalten. Die andere magnetisierbare Schicht ist weichmagnetisch und wird benutzt, um die Information einzuspeichern. Die Magnetisierung bleibt bis zu einer aktiven Ummagnetisierung erhalten (Hysterese), so dass die Zelle nicht-flüchtig ist. Die TMR-Zellen können einfach zwischen gekreuzte Leiterbahnen gepackt werden oder zusätzlich mit einem Tortransistor versehen werden, womit Zugriffszeiten von 10 ns bei mindestens 10^{15} Schreibzugriffen möglich sind. TMR-MRAM lässt sich wahrscheinlich noch kompakter als DRAM bauen. Zur Zeit fertigen mehrere Hersteller, so Freescale, bereits MRAM in Serie. Eine neuere Entwicklung ist das so genannte Spin-Torque-MRAM, das eine viel höhere Speicherdichte und einen schnelleren Schreibzugriff verspricht.

Das *Ferroelektrische RAM* (FRAM) beruht auf dem ferroelektrischen Effekt: Ferroelektrische Materialien behalten eine Polarisation zurück, wenn sie vorübergehend einem genügend starken elektrischen Feld ausgesetzt wurden. Diese Polarisation stellt dann die Information dar. Der Aufbau ist ähnlich dem eines DRAMs und besteht aus einem Kondensator mit ferroelektrischem Dielektrikum und einem Tortransistor. Der Polarisationszustand der Zelle lässt sich durch eine Umpolarisierung messen, damit kann die Zelle ausgelesen werden. FRAM-Zellen werden zur Zeit in drei Linien entwickelt, die sich im Ferroelektrikum unterscheiden: Blei-Zirkonium-Titanat-FRAM (PZT), Strontium-Wismut-Tantalat-FRAM (SBT) und Polymer-FRAM (PFRAM). Spezialist für FRAM ist die kleine amerikanische Fa. Ramtron, die z. B. für PZT-FRAM 10^{16} Schreib-/Lese-Zyklen angibt. Fujitsu fertigt seit 1999 FRAM.

Beim *Ovonic Unified Memory*, (OUM) besteht das Speichermedium aus einer Legierung, die in zwei stabilen Phasen existiert. Diese beiden Zustände können '0' und '1' darstellen. Da die Umwandlung in die andere Phase Energie erfordert, ist der Datenerhalt gesichert. Das Auslesen der Zelle kann über den phasenabhängigen elektrischen Widerstand erfolgen. OUM hat in Labormessungen bereits 10^{13} Schreib-Lese-Zyklen erreicht.

Ob diese neuen Entwicklungsrichtungen wirklich einmal den Weg in die Massenfertigung finden ist ungewiss, denn es sind noch nicht alle technischen Probleme gelöst. Sicher ist aber, dass Speicherbausteine weiterhin das Ziel intensiver Forschung und Entwicklung sein werden; hier erwarten uns sicherlich noch viele spannende Neuentwicklungen.

4.5   Aufgaben und Testfragen

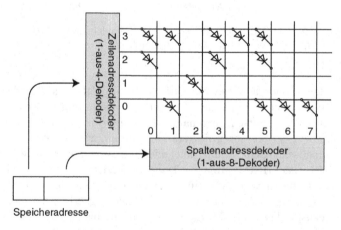

Abbildung 4.24: Ein Speicherbaustein.

1. Beantworten Sie folgende Fragen zu dem in Abb. 4.24 dargestellten Speicherbaustein:
   a) Welcher Typ Speicher ist dargestellt?
   b) Wie viele Bitleitungen und wie viele Wortleitungen hat er?

    c) Wie viele Bits werden zur Adressierung dieses Bausteines gebraucht und wie werden sie aufgeteilt?

    d) Wie groß ist die Kapazität des Bausteines, wenn er die Organisation x1 hat?

    e) Welchen Inhalt haben die Zellen 14 – 17?

2. Wählen Sie für jede der folgenden Aufgaben einen passenden Speichertyp aus!

    a) Programmspeicherung in einem digitalen Fahrradtachometer nach Abschluss der Tests.

    b) Zwischenspeicherung von Messwerten des Tankgebers in einem Auto, Geberauslesung einmal pro Sekunde.

    c) Programmspeicherung für die Ladeklappensteuerung einer Raumfähre.

    d) Programmspeicherung für Tests an einem Labormuster eines Festplattencontrollers.

3. Müssen die Widerstände $R1$ und $R2$ in der Abbildung 4.12 kleiner oder größer als der Widerstand der durchgesteuerten Transistoren sein?

4. Nennen Sie drei Methoden, mit denen die Kapazität der Speicherkondensatoren in DRAM-Zellen erhöht wird!

5. Warum gelten SRAM nicht als besonders stromsparende Bausteine?

6. Ein DRAM-Baustein hat einen 4Mx1-Aufbau und eine quadratische Zellenmatrix. Wieviele Adressanschlüsse braucht er mit und ohne Adressmultiplexing?

7. Ein DRAM-Baustein mit einer Datenwortbreite von 4 Bit und einem Refresh-Intervall von 64 ms ist aus 2048 Zeilen und 1024 Spalten aufgebaut. Nennen Sie die Speicherkapazität, die Zeilen/Spalten-Adressierung und die Refresh-Abstände bei gleichmäßig verteilten Refreshs.

8. Welche Unterschiede bestehen zwischen DRAM-Bausteinen mit 9/11- und mit 11/9-Zeilen/Spalten-Verhältnis.

9. Was ist ein Read-Burst?

10. Warum sind moderne DRAM-Chips intern in mehrere Bänke aufgeteilt?

11. Wie lange braucht ein DDR-SDRAM-Speichermodul, das mit einer Datenbusbreite von 64 Bit an einem 133 Mhz-Bus betrieben wird während des Burst zur Ausgabe von 32 Byte?

12. Erklären Sie das Funktionsprinzip von MRAM- und FRAM-Chips! Wo liegen ihre Vorteile gegenüber DRAMs?

Lösungen auf Seite 316.

5 Ein- und Ausgabe

5.1 Allgemeines

Der zentrale Bereich eines Rechnersystems ist das Prozessor-Hauptspeicher-Cache-System. Alle anderen Komponenten werden über *Eingabe* und *Ausgabe* (Input und Output) angesprochen. Mit Ein-/Ausgabe werden z.B. alle externen Geräte, wie Tastatur, Maus, Laufwerke, Digitizer usw. erreicht. Aber auch die wichtigen Systembausteine auf der Hauptplatine, wie Interruptcontroller, DMA-Controller, Zeitgeberbaustein und die verschiedenen Schnittstellen werden mit Ein-/Ausgabe angesprochen. Diese Geräte und Bausteine haben zum Teil sehr spezifische Signale und Zeitsteuerungen. Die Ein-/Ausgabebausteine haben also die Funktion einer Übergabestelle zwischen dem Systembus und dem externen Gerät oder Baustein. Daher kommt auch die Bezeichnung *I/O-Ports* (port = Hafen, Anschluss). Andere Bezeichnungen für Ein-/Ausgabebausteine sind *E/A-Bausteine*, I/O-Devices, I/O-Kanäle oder einfach Ports. Aus der Sicht des Programmierers wird bei der Ein- und Ausgabe eine Umwandlung zwischen einem logischen Symbol und einem elektrischen Pegel vollzogen:

Eingabe LOW → 0, HIGH → 1

Ausgabe 0 → LOW, 1 → HIGH

Die eigentlichen Ein- und Ausgabeschaltungen sind recht einfach und dienen nur dazu, die Signale korrekt am Systembus zu entnehmen bzw. dort aufzulegen. Die Schaltungen haben daher Ähnlichkeit mit Bustreibern. Meistens sind aber die E/A-Bausteine in andere Bausteine integriert, z.B. in Controller und Schnittstellen. E/A-Bausteine müssen nicht zwangsläufig die gleiche Bitbreite wie der Datenbus des Mikroprozessors haben, oft wird nur ein Teil der Datenbusleitungen angeschlossen, z.B. D0–D7.

Ob für die Ein-/Ausgabe separate Maschinenbefehle gebraucht werden, hängt davon ab, ob der entsprechende Prozessor die E/A-Bausteine isoliert oder speicherbezogen adressiert. Bei isolierter Adressierung besitzt der Prozessor eigene Befehle für die Ein- und Ausgabe, bei speicherbezogener Adressierung werden die gleichen Befehle benutzt wie für einen Speicherzugriff (s. auch Abschn. 6.2).

5.2 Eingabeschaltung, Ausgabeschaltung

Die Eingabeschaltung muss die von aussen kommenden TTL-Pegel übernehmen und auf Anforderung des Prozessors an den Datenbus übergeben. Dazu wird für jede Datenleitung ein

Treiber mit Tristateausgang und einem gemeinsamen Enable-Eingang vorgesehen. Der Tristateausgang ist am Datenbus des Mikroprozessors angeschlossen, der Eingang der Schaltung an der Peripherie (Abb. 5.1).

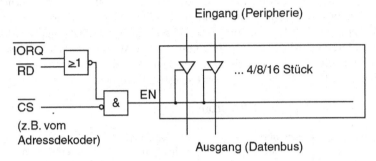

Abbildung 5.1: Eine Eingabeschaltung besteht aus Treibern mit Tristateausgang und einem gemeinsamen Freigabeeingang EN. Über die Steuerleitungen (hier $\overline{IORQ}$, $\overline{RD}$ und $\overline{CS}$) schaltet der Prozessor die Treiber frei.

Eine Eingabeschaltung entspricht einem unidirektionalen Bustreiber. Eingabeschaltungen werden auch als ICs angeboten, z.B. ist der 74HCT244 ein achtfach paralleler Eingabebaustein ähnlich Abb. 5.1. Die Tristate-Ausgänge der Eingabeschaltung sind zunächst hochohmig. Für eine Eingabe werden die Tristate-Treiber über Steuerleitungen durch den Prozessor kurz freigeschaltet. Dann werden die von der Peripherie kommenden Signale auf den Datenbus durchgeschaltet und vom Prozessor in einem Lesezyklus als Bitmuster übernommen. Danach wird die Eingabeschaltung wieder deaktiviert und ihre Treiber hochohmig geschaltet. Eine Eingabeschaltung wird also wie ein Bustreiber angesteuert.

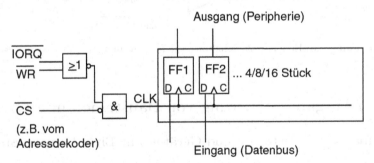

Abbildung 5.2: Eine Ausgabeschaltung besteht aus Flipflops mit einem gemeinsamen Clock-Eingang CLK. Über die Steuerleitungen (hier $\overline{IORQ}$, $\overline{WR}$ und $\overline{CS}$) schaltet der Prozessor den Clock-Eingang frei.

Eine Ausgabeschaltung muss ein Bitmuster, das vom Datenbus übergeben wird, festhalten und nach außen durchschalten. Dazu werden D-Flipflops (Latches) verwendet (Abb. 5.2). Der Prozessor legt das Bitmuster, das ausgegeben werden soll, auf den Datenbus. Danach schaltet er über Steuerleitungen mit einem kurzen Impuls den CLK-Eingang frei, so dass die Flipflops das Bitmuster vom Datenbus übernehmen. Die Flipflops speichern nun dieses Bitmuster ein und geben es am Ausgang als TTL-Signale an die Peripherie aus. Dieses Signalmuster ändert sich erst, wenn der Prozessor ein anderes Bitmuster in die Ausgabeschaltung einschreibt. Eine etwas flexiblere Schaltung, die wahlweise für Eingabe oder Ausgabe benutzt wird, ist in Abb. 5.3 gezeigt. In das Flipflop1 wird zunächst die Richtung eingetragen: 1=Eingabe, 0=Ausgabe. Ist die Richtung „Eingabe" gewählt, kann durch das Signal „Eingabewert übernehmen" das an der Ein-/Ausgabeleitung anliegende Signal im Flipflop3 eingespeichert werden. Durch das Steuersignal „Eingabe" wird es auf den Datenbus eingekoppelt. Ist dagegen die Richtung „Ausgabe" gewählt, so wird der in Flipflop2 gespeicherte Wert in ein TTL-Signal gewandelt und dauerhaft auf die Ein-/Ausgabeleitung gegeben. Mit dem Steuersignal „Ausgabewert schreiben" kann in Flipflop2 ein neuer Wert eingetragen werden.

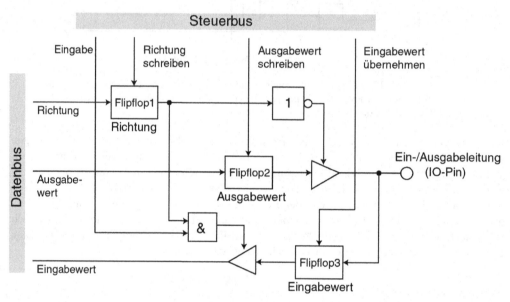

Abbildung 5.3: Eine flexible Schaltung, die für Ein- und Ausgabe geeignet ist.

5.3 Ein-/Ausgabe-Steuerung von Bausteinen und Geräten

5.3.1 Aufbau von Bausteinen und Geräten mit Ein-/Ausgabe-Steuerung

In einem Mikroprozessorsystem gibt es viele Geräte, die mit ihrer Steuerung ein eigenes Subsystem bilden, z.B. Laufwerkscontroller, Tastaturcontroller, Grafikkarte oder Echtzeituhr. Andere Subsysteme sind die *Schnittstellen*, die Daten nach eigenem Protokoll weitergeben; dazu gehören z.B. die parallele Centronics-Schnittstelle, die serielle RS232-Schnittstelle, der Universal Serial Bus (USB), die verschiedenen Netzwerk-Karten und Feldbusse. Alle diese Subsysteme arbeiten zeitweise völlig unabhängig vom Hauptprozessor, sie benutzen eigene Signalpegel und eigene Protokolle. Meist besitzen sie dazu einen eigenen Prozessor. Die Subsysteme müssen regelmäßig Daten mit dem Prozessor-Hauptspeicher-System austauschen. Die im vorigen Abschnitt beschriebenen einfachen Ein-/Ausgabeschaltungen sind hier in die Subsysteme bzw. deren Controller (Steuerungen) integriert, um diesen eine Busschnittstelle zu geben. Dabei gibt es meist innerhalb des Subsystems mehrere Register, auf die durch Eingabe lesend oder durch Ausgabe schreibend zugegriffen werden kann. Typisch ist ein Aufbau mit Zustandsregistern, Steuerregistern und Datenregistern (Abb. 5.4).

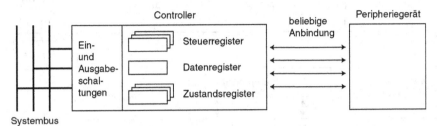

Abbildung 5.4: Ein Peripheriegerät bildet mit seinem Controller ein Subsystem. Die Anbindung an den Systembus erfolgt durch Register, auf die über Ein-/Ausgabeschaltungen zugegriffen wird.

Der Prozessor kann durch das Auslesen der Zustandsregister, also eine Eingabe, den momentanen Betriebszustand ermitteln. Durch Beschreiben der Steuerregister (Ausgabe) kann der Controller konfiguriert oder gesteuert werden. Auf den Datenregistern sind Schreib- und/oder Lesezugriffe möglich, hier können in beiden Richtungen Daten übermittelt werden (Ein- und Ausgabe).

Nehmen wir folgendes Beispiel: Der Prozessor möchte ein Datenwort über die serielle RS232-Schnittstelle senden. Dazu wird er – falls noch nicht geschehen – zunächst die Betriebsparameter der Schnittstelle einstellen, indem er auf die Steuerregister der Schnittstelle schreibt (Ausgabe). Danach wird er das Statusregister der Schnittstelle auslesen um festzustellen, ob die Serialisierungseinheit frei oder belegt ist (Eingabe). Wenn die Einheit frei ist, wird er anschließend das Datenwort in das Datenregister der Schnittstelle schreiben (Ausgabe) und diese wird es selbstständig serialisieren und senden. So können durch eine Folge von Ein- und Ausgabevorgängen komplexe Geräte und Schnittstellen angesteuert werden.[1] Dabei besteht allerdings das Problem der Synchronisation. Der E/A-Baustein ist ja das Bindeglied zwischen völlig verschiedenen und asynchronen Teilsystemen. Sowohl der Zeitpunkt als auch das Tempo der Datenübergabe müssen hier synchronisiert werden. Wir gehen auf diese Problemstellung ausführlich in Kap. 8 ein.

5.3.2 Fallbeispiel: Der programmierbare Ein-/Ausgabebaustein 8255

Die einfachen Ein- und Ausgabeschaltungen sind manchmal nicht flexibel genug. Das PPI 8255 (Programmable Parallel Interface) dagegen bietet wesentlich mehr Flexibilität als die einfachen Ein- und Ausgabeschaltungen: Die Betriebsart wird durch das Beschreiben eines Steuerregisters festgelegt und kann sogar während des Betriebs noch geändert werden. Der PPI 8255 wird im PC als Hilfsbaustein benutzt, um mehrere andere Bausteine an den Systembus anzubinden. Das PPI 8255 hat 24 Anschlussleitungen zur Peripherieseite hin, die in drei Ports zu je 8 Bit gruppiert sind: Port A, Port B und Port C. Zur Systembusseite hin gibt es Daten-, Steuer- und Adressleitungen (Abb. 5.5).

---

[1] Die Software, die das ausführt, wird im Betriebssystem als so genannter Gerätetreiber geführt.

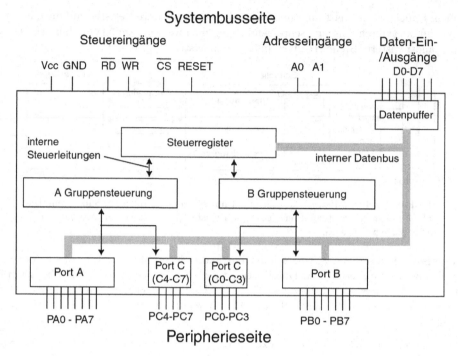

Abbildung 5.5: Die 24 Leitungen des PPI 8255 können nach Bedarf als Ein- oder
Ausgabeleitungen konfiguriertet werden.

Der 8255 kennt drei Betriebsarten. Im *Modus 0* sind die drei Ports einfache Ein-/Ausgabe-
beschaltungen, über die beliebige Peripherie mit TTL-Pegeln angebunden werden kann. Im
Modus 1 arbeiten die Ports A und B als Ein- bzw. Ausgang für 8-Bit-Datenpakete, Port C
führt Handshake-Signale. Diese Betriebsart ist für eine schnelle Datenübertragung zwischen
zwei PPI 8255 gedacht. Ähnlich ist *Modus 2*, hier läuft die Datenübertragung aber bidirektional über Port A und Port C führt Handshake-Signale. Port B wird für die Datenübertragung
nicht gebraucht und kann für einfache Ein-/Ausgabe benutzt werden wie in Modus 0. Falls
man einfache Ein-/Ausgabe betreibt, muss man für jeden Port festlegen, ob er ein Eingang
oder ein Ausgang sein soll.

Der PPI 8255 hat vier interne Register, ein Steuerregister und drei Datenregister. Auf sie
wird durch Ein-/Ausgabebefehle zugegriffen. Dabei wird über zwei Adresseingangsleitungen
(A0, A1) gesteuert, auf welches der vier internen Register zugegriffen wird:

A_0	A_1	Zugriff auf
0	0	Port A
0	1	Port B
1	0	Port C
1	1	Steuerregister

Sowohl der Modus als auch die Arbeitsrichtung der Ports wird durch Einschreiben eines
Steuerwortes im Steuerregister festgelegt, der Baustein wird dadurch konfiguriert („program-

miert"). Port A und B werden einheitlich konfiguriert, Port C separat für die untere und die obere 4-Bit-Gruppe. Eine spezielle Betriebsart erlaubt es alternativ, die Bits von Port C einzeln zu setzen; dann hat das Steuerregister eine andere Funktion. Der Aufbau des Steuerwortes ist wie folgt:

D7	1=Modussteuerwort, 0=Bits von Port C einzeln setzen
D6, D5	Modus Gruppe A: 00=Modus 0, 01=Modus 1, 1x=Modus 2
D4	Port A: 0=Ausgabe, 1=Eingabe
D3	Port C High Nibble, 0=Ausgabe, 1=Eingabe
D2	Modus Gruppe B: 0=Modus 0, 1=Modus 1
D1	Port B: 0=Ausgabe, 1=Eingabe
D0	Port C Low Nibble, 0=Ausgabe, 1=Eingabe

5.4 Aufgaben und Testfragen

1. Ein digitales Interface, das mehrere Leuchtdioden ansteuert, soll an einen PC angeschlossen werden. Welcher Baustein wird gebraucht, wie ist dieser aufgebaut?

2. Ein programmierbarer Ein-/Ausgabebaustein vom Typ PPI 8255 soll so eingestellt werden, dass alle drei Ports mit einfacher Ein-/Ausgabe arbeiten; Port A und Port C sollen zur Eingabe dienen, Port B zur Ausgabe. Welcher Wert (hexadezimal) muss ins Steuerregister geschrieben werden?

3. In das Steuerregister eines programmierbaren Ein-/Ausgabebausteins vom Typ PPI 8255 wurde der Wert 8Bh geschrieben. Auf welchen Modus ist der Baustein eingestellt, wie arbeiten die Ports?

Lösungen auf Seite 317.

6 Systembus und Adressverwaltung

6.1 Busaufbau

6.1.1 Warum ein Bus?

In einem Rechnersystem werden intern fast pausenlos Daten zwischen Bausteinen übertragen. Dazu wandelt man die abstrakten Daten (0/1) in elektrische Pegel (LOW/HIGH) um und leitet sie über elektrische Leitungen. Allerdings gibt es einige Umstände, die die Situation ziemlich kompliziert machen. Zunächst soll in jedem Schritt mehr als nur ein Bit übertragen werden, man benutzt daher mehrere Leitungen parallel. Sodann gibt es nicht nur einen Sender und einen Empfänger, sondern viele Bausteine, die sowohl Sender als auch Empfänger sein können: Prozessor, Speicher, E/A-Bausteine. Man könnte nun jeden Baustein mit jedem anderen durch ein eigenes Bündel von Leitungen verbinden, und zwar getrennt für jede Richtung. Das Ergebnis wäre eine hochkomplizierte (und teure) Hauptplatine, die trotzdem keinen Platz für Erweiterungskarten bietet. Man geht also einen anderen Weg: Es gibt nur *ein* Bündel von Leitungen, an das *alle* Teilnehmer parallel angeschlossen sind, den *Bus* (lat. omnibus = alle). An diesem Bus fließen nun die Daten von wechselnden Sendern zu wechselnden Empfängern in wechselnden Richtungen. Dies alles stellt bestimmte Anforderungen an die Ein- und Ausgänge der angeschlossenen Bausteine und ihre Ansteuerung:

- Am Bus darf immer nur maximal ein Baustein als Ausgang d.h. Sender aktiv sein.

- Nicht aktive Ausgänge dürfen die Busleitungen nicht beeinflussen.

- Es muss für alle Operationen einen streng definierten Ablauf geben, das *Busprotokoll*.

- Der Eingangslastfaktor der Empfängerbausteine darf nicht zu groß und der Ausgangslastfaktor der Senderbausteine nicht zu klein sein.

Die Buskonstruktion hat den großen Vorteil, offen zu sein, so dass weitere Teilnehmer angeschlossen werden können. Man unterscheidet die Busleitungen nach der Art der übertragenen Daten in *Datenbus, Adressbus* und *Steuerbus*. Ein typisches Beispiel: Der Bus eines Mikroprozessorsystems mit 32 Datenleitungen, 32 Adressleitungen und 29 Steuerleitungen. Die 32 Datenleitungen sind alle gleich beschaltet und übertragen bidirektional die 32 Datenbits $D_0 - D_{31}$. Der Adressbus ist unidirektional und überträgt die 32 Adressbits $A_0 - A_{31}$. Die Leitungen des Steuerbusses sind heterogen, jede Leitung hat eine andere Aufgabe.

Beispiele für Bussysteme sind PCI, ISA- und EISA-Bus der PCs. Die Idee des Busses hat sich aber auch in anderen Umgebungen bewährt: Chipinterne Busse verbinden Baugruppen innerhalb eines Chips, wie z.B. in Abb. 5.5 zu sehen. Der I^2C-Bus (Inter Intergrated Circuits) verbindet integrierte Schaltungen auf Platinen und in Geräten. Gerätebusse wie IEC-Bus, SCSI-Bus und USB verbinden Geräte untereinander, Feldbusse wie Profi-Bus, INTERBUS-S und CAN-Bus können sich über ganze Gebäudekomplexe erstrecken, um Sensoren und Aktoren anzusteuern. Ein Teil dieser Busse arbeitet allerdings bitseriell.

Wie kann nun der Systembus eines Mikroprozessorsystems aufgebaut werden? Wenn mehrere Ausgänge gleichzeitig aktiv sind kann es zu Pegelkonflikten, d.h. Kurzschlüssen, kommen. Damit die nicht aktiven Bausteine den Bus nicht beeinflussen, müssen spezielle Schaltungen verwendet werden. Wir stellen die beiden wichtigsten Schaltungen vor: Den Open-Drain-Ausgang und den Tristate-Ausgang.

6.1.2 Open-Drain-Ausgänge

Beim Open-Drain-Ausgang (Ausgang mit offenem Drain) wird der Ausgang durch einen Transistor gebildet, dessen Source auf Minus liegt und dessen Drain als Ausgang herausgeführt ist, ohne Verbindung zu einem anderen Schaltungsteil zu haben. Die Schaltungstechnik war schon bei bipolaren Transistoren als Open-Collector bekannt.

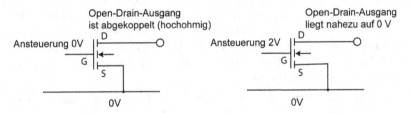

Abbildung 6.1: Bild links: Ohne Ansteuerung ist R_{DS} sehr groß, der Feldeffekttransistor ist gesperrt, der Open-Drain-Ausgang ist abgekoppelt (hochohmig, floatend). Bild rechts: R_{DS} ist recht klein, der Transistor ist leitend, der Open-Drain-Ausgang wird niederohmig (leitend) mit Masse verbunden und liegt nahezu auf 0 V.

Der Open-Drain-Ausgang kennt zwei Zustände: Wenn der Transistor *gesperrt* ist, ist die Drainleitung von der Sourceleitung elektrisch abgekoppelt. Da in einem abgekoppelten Ausgang kein Strom fließen kann, nennt man diesen Zustand auch *hochohmig* (high-Z). Ein hochohmiger Ausgang ist völlig passiv und passt sich jedem äußeren Potenzial an, er verhält sich wie eine abgekoppelte Leitung *floatet* (Abb. 6.1 links). Wenn dagegen der Transistor *leitend* ist, ist der Ausgang gut leitend mit dem Emitter verbunden und wird nahezu auf Masse-Potenzial (0 V), d.h. LOW, gezogen (Abb. 6.1 rechts). Das Schaltzeichen eines Open-Drain-Ausganges ist in Abb. 6.4 gezeigt. Ein Open-Drain-Ausgang kann eine Busleitung nicht aktiv nach $+U_B$, d.h. HIGH, schalten, dazu wird eine externe Hilfe gebraucht. Für die Ansteuerung mit Open-Drain-Ausgängen muss eine Busleitung deshalb über einen zusätzlichen Widerstand, den gemeinsamen Drainwiderstand R_D („Pull-Up-Widerstand"), mit der positiven Betriebsspannung $+U_B$ verbunden werden (Abb. 6.2).

Die Ausgangsleitung ist also HIGH, wenn *alle* angeschlossenen Open-Drain-Ausgänge passiv sind und LOW, wenn mindestens ein Open-Drain-Ausgang LOW ist. Wenn man den hochohmigen Zustand als '1' betrachtet, entspricht das bei positiver Logik einer UND-Verknüpfung und da diese durch die Verdrahtung hergestellt ist, spricht man auch von *WIRED AND*.

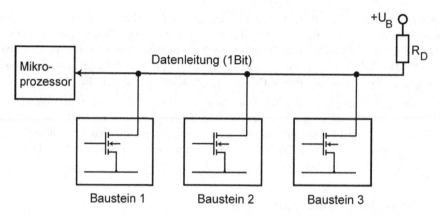

Abbildung 6.2: Eine Busleitung, die durch Open-Drain-Ausgänge getrieben wird, braucht einen externen gemeinsamen Drainwiderstand R_D.

Beim Betrieb eines Open-Drain-Busses sorgt man dafür, dass max. ein Ausgang aktiviert ist, dieser bestimmt dann den Leitungszustand HIGH oder LOW. Die Busleitung kann durch einen der Ausgänge relativ schnell von HIGH auf LOW gezogen werden. Beim Wechsel von LOW auf HIGH aber muss die Busleitung durch einen Strom aufgeladen werden, der durch den gemeinsamen Drainwiderstand fließt. Da dieser Strom nach dem ohmschen Gesetz begrenzt ist ($I = U_B/R_C$), dauert dieser Wechsel relativ lange. Hohe Taktfrequenzen sind daher mit dem Open-Drain-Bus schlecht möglich.

Pull-Up-Ausgänge werden durch einen Transistor nach $+U_B$ durchgeschaltet. Alle Ausgangsschaltungen werden auch als Stufen bezeichnet, also Open-Drain-Stufe usw.

6.1.3   Tristate-Ausgänge

Ein externer Pull-Up-Widerstand wie in Abb. 6.2 hat natürlich den weiteren Nachteil, dass hier ein ständiger Verluststrom fließt, wenn die Busleitung LOW ist. Um dieses Problem zu umgehen, ist es naheliegend, eine Ausgangsstufe zu entwerfen, die zwei Transistoren hat und die Ausgangsleitung damit entweder zu $+U_B$ oder zu Masse durchschaltet. Das Ergebnis ist die *Gegentakt-Endstufe* in Abb. 6.3.

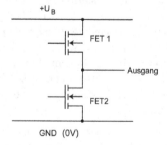

Abbildung 6.3: Eine Gegentakt-Endstufe. Es ist immer FET 1 leitend und FET 2 gesperrt oder umgekehrt.

Ist FET 1 leitend und FET 2 gesperrt, liegt die Ausgangsleitung auf HIGH, ist es umgekehrt, liegt sie auf LOW. Dieser Ausgang ist aber als Busleitungstreiber nicht zu gebrauchen, denn der Ausgang ist immer entweder HIGH oder LOW. Ein Busleitungstreiber eines Busteilnehmers, der gerade nicht aktiv ist, darf aber den Bus nicht beeinflussen! Man muss die Schaltung also erweitern, so dass es möglich ist, die Ausgangsleitung elektrisch abzukoppeln. Das kann man erreichen, indem man FET 1 und FET 2 gleichzeitig sperrt. Dazu werden zwei weitere Transistoren in die Schaltung eingefügt. Diese haben die Aufgabe, die beiden Ausgangstransistoren gleichzeitig zu sperren. Die Ansteuerungsleitung für die beiden Zusatztransistoren wird nach außen geführt und heißt meistens *Chip-Select*, abgekürzt CS, übersetzt *Baustein-Freigabe*. Andere Bezeichnungen sind *Output Enable*, *Chip Enable* oder einfach *Enable* (abgekürzt OE, CE oder EN). Mit der Chip-Select Leitung kann die Gegentakt-Endstufe deaktiviert werden. Die Ausgangsleitung ist dann hochohmig (siehe Abschnitt 6.1.2). Der Chip ist meist dann selektiert, wenn Chip-Select LOW ist, es handelt sich dann um ein *LOW-aktives Signal*. In der Signalbezeichnung wird das durch eine Überstreichung angezeigt, diese lauten also $\overline{CS}$ oder entsprechend $\overline{OE}$, $\overline{CE}$ und $\overline{EN}$. Der Ausgang hat also die drei Zustände:

1. HIGH

2. LOW

3. hochohmig (high-Z, abgekoppelt, floating)

Diese Art Ausgänge heißt deshalb *Tristate-Ausgang* (Tri State = drei Zustände) genannt. Abb. 6.4 zeigt die Schaltzeichen für Open-Drain- und Tristate-Ausgänge.

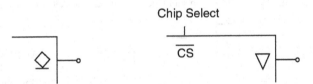

Abbildung 6.4: Die Schaltzeichen für Open-Drain-Ausgänge (links) und Tristate-Ausgänge (rechts).

Tristate-Ausgänge sind sehr gut geeignet, um Busleitungen zu treiben (Abb. 6.5). Man muss allerdings dafür sorgen, dass immer nur einer der Ausgänge aktiv ist, sonst fließen hohe Querströme von einem Baustein zum anderen. Die Schaltungstechnik dazu wird im Abschnitt 6.2 vorgestellt.

6.1.4 Bustreiber

Gehen wir einmal von einem beliebigen Logikbaustein aus, der eine gewisse Anzahl von Eingängen und Ausgängen hat und der für den Einsatz in Digitalschaltungen gedacht ist. Die Ausgänge sind Gegentaktendstufen mit geringem Ausgangslastfaktor. Der Baustein kann so nicht an einen Bus angeschlossen werden, weil erstens der hochohmige Zustand fehlt und zweitens der Ausgangslastfaktor zu gering ist für die langen Busleitungen mit vielen Teilnehmern. Abhilfe schafft hier ein *Treiber* oder *Bustreiber* (engl. Bus Driver, Buffer).

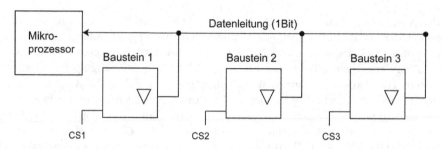

Abbildung 6.5: Eine Busleitung an der drei Bausteine mit Tristate-Ausgängen betrieben werden.

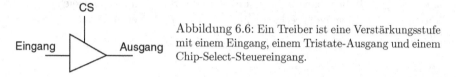

Abbildung 6.6: Ein Treiber ist eine Verstärkungsstufe mit einem Eingang, einem Tristate-Ausgang und einem Chip-Select-Steuereingang.

Ein Treiber hat einen Eingang, einen Ausgang und einen Chip-Select-Eingang (Abb. 6.6). Er gibt ein Eingangssignal ohne irgendeine Art von logischer Verknüpfung an einen Tristate-Ausgang durch und kann damit – gesteuert durch das Chip-Select-Signal – Leitungen nach Bedarf trennen oder verbinden. Außerdem verstärkt er das Signal etwas, d.h. er erhöht den Ausgangslastfaktor. Mit einem Treiber kann man unseren Logikbaustein an einen Bus anschließen, man muss nur den Treiber im richtigen Moment aktivieren (s. Abschn. 6.2).

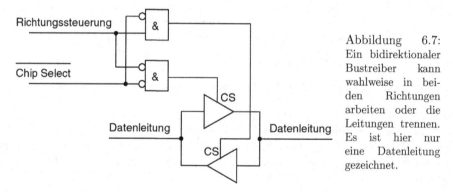

Abbildung 6.7: Ein bidirektionaler Bustreiber kann wahlweise in beiden Richtungen arbeiten oder die Leitungen trennen. Es ist hier nur eine Datenleitung gezeichnet.

Es werden auch Treiber für Datenempfänger am Bus (engl. *Bus Receiver*) eingesetzt. Viele Bausteine müssen manchmal Daten senden und manchmal Daten empfangen. Dazu werden umschaltbare *bidirektionale Bustreiber* (engl. *Bus Transceiver*) benutzt (Abb. 6.7). Solche Bustreiber werden als integrierte Schaltungen mit mehrfach parallelen Datenleitungen gebaut, z.B. ist der 74LS245 ein achtfach bidirektionaler Bustreiber (oktal Bustransceiver), der schon in den ersten PC eingebaut wurde. In viele Digitale ICs sind die Bustreiber schon integriert.

6.1.5   Synchrone und asynchrone Busse

Der Zeitablauf für die vielen Vorgänge auf dem Bus, muss absolut zuverlässig geregelt sein.
Es darf z.B. nie vorkommen, dass an den Prozessor falsche Daten übermittelt werden, weil ein
Speicher- oder E/A-Baustein seine Daten zu spät auf den Bus gelegt hat. Für dieses Problem
gibt es zwei grundsätzliche Ansätze: Den synchronen und den asynchronen Bus.[45],[18]

Beim *synchronen Bus* gibt es auf einer separaten Taktleitung ein Taktsignal. Dieses Taktsignal
ist durch einen Schwingquarz stabilisiert und bildet das Zeitraster für alle Vorgänge auf dem
Bus. Das Taktsignal ist normalerweise ein symmetrisches Rechtecksignal mit der Taktfrequenz
f (Abb. 6.8).

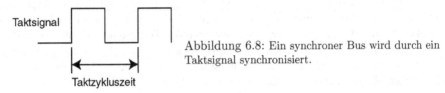

Abbildung 6.8: Ein synchroner Bus wird durch ein
Taktsignal synchronisiert.

Das sich wiederholende Signalstück des Taktsignals – LOW-Phase plus HIGH-Phase – nennt
man einen *Taktzyklus* oder einfach einen *Takt*. Die Dauer eines Taktes ist die Taktzykluszeit $T = 1/f$. Heutige Computerbusse laufen zum Teil mit Taktfrequenzen von mehr als
100 MHz. Bei 100 MHz dauert ein Taktzyklus $T = 1/10^8 \ s^{-1} = 10 \ ns$. Da aber nicht alle
Bausteine dieses Tempo mitgehen können, sind in vielen Systemen mehrere Busse vorhanden,
die mit verschiedenen Taktfrequenzen betrieben werden. So läuft vielleicht in einem PC ein
Speicherbus mit 133 MHz, der PCI-Bus mit 33 oder 66 MHz und der alte ISA-Bus nur mit
8,33 MHz.

Alle angeschlossenen Bausteine orientieren sich am Taktsignal und alle Zeitbedingungen
sind relativ zu diesem Taktsignal beschrieben. Diese Zeitbedingungen, das *Timing*, sind sehr
vielfältig und komplex. Es könnte z.B. festgelegt sein, dass ein Speicherbaustein in der ersten
Hälfte des Folgetaktes nach der Datenanforderung durch ein Read-Signal die Daten bereitzustellen hat. Ist der Speicherbaustein zu langsam, muss die Speichersteuerung einen *Wartetakt*
(Waitstate) einlegen, der entweder durch ein Signal des Bausteines ausgelöst wird oder aber
in der Speichersteuerung schon fest einprogrammiert ist.

Dies ist aber nur ein Beispiel unter vielen; praktisch für jede Änderung eines Signales auf dem
Bus sind Zeitpunkt und Flankensteilheit innerhalb gewisser Grenzen festgelegt. Die Hersteller von Bausteinen müssen sich an diese *Busspezifikation* halten, sonst funktionieren diese
evtl. am Bus nicht. So gehen z.B. Probleme beim Einbau von Speicher-Modulen oft auf un-
genaues Timing zurück. Der synchrone Bus ist weit verbreitet und hat sich sehr gut bewährt.
Trotzdem gibt es Situationen, in denen der synchrone Bus nicht die optimale Lösung ist.
Wenn z.B. ein Speicherbaustein in der Lage ist, angeforderte Daten nach 4,1 Taktzyklen auszugeben, wird man 5 Taktzyklen aufwenden müssen, weil jeder Vorgang immer eine ganze
Anzahl von Taktzyklen braucht. Alle Zeiten liegen in einem festen Zeitraster. Ein Vorgang
auf einem 100-MHz-Bus dauert 10, 20, 30 oder 40 ns usw., es wird immer aufgerundet. Noch
schwerwiegender ist, dass man mit einer Busspezifikation immer einen bestimmten technischen Stand festschreibt. Wenn z.B. ein Bus immer drei Zyklen zu je 10 ns beim Auslesen
eines RAM-Bausteines aufwendet, würde ein neuer, schnellerer RAM-Baustein keine Ver-

besserung bringen, weil das festgeschriebene Busprotokoll diesen Baustein genau so schnell ansteuert, wie ältere RAMs.

Der *asynchrone Bus* versucht diese Nachteile zu umgehen. Er verzichtet auf das Taktsignal und arbeitet bei allen Busvorgängen mit Synchronisations- und Bestätigungssignalen (Handshake). Nehmen wir als Beispiel wieder den Lesezugriff auf einen Busbaustein. Der Busmaster, z.B. der Prozessor, legt zunächst die Adresse und die Anforderungssignale auf den Bus. Der angesprochene Baustein, auch Slave genannt, erkennt diese Signale und beginnt damit, die angeforderten Daten bereitzustellen. Sind die Daten verfügbar, zeigt der Baustein dies durch ein Bestätigungssignal an. Der Busmaster liest nun die Daten vom Bus und nimmt dann sein Anforderungssignal zurück. Zum Schluss nimmt der Slave sein Bestätigungssignal zurück und der Bus ist für den nächsten Transfer bereit. Alle Bustransfers können eine beliebige Zeit beanspruchen, der asynchrone Bus ist ereignisgesteuert und nicht zeitgesteuert. Daher gibt es auf dem asynchronen Bus (bis auf die Anstiegszeiten der Handshake-Signale) keine Wartezeiten. Mit dem Einbau schnellerer Speicherchips würde der Bus sofort schneller laufen. Der asynchrone Bus ist dem synchronen also grundsätzlich überlegen, gestaltet sich aber wegen des notwendigen Handshakes etwas aufwändiger.

6.1.6 Busdesign

Die wichtigsten Design-Parameter für ein Bussystem sind die Breiten der Adress- und Datenbusse. Die Breite des Adressbusses mit n Leitungen begrenzt die Größe des Speichers auf $Z = 2^n$ Speicherplätze. Ein zu schmaler Bus führt dazu, dass man an die Speichergrenze stößt, ein zu breiter Bus kostet unnötig Geld. Außerdem sollte die Breite des Adressbusses zu den Registern des Prozessors passen, damit Adressen (Zeiger) in ein Register passen. Spätere Erweiterungen eines Busses, wie sie z.B. die PCs mehrfach erfahren haben, führen zu Kompatibilitätsproblemen. Die Breite des Datenbusses entscheidet darüber, wieviele Bit bei einem Bustransfer übertragen werden. Ein 32-Bit-Bus transportiert bei gleichem Takt doppelt so viele Daten, wie ein 16-Bit-Bus, kostet aber auch mehr Fläche, Treiberbausteine, Verbindungsmaterial usw. Umgekehrt wurden schon manchmal preiswerte Varianten von Mikroprozessoren abgeleitet, die mit halber Busbreite arbeiteten. Beispiele dafür sind Intels Prozessoren 8088 und 80386SX. Beispielsweise hatte der Intel 80386 einen 32-Bit-Datenbus und einen 32-Bit-Adressbus. Der Intel 80386SX wurde als preiswerte Variante des 80386 mit einem 16-Bit-Datenbus und einen 24-Bit-Adressbus herausgebracht. Er muss doppelt so viele Bustransfers durchführen wie der 80386, was seine Datentransferrate bei gleicher Taktfrequenz erheblich verringert. Mit dem schmaleren Adressbus kann der 80386SX nur noch 16 MByte statt 4 GByte adressieren; in vielen Fällen reichte das aber aus, so dass auch die SX-Boards oft verkauft wurden.

Ein anderer Design-Parameter ist die Taktfrequenz des Busses. Die Erhöhung der Taktfrequenz wird natürlich angestrebt, um damit die Datentransferrate zu erhöhen. Dieser Erhöhung sind aber verschiedene Grenzen gesetzt. Zum einen führt eine sehr hohe Taktfrequenz zu verstärkter Hochfrequenzabstrahlung. Zum anderen wirken die Widerstände und die parasitären Kapazitäten der Busleitungen als Tiefpass und begrenzen die Änderungsgeschwindigkeit der Signale. Aus steilen Anstiegsflanken werden bei immer höheren Frequenzen allmählich sanft ansteigende Kurven und die Schaltpegel werden zu spät erreicht. Schließlich breiten sich die Signale auf unterschiedlichen Leitungen mit unterschiedlicher Geschwindigkeit aus, der so genannter *Bus-Skew* („Busschräglauf"). Bei zunehmenden Taktfrequenzen werden die Laufzeitdifferenzen relativ zum Takt immer größer, so dass hier Probleme entstehen.

Eine weitere Designentscheidung ist, ob Adressen und Daten gemultiplext werden sollen. In diesem Fall werden die gleichen Leitungen zu bestimmten Zeiten für Adressen und zu anderen Zeiten für Daten benutzt. Dadurch verringert sich die Anzahl der Leitungen, es werden aber Zusatzbausteine für die Zwischenspeicherung der Adressen gebraucht. Gemultiplexte Adress-/Datenleitungen hat z.B. der PCI-Bus. [50]

6.1.7 Busvergabe bei mehreren Busmastern

Die Bausteine am Bus arbeiten oft wechselweise als Sender oder Empfänger. Ein Speicherbaustein z.B. kann Daten empfangen oder Daten ausgeben. Bei dieser Ausgabe steuert er die Datenleitungen und evtl. auch einige Steuerleitungen an. Der Speicherbaustein steuert aber weder die Art noch den Zeitpunkt des Bustransfers, sondern reagiert nur auf vorherige Anforderung. Man bezeichnet solche Bausteine daher auch als *Slave*-Bausteine. Der Prozessor dagegen leitet den Bustransfer ein. Er bestimmt, wann welche Bustranfers stattfinden und steuert ihren Ablauf. Ein solcher Baustein ist ein *Busmaster*. Ist an einem Bus nur ein einziger Busmaster aktiv, so ist die Lage noch sehr übersichtlich. Der Busmaster bestimmt jederzeit die Aktionen des Systems und wenn vom Busmaster keine Aktivität ausgeht, finden keine Bustransfers statt.

In einem modernen System arbeiten aber weitere autonome Bausteine, die unter bestimmten Umständen Buszyklen einleiten müssen. Beispiele dafür sind der DMA-Controller und der mathematische Coprozessor. Außerdem gibt es auch Rechnersysteme mit mehreren Prozessoren am gleichen Bus. Es muss also möglich sein, mit mehreren Busmastern zu arbeiten. Das Hauptproblem ist dabei die Vorrangregelung bei gleichzeitiger Busanforderung mehrerer Busmaster. Man braucht eine Konstruktion, die sicherstellt, dass die laufenden Transfers ordnungsgemäß beendet werden können und dafür sorgt, dass das Zugriffsrecht kontrolliert zwischen den Busmastern abgegeben wird, die *Busarbitration* (engl. arbiter = Schiedsrichter). Die Busarbitration sollte nach Dringlichkeit erfolgen, sie darf aber auch die weniger dringlichen Anforderungen nicht zu lange aufschieben.

Wenn außer dem Prozessor nur ein weiterer Baustein am Bus aktiv ist, genügt ein einfacher Anforderungs-Gewährungs-Mechanismus, der als Busarbiter in die CPU integriert ist. Dabei wird die zeitweilige Busabgabe an den externen zweiten Busmaster über zwei Handshake-Leitungen, Bus-Anforderung und Bus-Gewährung, abgewickelt. Ein schönes Beispiel dafür ist der DMA-Zyklus in Abschn. 8.3.

In komplexeren Systemen realisiert man eine flexible Busarbitration. Eine Möglichkeit dazu ist das *Daisy-Chaining*: Alle Busmaster haben einen Busgewährungsein- und ausgang. Nun werden die Busmaster in einer logischen Kette angeordnet und geben das Busgewährungssignal jeweils zum Nachfolger weiter, falls sie nicht selbst die Buskontrolle beanspruchen. Auf diese Art ist die Frage der Priorität elegant und eindeutig geklärt: Der erste Baustein in der Kette hat die höchste Priorität, der zweite die zweithöchste usw. Daisy-Chaining kann auch benutzt werden, um die Priorität von Interruptquellen festzulegen (s. Abschn. 8.1.2).

Eine weitere Möglichkeit ist die Benutzung eines speziellen Busarbiter-Bausteines. Die Busanforderungs- und Busgewährungssignale aller Bausteine sind auf diesen Baustein geführt, der durch E/A-Zugriffe auf bestimmte Parameter eingestellt wird und die Busvergabe entsprechend vornimmt.

6.2 Busanschluss und Adressverwaltung

6.2.1 Allgemeines zu Adressen und ihrer Dekodierung

Durch die Ausgabe eines Bitmusters auf dem Adressbus wird gezielt eine ganz bestimmte Speicherzelle oder ein bestimmter E/A-Baustein angesprochen. Das ausgegebene Bitmuster nennt man auch die *Adresse* (Abb. 6.9). Je nach Beschaltung des Busses wird unter dieser Adresse ein Speicherplatz auf einem Speicherchip oder auch ein Register in einem E/A-Baustein angesprochen. Wir haben gesehen, mit welchen Schaltungen alle Busteilnehmer parallel an einem Bus angeschlossen werden können. Wie ordnet man aber den Bausteinen Busadressen zu und wie trennt man Speicher- und E/A-Adressen?

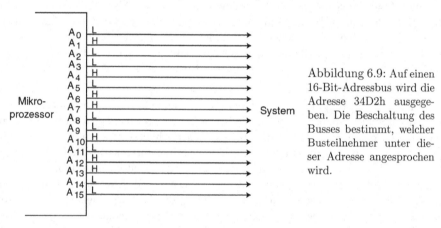

Abbildung 6.9: Auf einen 16-Bit-Adressbus wird die Adresse 34D2h ausgegeben. Die Beschaltung des Busses bestimmt, welcher Busteilnehmer unter dieser Adresse angesprochen wird.

Rufen wir uns in Erinnerung, dass Speicher- und E/A-Bausteine interne Speicherplätze haben. Typischerweise haben Speicherbausteine sehr viele interne Speicherplätze, denn gerade das ist ihr Zweck. E/A-Bausteine haben dagegen meistens nur wenige interne Speicherplätze, nämlich nur die für den Betrieb notwendigen Register. Um die internen Speicherplätze zu erreichen, müssen die Bausteine Adresseingänge haben. Ein Baustein mit k nicht gemultiplexten Adresseingängen kann maximal 2^k interne Speicherplätze besitzen. Betrachten wir dazu folgende Beispiele:

1. Ein PPI 8255 (Programmierbarer E/A-Baustein, s. Abschn. 5.3.2) hat 4 interne Speicherplätze. Er braucht daher 2 Adressleitungen, um die $4 = 2^2$ internen Plätze zu adressieren, nämlich A_0 und A_1.

2. Ein EEPROM mit einer Organisation von 4kx8Bit hat 12 Adressleitungen, um die 4096 $= 2^{12}$ internen Speicherplätze zu adressieren nämlich $A_0 - A_{11}$.

3. Ein Memory-Controller, der eine Speicherbank von 256 MByte $= 2^{28}$ Byte verwaltet, hat 28 Adressleitungen (auch wenn intern mit Adressmultiplexing gearbeitet wird).

Bei Speicherbausteinen wird in jedem Fall gefordert, dass die Adressverwaltung die Speicherplätze mehrerer Speicherbausteine zu einem großen, zusammenhängenden Bereich im Adressraum zusammenfügt, dem Arbeitsspeicher. Die Speicheradressen liegen also für die Busmaster an lückenlos aufeinanderfolgenden Systemadressen. E/A-Bausteine sind dagegen Einzelsysteme und bilden keine miteinander zusammenhängenden Adressbereiche. Zwischen den Adressen verschiedener E/A-Bausteine dürfen also Lücken bleiben. Aber auch die Register *eines* E/A-Bausteines sollten im Systemadressraum einen zusammenhängenden Block bilden. Eine Adressverwaltung muss also Folgendes leisten:[1]

- Es muss sichergestellt sein, dass unter jeder Adresse immer nur *ein* Baustein angesprochen wird, gleichgültig ob Speicher- oder E/A-Baustein (Vermeidung von Adress-Konflikten).

- Der Adressraum sollte möglichst gut ausgenutzt werden, d.h. jeder Baustein sollte nur unter einer Adresse zu finden sein (keine *Spiegeladressen*).

- Die Adressräume von Speicherbausteinen müssen lückenlos aufeinander folgen.

- Jeder interne Speicherplatz bzw. jedes Register erscheint unter einer eigenen Adresse im Systemadressraum. Die Systemadressen der internen Speicherplätze/Register eines Bausteines sollen in der Regel zusammenhängend sein.

Um nun die genannten Anforderungen zu erfüllen, baut man die Adressdekodierung nach einem festen Schema auf. Unter Dekodierung einer Adresse versteht man ihre Erkennung die nachfolgende Freischaltung von genau einem Baustein. Der Kernpunkt ist die *Teilung des Adressbusses*. Die k niedrigstwertigen Adressleitungen werden direkt an die Adresseingänge des Bausteines geführt und dienen zur Auswahl des richtigen internen Speicherplatzes oder Registers. Die nächstfolgenden l Adressleitungen werden zur Adressdekodierung auf einen *Adressdekoder* geführt (Abb. 6.10).

Der Adressdekoder vergleicht diese l Bits mit einer intern eingestellten Vergleichsadresse (Bausteinadresse) und schaltet den angeschlossenen Baustein frei, wenn die beiden Bitmuster gleich sind. Diese l Leitungen reichen zur Freischaltung von maximal 2^l Bausteinen aus. Wenn ein Adressbus mit n Leitungen benutzt wird und keine Leitung unbenutzt bleibt, gilt

$$k + l = n \tag{6.1}$$

Diese Situation kann übersichtlich mit dem *Adress-Aufteilungswort* (auch kurz *Adresswort*) dargestellt werden, einem Schema in dem die Funktion der Adressbits gruppenweise erkennbar wird (Abb. 6.11).

6.2.2 Adressdekodierung von Ein-/Ausgabebausteinen

Als Adressdekoder kann ein digitaler *Vergleicher* benutzt werden. Ein solcher Vergleicher hat zwei Reihen von Digitaleingängen, die z.B. A- und B-Eingänge genannt werden. Der

---

[1] Auf diese Forderungen kann man in seltenen Ausnahmefällen verzichten, zum Beispiel in sehr kleinen, nicht für Erweiterungen gedachten, Systemen. Behelfsmäßig kann eine der Adressleitungen direkt für die Freischaltung des Bausteins benutzt werden. Dabei ist die Anzahl der Bausteine durch die Breite des Adressbusses begrenzt und es entstehen sehr viele Spiegeladressen. Wird die Freischaltung gar nicht mit dem Adressbus verknüpft, belegt ein Baustein den gesamten Adressraum, da ja die Bausteinfreischaltung nicht von der benutzten Adresse abhängt.

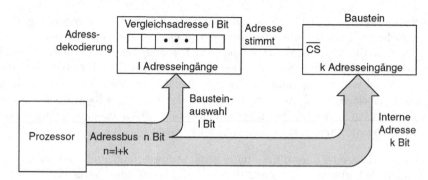

Abbildung 6.10: Für die korrekte Freischaltung von Speicher- oder Ein-/Ausgabebausteinen wird der Adressbus aufgeteilt.

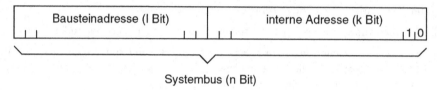

Abbildung 6.11: Das Adress-Aufteilungswort beim Busanschluss von Bausteinen, wenn alle Adressleitungen benutzt werden.

Ausgang des Vergleichers $(\overline{A = B})$ zeigt an, ob die Bitmuster an den beiden Eingangsreihen exakt gleich sind (Abb. 6.12).

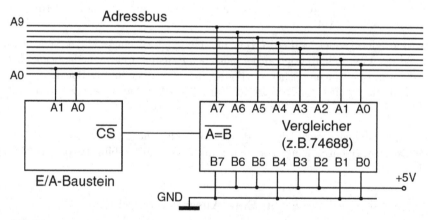

Abbildung 6.12: Die Adressdekodierung eines E/A-Bausteines mit einem Vergleicher. Der Adressdekoder prüft die Adressbits $A_2 - A_9$.

Man legt nun an die eine Eingangsreihe des Vergleichers (A-Eingänge) die Adressleitungen zur Bausteinauswahl und an die andere Reihe (B-Eingänge) die interne, fest eingestellte Vergleichsadresse an. Dieses Bitmuster ist die eingestellte Bausteinadresse. Wenn die Adressbits zur Bausteinauswahl exakt dem fest eingestellten Bitmuster entsprechen, schaltet der Vergleicher mit seinem Ausgangssignal den angeschlossenen Baustein frei. Das Freischaltungssignal muss u.U. mit weiteren Signalen verknüpft werden, bevor es an den Chip-Select-Eingang des Bausteines geht, z.B. bei isolierter E/A-Adressierung (s. Abschn. 6.2.2) mit dem $Mem/\overline{IO}$-Signal. Der Busmaster muss nun dafür sorgen, dass in dem Bitfeld zur Bausteinauswahl genau das Bitmuster erscheint, auf das der Adressdekoder eingestellt ist. Das erreicht man durch die Wahl der richtigen Adresse im Befehl. Das fest eingestellte Bitmuster am Adressdekoder bestimmt also die Adressen unter denen der Baustein im Systemadressraum erscheint. Das folgende Beispiel soll dies verdeutlichen.

Beispiel Ein E/A-Baustein soll mit einem Adressdekoder freigeschaltet werden. Der für das Beispiel ausgewählte E/A-Baustein hat vier interne Register, die man über die beiden Adresseingänge A_0 und A_1 folgendermaßen adressieren kann:

A_1	A_0	Interne Adresse
0	0	Reg 0
0	1	Reg 1
1	0	Reg 2
1	1	Reg 3

Bei korrekter Adressdekodierung belegt er auch im Systemadressraum genau 4 Adressen. Der Bus soll insgesamt 10 Adressleitungen haben, davon werden 2 in den Baustein geführt und 8 auf den Adressdekoder. Es ist also in Gl. 6.1: $l = 8$; $k = 2$; $n = 10$. Daraus ergibt sich das Adresswort, das in Abb. 6.13 gezeigt ist.

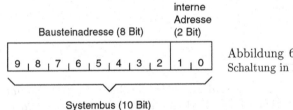

Abbildung 6.13: Das Adresswort zu der Schaltung in Abb. 6.12.

Für die Adressdekodierung kann ein handelsüblicher 8-Bit-Vergleicher (z.B. 74688) benutzt werden. Um die belegten Adressen zu bestimmen, kann man sich anhand einer Tabelle überlegen, bei welchen Bitmustern der Chip freigeschaltet wird und welche internen Adressen jeweils erreicht werden. Damit der Baustein über $\overline{CS}$ freigeschaltet wird, müssen die Bitmuster an den Eingängen A und B übereinstimmen. Auf Grund der Beschaltung an den B-Eingängen muss das Signalmuster an den A-Eingängen also LHHLHHLL und damit das Bitmuster auf den Adressleitungen $A_9 - A_2$ immer gleich 01101100 sein, um den Baustein überhaupt freizuschalten. Das Bitmuster auf den Bits A_0, A_1 bestimmt dagegen nicht, ob der Baustein freigeschaltet wird, sondern welche interne Adresse angesprochen wird; dort sind alle Bitmuster erlaubt. Nach diesen Regeln entsteht folgende Tabelle, aus der man die Systemadressen des Bausteines entnehmen kann:

Adresse binär	Adresse hex.	Interne Adresse
01101100 00	1B0	Reg 0
01101100 01	1B1	Reg 1
01101100 10	1B2	Reg 2
01101100 11	1B3	Reg 3
sonst	—	—

Unter der Adresse 1B0h spricht man also den Speicherplatz mit der internen Adresse 0 an, man nennt 1B0h auch die *Basisadresse* des Bausteines. Wegen der Verschiebung um 2 Bit ist die Basisadresse hier gleich dem Vierfachen des Bitmusters auf der B-Seite, wenn es als binäre Zahl aufgefasst wird. Alle anderen Adressen des Bausteines liegen direkt anschließend oberhalb der Basisadresse. Der *Adressbereich* des Bausteines im System ist 1B0h – 1B3h (Abb. 6.14).

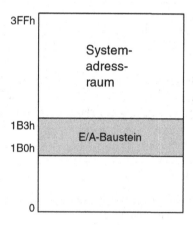

Abbildung 6.14: Die vier Adressen des E/A-Bausteines bilden einen zusammenhängenden Bereich im Systemadressraum.

Oft möchte man in solchen Schaltungen den Adressbereich flexibel halten. Dazu kann man den B-Eingang mit DIP-Schaltern (Dual Inline Package-Miniaturschalter die auf der Platine eingelötet werden) ausrüsten, die der Anwender einstellen kann. Noch flexibler ist man, wenn an den B-Eingängen Flipflops angeschlossen sind: Jetzt kann das Betriebssystem beim Bootvorgang die E/A-Adressen in die Flipflops einschreiben, z.B. beim so genannten *Plug and Play* der PCs.

Der Systemadressraum bietet insgesamt Platz für 2^n Adressen. In den meisten Fällen ist der Speicher nicht voll ausgebaut, d.h. nicht der ganze Systemadressraum ist mit Bausteinen bestückt. Am höchstwertigen Ende des Adressbusses können auch Leitungen unbenutzt bleiben, dann gilt:

$$k + l < n$$

Das Adresswort hat dann drei Gruppen von Adressbits (Abb. 6.15). Freie Adressleitungen führen allerdings immer zu Mehrdeutigkeiten, da Unterschiede auf diesen freien Leitungen nicht ausgewertet werden. Es ergibt sich also, dass der gleiche Baustein auf mehreren Adressen angesprochen werden kann, die sich gerade in den nicht ausgewerteten Bitstellen unterscheiden. Man nennt solche Adressen auch *Spiegeladressen*.

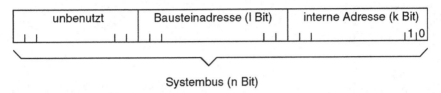

Systembus (n Bit)

Abbildung 6.15: Das Adresswort beim Busanschluss von Bausteinen, wenn Adressleitungen frei bleiben.

Speicherbezogene und isolierte E/A-Adressierung

Bei der speicherbezogenen E/A-Adressierung (memory mapped I/O-Adressing) gibt es nur einen Systemadressraum, den sich Speicherbausteine und E/A-Bausteine teilen. Ein Teil der Speicheradressen ist auf I/O-Bausteine geleitet, so dass diese im Adressraum des Speichers erscheinen (Abb. 6.16).

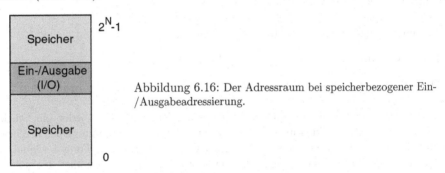

Abbildung 6.16: Der Adressraum bei speicherbezogener Ein-/Ausgabeadressierung.

Das bietet den Vorteil, dass alle Adressierungsarten auch für E/A-Zugriffe angewandt werden können, z.B. Read-Modify-Write-Befehle. Nachteilig ist, dass der Adressraum für den Arbeitsspeicher verkleinert wird. Speicherbezogene E/A-Adressierung verwenden z.B. die Prozessoren aus Freescales 680X0-Familie. Bei der isolierten E/A-Adressierung (isolated I/O-Adressing) wird über ein zusätzliches Steuersignal, das z.B. $MEM/\overline{IO}$ heißen kann, von der CPU mitgeteilt, ob ein Speicher oder E/A-Baustein angesprochen werden soll (Abb. 6.17).

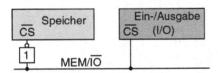

Abbildung 6.17: Für die isolierte Adressierung wird eine zusätzliche Busleitung gebraucht.

Dadurch erhalten E/A- und Speicherbausteine getrennte Adressräume. Die Adressen dürfen überlappen, weil die Unterscheidung über das Steuersignal erfolgt. Ein Vorteil ist, dass insgesamt mehr Adressraum zur Verfügung steht (Abb. 6.18). Ein Nachteil ist, dass man zusätzliche Befehle für die Ein-/Ausgabe braucht. Isolierte Adressierung wird z.B. von Intels 80x86-Prozessoren verwendet, die Assembler-Befehle für die Ein- und Ausgabe lauten IN und OUT.

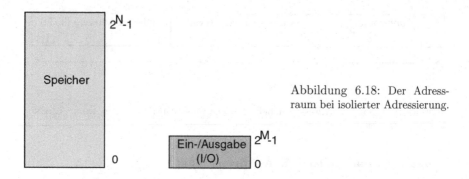

Abbildung 6.18: Der Adressraum bei isolierter Adressierung.

6.2.3 Adressdekodierung von Speicherbausteinen

Bei der Freischaltung von Hauptspeicher ist die Aufgabenstellung etwas anders als bei E/A, die Hauptunterschiede zur Verwaltung von E/A-Adressen sind:

- Es werden mehrere identische Bausteine eingesetzt

- Die Systemadressen müssen einen lückenlosen Block bilden

- Die Bausteine haben sehr viele interne Speicherplätze

Man wird in der Regel mehrere Speicherchips verwenden, von denen jeder ein Stück des Speicheradressraumes abdeckt. Für jede Adresse wird dann ein bestimmter Speicherchip freigeschaltet. Hier ist der Einsatz von Adressdekodern sinnvoll, die das Freigabesignal (Chip Select) für mehrere Bausteine erzeugen. Man benutzt einen 1-aus-N-Dekoder, der genau eine aus N Ausgangsleitungen aktiviert. Zu beachten ist noch, dass die meisten Bausteine einen low-aktiven Chip-Select-Eingang haben. Der Dekoder liefert also ein LOW für den Chip, den er freischalten will und ein HIGH für alle anderen. Ein 1-aus-4-Dekoder beispielsweise hat zwei Adresseingänge A1 und A0 und vier Ausgangssignale CS0, CS1, CS2 und CS3. Er arbeitet nach folgender Wahrheitstabelle:

A1	A0	CS0	CS1	CS2	CS3
0	0	0	1	1	1
0	1	1	0	1	1
1	0	1	1	0	1
1	1	1	1	1	0

Beispiel Aus vier Speicherchips mit jeweils 4 Megabyte Speicherkapazität soll ein zusammenhängender Speicher von 16 Megabyte (Speichermodul) gebildet werden. Die Speicherchips haben eine Organisation von 16 M x 8 Bit. Es soll auch die Möglichkeit bestehen, später weitere Module hinzuzufügen, um den Speicher zu erweitern. Die Schaltung kann aufgebaut werden wie in Abb. 6.19 gezeigt.

Um den Einbau mehrere Speichermodule zu ermöglichen, muss man dafür sorgen, dass sie unterschiedlichen Systemadressbereichen zugeordnet werden. Dazu benutzt man die obersten 8 Adressbits. Diese werden auf die eine Seite eines Vergleichers geführt (hier die A-Seite)

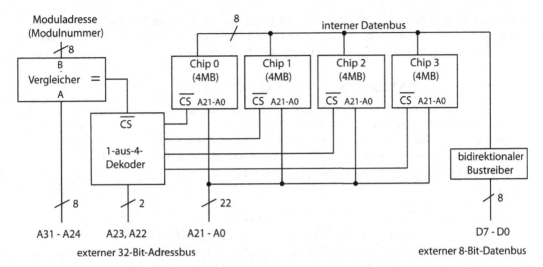

Abbildung 6.19: Die Zusammenschaltung von vier Speicherchips mit einer Speicher-kapazität von je 4 Megabyte zu einem 16-Megabyte-Speicher mit 8-Bit-Datenbus.

und mit einem auf dem Speichermodul fest eingestellten Bitmuster (B-Seite) verglichen, der Moduladresse. Diese Verfahren ähnelt der Schaltungstechnik bei E/A-Bausteinen. Die Moduladresse wird für das erste Modul auf 0 eingestellt, für das nächste auf 1 u.s.w. Aus dem Schaltplan ergibt sich ein Adressaufteilungswort gemäß Abb.6.20.

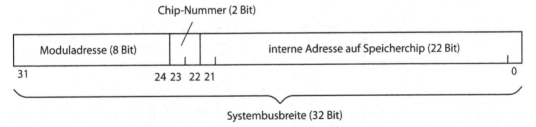

Abbildung 6.20: Das Adresswort zu der Schaltung in Abb.6.19.

Betrachten wir ein konkretes Beispiel für einen Speicherzugriff: Es soll auf die Systemadresse 008A3F60h zugegriffen werden. Diese Adresse wird binär geschrieben und auf die Felder des Adressaufteilungswortes aufgeteilt:

008A3F60h= 0000 0000 1000 1010 0011 1111 0110 0000b.

Moduladresse	Chip-Nummer	Interne Adresse
0000 0000b	10b	00 1010 0011 1111 0110 0000b

Es wird also auf die Speicherzelle Nr. 00 1010 0011 1111 0110 0000b (A3F60h) von Chip Nr. 2 (10b) in Modul 0 zugegriffen. Aus dem Adressaufteilungswort kann man so bestimmen, welche Bereiche des Systemspeichers von welchem Chip aufgenommen werden. Chip Nr. 0

beispielsweise nimmt alle Adressen auf, bei denen die Bits 22 und 23 gleich 0 sind, weil ja damit über den Dekoder der Chip Nr.0 freigeschaltet wird. Auf Chip Nr. 0 fallen also alle Adressen, bei denen die Chip-Nr. 0 ist und die interne Adresse beliebig. Sie entsprechen dem Schema:

00XX XXXX XXXX XXXX XXXX XXXXb (X=beliebig).

Die erste Systemadresse auf Chip 0 ist die mit der internen Adresse 0, also 0b (0h). Die letzte Systemadresse auf Chip 0 ist 0011 1111 1111 1111 1111 1111b (3FFFFFh). Die erste Systemadresse auf Chip 1 erhält man indem man auf den Bits 23 und 22 ein 01b einträgt und die interne Adresse 0 benutzt, die Systemadresse ist somit 400000h. Auf die gleiche Art gewinnt man alle Anfangs- und Endadressen von Modul 0:

Chip-Nummer	Adresse binär		Adresse hexadezimal
3 (11b)	letzte Adresse:	1111 1111 1111 1111 1111 1111b	FFFFFFh
3 (11b)	erste Adresse:	1100 0000 0000 0000 0000 0000b	C00000h
2 (10b)	letzte Adresse:	1011 1111 1111 1111 1111 1111b	BFFFFFh
2 (10b)	erste Adresse:	1000 0000 0000 0000 0000 0000b	800000h
1 (01b)	letzte Adresse:	0111 1111 1111 1111 1111 1111b	7FFFFFh
1 (01b)	erste Adresse:	0100 0000 0000 0000 0000 0000b	400000h
0 (00b)	letzte Adresse:	0011 1111 1111 1111 1111 1111b	0h
0 (00b)	erste Adresse:	0000 0000 0000 0000 0000 0000b	0h

Somit belegen die Speicherbausteine im Systemadressraum die ersten 16 Megabyte zusammenhängend (Abb.6.21).

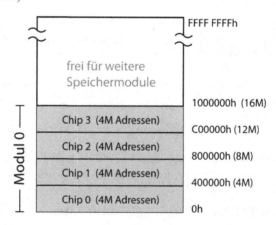

Abbildung 6.21: Der Adressraum zu der Schaltung in Abb.6.19.

Ausrichtung

In einem System mit 32-Bit-Datenbus stellt sich ein neues Problem: Man will natürlich die Daten auch in Paketen von 32 Bit schreiben bzw. lesen um die Busbreite auszunutzen. Der

Speicher ist aber nach wie vor Byte-adressiert, das heißt unter jeder Speicheradresse ist ein Byte gespeichert. Ein 16-Bit-Datum belegt somit zwei Adressen, ein 32-Bit-Datum vier. Wenn man Speicherbausteine mit 32 Datenleitungen benutzt, kann man das Speichermodul so aufbauen, wie es in Bild 6.22 gezeigt ist.

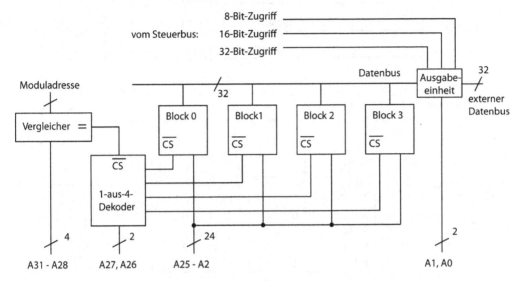

Abbildung 6.22: Aus mehreren Blöcken (Speicherbausteinen) kann ein Speichermodul von 256 MByte am 32-Bit-Datenbus aufgebaut werden.

Jeder Block ist ein 16Mx32-Bit-Speicher. Ein solcher Block kann ein einzelner Speicherchip sein oder z.B. aus zwei 16Mx16-Bit-Chips bestehen. Das Modul hat also eine Kapazität von 64Mx32 Bit d.h. 256 MByte. Der Adressbus wird hier in vier Gruppen aufgeteilt: Die Leitungen $A_{31} - A_{28}$ werden für die Erkennung der Moduladresse verwendet, es können somit maximal $2^4 = 16$ Module angesteuert werden. Die Leitungen A_{27}, A_{26} sind auf einen 1-aus-4-Dekoder geführt, der einen der vier Speicherblöcke freischaltet. Die Leitungen $A_{25} - A_2$ wählen innerhalb des Blocks eine von 16 M Adressen aus. Von dort werden in jedem Fall 32-Bit geladen. Die Leitungen A_1, A_0 sind nicht an den Speicherblock geführt. Das bedeutet, 32-Bit-Dateneinheiten werden automatisch an einer durch 4 teilbaren Adresse abgelegt bzw. gelesen. Die beiden letzten Adressbit werden dabei ignoriert. Eine 32-Bit-Dateneinheit kann also mit *einem* Zugriff gelesen werden, aber nur, wenn sie an einer durch vier teilbaren Adresse beginnt. Das nennt man *Ausrichtung* (alignment). Eine fehlende Ausrichtung führt zumindest zu einem Zeitverlust, weil ein zweiter Zugriff nötig ist (Bild 6.23). Viele Systeme lassen nur ausgerichtete Daten zu und lösen bei fehlender Ausrichtung eine Ausnahme aus.

Wie wird nun verfahren, wenn eine Dateneinheit gelesen werden soll, die nur 16 oder nur 8 Bit, d.h. nur zwei oder ein Byte, umfasst? Wir benennen die vier Byte folgendermaßen:

Byte 3	Byte 2	Byte 1	Byte 0

Für 8- und 16-Bit Zugriffe sind die Adressleitungen A_1 und A_0 an einen Auswahlbaustein geführt. Dieser entnimmt aus dem 32-Bit-Datenpaket ein oder zwei Byte und übergibt sie auf den Datenbus. Die folgende Tabelle gibt einen Überblick (x=ignoriert):

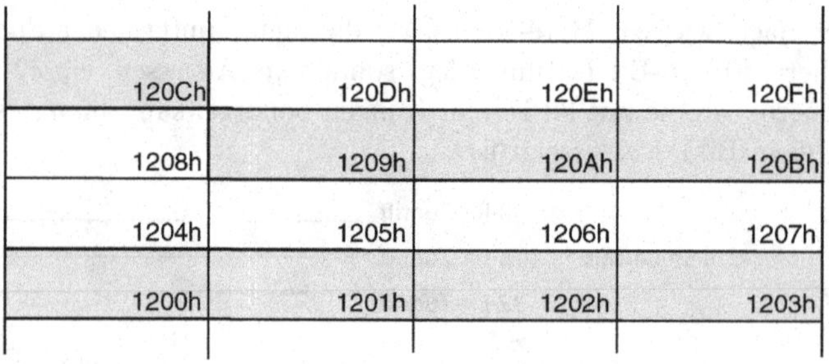

120Ch	120Dh	120Eh	120Fh
1208h	1209h	120Ah	120Bh
1204h	1205h	1206h	1207h
1200h	1201h	1202h	1203h

Abbildung 6.23: Die bei Adresse 1200h beginnende Dateneinheit ist 32-Bit-ausgerichtet. Die bei Adresse 1209h beginnende Dateneinheit ist nicht ausgerichtet, das System braucht zwei Zugriffe um dieses Datum zu laden oder bricht ab.

Zugriffsart	A_1	A_0	Zugriff auf
32 Bit	x	x	Byte3 – Byte 0
16 Bit	0	x	Byte1 – Byte 0
16 Bit	1	x	Byte3 – Byte 2
8 Bit	0	0	Byte 0
8 Bit	0	1	Byte 1
8 Bit	1	0	Byte 2
8 Bit	1	1	Byte 3

Beispiel Es wird ein Byte an der Adresse 1A000027h angefordert. Aus der Aufteilung der binären Adresse 0001 1010 0000 0000 0000 0000 0010 0111b ergibt sich Modul=1, Block=2, Bitmuster an den Adresseingängen von Block2=800008h, laden von Systemadresse 2000024h. Von dort werden vier Byte geladen, also der Inhalt der Speicherzellen 1A000024h – 1A000027h. Die Bits 0 und 1 werden nun benutzt um aus diesem 32-Bit-Wort das richtige Byte aus-zuwählen, hier Byte 3.

Man sieht, dass auch 16-Bit Daten ausgerichtet sein müssen: Sie müssen immer an einer geraden Adresse beginnen. Bei einem 64-Bit-Datenbus müssen 64-Bit-Einheiten an einer durch 8 teilbaren Adresse beginnen. Die Ausrichtung muss schon durch den Compiler vorgenommen werden, der über einen entsprechende Compileroption verfügt.

6.2.4 Big-Endian- und Little-Endian-Byteordnung

Es verbleibt noch die Frage, in welcher Reihenfolge sollen die Bytes größerer Datenstruktu-ren im Speicher abgelegt werden? Diese Frage klingt banal, ist aber von großer Bedeutung! Die Zugspitze hat eine Höhe von 2964 m. Speichert man dies als 16-Bit-Zahl ab und setzt die beiden Bytes später in umgekehrter Reihenfolge wieder zusammen, so ist die Zugspitze plötzlich 37899 m hoch!

Die erste Möglichkeit ist, die Abspeicherung mit dem höchstwertigen Byte zu beginnen. Diese Byteordnung heißt *big-endian*. Mit big-endian-Byteordnung wird z.B. die Zahl 4660d = 1234h im 16-Bit-Format im Speicher folgendermaßen abgelegt:

12	34
Adresse	Adresse+1

Die Zahl 12345678h im 32-Bit-Format wird mit big-endian-Byteordnung so im Speicher abgelegt:

12	34	56	78
Adresse	Adresse+1	Adresse+2	Adresse+3

Die Alternative ist die *little-endian*-Byteordnung, dabei wird mit dem niedrigstwertigen Byte begonnen. Die gleichen Zahlen liegen nun ganz anders im Speicher. Die Zahl 4660d = 1234h im 16-Bit-Format in little-endian-Byteordnung ist so abgelegt:

34	12
Adresse	Adresse+1

Die Zahl 12345678h im 32-Bit-Format und little-endian-Byteordnung wird so abgelegt:

78	56	34	12
Adresse	Adresse+1	Adresse+2	Adresse+3

Leider wird in der Computerwelt sowohl die litte-endian- als auch die big-endian-Byteordnung benutzt. Während z.B. SPARC-Rechner und IBM-Großrechner big-endian abspeichern, arbeiten PCs little-endian. Das ist für ein einzelnes System nicht sehr bedeutsam, weil beim Schreiben und beim Auslesen von Daten nach der gleichen Byteordnung verfahren wird. Man muss allenfalls beim Arbeiten auf Byteebene, z.B. beim Auswerten eines Speicherdumps, auf die Byteordnung Rücksicht nehmen. Größere Probleme entstehen, wenn Rechnerwelten mit verschiedener Byteordnung durch Netzwerke verbunden sind. Aus den Daten selbst kann die Byteordnung nicht erkannt werden, hier hilft nur die Verwendung von Protokollen mit Zusatzinformationen über die gesendeten Daten. [45]

6.3 Chipsätze moderner PCs

In den ersten Mikrorechnern waren die Speicher- und I/O-Bausteine wirklich an einem gemeinsamen Bus angeschlossen (Abb. 1.3) und die Adressdekodierung wurde – wie geschildert – mit Dekoderbausteinen durchgeführt. Das führte dazu, dass bei den ersten PCs das Motherboard dicht gefüllt war mit TTL-Bausteinen im DIL-Gehäuse. Dabei mussten für die Schnittstellen (damals paralleler Drucker-Port und RS 232) häufig noch separate Karten benutzt werden. Die Weiterentwicklung zu den heutigen PCs mit ihrer Vielfalt an leistungsfähigen Schnittstellen wäre so nicht zu machen. Außerdem möchte man heute all Komponenten eines Rechnersystems mit dem optimalen Takt betreiben, ein gemeinsamer Bus mit einheitlichem Takt kommt also sowieso nicht in Frage. Um diese Probleme zu bewältigen, wurden die so genannten *Chipsätze* entwickelt. Hier sind viele Schnittstellenbausteine, Peripheriebausteine und die komplette Adressdekodierung in wenige Chips gepackt. Wegen der regelmäßigen Leistungssteigerung gemäß dem Mooreschen Gesetz konnten die Bausteine des Chipsatzes immer mehr Aufgaben übernehmen und sind heute wahre Wunderwerke.

In Chipsätzen arbeiten leistungsfähige Brückenbausteine (Bridges), die den Prozessor mit den Speicher- und Peripheriebausteinen auf optimale Weise verbinden. Als Schnittstelle für

die Brückenbausteine hat sich dabei besonders *PCI-Express* (Peripheral Component Interconnect Express, abgekürzt auch PCIe oder PCI-E) bewährt. Bei PCIe handelt es sich um
Punkt-zu-Punkt-Verbindungen, also nicht um einen klassischen Bus. PCIe ist ein parallelisierbarer serieller Link. Das bedeutet, dass grundsätzlich seriell übertragen wird, dass man
aber mehrere serielle Datenleitungen parallel führen kann, um eine höhere Datenrate zu erreichen. Eine PCIe-Schnittstelle kann also durch die Anzahl der Leitungen an das betreffende
Gerät angepasst (skaliert) werden, dies ist ein großer Vorteil. Die serielle Verbindung umgeht
die typischen Probleme eine bitparallelen schnellen Übertragung. z. B. die unterschiedliche
Laufzeit der parallelen Leitungen die mühsam wieder ausgeglichen werden müssen. Bei Parallelschaltung mehrerer serieller Leitungen sorgen die PCIe-Bausteine automatisch für eine
Synchronisation der Links.

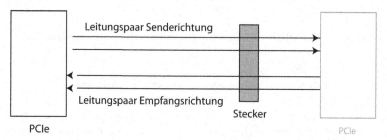

Abbildung 6.24: Eine Lane einer PCIe-Schnittstelle.

Die Grundform einer PCIe-Schnittstelle besteht aus einer so genannten *Lane.* (Abb. 6.24)
Jede Lane besteht aus zwei Leitungspaaren, eines zum Senden und eines zum Empfangen
(vollduplex). Die Leitungspaare arbeiten differentiell und werden jeweils mit 1,25 GHz getaktet. das ergibt in jeder Richtung eine Datentransferrate von 2,5 GBit/s. Da eine 8B10B-
Kodierung eingesetzt wird, müssen für ein Byte 10 Bit übertragen werden. Daraus ergibt sich
eine Übertragungskapazität von bis zu 250 MByte/s. Reicht das nicht aus, kann man zwei
Lanes mit insgesamt 8 Leitungen parallel schalten, dann erhält man schon eine Datenrate
von bis zu 500 MByte/s. Moderne Grafikkarten werden häufig an einem PCIe-Steckplatz mit
16 Lanes betrieben, was dann eine maximale Datenrate von 4 GByte/s ergibt.

Bezeichnung	Lanes	Signalleitungen	maximale Datentransferrate
PCIe x1	1	4	250 MByte/s
PCIe x2	2	8	500 MByte/s
PCIe x4	4	16	1 GByte/s
PCIe x8	8	32	2 GByte/s
PCIe x16	16	64	4 GByte/s

Tabelle 6.1: Daten der PCI-Express-Schnittstelle mit unterschiedlich vielen Lanes.

Betrachten wir den Chipsatz von Intel, der z.B. mit einem Core 2 Duo zusammenarbeitet.
(Abb. 6.25) Es gibt zwei Brückenbausteine: Einer ist direkt am Bus des Prozessors, dem *Frontsidebus*, angeschlossen und versorgt die Bausteine, die hohe Datentransferraten brauchen, das
sind Hauptspeicher und Grafikkarte. Der Frontsidebus ist die einzige Datenverbindung des
Prozessors nach außen. Der Frontsidebus hat bei Intel-Prozessoren in der Regel 64 Leitungen. Diese übertragen entweder ein, zwei oder vier Datenworte pro Takt. Entsprechend spricht

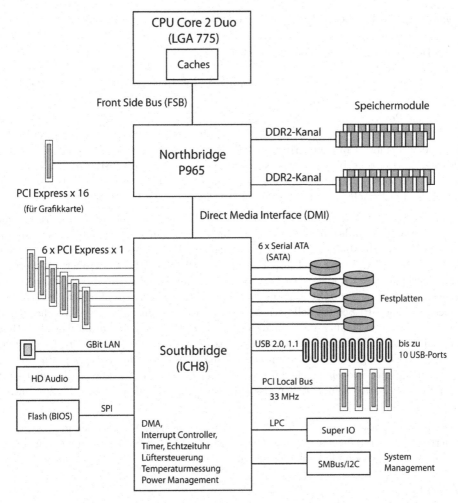

Abbildung 6.25: Der klassische Aufbau eines Intel-Chipsatzes mit North- und South-bridge.

man von Single Data Rate, Double Data Rate oder Quad Data Rate. Die Transferrate pro Leitung gibt dem FSB den Namen. Ein Rechenbeispiel mit einem FSB800:

Anzahl Datenleitungen:	64
Übertragung:	QDR (Vier Datenworte pro Takt)
Bustakt:	200 Mhz
Transferrate einer Leitung:	200 MHz mal 4 = 800 Megabit/s
Theoretische maximale Datenrate des FSB:	64 mal 800 Megabit/s = 51200 Megabit/s = 6400 Megabyte/s

Bei AMD-Prozessoren wird stattdessen mit einer oder mehreren 16-Bit-Schnittstellen gear-beitet, die dann höher getaktet sind. Der Prozessortakt wird durch Frequenzvervielfachung in einem Phase Locked Loop (PLL) aus dem FSB-Takt gewonnen. Beispiel:

Taktfrequenz des Frontsidebus: 133 MHz
Multiplikator: 15
CPU-Takt: 15 mal 133 = 1995 Mhz, gerundet 2 GHz

Wegen seiner Position oben im Bild erhielt der obere Brückenbaustein den Namen *North-bridge*. Die Northbridge bietet zwei DDR2-Kanäle für Speichermodule an, bei Intel heißt sie deshalb auch Memory Controller Hub (MCH). Für die Garafikkarte hat sie einen PCIe-x16-Steckplatz. Mittlerweile bieten Intels Northbridges einen eigenen FSB-Anschluss für jeden Prozessor. Von der Nortbridge geht ein Dateninterface (Direct media Interface)[2], das ungefähr PCIex4 entspricht, zu einem weiteren Brückenbaustein: Der *Southbridge*.

Die Southbridge glänzt nicht mehr mit den hohen Datenraten, die die Northbridge anbietet, hat aber weit komplexere Aufgaben. Sie bietet eine Fülle von Schnittstellen zur Peripherie sowie viele Hilfsbausteine für den Betrieb des Prozessors. Dazu gehören die Serial ATA-Anschlüsse (SATA) für mehrere Festplatten, mehrere USB-Controller, mehrere PCI Express-Steckplätze sowie klassische PCI-Steckplätze für Zusatzkarten, sowie einen Gigabit-Ethernetadapter. Eine Soundkarte ist in der Southbridge integriert und bietet ein HD-Audiointerface an. Eine SPI-Schnittstelle ermöglicht den Zugriff auf einen Flashspeicher der das BIOS (Basic Input/Output System) beherbergt. Der SMBus ist eine Variante des I2C-Busses und erlaubt System Management. Auch ein Interrupt-Controller und ein DMA-Controller sind in der Southbridge zu Hause, ebenso wie Baugruppen zur Lüfterregelung, Zeitmessung, Temperaturmessung und eine Echtzeituhr. Für Benutzer „alter" Schnittstellen gibt es den Super-IO-Baustein, der Schnittstellen wie RS 232, PS/2, Parallelport und Floppycontroller anbietet.

Mit der Weiterentwicklung der Prozessoren werden immer mehr Baugruppen in den Prozessor integriert. damit vereinfachen sich die Chipsätze. Zur Zeit geht der Trend dahin folgende Gruppen in den Prozessorchip zu integrieren:

- Den L3-Cache

- Einen Speichercontroller

- PCI-Express-Schnittstellen

- Einen einfachen Grafikkern

AMD war hier der Vorreiter mit einem integrierten Speichercontroller (Abb.6.26). Hier wird die Northbridge eingespartund man kommt mit einem Brückenbaustein aus. Die Schnittstelle zum Prozessor heißt hier HyperTransport (HT). Auch Intels Core-Prozessoren binden den Speicher direkt am Prozessor an. Die Grafikkarte wird entweder über eine Northbridge angeschlossen (Sockel 1366) oder direkt am Prozessor (Sockel 1156)

---

[2] Wir bitten um Verständnis dafür, dass in diesem Abschnitt viele technische Bezeichnungen auftauchen, die hier nicht im Detail erklärt werden können.

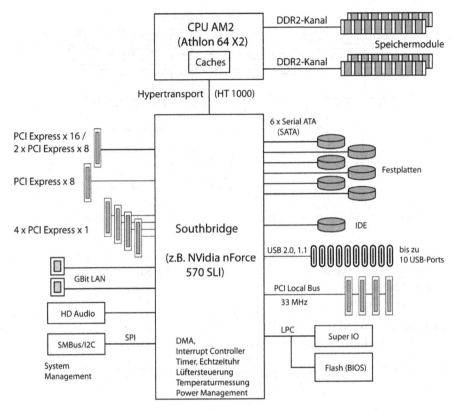

Abbildung 6.26: Bei AMD64-Prozessoren ist der Speichercontroller schon integriert und der Chipsatz kommt mit einem Brückenbaustein aus.

Die zahlreichen Schnittstellen der Southbridges arbeiten mit unterschiedlichen Taktungen und mit verschiedenen Spannungen. Southbridges sind ein gewaltige universelle Schnittstellenbausteine, davon zeugen auch die mehr als 1000 Anschlussleitungen. In mobilen Computern verwendet man spezielle Southbridges, die in mancher Hinsicht noch mehr bieten, zum Beispiel einen Link für WLAN/Wimax oder das so genannte Turbo Memory, mit dem Festplattenzugriffe gecacht werden sollen.

6.4 Aufgaben und Testfragen

1. Beschreiben Sie das Hauptproblem beim Anschluss von mehreren Ausgängen an einer Busleitung. Auf was muss man achten?

2. Beschreiben Sie die drei Zustände eines Tristate-Ausgangs.

3. Warum wird ein externer Pull-Up-Widerstand gebraucht, wenn eine Busleitung von Open-Drain-Ausgängen angesteuert wird?

4. Skizzieren Sie einen bidirektionalen Bustreiber!

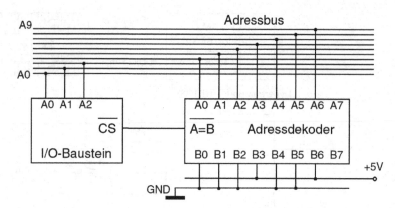

Abbildung 6.27: Ein I/O-Baustein, der mit einem Vergleicher freigeschaltet wird.

5. Bestimmen Sie für das in Abb. 6.27 dargestellte System
   a) welche und wie viele Adressen der I/O-Baustein im System belegt,
   b) das Adress-Aufteilungswort,
   c) die Basisadresse.

6. Im Speicher eines Mikroprozessorsystems liegt hinter jeder Adresse ein Byte. Der Speicheraufbau ist durch folgendes Adressaufteilungswort gekennzeichnet:

Bank-Nr.		Chip–Nr.		Interne Adresse auf Chip	
28	27	26	22	21	0

   a) Wie groß ist die Speicherkapazität jedes Chips?
   b) Wieviele Speicherchips werden pro Bank betrieben?
   c) Wie viele Speicherbänke können betrieben werden?
   d) Wie groß ist die maximale Speicherkapazität einer Bank?
   e) Wie gross ist die maximale gesamte Speicherkapazität?
   f) Welchen Adressbereich belegt die Speicherbank Nr. 1?

7. Nehmen wir an, der Speicheraufbau von Abb.6.19 wurde um weitere Speichermodule ergänzt. Das Betriebssystem meldet nun einen Fehler in Speicherzelle 01F92E51h. Welcher Chip auf welchem Speichermodul ist defekt?

8. Ein Prozessor hat einen QDR FSB1066-Frontsidebus mit 64 Leitungen.
   a) Wie hoch ist der Bustakt?
   b) Wie groß ist die theoretische maximale Datentransferrate?
   b) Mit welchem Multiplikator arbeitet die PLL, wenn der Prozessor mit 2,66 GHz läuft.

9. Beweisen Sie das Zahlenbeispiel mit der Höhe der Zugspitze, das zu Beginn von Abschn. 6.2.4 gegeben wurde.

Lösungen auf Seite 317.

7 Einfache Mikroprozessoren

7.1 Die Ausführung des Maschinencodes

Auf Grund seines Hardwareaufbaus kann jeder Mikroprozessor eine ganz bestimmte Menge von Aktionen ausführen, diese Aktionen werden *Maschinenbefehle* genannt. Beispiele für Maschinenbefehle sind das Schreiben in den Hauptspeicher oder die Invertierung eines Bitmusters. Ein Maschinenbefehl wird im ausführbaren Code durch ein Bitmuster dargestellt, den *Operationscode*, meist kurz *Opcode* genannt. Der Opcode wird vom Prozessor unmittelbar eingelesen und interpretiert. Viele Maschinenbefehle erfordern zusätzlich zum OpCode einen oder mehrere Operanden, die den Opcode näher spezifizieren. Zum Beispiel braucht ein Maschinenbefehl, der in den Speicher schreibt, einen Operanden: Die Adresse, auf die geschrieben werden soll. Die Operanden-Bitmuster folgen dem OpCode auf unmittelbar anschließenden Speicherplätzen. Der *Maschinencode* ist die Sequenz von zusammenhängenden Maschinenbefehlen, die das ablaufende Programm darstellen. Maschinencode besteht also aus einer (meist ziemlich großen) Anzahl von Maschinenbefehlen, d.h. einer langen Folge aus Opcodes und Operanden (Abb. 7.1).

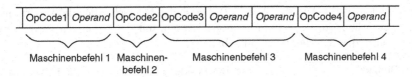

Abbildung 7.1: Maschinencode besteht aus einer Folge von OpCodes und zugehörigen Operanden.

Zur Programmausführung wird der Maschinencode in den Programmspeicher geladen. Die Ausführung eines Befehls beginnt damit, dass der nächste auszuführende Opcode aus dem Programmspeicher gelesen („geholt") wird, der so genannte *Befehlslesezyklus* oder *Opcode Fetch*. Der Opcode wird gefunden mit Hilfe des *Programmzählers* (Program Counter, PC), ein spezielles Register, das immer die Adresse des nächsten einzulesenden Bytes im Maschinencode enthält. Im Prozessor wird der Befehl *dekodiert*, d.h. der Opcode wird bitweise mit bekannten Mustern verglichen, um seine Bedeutung herauszufinden. Wenn der Opcode gültig war, wird der Befehl nun ausgeführt. Falls der Opcode aussagt, dass zu diesem Befehl auch Operanden gehören, wird der Programmzähler inkrementiert, um den ersten Operanden auf dem nachfolgenden Speicherplatz zu lesen. Dies wird so lange wiederholt, bis alle Operanden gelesen sind. Nun kann der Befehl ausgeführt werden (Abb. 7.2). Währenddessen wird der Programmzähler ein weiteres Mal inkrementiert und zeigt nun auf den Opcode des nächsten

Befehls. Den ganzen Vorgang nennt man auch einen *Befehlszyklus*. Jedes Lesen aus dem Speicher ist ein Buszugriff (Buszyklus). Wie man sieht, kann ein Befehlszyklus mehrere Buszyklen umfassen.

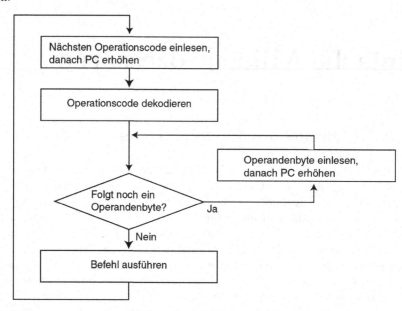

Abbildung 7.2: Im Befehlszyklus werden zunächst der Befehl und die eventuell vorhandenen Operanden eingelesen, erst dann kann der Befehl ausgeführt werden.

Ein Beispiel für einen Maschinenbefehl mit zwei Operandenbytes wäre ein Ladebefehl mit einer nachfolgenden 16-Bit-Adresse (Abb. 7.3). Durch das Überschreiben des Programmzählers können leicht Sprünge im Programm realisiert werden, mit den Sprüngen werden wiederum Verzweigungen und Wiederholungen aufgebaut.

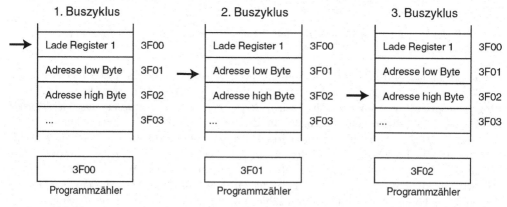

Abbildung 7.3: Ein Befehl mit zwei Operanden-Bytes wird eingelesen. Der Befehlszyklus besteht hier aus drei Buszyklen: Opcode lesen, erstes Operanden-Byte lesen, zweites Operanden-Byte lesen.

Es gibt natürlich auch Maschinenbefehle, die keine weiteren Operanden brauchen und nur aus dem Opcode bestehen. Ein Beispiel für einen solchen Befehl wäre das Inkrementieren eines Registers. Dieser Befehlszyklus würde nur aus einem Buszyklus bestehen (opcode fetch) und der nachfolgenden internen Aktivität des Prozessors. Der Begriff Assemblersprache wird in Abschn. 7.5.3 erläutert. Mit dem Einlesen des nachfolgenden Opcodes beginnt der nächste Befehlszyklus, der nach dem gleichen Schema verläuft. Der Prozessor befindet sich dabei in einer Endlos-Schleife und tritt automatisch immer in einen neuen Befehlszyklus ein.

7.2 Interner Aufbau eines Mikroprozessors

Alle Mikroprozessoren bestehen in ihrem Inneren aus mehreren Baugruppen, die für verschiedene Aufgaben zuständig sind (Abb. 7.4). Der Registersatz enthält einen Satz von Registern,

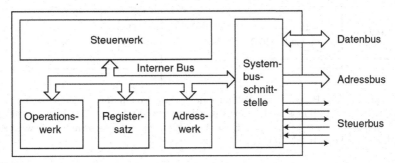

Abbildung 7.4: Interner Aufbau eines Mikroprozessors.

mit dem Daten innerhalb des Prozessors gespeichert werden können. Das Steuerwerk ist verantwortlich für die Ablaufsteuerung sowohl im Inneren des Prozessors als auch im restlichen System. Das Operationswerk führt die eigentliche Verarbeitung, d.h. die logischen und arithmetischen Operationen, an den übergebenen Daten aus. Das Adresswerk erzeugt die erforderlichen Adressen, um auf Daten und Code im Hauptspeicher zugreifen zu können. Die Systembus-Schnittstelle enthält Puffer- und Treiberschaltungen, um den Datenverkehr über den Systembus abzuwickeln [4].

7.2.1 Registersatz

Ein Register ist eine Gruppe von Flipflops mit gemeinsamer Steuerung, jedes Flipflop speichert 1 Bit. Die Register stellen prozessorinterne Speicherplätze dar und sind am internen Datenbus des Prozessors angeschlossen. Die Steuerung kann nun dafür sorgen, dass Daten vom internen Datenbus in ein Register eingeschrieben werden oder vom Register auf den internen Datenbus ausgegeben werden (Abb. 7.5). Alle Mikroprozessoren enthalten mehrere Register, die Breite ist meist 8, 16, 32 oder 64 Bit, d.h. Flipflops. Es gibt Register, die vom Programm in Maschinenbefehlen direkt angesprochen werden können. Diese nach außen „sichtbaren" Register bezeichnet man auch als *Registersatz*. Daneben gibt es Register, die vom Mikroprozessor intern benutzt werden.

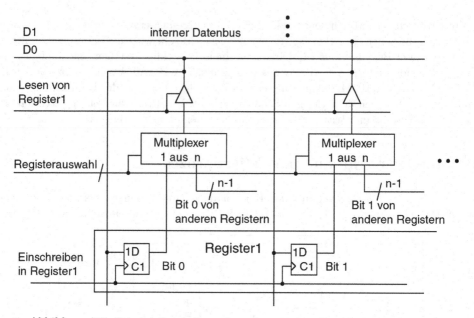

Abbildung 7.5: Prinzipieller Aufbau eines Satzes von n Registern in einem Prozessor. Bei den Flipflops ist 1D der Dateneingang und C1 der Clockeingang, der die Datenübernahme von 1D triggert. Es sind nur Bit 0 und Bit 1 gezeichnet, alle weiteren sind entsprechend beschaltet.

Universalregister können in vielen verschiedenen Maschinenbefehlen für wechselnde Inhalte benutzt werden. *Spezialregister* dagegen sind auf Grund der internen Verschaltung nur für bestimmte Zwecke vorgesehen. Der schon erwähnte Programmzähler und der Stackpointer sind Spezialregister zur Speicheradressierung, die wir dem Adresswerk zurechnen und in Abschnitt 7.2.4 besprechen werden. Das gleiche gilt für die Index- und Basisregister. Bei vielen Prozessoren kommen weitere Spezialregister für die Verwaltung von Speichersegmenten und hinzu.

Sonderfälle sind das Maschinenstatusregister und das Maschinensteuerregister. Hier hat jedes Flipflop eine ganz eigene Bedeutung und auch eine separate Steuerung. Mit den Flipflops des Maschinensteuerregisters (Steuerflags) kann der Programmierer die Betriebsart des Prozessors steuern. Zum Beispiel entscheidet der Inhalt des Unterbrechungs-Flags darüber, ob Unterbrechungen zugelassen werden oder nicht. Unterbrechungen sind in Abschn. 8.1.2 eingehend behandelt. Das Maschinenstatusregister gehört zum Rechenwerk (s. Abschn. 7.2.3).

Der Zugriff auf Register verläuft wesentlich schneller als auf Speicherbausteine. Das liegt zum einen daran, dass die Aktivierung der Busschnittstelle und der Adressdekodierer eingespart wird, zum anderen daran, dass in modernen Rechnern der Prozessor schneller getaktet wird als der Speicherbus. Man versucht daher, möglichst viele Variablen in Registern zu halten. Moderne RISC-Prozessoren haben deshalb 32 oder mehr Universalregister. Ergänzend sei erwähnt, dass einige Prozessoren Register mit dynamischen Speicherzellen ähnl. DRAMs haben. Außerdem verfügen manche Prozessoren über zwei Busse, einen Operandenbus und einen Ergebnisbus, um gleichzeitige Zugriffe zu ermöglichen.

7.2.2 Steuerwerk

Das Steuerwerk (*Control Unit*) führt die Dekodierung der Opcodes durch und übernimmt die Ansteuerung und Koordinierung der übrigen Baugruppen. Die eingelesenen Opcodes werden im Befehlsregister abgelegt, um anschließend dekodiert zu werden. Das Ergebnis der Dekodierung wird an ein Schaltwerk weitergegeben, in dem die notwendigen Signale für die Ausführung des Befehles erzeugt werden. Das Steuerwerk muss die internen Steuersignale für die übrigen Prozessorbaugruppen erzeugen, ebenso wie die externen Steuersignale, die über die Systembusschnittstelle nach außen an das System gegeben werden (Abb. 7.6).

Beispiel Der Programmzähler zeigt auf einen Speicherplatz, an dem der Opcode des Befehles *Kopiere Register 1 in Register 2* liegt. Die erzeugten Steuersignale können wie folgt beschrieben werden:

1. Programmzähler auf den Adressbus legen.
2. Aktivierung der externen Steuerleitungen für Lesezugriff im Speicher.
3. Einspeicherimpuls für Befehlsregister erzeugen, Opcode von Datenbus entnehmen und im Befehlsregister einspeichern.
4. Dekodierung des Opcodes.
5. Register 1 auf Senden einstellen und auf internen Datenbus aufschalten.
6. Register 2 auf internen Datenbus aufschalten, nicht auf Senden einstellen.
7. Einspeicherimpuls an Register 2 geben.
8. Programmzähler inkrementieren.

Die ersten drei Schritte bilden den Befehlslesezyklus. Nicht erwähnt sind hier evtl. notwendige Wartezeiten. In diesem Beispiel findet die Ausführung des Befehles innerhalb des Mikroprozessors statt. Bei anderen Befehlen sind auch in der Ausführungsphase Buszugriffe notwendig. Das Steuerwerk hat also ziemlich komplizierte Sequenzen von Signalen zu erzeugen, und zwar nach einem genauen Zeitablauf. Außerdem muss es auch Signale verarbeiten, z.B. werden die Statusflags des Prozessors zur Steuerung einiger Befehle einbezogen. Das Steuerwerk muss außerdem externe Signale aus dem System verarbeiten, z.B. Unterbrechungs- und Busanforderungen. Wie kann man nun ein solches Schaltwerk aufbauen? Eine einfache und bewährte Möglichkeit ist die Speicherung der Abläufe in einem ROM-Baustein. Die Steuersignale sind der Dateninhalt des ROMs und werden an den Datenausgängen abgenommen. Auf die Adresseingänge werden alle Eingangssignale gelegt: Interne und externe Steuersignale sowie der Systemtakt. Der Zustand dieser Eingangssignale entscheidet nun darüber, welche Speicherzelle ausgelesen wird, und diese Speicherzelle enthält ein Bitmuster, das für diese Situation die richtigen Zustände der Steuersignale repräsentiert.

Aber wie erreicht man, dass eine lange Sequenz erzeugt wird, wie die im obigen Beispiel? Wie in Abb. 7.6 zu sehen ist, wird ein Teil der Steuersignale an die Adresseingänge des ROMs zurückgeführt. Dadurch entsteht nach jeder Ausgabe eines Bitmusters auf die Steuerleitungen auch auf der Eingangsseite ein neues Bitmuster, so dass anschließend auf eine andere Speicheradresse zugegriffen wird. Jede Ausgabe von Steuersignalen führt also auch zu einem Wechsel auf eine neue Adresse, so dass eine beliebig lange Sequenz erzeugt werden kann. Möglich sind auch Wiederholungen und Verzweigungen, die sich mit geeigneten Werkzeugen wie ein Programm entwerfen lassen. Man spricht daher von *Mikroprogrammierung* und bezeichnet den Speicherbaustein als *Mikrocode-ROM*. Die Befehlsdekodierung liefert für jeden

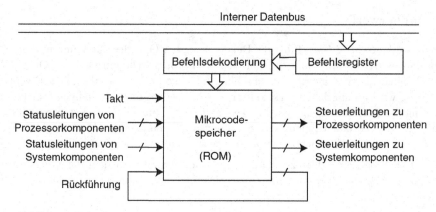

Abbildung 7.6: Steuerwerk eines einfachen Mikroprozessors. Anmerkung: RISC-Prozessoren verwenden statt des Mikrocode-Speichers eine schnelle digitale Logikschaltung.

Maschinenbefehl den Einsprungpunkt in den Mikrocode. Durch die Einspeisung des Taktsignals auf der Eingangsseite, erfolgt die Synchronisierung der Sequenz mit dem Systemtakt.

Natürlich lässt sich das Steuerwerk auch ohne den algorithmischen Ansatz in reiner Digitaltechnik aufbauen. Dies wird grundsätzlich bei RISC-Prozessoren bevorzugt. Man erhält Prozessoren mit kleinerem Befehlssatz, die sich aber schneller takten lassen, weil der langsame Zugriff auf das Microcode-ROM während der Befehlsausführung entfällt. Die ganze Thematik wird in Kap. 7.4 ausführlich behandelt.

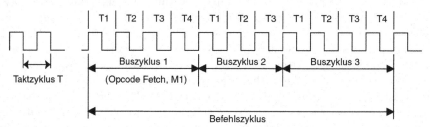

Abbildung 7.7: Ein Befehlszyklus mit drei Maschinenzyklen, die jeweils mehrere Taktzyklen umfassen.

Das Steuerwerk bestimmt auch den zeitlichen Ablauf der Operationen im Inneren des Prozessors und auf dem Systembus. Die kleinste Zeiteinheit bei der Ausführung eines Befehls ist der *Taktzyklus*. Ein Taktzyklus ist eine Periode des Rechtecksignals, das vom Taktgeber erzeugt wird. Ein *Buszyklus* ist ein kompletter Schreib- oder Lesevorgang auf Speicher oder E/A; er besteht aus mehreren Taktzyklen. Ein *Befehlszyklus* umfasst alles, was zur Ausführung eines Maschinenbefehles notwendig ist (Abb. 7.7). Der erste Buszyklus ist bei jedem Maschinenbefehl der Befehlslesezyklus (Opcode Fetch). Bei vielen Befehlen folgen weitere Buszyklen. Die Buszyklen werden auch *Maschinenzyklen* genannt, daher gibt es für den Befehlslesezyklus auch die Bezeichnung Maschinenzyklus 1 (M1). Die Dauer eines Taktzyklus T_c ist die reziproke Taktfrequenz f_A:

$$T_c = \frac{1}{f_A} \qquad (7.1)$$

Jeder Befehl beansprucht eine bestimmte Anzahl von Taktzyklen, daraus kann mit der Taktfrequenz die Ausführungszeit des Befehles berechnet werden. Nehmen wir z.B. die Ausführungszeit eines Befehles mit 11 Taktzyklen auf einem System mit 2.5 MHz Prozessor-Taktfrequenz. Der Taktzyklus dauert $T_c = 1/f_A = 1/2500000\,\text{Hz} = 400\,\text{ns}$. Ein Befehl mit 11 Taktzyklen dauert also $400\,\text{ns} \cdot 11 = 4400\,\text{ns} = 4.4\,\mu s$. Bei vielen Befehlen hängt die Taktzahl allerdings von dem Typ der Operanden und weiteren Umständen ab.

7.2.3   Operationswerk (Rechenwerk)

Der zentrale Teil des Operationswerkes ist die *arithmetisch/logische Einheit*, ALU (arithmetic and logical unit). Die ALU lässt sich über Steuereingänge auf eine Vielzahl von arithmetischen und logischen Operationen einstellen. Diese Einstellung hängt natürlich vom auszuführenden Befehl ab und wird vom Steuerwerk nach der Dekodierung des Befehles vorgenommen. Die ALU ist ein Schaltwerk ohne eigene Speicherzellen, es müssen daher Operandenregister vor die Dateneingänge geschaltet werden, die für die Zeit der Berechnung die Operanden festhalten (Abb. 7.8).

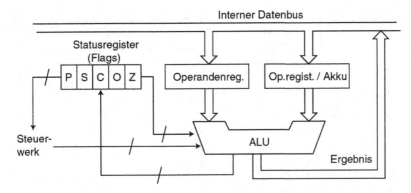

Abbildung 7.8: Zentraler Teil des Operationswerkes.

Die Operandenregister sind Hilfsregister, die vor der arithmetisch/logischen Operation geladen werden. Das Ergebnis wird von der ALU über den Datenbus transportiert, z.B. in ein Universalregister. Es kann aber auch zur erneuten Verarbeitung in eines der Operandenregister geladen werden, so können komplexere Operationen in mehreren Schritten ausgeführt werden. Viele ALUs können z.B. keine Multiplikation ausführen (s. Tab. 7.1). Trotzdem ist es möglich, mit dieser ALU einen Prozessor zu bauen, der einen Maschinenbefehl für die Multiplikation zweier Operanden enthält. Man muss dazu den Multiplikationsbefehl algorithmisch aufbauen und die Multiplikation aus mehreren ALU-Operationen – z.B. Additions- und Schiebebefehlen – zusammmensetzen. Die algorithmische Abarbeitung ist dann im Mikroprogramm realisiert. Algorithmisch aufgebaute Mikroprozessorbefehle brauchen allerdings auffallend viele Prozessortakte. Auf dem Intel-80386 braucht z.B. eine Addition zweier Register 2 Takte, eine Multiplikation dagegen bis zu 38 Takte.[1] Bei einfachen Prozessoren tritt oft an Stelle des einen Operandenregisters ein Universalregister, das dann explizit der ALU zugeordnet ist und auch immer das Ergebnis aufnimmt. Wegen dieser aufsammelnden Funktion wird dieses Register *Akkumulator* genannt.

Die ALU führt die eigentliche Verarbeitung der Daten aus, indem sie Operanden miteinander durch arithmetische oder bitweise logische Operationen verknüpft. Manche Operationen verarbeiten nur einen Operanden. Das Ergebnis ist ein neues Bitmuster, das an den Ausgangsleitungen zur Verfügung steht. Eine typische ALU ist der Baustein 74181, der von verschiedenen Herstellern gefertigt wird, z.B. in Low Power-Schottky-Technologie als 74LS181. Es handelt sich dabei um eine 4-Bit-ALU, die über einen Mode-Eingang auf arithmetische oder logische Operation eingestellt wird. Über vier Steuereingänge wird dann die gewünschte arithmetische oder logische Operation ausgewählt (Tab. 7.1).

Tabelle 7.1: Funktionstabelle der arithmetisch/logischen Einheit 74181 für positive Logik. Die Daten-Eingangssignale sind A und B mit je vier Bit sowie der Carry-Eingang $\overline{C_n}$ mit 1 Bit. Die Ausgangssignale sind die vier Ergebnis-Leitungen sowie der Carry-Ausgang. Mit dem Mode-Eingang M wird die Betriebsart gewählt: M=H logische Funktionen, M=L arithmetische Funktionen. Über die Steuereingänge S_0, S_1, S_3, S_4 wird die gewünschte Operation ausgewählt. Verknüpfungssymbole: $\vee$ bitweise logisches ODER, $\wedge$ bitweise logisches UND, $\neq$ bitweise logische Antivalenz, *shl* verschieben nach links.

Steuersignale				Ergebnis am Ausgang der ALU		
				M=H logische	**M=L** arithmetische Operationen	
S_3	S_2	S_1	S_0	**Operationen**	$C_n = H$ (ohne Carry)	$C_n = L$ (mit Carry)
L	L	L	L	$\overline{A}$	A	$A + 1$
L	L	L	H	$\overline{A \vee B}$	$A \vee B$	$(A \vee B) + 1$
L	L	H	L	$\overline{A} \wedge B$	$A \vee \overline{B}$	$(A \vee \overline{B}) + 1$
L	L	H	H	0	-1	0
L	H	L	L	$\overline{A \wedge B}$	$A + A \wedge \overline{B}$	$A + A \wedge \overline{B} + 1$
L	H	L	H	$\overline{B}$	$(A \vee B) + A \wedge \overline{B}$	$(A \vee B) + A \wedge \overline{B} + 1$
L	H	H	L	$A \neq B$	$A - B - 1$	$A - B$
L	H	H	H	$A \wedge \overline{B}$	$A \wedge \overline{B} - 1$	$A \wedge \overline{B}$
H	L	L	L	$\overline{A} \vee B$	$A + A \wedge B$	$A + A \wedge B + 1$
H	L	L	H	$\overline{A \neq B}$	$A + B$	$A + B + 1$
H	L	H	L	B	$(A \vee \overline{B}) + A \wedge B$	$(A \vee \overline{B}) + A \wedge B + 1$
H	L	H	H	$A \wedge B$	$A \wedge B - 1$	$A \wedge B$
H	H	L	L	1	$A + (A \; shl \; 1)$	$A + A + 1$
H	H	L	H	$A \vee \overline{B}$	$(A \vee B) + A$	$(A \vee B) + A + 1$
H	H	H	L	$A \vee B$	$A \vee \overline{B} + A$	$A \vee \overline{B} + A + 1$
H	H	H	H	A	$A - 1$	A

Die gewünschte Bitbreite erreicht man durch Parallelschaltung mehrerer 74181. Damit dann ein Übertrag weitergereicht werden kann, gibt es einen Ausgang für einen Übertrag vom höchstwertigen Bit an die nächste ALU (Carry-Out) und einen Eingang für die Aufschaltung eines Übertrages von der vorigen ALU auf das niedrigstwertige Bit (Carry-In).

---

[1] RISC-Prozessoren verzichten auf solche vielschrittigen Befehle (s. Kap. 7.4).

Betrachten wir einige Beispiele für Maschinenbefehle an einem hypothetischen Mikroprozessor, der die dargestellte ALU 74181 enthält und entnehmen die notwendige Ansteuerung aus Tabelle 7.1.

Beispiel 1 Ein Register soll inkrementiert werden. Das Steuerwerk bringt den Registerinhalt an den A-Eingang und die ALU erhält die Steuerungssignale M=L, $\overline{C_n}$=L, S_3=L, S_2=L, S_1=L, S_0=L, das Ergebnis wird über den internen Bus wieder in das Ursprungsregister geladen.

Beispiel 2 Ein Register soll mit einem zweiten durch ein bitweise logisches UND verknüpft werden, das Ergebnis soll im ersten der beiden Register abgelegt werden. Das Steuerwerk bringt den Inhalt der beiden Register an den A- und B-Eingang, die ALU erhält die Steuerungssignale M=H, S_3=H, S_2=L, S_1=H, S_0=H, das Ergebnis wird über den internen Bus wieder in das erste der beiden Register geladen.

Informationen über den Verlauf der letzten ALU-Operation werden im *Statusregister* (Zustandsregister, condition code register) bitweise in den *Flags* abgelegt. Flags sind Flipflops, also 1-Bit-Speicher. Diese Flags werden auf verschiedene Art verwertet. Durch einen Lesebefehl kann das Statusregister komplett ausgelesen und durch das Programm weiterverarbeitet werden. Bei manchen Befehlen greift aber auch das Steuerwerk auf Flags zu, um die Ablaufsteuerung danach auszurichten. Ein Beispiel dafür wäre ein bedingter Sprungbefehl, der nur dann ausgeführt wird, wenn das Null-Flag gesetzt ist. Schließlich werden manche Flags wieder in die ALU eingespeist, wie das Carry Flag. Bei Flags hat sich eine spezielle Namensregelung eingebürgert: Ein gesetztes Flag enthält eine '1', ein gelöschtes Flag eine '0'.

Das **Zero Flag** (Nullbit) wird vom Operationswerk gesetzt, wenn das Ergebnis der letzten Operation gleich Null war; wenn nicht, wird das Null-Flag gelöscht. Damit kann man bequem Schleifen programmieren: Man dekrementiert einen Schleifenzähler und verlässt die Schleife mit einem bedingten Sprungbefehl, wenn er Null ist.

Das **Carry Flag** (Übertragsbit) zeigt bei der Addition einen Übertrag aus dem MSB heraus auf das (nicht mehr vorhandene) nächst höherwertige Bit an. Bei Subtraktion zeigt es ein Borgen von dem nächst höherwertigen Bit auf das MSB an. Dies wird beim Umgang mit vorzeichenlosen Zahlen ausgenutzt (s. Abschn. 2.4).

Das **Overflow Flag** (Überlaufbit) zeigt einen bei Addition oder Subtraktion entstehenden Übertrag auf das MSB an. Da das MSB bei Zweierkomplement-Zahlen das Vorzeichen enthält, wird das Überlaufbit beim Rechnen mit Vorzeichen gebraucht (Zweierkomplementzahlen s. Abschn. 2.4).

Das **Sign Flag** (Vorzeichenbit) gibt das entstandene MSB wieder. Bei Zweierkomplement-Zahlen entspricht dieses genau dem Vorzeichen, ist also gesetzt, wenn das Ergebnis negativ ist.

Das **Parity Flag** (Paritätsbit) zeigt an, ob die Anzahl der '1'-Bits im Ergebnis gerade oder ungerade ist.

7.2.4 Adresswerk und Adressierungsarten

Innerhalb des Prozessors gibt es nur wenige Adressierungsarten. Bei der *unmittelbaren Adressierung* ist der Operand schon als Konstante im Befehl enthalten. Dieser Operand folgt im

Maschinencode unmittelbar auf den Opcode. Die *Registeradressierung* spricht ein Register direkt an.

Zur Adressierung von Speicherzellen werden im Adresswerk die Speicheradressen gebildet, die dann über die Busschnittstelle auf die Adressleitungen gelegt werden. Das Einlesen des Maschinencodes erfolgt über den Programmzähler (s. Abschn. 7.1). Die Datenadressierung dagegen ist vielfältig. Bei der *direkten Adressierung* steht die Speicheradresse, die bei der Übersetzung schon bekannt ist, als Operand im Maschinencode und wird unverändert an die Busschnittstelle übergeben. Mit direkter Adressierung kommt man aber nicht aus. Bei vielen Algorithmen, wie Sortierverfahren etc., ist es notwendig, die Adressen zur Laufzeit festzulegen. Die häufigste Methode dafür ist die *registerindirekte Adressierung*. Dabei wird der Inhalt eines Registers als Adresse benutzt und auf den Adressbus gebracht. Zu dieser Adressierung haben sich viele Varianten und Erweiterungen entwickelt, denn vielfältige *Adressierungsarten* stellen einen Komfort für den Programmierer bzw. Compilerbauer dar und sind ein wichtiges Leistungsmerkmal eines Prozessors. Bei der registerindirekten Adressierung haben sich die Begriffe *Basisregister* und *Indexregister* eingebürgert. Das Basisregister hat volle Adressbusbreite und kann die Anfangsadresse einer Datenstruktur aufnehmen. Zum Basisregister kann in der Regel noch eine Konstante, das *Displacement* (Verschiebung, Adressabstand), addiert werden. Bei der Basisadressierung wird also eine Adresse berechnet aus dem Inhalt des Basisregisters und einem aus dem Maschinencode stammenden Displacement. Das erfordert eine Addition zur Laufzeit des Programmes. Da das Rechenwerk nicht mit Adressberechnungen belastet werden soll, enthält das Adresswerk einen eigenen *Adressrechner* (Abb. 7.9).

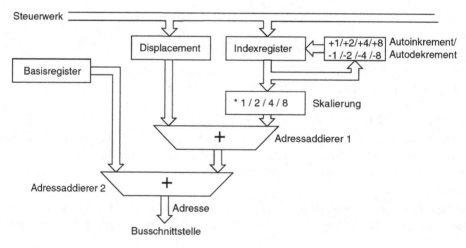

Abbildung 7.9: Ein Adressrechner mit Autoinkrement/Autodekrement sowie Skalierung für das Indexregister.

Beispiel Das Basisregister enthält den Wert 0020h, ein Displacement von 300h wird addiert. Der Zugriff erfolgt auf Speicheradresse 0320h.

Das Indexregister hat nicht unbedingt die volle Adressbusbreite, man kann also u.U. nicht durch Variation des Indexregisters den ganzen Speicher adressieren. Dafür sind Indexregister oft mit Zusatzeinrichtungen ausgestattet, wie Autoinkrement oder Autodekrement. Dadurch wird der Inhalt des Indexregisters auf Wunsch automatisch vor oder nach dem Zugriff erhöht oder erniedrigt. Damit ist die *indizierte Adressierung* (Index-Adressierung) ideal geeignet, um zusammenhängende Datenblöcke sequenziell zu adressieren. Auch zum Indexregister kann in der Regel ein Displacement addiert werden. Um auch Datenstrukturen mit Elementen von je 2, 4 oder 8 Byte bequem durchadressieren zu können, bieten manche Indexregister eine *Skalierung*: Der Inhalt des Registers wird bei der Adressberechnung mit 2, 4 oder 8 multipliziert. Das Indexregister kann dann um ± 1 verändert werden und die gebildete Adresse verändert sich um $\pm 2, \pm 4$ oder ± 8. Intern wird die Skalierung durch einen Multiplexer realisiert, der das aus dem Indexregister kommende Bitmuster um 0, 1, 2 oder 3 Bit verschoben auf den Adressaddierer leitet.

Beispiel Das Indexregister enthält nacheinander die Werte 0010h, 0011h, 0012h und 0013h. Ein Displacement von 300h wird addiert, der Skalierungsfaktor beträgt 4. Der Zugriff erfolgt auf die Speicheradressen 0340h, 344h, 348h und 34Ch.

Die *basis-indizierte Adressierung* (Basis-Index-Adressierung) bildet die Adresse durch Addition des Basisregisters, des Indexregisters und eines Displacements. Damit werden die Vorteile der Basisadressierung und der indizierten Adressierung kombiniert, allerdings fällt der Adressaddierer hier aufwändiger aus.

Beispiel Das Basisregister enthält den Wert 1000h, das Indexregister enthält nacheinander die Werte 0020h, 21h, 22h. Ein Displacement von 300h wird addiert, der Skalierungsfaktor beträgt 2. Der Zugriff erfolgt auf die Speicheradressen 1340h, 1342h, 1344h.

Tabelle 7.2: Adressierungsarten für Speicherzugriffe. Die Displacements werden als Operanden im Maschinencode mitgeführt. „Speicherinhalt(Reg.)": Speicherinhalt an der durch Reg. gegebenen Adresse.

Direkte Adressierung	
	Adresse wird gebildet aus
Direkte Adressierung	konstanter Ausdruck

Registerindirekte Adressierung	
Variante	*Adresse wird gebildet aus*
Basisadressierung	Basisregister
	Basisregister + Displacement
Indexadressierung	Indexregister
	Indexregister + Displacement
Basis-indizierte Adressierung	Basisregister + Indexregister
	Basisregister + Indexregister + Displacement

Speicherindirekte Adressierung	
Variante	*Adresse wird gebildet aus*
Einfache speicherindirekte Adressier.	Speicherinhalt(Reg.)
Speicherindir. Adr. mit Displacement	Speicherinhalt(Reg.+Displ.1)+Displ.2
Vorindizierte speicherindirekte Adr.	Speicherinhalt(Reg.+Indexreg.+Displ.1)+Displ.2
Nachindizierte speicherindirekte Adr.	Speicherinhalt(Reg.+Displ.1)+Indexreg.+Displ.2

Die kompliziertesten Adressierungsarten bieten die *speicherindirekten Adressierungen*. Hier verweist ein Register auf einen Speicherplatz, der Inhalt dieser Speicherzelle(n) wird gelesen und als Adresse verwendet. Außerdem sind bis zu zwei Displacements möglich: Zum Inhalt des Registers wird Displacement 1 addiert, das Ergebnis wird als Speicheradresse benutzt. Zu dem dort gelesenen Wert wird das Displacement 2 addiert und das Ergebnis ist die zu bestimmende Adresse. Es gibt Varianten, die die Möglichkeiten der speicherindirekten Adressierung zusätzlich erweitern: Bei der *Vorindizierung* wird zu Displacement 1 zunächst noch der Inhalt eines Indexregisters addiert. Bei der *Nachindizierung* wird der Inhalt des Indexregisters zusätzlich zu Displacement 2 addiert. Vor- und Nachindizierung bieten wirklich verwirrende Möglichkeiten. Wegen des mehrfachen Speicherzugriffs sind diese Adressierungsarten aber auch sehr zeitaufwändig und werden nicht von allen Prozessoren angeboten. Die Adressierungsarten sind in Tab. 7.2 zusammengefasst.

Beispiel Das Register enthält die Adresse 1000h, das Displacement 1 beträgt 200h, das Indexregister enthält den Wert 0020h, das Displacement 2 beträgt 1. Bei vorindizierter Speicher-indirekter Adressierung wird der Speicher bei Adresse 1220h ausgelesen und zu der dort gefundenen Adresse 1 addiert; das Ergebnis ist die zu bestimmende Adresse. Bei nachindizierter Speicher-indirekter Adressierung wird der Speicher bei der Adresse 1200h ausgelesen; zu der dort gefundenen Adresse wird 21h addiert, das Ergebnis ist die zu bestimmende Adresse.

Ein spezielles Register ist der *Stackpointer* (SP, Stapelzeiger). Mit dem Stackpointer wird die Unterhaltung eines *Stack* (Stapel) hardwaremäßig unterstützt. Der Stack wird im Hauptspeicher angelegt und hauptsächlich für die vorübergehende Aufnahme von Daten benutzt. Er ist eine Speicherstruktur, die nach dem Prinzip Last In – First Out verwaltet wird. Er gleicht damit einem Stapel Teller, die immer nur einzeln aufgelegt werden. Nimmt man einen Teller von diesem Stapel, so ist es immer der Teller, der als letzter aufgelegt wurde. Traditionell wächst ein Stack immer zu den kleineren Speicheradressen hin. Man richtet es so ein, dass der Stackpointer immer auf das Wort an der Spitze des Stack (Top of Stack) zeigt. Wenn ein neues Wort im Stack abgelegt wird, muss der Stackpointer zunächst erniedrigt werden und zeigt dann auf den nächsten freien Platz, auf dem das neue Stackwort abgelegt wird. Dieses Wort ist dann die neue Stackspitze. Wird ein Wort aus dem Stack entnommen, so ist es immer das an der Spitze des Stack. Nach dem Lesen dieses Wortes wird der Stackpointer erhöht und zeigt nun wieder auf die Stackspitze (Abb. 7.10).

Der Prozessor unterstützt die Verwaltung des Stacks, indem er die Befehle PUSH und POP zur Verfügung stellt. Mit dem Befehl PUSH wird nun ein neues Wort auf dem Stack abgelegt. Dabei wird vor dem Zugriff das Stackpointer-Register dekrementiert. Entsprechend wird mit POP ein Wort entnommen und dabei nach dem Zugriff der Stackpointer erhöht. Das Stackpointer-Register ist mit Prä-Dekrement/Post-Inkrement ausgestattet und ein Programm kann den Stack über die Befehle PUSH und POP bequem benutzen.

Prozessoren, die Multitasking unterstützen, haben ein weit komplexeres Adresswerk, weil dann die Speicherbereiche der aktiven Prozesse separat verwaltet und geschützt werden müssen. Dazu zählt auch die Prüfung der Zugriffsberechtigung bei jedem einzelnen Speicherzugriff und die Aus- und Einlagerung von Daten auf die Festplatte, wenn der Speicher überbelegt ist. Für diese Aufgaben erhält das Adresswerk eine Speicherverwaltungseinheit (memory management unit, MMU), die in Kap. 10 noch eingehender besprochen wird.

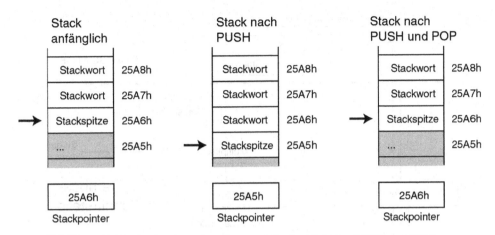

Abbildung 7.10: Ein Stack wächst abwärts. Mit den Befehlen PUSH und POP werden Daten auf dem Stack abgelegt bzw. vom Stack entnommen

7.2.5 Systembus-Schnittstelle

Unter Systembus soll hier das externe Bussystem verstanden werden, an dem die Speicher- und E/A-Bausteine angeschlossen sind. Der Systembus besteht aus *Steuerleitungen* (Steuerbus), *Adressleitungen* (Adressbus) und *Datenleitungen* (Datenbus). Die Adressleitungen werden unidirektional betrieben, der Prozessor arbeitet immer als Sender. Die Datenleitungen werden bidirektional betrieben und die Steuerleitungen unterschiedlich. Die Bustreiber sind meist als Tristate-Ausgänge (s. S. 64) ausgeführt und schon in den Prozessorchip integriert; man braucht erst dann externe Treiberbausteine, wenn eine gewisse Buslast überschritten ist. Die Systembus-Schnittstelle stellt die Verbindung zur Systemplatine her. Sie muss die Anpassung der Pegel vornehmen, wenn Prozessor und Systembus mit unterschiedlichen Pegeln arbeiten, was bei modernen Prozessoren der Normalfall ist. Die Systembus-Schnittstelle enthält Puffer-Register (Buffer, Latches), die Informationen für bestimmte Zeitabschnitte zwischenspeichern (Abb. 7.11).

Der *Datenbus-Puffer* ist ein bidirektional betriebenes Pufferregister, es speichert alle Daten, die vom Prozessor an den Bus ausgegeben oder vom Bus empfangen werden. Nach dem Empfang von Daten kann der Datenbus-Puffer auch als Hilfsregister für Operanden benutzt werden. Auf die Adressbustreiber wird bei Befehls- und Operandenlesezyklen der Programmzähler aufgeschaltet. Bei Datenzugriffen wird die im Adresswerk ermittelte Adresse an den *Adressbus-Puffer* übergeben und dieser wird auf den Adressbus-Treiber geschaltet.

Die Zwischenspeicherung in Pufferregistern ist auch aus Gründen der Synchronisation notwendig. Nehmen wir als Beispiel einen 2-GHz-Prozessor mit einen 133-MHz-Speicherbus. Hier entspricht ein Bustakt 15 Prozessortakten. Bei Buszugriffen wird die Adresse an den Adressbuspuffer übergeben, dieser hält sie fest, bis der Buszyklus abgewickelt ist. Ebenso wird das Datum vor dem Senden an den Datenbus-Puffer übergeben oder nach dem Empfang dort abgeholt. In jedem Fall wird der interne Datenbus während des langwierigen Buszugriffs frei und der Prozessor kann intern weiterarbeiten.

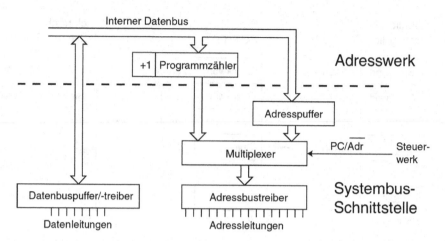

Abbildung 7.11: Die Systembus-Schnittstelle. Beispielhaft sind hier 8 Datenleitungen und 16 Adressleitungen gezeichnet.

7.3 CISC-Architektur und Mikroprogrammierung

In Abschn. 7.2.2 wurde die Methode der *Mikroprogrammierung* vorgestellt. Dabei werden Sequenzen, die für die Steuerung des Prozessors gebraucht werden, einfach aus einem ROM-Baustein, dem *Mikrocode-ROM*, abgerufen. Ein Teil dieser Signale ist an die Adresseingänge des Mikrocode-ROMs zurückgeführt (Abb. 7.6), so dass über den Inhalt des ROMs auch die nächste Adresse vorgegeben wird. Auf diese Art lassen sich beliebige Steuersequenzen samt Verzweigungen und Wiederholungen erzeugen. Das Mikroprogramm wird in binären *Mikrocode* übersetzt, der im Mikrocode-ROM gespeichert ist. Der Befehlsdekoder wählt nach der Identifizierung des Befehles den richtigen Einsprungpunkt in den Mikrocode. Das Mikrocode-ROM liegt innerhalb des Prozessors und hat typischerweise eine Größe von einigen KByte. Die Einzelschritte des Mikroprogramms heißen auch *Mikrooperationen* (μOps).

Die Mikroprogrammierung macht es zum Beispiel möglich, dass Mikroprozessoren ohne Multipliziereinheit trotzdem einen Multiplikationsbefehl ausführen können. Dieser ist dann algorithmisch in der Mikroprogrammierung aufgebaut. Mikroprogrammierte Befehle brauchen natürlich entsprechend viele Prozessortakte, ein Intel-80386 braucht z.B. für eine Addition zweier Register 2 Takte, für eine Multiplikation dagegen bis zu 38 Takte. Durch die Mikroprogrammierung kann man auch komplexe Befehle mit langen Abläufen gut realisieren. Ein gutes Beispiel dafür sind die Stringbefehle mit Wiederholungspräfix der Intel 80x86-Reihe, z.B. kopiert der Befehl REP MOVSW einen ganzen Datenblock durch wiederholte Wortzugriffe im Speicher. Mikroprogrammierung bietet viele Vorteile:

Flexibilität Dem Prozessorbefehlssatz können auf Software-Ebene neue Befehle hinzugefügt werden. Das macht es leichter, den Prozessor weiter zu entwickeln und an die Bedürfnisse des Marktes anzupassen.

Fehlerbeseitigung Design-Fehler können durch Einspielen eines neuen Mikrocodes sogar noch beim Kunden behoben werden.

Kompatibilität und Emulation Bei neuen Prozessorkonzepten kann auf Software-Ebene der Befehlssatz von Vorgängern nachgebildet und dadurch Kompatibilität hergestellt werden. Sogar die Emulation anderer Prozessoren ist möglich.

Varianten Es können leicht Varianten von Prozessoren mit anderen Befehlssätzen – z.B. Mikrocontroller – hergestellt werden. Sogar Änderungen am Befehlssatz nach Kundenwunsch sind möglich.

Diese Vorteile führten dazu, dass der Befehlssatz der mikroprogrammierten Prozessoren immer größer wurde und in den achtziger Jahren oft mehrere hundert Befehle umfasste. Da die einfachen Befehle zuerst entworfen wurden, kamen immer komplizierte Befehle dazu. Der entstandene Befehlssatz war nun wirklich komplex. Prozessoren mit Mikroprogrammierung und komplexem Befehlssatz heißen *Complex Instruction Set Computer*, kurz *CISC*.

Die Mikroprogrammierung war zu ihrer Entstehungszeit eine sehr gute Lösung. Der mehrfache Zugriff auf das Mikrocode-ROM war kein Zeitverlust, weil man damals sehr langsame Hauptspeicher (anfangs noch Ferritkerne) betrieb. In der gleichen Zeit, in der ein Hauptspeicherzugriff erfolgte, konnte innerhalb der CPU zehnmal oder mehr auf das Mikrocode-ROM und die Register etc. zugegriffen werden. Man hatte daher genug Zeit, um die Mikroprogramme auszuführen und beide Bereiche – Prozessor und Systembus – waren ungefähr gleich gut ausgelastet.

Bis zum Ende der siebziger Jahre waren mikroprogrammierte Prozessoren am Markt dominierend. Parallel zur Fortentwicklung der Mikroprogrammierung setzte aber ein Umdenken ein. Es stellte sich heraus, dass die Dekodierung der vielen komplexen Befehle immer aufwändiger wurde. Die Dekodierungseinheit brauchte zunehmend Zeit und auch Platz auf dem Chip. Bei manchen Chips belegte das Steuerwerk schon knapp 70% der Chipfläche, das erhöhte die Herstellungskosten. Außerdem stieg die Wahrscheinlichkeit von Entwurfsfehlern im Steuerwerk an, was wiederum die Entwicklung verlangsamte. Ein weiterer Nachteil ist, dass die Entwicklung von Hochsprachen-Übersetzern immer komplizierter wird, je mehr Befehle zur Auswahl stehen. Außerdem waren die RAM-Bausteine schneller geworden. Die Argumentation, der Prozessor könne in der Zeit, die für einen Hauptspeicherzugriff gebraucht wird, mehrfach auf des Mikrocode-ROM zugreifen, stimmte nicht mehr; zunehmend wurde der Prozessor zur langsamsten Stelle im System – nun schlug die Stunde der RISC-Verfechter.

7.4 RISC-Architektur

Ab 1975 entwickelte man bei IBM einen neuen Prozessor, den IBM 801, der aus dem allgemeinen Trend ausbrach und einen ganz einfachen Befehlssatz hatte. Ab 1980 wurden an der Universität von Berkeley in Kalifornien die Prozessoren RISC I und RISC II entwickelt, die nur 31 bzw. 39 Befehle hatten. *RISC* steht hier für *Reduced Instruction Set Computer*, also Computer mit reduziertem Befehlssatz. In Stanford wurde ungefähr zeitgleich ein Prozessor mit reduziertem Befehlssatz namens *MIPS* entwickelt. Beide Prozessoren wurden zu kommerziellen Baureihen, SPARC und MIPS. Die Abkürzung RISC wurde bald zum Synonym für einen neuen Technologie-Trend.

Die Idee der RISC-Prozessoren ist, auf die Mikroprogrammierung zu verzichten. Es gibt keine algorithmische Abarbeitung von Befehlen mehr, jeder Befehl spricht direkt eine entsprechende Hardwareeinheit an. Kann z.B. in einem CISC-Prozessor eine Multiplikation algorithmisch abgewickelt werden, so muss es in einem RISC-Prozessor einen Hardware-Multiplizierer geben – oder es gibt keinen Multiplikationsbefehl. Der Befehlssatz ist dann natürlich kleiner (Reduced Instruction Set) und enthält keine komplizierten Befehle mehr.

Wie groß sind aber die Nachteile, die durch den Verzicht auf komplexe Befehle entstehen? Eine Untersuchung der Fa. IBM an ihrer /370 hat Mitte der siebziger Jahre überraschende Ergebnisse ergeben: Nur 10 Befehle machten 2/3 des Programmcodes aus und diese 10 Befehle sind einfache Befehle [23]. Ein Verzicht auf die komplexen Befehle ist also gut möglich, man kann sie ja durch eine Folge einfacher RISC-Befehle ersetzen. Eine andere Betrachtungsweise ist, dass RISC-Befehle den Mikrooperationen des Mikrocodes entsprechen. Man kann auch den L1-Codecache eines RISC-Prozessors als dynamischen Mikrocode-Speicher betrachten. Um eine möglichst hohe Leistung zu erzielen hat man für RISC-Architekturen folgende Entwurfsziele formuliert:

Skalarität Es soll möglichst mit jedem Takt ein Befehl bearbeitet werden. Dieses Ziel ist sehr weitreichend und erfordert aufwändige konstruktive Maßnahmen nach sich. Prozessoren, die mehr als einen Befehl pro Takt bearbeiten, heißen *superskalar*. Skalare und superskalare Architekturen werden im Kap. 11 behandelt. Einfache RISC-Prozessoren erreichen nicht unbedingt Skalarität.

Verzicht auf Mikroprogrammierung Alle Befehle sind einer Hardwareeinheit zugeordnet („fest verdrahtet"). Dadurch sind nur einfache möglich, die schnell ausgeführt und dekodiert werden können.

Load/Store-Architektur Die Kommunikation mit dem Hauptspeicher wird nur über die Befehle Laden und Speichern (LOAD und STORE) abgewickelt. Dadurch wird der zeitkritische Transport zwischen Prozessor und Speicher auf ein Minimum beschränkt. ALU-Operationen können dementsprechend nur auf Register angewendet werden. Es gibt keine Befehle, die einen Speicheroperanden laden, bearbeiten und wieder speichern (Read-Modify-Write-Befehle), dies sind typische mikroprogrammierte Befehle.

Großer Registersatz Viele Register ermöglichen es, viele Variablen in Registern zu halten und damit zeitraubende Hauptspeicherzugriffe einzusparen. Üblich sind mindestens 16 Allzweck-Register, meistens deutlich mehr.

Feste Befehlswortlänge Alle Maschinenbefehle haben einheitliche Länge, das vereinfacht das Laden und Dekodieren der Befehle. Die Verlängerung des Codes, die durchaus 50% betragen kann, nimmt man in Kauf.

Horizontales Befehlsformat In den Maschinenbefehlen haben Bits an fester Position eine feste und direkte (uncodierte) Bedeutung; auch dies beschleunigt die Dekodierung.

Orthogonaler Befehlssatz Jeder Befehl arbeitet auch mit jedem Register zusammen.

Als Folge aus diesen Forderungen ergibt sich zwangsläufig ein **einfacher Befehlssatz** (Reduced Instruction Set). Es gibt nur wenige und einfache Befehle, die jeweils aus wenigen Teilschritten bestehen und schnell abgearbeitet werden können.

Der Registersatz von RISC-Prozessoren

Ein RISC-Prozessor besitzt mindestens 32 gleichwertige, universelle Register, deren Organisation unterschiedlich sein kann. Das Ziel ist immer, Variablen möglichst in Registern zu behalten und Hauptspeicher- bzw. Cachezugriffe zu vermeiden. Im einfachsten Fall sind die Register als homogener Block organisiert (Abb. 7.12 links).

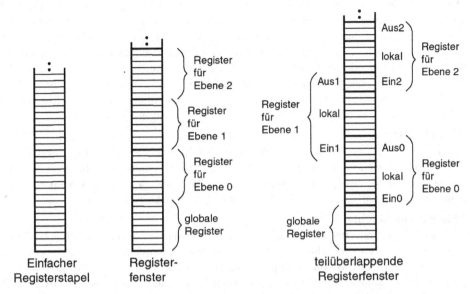

Abbildung 7.12: Verschiedene Organisationen der Register in einem RISC-Prozessor.

Eine großzügigere Architektur sieht einen Registerblock für globale Daten und mehrere Registerblöcke für lokale Daten von Unterprogrammen vor. Ein Zeigerregister verweist dabei immer auf den aktiven Teilbereich der Register, das *Registerfenster*. Beim Aufruf eines Unterprogrammes wird das Zeigerregister geändert, so dass das Unterprogramm ein neues, eigenes Registerfenster erhält (Abb. 7.12 Mitte). Beim Rücksprung in das aufrufende Programm wird das Registerfenster wieder auf den vorigen Ausschnitt umgesetzt und die Variablen des aufrufenden Programmes sind wieder verfügbar. Eine Verfeinerung stellen die teilüberlappenden Registerfenster dar. Hier existiert ein Überlappungsbereich, der für die Parameterübergabe an das Unterprogramm vorgesehen ist (Abb. 7.12 rechts). Das aufrufende Programm platziert die Variablen, die an das Unterprogramm übergeben werden sollen, in diesem Überlappungsbereich („Aus"); beim Unterprogrammaufruf wird das Registerfenster einfach überlappend umgesetzt und die übergebenen Variablen liegen sofort im Registerfenster des Unterprogramms („Ein"). Der Zeitverlust für die bei CISC-Prozessoren übliche Parameterübertragung via Stack entfällt völlig. Ein schönes Beispiel für flexibel überlappende Registerfenster ist Infineons C167. Für ein Multitasking mit schnellem Task-Wechsel können mehrere solcher Registersätze existieren.

7.5 Programmierung von Mikroprozessoren

7.5.1 Maschinenbefehlssatz

Der Maschinenbefehlssatz ist ein direktes Abbild aller Operationen, die der Prozessor durchführen kann. Nehmen wir z.B. an, dass die ALU des Prozessors über die Möglichkeit verfügt, ein Bitmuster in einem Register nach links zu verschieben und das Steuerwerk diese Möglichkeit unterstützt. Dann muss es einen Opcode für diese Operation geben, z.B. C3h. Wenn der Prozessor diesen Opcode einliest, wird nach der Dekodierung des Befehles durch das Steuerwerk der Befehl ausgeführt und das bezeichnete Register nach links verschoben. In den Funktionstabellen der Entwickler wird der Befehl eine Bezeichnung wie *Shift logical left* „Shift logical left" erhalten. Für die Assemblersprache wird der Befehl dann abgekürzt, z.B. zu SHLL. Welcher Opcode für eine bestimmte Operation steht, hängt vom Aufbau der Prozessorhardware und vom Mikrocode ab. Ein einfaches Beispiel dafür ist in [29] im Detail ausgearbeitet. Den Befehlssatz eines Mikroprozessors kann man in Gruppen einteilen. Bei einfachen Mikroprozessoren findet man typischerweise die folgenden Gruppen:

Transportbefehle

Befehle mit denen Daten zwischen Komponenten des Rechnersystems transportiert werden, z.B. Speicher – Speicher, Register – Speicher, Ein-/Ausgabebaustein – Register. Meistens wird dabei eine Kopie des Quelloperanden angelegt. Ein spezielle Art von Transportbefehlen sind die schon erwähnten Stackbefehle PUSH und POP (s. Abschn. 7.2.4).

Arithmetische Befehle

Diese Befehle interpretieren die zu verarbeitenden Bitmuster als Zahlen. Manche Befehle unterscheiden zwischen vorzeichenlosen Zahlen und Zweierkomplement-Zahlen. Typische Befehle sind Addition, Subtraktion, Multiplikation, Division, Dekrement, Inkrement und diverse Vergleichsbefehle. Manche Prozessoren unterstützen zusätzlich die Arbeit mit BCD-Zahlen (binary coded decimals).

Bitweise Logische Befehle

Hier werden Operanden bitweise durch die logischen Operatoren UND, ODER, exklusives ODER verknüpft; dazu kommt die bitweise Invertierung eines Operanden.

Schiebe- und Rotationsbefehle

Veränderung von Bitmustern durch Schiebe- oder Rotationsbefehle, wie z.B. Schieben nach links, Schieben nach rechts, Rotieren nach links und Rotieren nach rechts. Häufig wird dabei das Carry-Flag einbezogen.

Einzelbitbefehle

Diese Befehle umfassen das Setzen, Verändern oder Abfragen einzelner Bits in Dateneinheiten.

Sprungbefehle

Sie verändern den Inhalt des Programmzählers (PC) und veranlassen dadurch die Fortsetzung des Programms an einer anderen Stelle. Man unterscheidet unbedingte Sprungbefehle, die immer ausgeführt werden, und bedingte Sprungbefehle, deren Ausführung vom Zustand des Maschinenstatusregisters (Flags) abhängt. Eine spezielle Art von Sprungbefehlen sind der Aufruf eines Unterprogramms und der Rücksprung aus einem Unterprogramm. Der Aufruf von Betriebssystem-Routinen (Software-Interrupts, Traps) funktioniert ähnlich, allerdings wird hier statt einer Adresse eine Nummer übergeben.

Prozessorsteuerungsbefehle

Jeder Prozessor verfügt über Spezialbefehle, mit denen man die Betriebsart einstellen kann. Dazu zählt z.B. das Freischalten von Interrupts, die Einstellung von Autoinkrement und Autodekrement, die Umschaltung auf Einzelschrittbetrieb, die Konfiguration der Speicherverwaltung etc. Oft werden dazu Flags in Steuerregistern gesetzt.

Dies sind nur die wichtigsten Befehlsgruppen, moderne Prozessoren besitzen weitere Befehle, z.B. für die Gleitkommaeinheit. Andererseits sind in einfachen Prozessoren nicht alle aufgeführten Befehlsgruppen vorhanden, z.B. gibt es einfache Prozessoren ohne Einzelbitbefehle.

7.5.2 Maschinencode und Maschinenprogramme

In einem Computerprogramm müssen komplexe Aufgaben in viele kleine Schritte zerlegt werden, von denen jeder durch einen Maschinenbefehl erledigt werden kann. Die Maschinenbefehle werden im Maschinencode durch OpCodes und Operanden repräsentiert (s. Abschn. 7.1).

Beispiel Es soll das 9-fache der Variablen B berechnet werden, danach das Ergebnis um eins erniedrigt und auf die Variable A gespeichert werden. In einer Hochsprache würde man dazu eine Zuweisung wie

```
A=9*B-1
```

benutzen. Da nicht auf jedem Mikroprozessor ein Multiplikationsbefehl zur Verfügung steht kann man das mit einer Folge von Maschinenbefehlen erledigen, die ungefähr so aussehen könnte:

- Hole Inhalt der Speicherzelle B in Arbeitsregister 1,
- Kopiere Inhalt von Arbeitsregister 1 in Arbeitsregister 2,
- Verschiebe Inhalt von Arbeitsregister 1 um drei Bit nach links, (entspricht der Multiplikation mit 8. Alternativ kann ein Multiplikationsbefehl benutzt werden, soweit vorhanden. Überlauf ist hier unberücksichtigt.)
- Addiere Inhalt von Arbeitsregister 2 zu Arbeitsregister 1 (entspricht jetzt 9B),
- Dekrementiere Arbeitsregister 1,
- Speichere Inhalt von Arbeitsregister 1 in Speicherzelle A.

Wenn alle obigen Aktionen als Maschinenbefehle formuliert sind, liegt der Maschinencode für dieses Programm vor, der z.B. so aussehen könnte:

> 10100001 00000000 00101010 10001011 11011000 11000001 11100000
> 00000010 00000011 11000011 01000000 10100011 00000000 00101000

Sowohl die OpCodes als auch die Operanden sind letztlich ja nur Bitmuster. Ein Beispiel für den Aufbau von Maschinencode ist in Abschn. 10.4.6 vorgestellt. Da die binäre Schreibweise zu viel Platz verbraucht, schreibt man Maschinencode fast immer hexadezimal auf. Die hexadezimale Schreibweise passt hier sehr gut, denn eine Hexadezimalziffer stellt gerade 4 Bit dar, zwei Hexadezimalziffern also ein Byte. Der Maschinencode aus dem Beispiel lässt sich damit wesentlich platzsparender schreiben:

> A1 00 2A 8B D8 C1 E0 02 03 C3 40 A3 00 28

Dieser Maschinencode steht im ausführbaren Programm, z.B. auf einem PC als .EXE-Datei. Zur Ausführung wird er in den Speicher gebracht (geladen) und gestartet. Der Prozessor beginnt nun beim ersten Befehl des Programmes mit dem Befehlslesezyklus und setzt so lange fort, bis das Programmende erreicht ist. Theoretisch könnte man also mit Maschinencode Programme entwickeln, aber das macht man nur in Notfällen. Maschinencode hat nämlich einige schwere Nachteile:

- Die Programme sind sehr unflexibel und schwer änderbar.

- Die Programme sind sehr schlecht lesbar, man kann die Maschinenbefehle nicht erkennen und keine Namen für Variablen und Sprungmarken vergeben.

- Es können keine Kommentare eingefügt werden.

7.5.3 Assemblersprache und Compiler

Die zuletzt genannten Nachteile werden behoben durch die Einführung der *Assemblersprache*. In der Assemblersprache wird jeder Maschinenbefehl durch eine einprägsame Abkürzung mit typischerweise drei Buchstaben dargestellt, das so genannte *Mnemonic*. Die Assemblersprache wird dadurch relativ leicht lesbar und verständlich, stellt aber trotzdem ein vollständiges Abbild des Prozessors dar: Für jeden Maschinenbefehl gibt es einen zugehörigen Assemblerbefehl. Das bedeutet auch, dass jeder Prozessor seine eigene Assemblersprache hat. Beispiele für Mnemonics, d.h. Assemblerbefehle, sind ADD für Addition, SHL für Shift left, MOV für Move. Operanden wie Registernamen, Konstante oder Variablen werden im Klartext genannt. Speicherplätze können frei wählbare Namen erhalten und damit wie Variablen in Hochsprachen benutzt werden. Ebenso werden Namen an Sprungmarken vergeben.

Wir wollen nun die oben stehende Liste von Aktionen zur Ausführung unserer Beispieloperation A=9*B-1 in der Assemblersprache des Intel Pentium (s. Abschn. 11.3.2) aufschreiben. Die Speicherplätze können einfach A und B heißen, als Register wurden AX und BX ausgewählt. Das Assemblerprogrammstück sieht dann so aus:

```
mov ax,B    ; Variable B in Register AX legen (AX=B)
mov bx,ax   ; Kopie von Reg. AX in Reg. BX legen (BX=B)
shl ax,3    ; Bitmuster in AX um 3 Bit nach links schieben (AX=8B)
add ax,bx   ; Inhalt von BX zu AX addieren, (AX=9B)
dec ax      ; Inhalt von AX dekrementieren (AX=9B-1)
mov A,ax    ; auf Variable A speichern.
```

Der *Assembler* („Montierer") übersetzt dann das in Assemblersprache geschriebene Quellprogramm und erzeugt so den Maschinencode. In der folgenden Liste ist auf der rechten Seite der aus den Assemblerbefehlen resultierende Maschinencode eingetragen. Man sieht jetzt, wie der oben als Beispiel gegebene Maschinencode entstanden ist.

```
Assemblerbefehle        Daraus erzeugter Maschinencode

mov ax,B                A1 002A
mov bx,ax               8B D8
```

```
shl ax,2        C1 E0 02
add ax,bx       03 C3
inc ax          40
mov A,ax        A3 0028
```

Der Assembler hat die Variable A an den Offset 0028h und die Variable B an den Offset 002A im Datensegment gelegt. Der Assembler-Programmierer sieht im Wesentlichen das Programmiermodell des Prozessors, das aus Registern und Befehlen besteht. Er muss sich in der Regel weder um den Maschinencode kümmern noch mit absoluten Adressen arbeiten. Trotzdem ist Assemblersprache eine unmittelbare Abbildung der Prozessorstruktur und deshalb oft die einzige Möglichkeit, alle Fähigkeiten eines Prozessors zu nutzen.

Ein Hochsprachen-Übersetzer (Compiler) dagegen abstrahiert vom Prozessor: Ein Hochsprachen-Programm kann durch passende Compiler in Maschinencode für verschiedene Prozessoren übersetzt werden. Die Hardware-Struktur eines Prozessors ist in einem Hochsprachenprogramm nicht mehr sichtbar. Dabei wird aus einem einzigen Hochsprachenbefehl oft eine lange Sequenz von Maschinenbefehlen. Compiler erzeugen entweder direkt Maschinencode oder zunächst Assembler- und dann Maschinencode.

7.5.4 Hardware-Software-Schnittstelle (Instruction Set Architecture)

Die Hardware-Software-Schnittstelle, auch Instruction Set Architecture (*ISA*) (Befehlssatzschnittstelle) genannt, umfasst die gesamte nach außen hin sichtbare Architektur: Den Befehlssatz, den Registersatz und das Speichermodell [45]. Der Registersatz und der Befehlssatz wurden schon behandelt (Abschn. 7.2.1 und 7.5.1). Unter Speichermodell versteht man die Breite der Busse, die Größe und Beschaffenheit des Adressraumes und alle weiteren Merkmale, die bei der Programmierung des Datentransports zwischen Speicher und Prozessor berücksichtigt werden müssen. Die ISA ist genau das, was für die Erstellung von Maschinenprogrammen für diesen Prozessor bekannt sein muss. Das betrifft die Programmierung in Assembler ebenso wie den Aufbau von Compilern. Man kann die ISA deshalb auch als Schnittstelle zwischen Software und Hardware betrachten (Abb. 7.13).

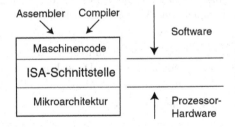

Abbildung 7.13: Die Instruction Set Architecture (ISA) ist bei einem Mikroprozessor die Schnittstelle zwischen Software und Hardware.

Demgegenüber gehört die *Mikroarchitekturebene* nicht zur ISA. Sie umfasst alle internen Vorgänge des Prozessors, wie ALU-Betrieb, Mikroprogrammierung, Pipelining (s. Abschn. 11.1), Paging, Caching (s. Kap. 10) usw. Um den Prozessor zu programmieren, braucht man die Mikroarchitekturebene nicht zu kennen. Die Mikroarchitektur garantiert in ihrer Gesamtheit das Funktionieren des Prozessors, der nach außen wiederum durch die ISA repräsentiert ist.

Bei vielen modernen Prozessoren ist die Trennung dieser beiden Ebenen nicht mehr so klar, wie sie einmal war. Ein Beispiel dafür sind die Pipelines der RISC-Prozessoren, die nicht mehr beliebig aufeinander folgende Maschinenbefehle verarbeiten können (s. Abschn. 11.1) oder der SSE2-Befehlssatz der Pentium-Prozessoren (s. Abschn. 13.2.2), der eine explizite Steuerung der Caches zulässt. Um diese Prozessoren zu programmieren sind also doch Kenntnisse der Mikroarchitektur notwendig.

Die ISA ist mitentscheidend über Einsatzmöglichkeiten und Erfolg eines Prozessors. Günstig ist beispielsweise, wenn ein Befehl mit möglichst vielen Registern zusammenarbeitet („Orthogonalität"). Oft wird eine ISA so gestaltet, dass sie sämtliche Elemente der ISA eines Vorgängers einschließt, man spricht von *Abwärtskompatibilität*. Abwärtskompatible Prozessoren können Maschinenprogramme des Vorgängers unverändert ausführen, ein großer Vorteil bei der Einführung eines neuen Prozessors.

7.6   Reset und Boot-Vorgang

Der Reset ist der definierte Startvorgang, mit dem der Mikroprozessor seine Arbeit beginnt. Dabei sorgt die Prozessorhardware für eine vorgegebene Initialisierung der Register und Flags und einen verlässlichen Einsprung in das Programm. Bei einfachen Mikroprozessorsystemen beginnt dann das Anwenderprogramm, das in der Regel nun in mehreren Schritten die Hardware des Prozessors und des Boards initialisiert. Anschließend verzweigt das Anwenderprogramm in eine Endlosschleife, in der alle notwendigen Programmteile aufgerufen werden. Dieses Anwenderprogramm muss in einem nichtflüchtigen Speicher liegen. Bei komplexeren Mikroprozessorsystemen startet nach dem Reset ein sogenanntes *Urladeprogramm* (Bootprogramm), das von einem Massenspeicher ein Betriebssystem in den Arbeitsspeicher lädt, der *Bootvorgang*. Dieses Betriebssystem kontrolliert nun das Laden und Ausführen aller Anwendungen und Prozesse. Auch das Urladeprogramm liegt in einem nicht-flüchtigen Speicher. Für die Ausführung des Resetvorgangs gibt es zwei Möglichkeiten:

Der Prozessor startet immer an einer festen Adresse
An dieser Adresse muss ein Sprungbefehl hinterlegt werden ins Anwenderprogramm bzw. Urladeprogramm. Man muss dann beim Systementwurf für diese Adresse nicht-flüchtigen Speicher vorsehen. Dies Möglichkeit wird zum Beispiel von PC-Prozessoren benutzt.

Der Prozessor lädt einen Reset-Vektor
Der Reset-Vektor ist an eine Adresse im nicht-flüchtigen Speicher hinterlegt und enthält die die Startadresse des Anwenderprogramms bzw. Urladeprogramms. Diese Lösung ist bei Mikrocontrollern verbreitet.

Als Quellen für die Auslösung des Reset-Vorgangs kommen in Frage:

- Externer Reset durch elektrisches Signal am RESET-Eingang,

- Reset beim Einschalten (Power On Reset),

- Reset bei Fehlerzuständen: Unterschreitung der zulässigen Betriebsspannung, unbekannter Opcode, fehlendes Rücksetzen der Watchdog-Schaltung und andere.

7.7 Ergänzung: Hilfsschaltungen

Zum Aufbau einfacher Systeme brauchen wir im Wesentlichen folgende Komponenten: Mikroprozessor, Speicher, E/A-Bausteine, Taktgenerator und Einschaltverzögerung. Die beiden letztgenannten Hilfsschaltungen wurden noch nicht besprochen und sollen hier kurz vorgestellt werden.

7.7.1 Taktgenerator

Die Abläufe in einem Mikroprozessorsystem mit synchronem Bussystem werden durch ein gemeinsames Taktsignal synchronisiert (s. Abschn. 6.1.5). Die Erzeugung übernimmt ein Taktgenerator (auch astabile Kippstufe oder Multivibrator), für den es verschiedene Schaltungsmöglichkeiten gibt. Um die Frequenz stabil zu halten, wird dabei oft ein Schwingquarz eingesetzt. In Abb. 7.14 wird eine eine Schaltung mit Invertern vorgestellt.

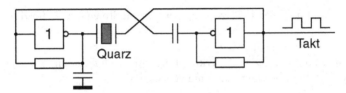

Abbildung 7.14: Ein Taktgenerator kann aus zwei Invertern aufgebaut werden. An beiden Inverter ist das Ausgangssignal an den Eingang zurückgeführt, dadurch ist die Schaltung prinzipiell instabil. Die Kondensatoren und Widerstände verlangsamen das ständige Umkippen. Der Quarz stabilisiert durch sein Resonanzverhalten die Taktfrequenz.

7.7.2 Einschaltverzögerung

Eine Einschaltverzögerung sorgt dafür, dass das RESET-Signal erst deutlich nach dem Einschalten der Betriebsspannung deaktiviert wird. Dadurch können sich die internen Schaltkreise des Mikroprozessors vor dem Bootvorgang stabilisieren. Die Verzögerung wird durch die Aufladezeit eines Kondensators in einem RC-Glied erreicht und gesteuert. Die Signalflanken werden meist noch durch Schmitt-Trigger sauber und steil geformt (Abb. 7.15).

7.8 Aufgaben und Testfragen

1. Ein Maschinencode-Abschnitt enthält 2 Befehle mit je 2 Operanden zu 16 Bit und einen Befehl mit einem 16-Bit-Operanden. Die Opcodes haben jeweils 8 Bit. Wie viele Byte umfasst der Abschnitt?

2. Warum kann auf ein Register schneller zugegriffen werden als auf eine Speicherzelle?

3. Skizzieren Sie, ähnlich wie auf Seite 91, die Abfolge der Steuersignale in einem Befehl, der ein Speicherwort in Register 1 kopiert. Die Speicheradresse soll dem Opcode als ein Operandenwort folgen.

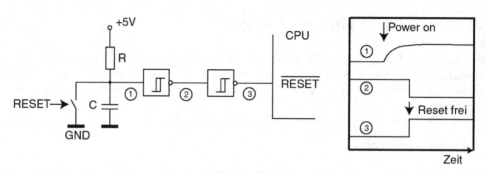

Abbildung 7.15: Typische Schaltung zur Einschaltverzögerung.

4. Wie lange dauert die Ausführung einer Befehlssequenz mit insgesamt 15 Takten bei einem Prozessortakt von 2 GHz?

5. Bestimmen Sie für die ALU 74181 die notwendigen Steuersignale für die folgenden Operationen:
   a) Die Addition zweier Operanden,
   b) die bitweise logische ODER-Verknüpfung zweier Operanden,
   c) die Invertierung des Operanden am A-Eingang.

6. Welche Adresse wird bei indizierter register-indirekter Adressierung angesprochen, wenn der Inhalt des Indexregisters 0020h ist, der Skalierungsfaktor auf 4 eingestellt ist und das Displacement 10h beträgt?

7. Welche Adresse wird bei nachindizierter speicher-indirekter Adressierung angesprochen, wenn der Inhalt des Speicheradressierungs-Registers 20h ist, das Displacement 1 gleich 1 ist, das Indexregister 1 enthält, der Skalierungsfaktor 1 ist und das Displacement 2 ebenfalls 1 ist? Der Inhalt des Speichers an den Adressen 20h – 23h sei:

60h	70h	80h	90h
20h	21h	22h	23h

8. Nennen Sie die Vorteile der Mikroprogrammierung.

9. Nennen Sie die Entwurfsziele von RISC-Prozessoren.

10. Was ist der Sinn einer Einschaltverzögerung?

Lösungen auf Seite 318.

8 Besondere Betriebsarten

8.1 Interrupts (Unterbrechungen)

Die Technik der Interrupts, zu deutsch Unterbrechungen, gehört zu den wichtigsten Konzepten in der Mikroprozessortechnik und ist praktisch bei allen Mikroprozessoren zu finden. Wir wollen zunächst darstellen, welche Problematik zur Idee der Unterbrechung führt.

8.1.1 Das Problem der asynchronen Service-Anforderungen

Ein Mikroprozessor arbeitet mit zahlreichen Bausteinen auf der Systemplatine und mit zahlreichen externen Geräten zusammen. Diese Bausteine und Geräte müssen in bestimmten Situationen Daten mit dem Prozessor austauschen, und zwar in beide Richtungen. Einige typische Beispiele:

- Eine Taste auf der Tastatur wurde gedrückt,

- die Maus wurde bewegt,

- der Festplattencontroller sendet (zuvor angeforderte) Daten,

- auf der Netzwerkschnittstelle treffen Zeichen aus dem Netzwerk ein,

- der Zeitgeberbaustein meldet, dass die Systemzeit aktualisiert werden muss,

- der Drucker hat in seinem internen Pufferspeicher wieder Platz für weitere Daten des Druckauftrags.

Man nennt diese Situationen auch *Service-Anforderungen*. Der Prozessor muss die Service-Anforderungen bedienen, indem er an den zugehörigen E/A-Adressen der Geräte Daten übergibt oder Daten abholt. Damit darf nicht zulange gewartet werden, Service-Anforderungen sind immer eilig. Wenn ein Gerät im internen Pufferspeicher Daten bereit hält, müssen diese vom Prozessor entgegengenommen werden, bevor der Pufferspeicher überläuft und Daten verloren gehen. Außerdem möchte man natürlich eine schnelle Systemreaktion, z.B. auf die Bewegung der Maus. Auch wenn ein Peripheriegerät Daten anfordert, ist eine schnelle Reaktion wichtig, damit z.B. der Schreibvorgang auf einen CD-Recorder nicht unterbrochen wird. Die Service-Anforderungen kommen aber unvorhersehbar und völlig asynchron. Die Datenübertragung von und zu den Peripheriebausteinen und Geräten verläuft in einem völlig anderen Zeitraster als die Übertragungen innerhalb des Prozessor-Speicher-Systems. Nehmen wir z.B. an, es sollen Zeichen über eine serielle Schnittstelle gesendet werden. Der Prozessor muss für jede Übertragung zunächst über das Statusregister ermitteln, ob die Schnittstelle bereit ist, denn die serielle Schnittstelle arbeitet wesentlich langsamer als das Prozessor-Hauptspeicher-System. Es stellen sich also die Probleme der prompten Systemreaktion und der Synchronisation. Für diese Probleme gibt es mehrere Lösungsansätze.

Das Programm kann in einer Schleife ständig das Statusregister der Gerätesteuerung abfragen. Wird dort Bereitschaft angezeigt, verzweigt das Programm in eine Befehlsfolge, die mit Ein- und Ausgabebefehlen die Datenübergabe ausführt. Das ständige Abfragen des Statusregisters wird auch *Polling* genannt. Polling kostet natürlich Prozessorzeit und ist kein effizientes Konzept. Zum Vergleich stelle man sich vor, das Telefon hätte ein rotes Lämpchen statt einer Klingel und man müsste regelmäßig daraufschauen, um festzustellen, ob gerade jemand anruft. Eine Programmierung mit Pollingschleifen ist vielleicht in einer Gerätesteuerung mit schwach ausgelastetem Prozessor akzeptabel, nicht aber in einem vollwertigen Computer. Werden außer der Pollingschleife keine weiteren Operationen ausgeführt, so ist der Prozessor mit der Warteschleife völlig ausgelastet und man spricht von *Busy-Waiting*.

8.1.2 Das Interruptkonzept

Um Polling-Schleifen zu vermeiden können manche Geräte und Bausteine ein spezielles Signal erzeugen, mit dem bei dem Prozessor ein *Interrupt* (*Unterbrechung*) angefordert wird. Der Prozessor muss dazu einen speziellen Interrupt-Eingang besitzen. Als Reaktion auf die Interrupt-Anforderung unterbricht der Prozessor das gerade ausgeführte Programm und verzweigt in eine spezielle Behandlungsroutine, die *Interrupt-Service-Routine* (ISR, auch *Interrupt-Behandlungsroutine* oder *Interrupt-Handler*). Die Befehlssequenz in der ISR stellt die Reaktion des Prozessors auf den Interrupt dar. Nehmen wir z.B. an, dass die Unterbrechung von dem Tastatur-Controller angefordert wurde und dass dieser ein Daten- und ein Statusregister hat (Abb. 5.4). Die Interrupt-Service-Routine wird zunächst über einen E/A-Zugriff das Statusregister des Interrupt-Controllers auslesen. Ergibt die Auswertung des Statusregisters, dass eine Taste der Tastatur gedrückt wurde, so wird die Routine in einem weiteren Zugriff den Tastencode vom Datenregister lesen und in einem Pufferspeicher des Betriebssystems ablegen. Das Betriebssytem wird den neu hinzugekommenen Tastencode erkennen und z.B. einem aktiven Anwendungsprogramm zur Verfügung stellen. In anderen Fällen sind die Aktionen der Interrupt-Service-Routine natürlich weitaus komplexer. Die Funktion der Interrupt-Service-Routine liegt frei in der Hand des Programmierers, so dass man hier völlig flexibel ist.

Beim Interrupt-Konzept entfallen Pollingschleifen völlig und der Prozessor kann bis zum Interrupt völlig ungestört weiterarbeiten. Das verbessert die Systemleistung so stark, dass sich das Interruptkonzept bei Mikroprozessoren und Mikrocontrollern fast völlig durchgesetzt hat. In einem PC sind alle wichtigen Peripheriegeräte interruptfähig und ohne dass wir es bemerken, laufen in jeder Sekunde viele Interrupts ab. Ein so elegantes Konzept, wie das der Interrupts, bringt natürlich einige Problemstellen mit sich, die sauber gelöst werden müssen.

8.1.3 Interrupt-Behandlungsroutinen

Interrupt-Behandlungsroutinen (Interrupt-Service-Routinen) müssen zunächst einmal kurz und performant sein. Wenn sie zu große Ausführungszeit hätten, würde man nicht nur die

Unterbrechung bemerken, sondern es könnte zu einem „Stau" kommen, bei dem andere Interrupts nicht mehr rechtzeitig bearbeitet werden. Eine Interrupt-Behandlungsroutine fügt sich in den Programmablauf ähnlich wie ein Unterprogramm ein, aber mit dem wichtigen Unterschied, dass ein Interrupt *jederzeit* erfolgen kann (Abb. 8.1). Man kann also im unterbrochenen Programm keinerlei Vorbereitungen treffen, wie z.B. das Abspeichern der Registerinhalte.

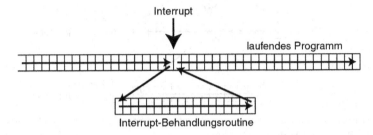

Abbildung 8.1: Die Unterbrechung eines Programmes durch einen Interrupt. Nach Beendigung der Interrupt-Behandlungsroutine wird das unterbrochene Programm fortgesetzt.

Die störungsfreie Fortsetzung des unterbrochenen Programmstückes muss aber unter allen Umständen gewährleistet sein. Das bedeutet, die Interrupt-Service-Routine selbst muss alle Registerinhalte einschließlich der Flags sichern und bei Beendigung wiederherstellen. Zur Unterstützung speichern manche Prozessoren hardwaremäßig zu Beginn des Interrupts automatisch das Maschinenstatuswort auf dem Stack ab. Für den Rücksprung aus der ISR gibt es einen speziellen Befehl, der vor dem Rücksprung automatisch das Maschinenstatuswort vom Stack holt und wieder im Statusregister ablegt. Wenn ein Gerät nicht bedient werden soll, kann man eine ISR hinterlegen, die nur aus dem Rücksprungbefehl besteht; besser ist es aber, diesen Interrupt zu sperren (s. Abschn. 8.1.5).

8.1.4 Aufschaltung und Priorisierung von Interrupts

Die Interrupt-Auslösung erfordert ein Signal am Interrupt-Eingang des Prozessors. Der Interrupt-Ausgang eines Gerätes kann direkt dort aufgeschaltet werden. Sollen mehrere Geräte interruptfähig betrieben werden, kann man sie mit einer ODER-Schaltung an einer gemeinsamen Leitung anschließen.

Dann kommen allerdings nach jeder Interrupt-Auslösung mehrere Interrupt-Quellen in Frage. Die Interrupt-Service-Routine muss nun via E/A-Zugriff alle Statusregister der angeschlossenen Geräte auslesen und so herausfinden, von welchem Gerät der Interrupt kam. Wenn das Interrupt-auslösende Gerät gefunden ist, wird in die Behandlungsroutine für dieses Gerät verzweigt. Ein anderes Problem ist die gleichzeitige Interrupt-Anforderung mehrerer Geräte. Man kann z.B. zulassen, dass eine Behandlungsroutine wiederum durch einen Interrupt unterbrochen wird (gestufter Interrupt, Abb. 8.2). Ob das aber sinnvoll ist, hängt ganz von der Dringlichkeit der Anforderungen ab. Hier muss eine *Priorisierung* vorgenommen, d.h. eine Rangfolge festgelegt werden. Wenn die Interruptquelle softwaregesteuert gefunden wird, kann in dieser Routine auch die Priorisierung programmiert werden. Die Priorisierung kann aber auch hardwaremäßig, z.B. mit *Daisy-Chaining*, vorgenommen werden (Abb. 8.3).

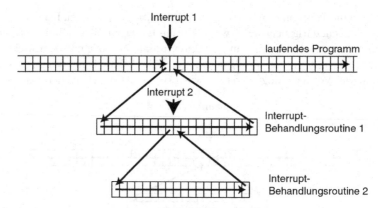

Abbildung 8.2: Die Unterbrechung einer Interrupt-Service-Routine durch einen weiteren Interrupt (zweistufiger Interrupt).

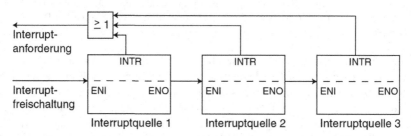

Abbildung 8.3: Daisy-Chaining von drei Interruptquellen. Interruptquelle 1 hat die höchste Priorität, Interruptquelle 3 die niedrigste.

Dabei hat jeder interruptfähige Baustein einen Freigabeeingang (ENI) und einen Freigabeausgang (ENO). Wenn die Interrupt-Freigabe von jedem Baustein (außer dem letzten) an den nächsten weitergegeben wird, ergibt sich die Daisy Chain („Gänseblümchenkette"). Fordert ein Baustein einen Interrupt an, nimmt er gleichzeitig an seinem Ausgang das Freigabesignal weg. Dadurch hat der hinter ihm liegende Rest der Daisy-Chain kein Freigabesignal mehr. Der erste Baustein der Daisy-Chain hat also automatisch die höchste Priorität, der zweite die zweithöchste usw. Der erste Baustein der Kette erhält seine Freigabe entweder fest verdrahtet von der Hauptplatine oder vom Prozessor. Im zweiten Fall kann der Prozessor die ganze Kette abschalten, wenn vorübergehend keine Interrupts bearbeitet werden sollen.

8.1.5 Vektorisierung und Maskierung von Interrupts, Interrupt-Controller

Das Daisy-Chaining-Konzept leidet an mehreren Mängeln: Die Prioritäten sind durch die Schaltung festgelegt und können nicht mehr geändert werden. Außerdem lässt sich nur die ganze Kette abschalten, nicht aber einzelne Bausteine. Zudem muss der Prozessor die Statusregister aller Bausteine abfragen, um die Interruptquelle festzustellen. Bei mehr als 15 interruptfähigen Bausteinen in einem modernen Rechnersystem kostet das viel Zeit. Die *Interrupt-Vektorisierung* befreit den Prozessor von dieser zeitraubenden Aufgabe. Man benutzt dabei den Datenbus, um die Nummer der Interruptquelle, den *Interrupt-Vektor*, in einem speziellen

Buszyklus an den Prozessor zu übermitteln. Diese und weitere Aufgaben übernimmt in einem modernen System ein *Interrupt-Controller*. Ein Interrupt-Controller hat mehrere Eingänge für interruptfähige Bausteine. Er besitzt ein Maskenregister, über das die angeschlossenen Bausteine einzeln für Interrupts zugelassen bzw. gesperrt werden können. In einem Prioritätsregister werden die Prioritäten der Interrupts festgelegt. Maskierung und Prioritäten können durch Beschreiben dieser Register jederzeit geändert werden. Der Interrupt-Controller verwaltet den Systemzustand; man kann abfragen, welcher Interrupt gerade bearbeitet wird und welche noch anstehen (pending interrupts). Er erzeugt den Interrupt-Vektor und wickelt die Interrupt-Anforderung und -Bestätigung (Interrupt Acknowledge Cycle) mit dem Prozessor ab, bei dem auch der Vektor übergeben wird. Abb. 8.4 zeigt das Prinzipbild eines typischen Interrupt-Controllers (vgl. z.B. Intel 8259A) mit folgenden Registern:

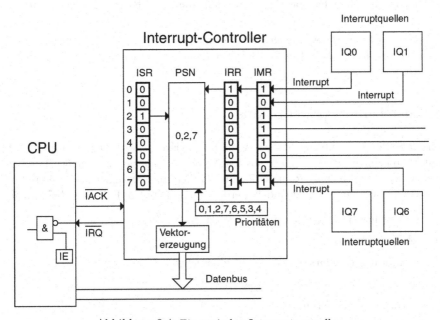

Abbildung 8.4: Ein typischer Interruptcontroller.

Das Interrupt-Masken-Register (IMR) legt fest, von welchen Bausteinen eine Interruptanforderung überhaupt weitergegeben wird. Das Interrupt-Request-Register (IRR) zeigt alle anstehenden Interrupts an. Alle Informationen werden im Prioritäten-Schaltnetz (PSN) verarbeitet, hier wird entschieden, welcher Interrupt zum Zuge kommt. Das In-Service-Register (ISR) schließlich zeigt an, welcher Interrupt gerade bearbeitet wird. Wenn die Anzahl der Eingänge am Interrupt-Controller nicht ausreicht, führt man einen Teil der Bausteine auf einen zweiten Interrupt-Controller und schließt dessen Ausgangssignal an einen der Eingänge des ersten Interrupt-Controllers an. Durch diese Kaskadierung kann man beliebig viele Geräte interruptgesteuert betreiben. Im dargestellten Beispiel fordern die Interruptquellen 0, 1 und 7 gleichzeitig einen Interrupt an. Im Maskenregister ist Interruptquelle 1 maskiert, es werden daher nur die Anforderungen der Interruptquellen 0 und 7 in das IRR übernommen. Interrupt 2 ist noch in Bearbeitung, das PSN muss also entscheiden. Auf Grund der einprogrammierten Prioritäten wird die Reihenfolge sein: 0,2,7. Die Bearbeitung von Interrupt 2 wird also unterbrochen. Es wird bei der CPU sofort ein Interrupt angefordert und der Interrupt-Controller übermittelt im folgenden Interrupt-Acknowledge-Zyklus die Nummer 0 über den Datenbus. Der Prozessor ruft jetzt die Behandlungsroutine für Interrupt 0 auf. Danach wird die unterbrochene Interrupt-Service-Routine von Interrupt 2 fortgesetzt. Nach deren Ende wird die Interruptanforderung 7 übermittelt und bearbeitet. Erst danach wird das bei Eintreten von Interrupt 2 laufende Programm fortgesetzt.

Mikroprozessoren verfügen oft über eine Möglichkeit, den Interrupteingang intern abzuschalten, man spricht auch hier von Maskierung. Die Maskierung erfolgt über das *Interrupt-Freigabe-Bit* (*Interrupt Enable Flag*) im Steuerregister. Viele Prozessoren haben einen maskierbaren und einen nicht maskierbaren Interrupteingang, z.B. IRQ (interrupt request) und NMI (non maskable interrupt). Der nicht maskierbare Interrupteingang ist für die Interrupts vorgesehen, die in jedem Fall bearbeitet werden müssen, z.B. eine Fehleranzeige aus dem Hauptspeicher.

Der Ablauf eines Interruptes in einem System mit Interrupt-Controller ist ein Vorgang mit vielen genau festgelegten Teilschritten. Beispiele dazu sind im Kapitel 9 ausführlich beschrieben.

8.2   Ausnahmen (Exceptions)

Ähnlichkeit zu den Interrupts haben die Ausnahmen (Exceptions). Dabei wird die Unterbrechung nicht von einem externen Gerät, sondern vom Prozessor selbst ausgelöst. Der Grund ist eine schwerwiegende Fehlersituation, in der aus der Sicht des Prozessors das weitere Vorgehen unklar ist und durch eine ISR behandelt werden muss. Typische Fälle von Ausnahmen sind

- Divisionsfehler (Division durch Null oder zu großes Resultat)
- Unbekannter Opcode,
- Überschreitung des darstellbaren Zahlenbereiches,
- Einzelschrittbetrieb aktiviert (Debug-Betrieb),
- Feldgrenzenüberschreitung,
- Seitenfehler,
- unerlaubter Speicherzugriff,
- unberechtigter Aufruf eines privilegierten Befehls,
- Aufruf des Betriebssystems, das im privilegierten Modus arbeitet.

Die letzten drei aufgezählten Ausnahmen können nur bei Prozessoren mit Speicherverwaltung und Schutzmechanismen (s. Abschn. 10) auftreten. Bei manchen Prozessoren spricht man statt von Ausnahmen von *Traps*.

8.3   Direct Memory Access (DMA)

Die interruptgesteuerte Bedienung von Peripheriegeräten ist sicherlich besser als das Arbeiten mit Pollingschleifen. Wie wir in Abschnitt 8.1.5 gesehen haben, ist die Ausführung eines Interrupts aber ein komplizierter Vorgang, der einige Zeit in Anspruch nimmt. Bei der Übertragung größerer Datenmengen ist ein Interrupt pro Byte oder Wort zu aufwändig. Man geht daher einen dritten Weg und überträgt die Aufgabe an einen *DMA-Controller* (Direct Memory Access, direkter Speicherzugriff). Der DMA-Controller ist auf die Übertragung von Daten spezialisiert und entlastet die CPU von dieser stumpfsinnigen Aufgabe. DMA kann zwischen Speicher und den E/A-Adressen der Peripheriegeräte stattfinden. Die Übertragung verläuft äußerst ökonomisch. Nehmen wir als Beispiel eine Übertragung aus dem Speicher an eine E/A-Adresse (Abb. 8.5).

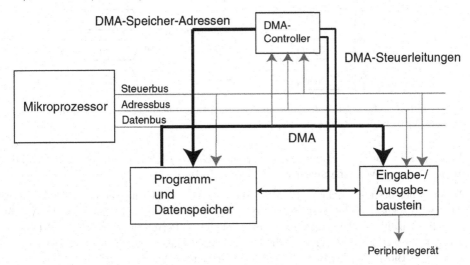

Abbildung 8.5: Beim Direct Memory Access gelangen die Daten ohne Umweg direkt von der Quelle zum Ziel. Es wird kein Umweg über den Prozessor gemacht.

Der DMA-Controller adressiert den Speicher über den Adressbus. Speicher und Peripheriegerät werden über separate DMA-Steuerleitungen aktiviert, die direkt dorthin führen. Das aus dem Speicher ausgelesene Bitmuster gelangt auf direktem Weg zum Peripheriebaustein. So erfolgt das Schreiben und Lesen im gleichen Buszyklus und ohne Zwischenspeicherung. Zum Vergleich: Der Prozessor hätte zunächst einen Lesezyklus auf den Speicher ausgeführt, das Datenwort in ein Register gespeichert und dann einen E/A-Schreibzyklus ausgeführt. Das hätte zwei Buszyklen pro Bustransfer gekostet.

Der DMA-Controller benutzt den Systembus, er ist also ein zweiter Busmaster. Für einen DMA-Transfer fordert er über ein Busanforderungs-Signal (Bus Request) die Buskontrolle an (Abb. 8.6). Die CPU überprüft regelmäßig das Busanforderungssignal, gewährt die Buskontrolle und zeigt das über ein Busgewährungs-Signal (Bus Acknowledge oder Bus Grant) an.[1] Der DMA-Controller kann nun über den Bus verfügen, so lange er ihn braucht; die CPU schaltet in dieser Zeit alle anderen Ausgänge hochohmig. Danach nimmt der zweite Busmaster sein Anforderungssignal zurück. Die CPU registriert bei der regelmäßigen Abfrage, dass das Busanforderungssignal nicht mehr anliegt und nimmt ihr Gewährungssignal ebenfalls zurück. Nun ist die CPU wieder der aktive Busmaster und bestimmt das weitere Geschehen dort. Während der DMA-Zyklen kann der Prozessor nur interne Operationen und keine Buszyklen

---

[1] Die Signalbezeichnungen sind herstellerabhängig.

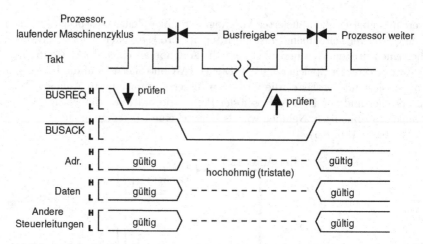

Abbildung 8.6: Die Busübergabe an den DMA-Controller. Dargestellt sind die Signale aus Sicht des Prozessors.

durchführen, man spricht auch anschaulich vom *Zyklusklau* (cycle stealing) durch das DMA. Trotzdem ist aber DMA eine nützliche und effiziente Betriebsart.

DMA-Controller besitzen mehrere Register, die vor dem eigentlichen DMA beschrieben werden. Hier wird sozusagen der Transportauftrag eingetragen. Es gibt Register für die Anfangsadresse, die Anzahl der Übertragungen, das betroffene Peripheriegerät und die Transportrichtung. Über weitere Register wird die Betriebsart festgelegt, mögliche Betriebsarten sind Einzeltransfer, Blocktransfer, Bedarfstransfer, Wartezustand u.a.m. Ein DMA-Controller mit vier Kanälen hat Steuerleitungen, um insgesamt vier Peripheriegeräte per DMA ansteuern; in PCs sind heute acht DMA-Kanäle üblich.

8.4 Aufgaben und Testfragen

1. Warum müssen Service-Anforderungen schnell bedient werden?

2. Was sind die Hauptaufgaben eines Interrupt-Controllers?

3. Warum kann bei DMA im gleichen Buszyklus ein Speicherplatz und ein Peripheriegerät angesprochen werden?

Lösungen auf Seite 319.

9 Beispielarchitekturen

Um den Inhalt des vorhergehenden Kapitels zu verdeutlichen, werden wir nun die Architekturen von einigen einfachen Mikroprozessoren beispielhaft durchsprechen. An diesen Architekturen kann man sehr schön die Unterschiede zwischen den Konzepten erkennen. Zu allen Architekturen werden auch Codebeispiele angegeben, mit denen die Details nochmals deutlich werden.

Welche Architekturen sind nun als Beispiel geeignet? Die PC-Prozessoren sind sehr komplex und enthalten außerdem Elemente mehrerer Architektur-Konzepte. Die wirklich einfachen Mikroprozessoren sind wiederum sehr alt und werden schon lange nicht mehr gebaut. Unter den Mikrocontrollern gibt es dagegen viele populäre Typen neueren Datums. Alle Mikrocontroller besitzen eine Peripherie, um Signale mit der Umgebung auszutauschen, und einen Kern. Mikrocontroller werden in Kap. 14 ausführlich besprochen, hier geht es uns nur um den Kern. Dieser Kern – die CPU – ist ein Mikroprozessor (Abb. 9.1). Unter den Mikrocontrollerkernen finden wir einfache Mikroprozessoren moderner Bauart und daraus wählen wir unsere Beispielarchitekturen. Darunter sind auch vollständige Neuentwürfe, die keine Merkmale wegen der Kompatibilität zu Vorgängermodellen mitschleppen und dadurch den Stand der Technik besonders gut darstellen.

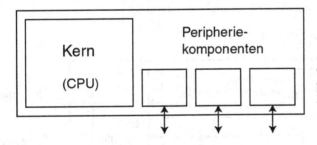

Abbildung 9.1: Der Kern eines Mikrocontrollers ist die CPU, die einem Mikroprozessor entspricht.

9.1 Die CPU08 von Freescale

Der traditionsreiche Mikroprozessorhersteller Freescale (früher Motorola) hat als Nachfolger der 68HC05-Mikrocontroller-Familie – einer der meistverkauften Mikrocontroller aller Zeiten – die 68HC08-Familie auf den Markt gebracht. Der Kern der 68HC08-Mikrocontroller ist die CPU08, ein Mikroprozessor der in diesem Abschnitt besprochen wird.

9.1.1 Übersicht

Die CPU08 ist ein klassischer 8-Bit-Mikroprozessor in CISC-Architektur. Sie hat einen gemeinsamen zusammmenhängenden Adressraum von 64 KByte für Code und Daten. Die CPU08 besitzt mit 91 Befehlen einen relativ großen Befehlssatz, der zum Teil auch recht komplexe Befehle enthält. Sie besitzt nicht weniger als 16 Adressierungsarten. Dem stehen nur 5 Register gegenüber, von denen nur zwei (A und X) frei benutzbar sind. Die Ausführung der Befehle nimmt zwischen einem und neun Buszyklen in Anspruch. Die CPU08 läuft standardmäßig mit einem internen Bustakt von 8 MHz, für die korrekte Zeitsteuerung der Befehle steht intern die vierfache Taktfrequenz zur Verfügung. Die CPU08 besitzt folgende arithmetische Befehle: Addition, Addition mit Carry, Subtraktion, Subtraktion mit Borgen, Multiplikation und Division. Die CPU08 ist voll Code-kompatibel mit dem Vorgänger CPU05. Die Opcodes der Befehle haben meistens eine Länge von 8 Bit, in einigen Fällen aber auch 16 Bit.

Wir finden also alle Merkmale eines klassischen, mikroprogrammierten CISC-Prozessors: Einen großen und komplexen Befehlssatz einschließlich Multiplikations- und Divisionsbefehl, komfortable Adressierungsarten, wenige Register, sehr unterschiedliche Ausführungszeiten für die Instruktionen und eine moderate Taktfrequenz. Multiplikation und Division sind für einfache Mikroprozessoren nicht selbstverständlich. Für einen CISC-Prozessor stellen sie aber kein Problem dar, weil sie im Mikrocode algorithmisch abgearbeitet werden können. Das Steuerwerk enthält einen Mikrocode-Speicher (control store) und eine Zustandslogik (sequencer), die daraus die notwendigen Sequenzen von Steuersignalen entsprechend Abb.7.6 erzeugt. Der nächste abzuarbeitende Opcode wird durch den Program Counter adressiert und frühzeitig in das Opcode Lookahead Register eingelesen. Wenn der aktuelle Befehl sich dem Ende seiner Bearbeitung nähert, wird der nächste Opcode aus dem Opcode Lookahead Register in das Befehlsregister übertragen und der nächste Opcode in das Opcode Lookahead Register eingelesen. Dann wird der PC inkrementiert. Das allgemeine Blockdiagramm eines einfachen Mikroprozessors ist in Abb.9.2 für die CPU08 konkret dargestellt.

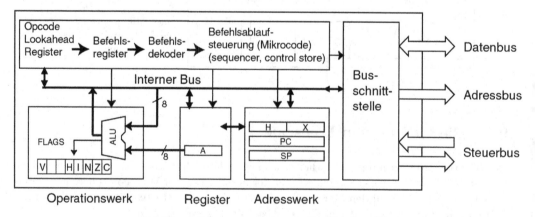

Abbildung 9.2: Der interne Aufbau der CPU08.

9.1.2 Der Registersatz

Der Registersatz ist in Abb. 9.3 dargestellt. Der *Akkumulator* (A-Register) ist das Allzweckregister, das der Arithmetisch/logischen Einheit (ALU) vorgeschaltet ist. Es nimmt Operanden und Ergebnisse für arithmetische und logische Operationen auf. Der Akkumulator hat 8 Bit, ebenso wie die Datenpfade und die nachgeschaltete ALU.

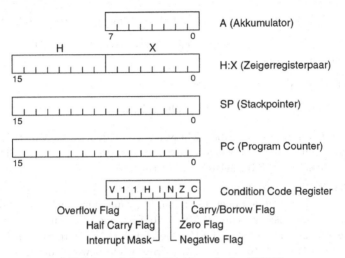

Abbildung 9.3: Der Registersatz der CPU08.

Die *Register H und X* haben mehrere Funktionen. Zunächst sind es 8-Bit-Register, die beliebig und unabhängig voneinander als Datenspeicher benutzt werden können. Die arithmetischen und logischen Befehle können auf das X-Register ebenso zugreifen wie auf den Akkumulator. H und X sind in einige Befehle sogar inhärent eingebunden, das heißt sie werden benutzt, obwohl sie gar nicht als Operand genannt sind. Zum Beispiel teilt der Divisionsbefehl DIV immer den Inhalt des Registerpaars H:A (Divisor) durch den Inhalt von X (Divisor) und legt anschließend das Divisionsergebnis in A ab und den Divisionsrest in H. Der Multiplikationsbefehl MUL bildet immer das Produkt der Register X und A und legt das Ergebnis als 16-Bit-Zahl im Registerpaar X:A ab.

Die CPU08 kann aber einen Speicher von 64 KByte adressieren und dazu wird ein 16-Bit-Zeiger gebraucht. Zu diesem Zweck werden die Register H und X hardwaremäßig zusammengeschaltet, so dass sie ein durchgehendes 16-Bit-Register für Zeiger bilden, das *Indexregister*. Dabei hält H das höherwertige und X das niederwertige Byte des Zeigers. Das Indexregister ermöglicht die registerindirekte Adressierung der CPU08, die in Abschn. 9.1.4 beschrieben wird. Zum Beispiel bewirkt der folgende Befehl, dass der Inhalt der Speicherzelle mit der Adresse H:X+5 inkrementiert (um eins erhöht) wird:

```
INC 5,X
```

Bei der Programmierung mit Zeigern braucht man immer gewisse Möglichkeiten diese Zeiger zu verändern, die so genannte Zeigerarithmetik. Soll zum Beispiel ein ganzer Block von Speicheradressen bearbeitet werden, wird man ungefähr nach folgendem Schema verfahren:

Zunächst wird die Startadresse des Blockes in das Zeigerregister geladen. Nach jedem Bearbeitungsschritt wird abgefragt, ob die Endadresse des Datenblocks erreicht ist; wenn nicht, wird der Zeiger weitergerückt, indem eine Konstante zum aktuellen Zeigerwert addiert wird und der nächste Bearbeitungsschritt folgt. Manchmal muss auch der Zeiger gespeichert werden. Die CPU08 stellt für diesen Zweck eine Reihe von Befehlen zur Verfügung, die das Registerpaar H:X als ein durchgehendes 16-Bit-Register behandeln:

LDHX Load H:X, laden des Registerpaares H:X mit einem Direktwert oder Speicherwert.

CPHX Compare H:X with memory, vergleichen des 16-Bit-Wertes in H:X mit einem Speicherwert oder Direktoperanden.

AIX Add immediate value to H:X, addieren einer Konstanten zu dem 16-Bit-Wert H:X.

STHX Store H:X, abspeichern der 16-Bit-Zahl in H:X.

Natürlich ist der Benutzer der CPU08 nicht verpflichtet den Inhalt von H:X als Zeiger zu verwenden. Man kann den dort abgespeicherten Wert zum Beispiel auch für Zählschleifen verwenden und hat dann ein Zählregister mit 16 Bit.

Der *Stackpointer* (SP) hat eine Breite von 16 Bit. Er organisiert einen nach unten wachsenden Stack und verweist immer auf den nächsten freien Platz auf dem Stack. Der Stack der CPU08 ist also etwas anders organisiert als der in Abb. 7.10. Ein neues Element wird mit einem PUSH auf den Stack gebracht, dazu gibt es die Befehle PSHA (Push A to Stack), PSHH (Push H to Stack) und PSHX (Push X to Stack). Ein PUSH-Befehl bewirkt folgendes:

1. Das adressierte Byte wird auf den Stackplatz gebracht, auf den der Stackpointer verweist.

2. Der Stackpointer wird um eins erniedrigt und verweist somit wieder auf den ersten freien Platz unterhalb des Stacks.

Um das zuletzt auf den Stack gebrachte Element wieder zu holen wird ein PULL (bei anderen Prozessoren POP genannt) ausgeführt. Je nach Ziel benutzt man PULA (Pull A from Stack), PULH (Pull H from Stack) oder PULX (Pull X from Stack). Ein PUL-Befehl bewirkt folgendes:

1. der Stackpointer wird um eins erhöht und verweist somit auf das zuletzt auf den Stack gebrachte Byte,

2. Das adressierte Byte wird vom Stack auf das genannte Register gebracht.

Eine besondere Bedeutung hat der Stackpointer bei Unterprogrammen und Interrupt-Service-Routinen, wie in den folgenden Abschnitten noch erläutert wird. Der Stackpointer kann auch für eine registerindirekte Adressierung benutzt werden. So greift z. B. der folgende Befehl auf das vorletzte auf den Stack gebrachte Byte zu und lädt es in den Akkumulator:

```
LDA 2,SP ; Load Accumulator from Stackpointer+2
```

Der *Program Counter* (PC) ist das Programmzähler-Register und enthält, wie üblich, die Adresse des nächsten auszuführenden Befehles. Der Program Counter hat eine Breite von 16 Bit, womit die CPU08 maximal 64 KByte an Code abarbeiten kann.

9.1.3 Der Adressraum

Die CPU08 adressiert einen durchgehenden Adressraum von 64 Kilobyte. Dieser enthält unterschiedliche Bereiche, je nach vorliegendem Controllertyp. Abbildung 9.4 gibt einen groben Überblick.

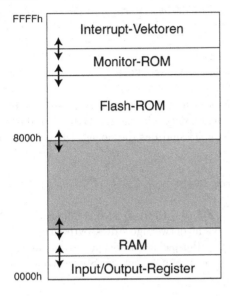

Abbildung 9.4: Adressraum der CPU08.

9.1.4 Die Adressierungsarten

Die CPU08 ist reich mit Adressierungsarten ausgestattet und wir finden hier einiges von dem realisiert, was in Abschnitt 7.2.4 allgemein vorgestellt wurde.

Inhärente Adressierung
Die Operanden, mit denen die Befehle arbeiten, folgen nicht dem Befehl sondern sind fest vereinbart und gehen oft schon aus dem Namen hervor. Die folgenden Beispiele verdeutlichen das:

```
CLRA      ; Clear Accumulator
CLC       ; Clear Carry Bit
DECX      ; Decrement X-Register
MUL       ; Multiply X and A
TSX       ; Transfer Stack Pointer to Index Register (H:X)
```

Unmittelbare Adressierung
Hier ist der Operand eine Konstante, die dem Befehl unmittelbar folgt. Dieser Operand kann 1 oder 2 Byte umfassen, je nach benutztem Register. Die Konstante folgt auch im Maschinencode unmittelbar dem Opcode. Konstanten wird bei der CPU08 im Assemblercode das Zeichen # vorangestellt. Im folgenden Beispiel wird ein Wert von 16 zum Stackpointer addiert:

```
AIS #16 ; Add immediate to Stackpointer 16
```

Direkte und erweiterte Adressierung

Hier wird die Adresse der angesprochenen Speicherzelle bzw. Speicherzellen dem Befehl direkt als Operand angefügt. Um eine Speicherzelle im 64 KByte-Adressraum zu adressieren, muss man eine 16-Bit-Adresse angeben, damit liegt die *erweiterte Adressierung* (extended adressing mode) vor. Im folgenden Beispiel wird der Inhalt des Akkumulators mit dem Inhalt der Speicherzelle 6E04h verglichen:

```
CMP  $6E04 ; Compare Accumulator with content of 6E04h
```

Im entstehenden Maschinencode folgt die 2-Byte-Adresse direkt dem Opcode: C1 6E 04. Arbeitet der Befehl auf 16 Bit Breite, so wird neben dem adressierten Byte auch das nachfolgende Byte verarbeitet. Im nachfolgenden Beispiel sind das die Speicherplätze 200h und 201h:

```
LDHX $200 ; Load H from 200h and X from 201h
```

Liegt die angesprochene Adresse im Bereich 0 – 255 (0 – FFh) so ist das höherwertige Byte der Adresse gleich 0. In diesem Fall genügt es, das niederwertige Adressbyte anzugeben und wir haben die *direkte Adressierung*. Im folgenden Beispiel wird wieder der Inhalt des Akkumulators mit dem einer Speicherzelle verglichen, diesmal aber die Speicherzelle mit der Adresse 80h:

```
CMP  $80 ; Compare Accumulator with content of 80h
```

Der Übersetzer erzeugt diesmal folgenden Code: B1 80. Im Vergleich zur erweiterten Adressierung gibt es also zwei Unterschiede: Erstens ein anderer Opcode (B1 statt C1) und zweitens folgt dem Opcode hier nur ein Adressbyte. Die direkte Adressierung ergibt also kürzeren Code, was bei dem begrenzten Codebereich solch einfacher Mikroprozessoren wichtig sein kann. Außerdem wird dieser Code schneller ausgeführt, da ja ein Adressbyte weniger eingelesen wird. Die Speicheradressen im Bereich 0 – 255 sind also besonders effizient, weil sie die direkte Adressierung ermöglichen. Man nennt diesen Bereich daher auch *direct page* oder auch *page 0*. In der Regel erkennen die Übersetzer selbständig, dass eine Adresse auf der direct page liegt und wählen dann die direkte Adressierung statt der erweiterten.

Indexadressierung

Es handelt es sich hier um eine Form der registerindirekten Adressierung, die zur flexiblen Adressierung des Speichers dient (s. Abschn. 7.2.4). Die Adresse wird aus dem Indexregister H:X gebildet, zu dem nach Wunsch noch ein konstanter Offset addiert wird. Der Offset kann eine 8-Bit-Zahl oder eine 16-Bit-Zahl sein. Es ergeben sich also folgende Möglichkeiten:

- Adressierung mit dem Indexregister

- Adressierung mit dem Indexregister + 8-Bit-Konstante

- Adressierung mit dem Indexregister + 16-Bit-Konstante

Im den folgenden Beispielen ist das verdeutlicht:

```
LDHX #200    ; Indexregister H:X mit der Adresse 200 laden.
STA ,X       ; Indexadressierung ohne Offset,
             ; Akkumulator wird in Adresse 200 gespeichert
STA 8,X      ; Indexadressierung mit 8-Bit-Offset
             ; Akkumulator wird in Adresse 208 gespeichert
STA 400,X    ; Indexadressierung mit 16-Bit-Offset,
             ; Akkumulator wird in Adresse 600 gespeichert
```

Stackpointeradressierung
Die Stackpointeradressierung ist eine registerindirekte Adressierung mit dem SP-Register.
Dabei gibt es zwei Varianten:

• Adressierung mit dem Stackpointerregister + 8-Bit-Konstante

• Adressierung mit dem Stackpointerregister + 16-Bit-Konstante

Wir geben dazu zwei Beispiele:

```
LDA $10,SP   ; Stackpointeradressierung mit 8-Bit-Offset,
             ; Akkumulator wird aus Adresse SP+10h geladen
LDA $160,SP  ; Stackpointeradressierung mit 8-Bit-Offset,
             ; Akkumulator wird aus Adresse SP+160h geladen
```

Relative Adressierung
Die relative Adressierung wird nur zur Festlegung des Sprungzieles bei Sprungbefehlen benutzt. Dabei wird die Position des Sprungzieles mit einem Offset relativ zum momentanen Inhalt des PC beschrieben. Liegt das Sprungziel unterhalb des PC (Vorwärtssprung), ist der Offset positiv; liegt es oberhalb des PC (Rückwärtssprung) ist er negativ. Der Offset wird mit einer vorzeichenbehafteten 8-Bit-Zahl beschrieben, der Wertebereich ist also $-128\ldots+127$.
Im folgenden Beispiel entspricht der Sprung zu „next" einem negativen relativen Offset:

```
next: INCX    ; X inkrementieren
      LDA 10,X ; Akkumulator laden von H:X+10
      CMP #$20 ; Vergleiche Akkumulator mit 20h
      BNE next ; Branch if not equal, verzweige zu Label "next"
```

Speicher-Speicher-Adressierung
Diese Adressierung wird nur vom MOV-Befehl benutzt, der den Dateninhalt einer Speicherzelle in eine andere Speicherzelle kopiert. Dabei gibt es vier Varianten:

• Kopieren eines unmittelbaren Operanden auf einen direkt adressierten Speicherplatz

• Kopieren eines direkt adressierten Speicherplatzes auf einen anderen direkt adressierten Speicherplatz.

- Kopieren eines indexadressierten Speicherplatzes auf einen direkt adressierten Speicherplatz; anschließendes Autoinkrement (Postinkrement) des Indexregisters.

- Kopieren eines direkt adressierten Speicherplatzes auf einen indexadressierten Speicherplatz; anschließendes Autoinkrement des Indexregisters.

Die erste Variante wird gerne benutzt um in der Initialisierungsphase Speicherplätze, die Steuerungsfunktion für die Hardware haben, mit bestimmten Konstanten zu beschreiben. Die zweite Variante ist praktisch für das Kopieren von Variablen. Die dritte Variante ist speziell geeignet für das Versenden eines Datenblockes über eine Kommunikationsschnittstelle. Dabei wird die Schnittstelle direkt adressiert und der in einem Pufferbereich liegende Datenblock über das Indexregister, das nach jedem Zugriff durch das Autoinkrement um eins erhöht wird. Entsprechend kann die vierte Variante gut benutzt werden, um die auf einer Schnittstelle empfangenen Daten in einem Puffer abzulegen. Die vier Varianten sind in den folgenden Beispielen verdeutlicht:

```
MOV #24, $200   ; 24 in Speicherplatz 200 einschreiben
MOV #4, DDRC    ; 4 in den Data Direction Port C einschreiben
                ; (vereinbarte Konstante)


MOV $210, $235  ; Dateninhalt von Zelle 210h in Zelle 235h kopieren
MOV Startwert, Zaehler ; Variablen über Namen direkt adressiert


MOV X+, SCDR    ; Datenbyte von Adresse H:X (Puffer) lesen und auf
                ; SCDR schreiben.
                ; SCDR = symbolische Adresse des
                ; Serial Communication Data Register,
                ; Datenbyte wird anschließend gesendet,
                ; H:X wird inkrementiert


MOV SCDR,X+     ; Über Serial Communication empfangenes Datenbyte
                ; wird an Adresse SCDR gelesen und
                ; an Adresse H:X im Puffer gespeichert
                ; anschließend wird H:X inkrementiert
```

Adressierung mit Postinkrement beim Vergleichsbefehl

Der Befehl CBEQ, Compare and branch if equal, vergleicht den Inhalt einer mit Indexadressierung angesprochenen Speicherzelle mit dem Akkumulator (oder dem X-Register in der CBEQX-Variante). Sind die beiden Operanden nicht gleich, wird zu einem angegebenen Sprungziel verzweigt. Der Befehl ersetzt also eine Sequenz aus Compare- und Branch-Befehl und ist für das schnelle Auffinden von Tabelleneinträgen gedacht. Die Indexadressierung ist dabei ohne Offset oder mit einem 8-Bit-Offset möglich. In jedem Fall wird anschließend das Indexregister inkrementiert. Beide Varianten sind hier verdeutlicht:

```
CBEQ X+,weiter  ; vergleicht den Inhalt der durch H:X adressierten
                ; Speicherzelle mit dem Akkumulator und verzweigt
                ; zum Sprungziel "weiter" falls sie gleich sind
```

```
CBEQ  16,X+,Anfang ; vergleicht den Inhalt der durch H:X+16 adressierten
                   ; Speicherzelle mit dem Akkumulator und verzweigt zum
                   ; Sprungziel "Anfang" falls sie gleich sind
```

Der CBEQ-Befehl kann übrigens Speicheroperanden auch unmittelbar, direkt oder über den Stackpointer adressieren.

9.1.5 Der Befehlssatz

Der Befehlssatz der CPU08

ADC	Add with Carry
ADD	Add without Carry
AIS	Add Immediate Value (Signed) to Stack Pointer
AIX	Add Immediate Value (Signed) to Index Register
AND	Logical AND
ASL	Arithmetic Shift Left
ASR	Arithmetic Shift Right
BCC	Branch if Carry Bit Clear
BCLR n	Clear Bit n in Memory
BCS	Branch if Carry Bit Set
BEQ	Branch if Equal
BGE	Branch if Greater Than or Equal To
BGT	Branch if Greater Than
BHCC	Branch if Half Carry Bit Clear
BHCS	Branch if Half Carry Bit Set
BHI	Branch if Higher
BHS	Branch if Higher or Same
BIH	Branch if IRQ Pin High
BIL	Branch if IRQ Pin Low
BIT	Bit Test
BLE	Branch if Less Than or Equal To
BLO	Branch if Lower
BLS	Branch if Lower or Same
BLT	Branch if Less Than
BMC	Branch if Interrupt Mask Clear
BMI	Branch if Minus
BMS	Branch if Interrupt Mask Set
BNE	Branch if Not Equal
BPL	Branch if Plus
BRA	Branch Always
BRCLR n	Branch if Bit n in Memory Clear

Der Befehlssatz der CPU08 (Fortsetzung)

BRN	Branch Never
BRSET n	Branch if Bit n in Memory Set
BSET n	Set Bit n in Memory
BSR	Branch to Subroutine
CBEQ	Compare and Branch if Equal
CLC	Clear Carry Bit
CLI	Clear Interrupt Mask Bit
CLR	Clear
CMP	Compare Accumulator with Memory
COM	Complement (One's Complement)
CPHX	Compare Index Register with Memory
CPX	Compare X (Index Register Low) with Memory
DAA	Decimal Adjust Accumulator
DBNZ	Decrement and Branch if Not Zero
DEC	Decrement
DIV	Divide
EOR	Exclusive-OR Memory with Accumulator
INC	Increment
JMP	Jump
JSR	Jump to Subroutine
LDA	Load Accumulator from Memory
LDHX	Load Index Register from Memory
LDX	Load X (Index Register Low) from Memory
LSL	Logical Shift Left
LSR	Logical Shift Right
MOV	Move
MUL	Unsigned Multiply
NEG	Negate (Two's Complement)
NOP	No Operation
NSA	Nibble Swap Accumulator
ORA	Inclusive-OR Accumulator and Memory
PSHA	Push Accumulator onto Stack
PSHH	Push H (Index Register High) onto Stack
PSHX	Push X (Index Register Low) onto Stack
PULA	Pull Accumulator from Stack
PULH	Pull H (Index Register High) from Stack
PULX	Pull X (Index Register Low) from Stack
ROL	Rotate Left through Carry
ROR	Rotate Right through Carry
RSP	Reset Stack Pointer
RTI	Return from Interrupt

Der Befehlssatz der CPU08 (Fortsetzung)

RTS	Return from Subroutine
SBC	Subtract with Carry
SEC	Set Carry Bit
SEI	Set Interrupt Mask Bit
STA	Store Accumulator in Memory
STHX	Store Index Register
STOP	Enable IRQ Pin, Stop Oscillator
STX	Store X (Index Register Low) in Memory
SUB	Subtract
SWI	Software Interrupt
TAP	Transfer Accumulator to Processor Status Byte
TAX	Transfer Accumulator to X (Index Register Low)
TPA	Transfer Processor Status Byte to Accumulator
TST	Test for Negative or Zero
TSX	Transfer Stack Pointer to Index Register
TXA	Transfer X (Index Register Low) to Accumulator
TXS	Transfer Index Register to Stack Pointer
WAIT	Enable Interrupts; Stop Processor

Tabelle 9.1: Der Befehlssatz der CPU08

Wir sehen in diesen Befehlen typische Befehle eines CISC-Prozessors. Sie sind teilweise sehr mächtig und bewirken so viel wie zwei oder mehr Befehle eines RISC-Prozessors. Ein Beispiel dafür ist CBEQ. Dazu brauchen sie allerdings auch bis zu 9 Arbeitstakte, was bei einem RISC-Prozessor unerwünscht ist.

9.1.6 Unterprogramme

Ein Unterprogramm, auch Subroutine genannt, kann von verschiedenen Stellen im Programm aufgerufen werden. Nach Abarbeitung des Unterprogramms muss immer an die richtige Stelle zurückgesprungen werden. Konkret muss zu dem Befehl gesprungen werden, der dem Unterprogrammaufruf folgt (Abb. 9.5).

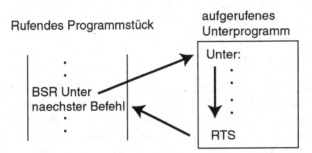

Abbildung 9.5: Ablauf eines Unterprogrammes bei der CPU08.

Für die Durchführung von Unterprogrammaufrufen stellt die CPU08 daher spezielle Befehle zur Verfügung:

BSR Branch to subroutine, ist der Befehl zur Verzweigung in ein Unterprogramm. BSR führt folgende Aktionen durch:

1. PC um 2 erhöhen, so dass der PC auf den nächsten Befehl nach BSR verweist; diese Adresse ist die Rücksprungadresse aus dem Unterprogramm heraus.

2. Niederwertiges Byte des PC auf den Stack speichern, SP um eins erniedrigen (PUSH PC low)

3. Höherwertiges Byte des PC auf den Stack speichern, SP um eins erniedrigen (PUSH PC high)

4. Adresse des Unterprogramms in den PC laden

RTS Return from Subroutine. Das Unterprogramm besteht aus einer Reihe von Befehlen, wobei der letzte Befehl immer RTS ist. Dieser bewirkt folgendes:

1. Höherwertiges Byte der Rücksprungadresse vom Stack holen und im PC ablegen, SP um eins erhöhen (POP PC high)

2. Niederwertiges Byte der Rücksprungadresse vom Stack holen und im PC ablegen, SP um eins erhöhen (POP PC low)

Durch den Befehl RTS wird also die Rücksprungadresse vollständig in den PC geladen und die Programmausführung wird dort fortgesetzt. Die Unterprogrammtechnik wird bei den Codebeispielen noch demonstriert. Da viele Unterprogramme für lokale Variablen Platz auf dem Stack belegen, muss es eine Möglichkeit geben diese Variablen komfortabel zu adressieren. Dazu kann entweder der Stackpointer benutzt werden oder das H:X-Register. Es gibt daher einen Befehl, um den Inhalt des Stackpointers auf H:X zu übertragen:

TSX Transfer Stackpointer to X-Register, überträgt den Wert Stackpointer+1 in das X-Register. Die Erhöhung um 1 ist sehr sinnvoll, denn der Stackpointer verweist bei der CPU08 auf den ersten freien Platz unterhalb des gültigen Stack, also nicht auf gültige Daten. Nach TSX verweist das X-Register dann auf das zuletzt auf den Stack gekommene Byte. Das Gegenstück zu TSX ist der Befehl TXS.

9.1.7 Reset und Interrupts

Die CPU08 lädt beim Reset das Stackpointer-Register mit dem Wert 00FFh. Das H-Register wird mit dem Wert 00h geladen, die anderen Register sind undefiniert. Das Interrupt-Masken-Flag ist gesetzt, so dass zunächst keine Interrupts zugelassen sind. Der Program Counter wird mit dem Reset-Vektor geladen, der an den Adressen FFFEh und FFFFh im Flash-ROM hinterlegt ist. Dieser muss von der Entwicklungsumgebung belegt werden und auf den Einstiegspunkt des Anwenderprogramms verweisen. Für einen Reset kommen bei der CPU08 folgende Quellen in Frage:

- Power On Reset (POR) nach dem Einschalten

- Reset durch externes LOW-Signal am $\overline{RESET}$-Pin

- Fehlendes Rücksetzen der Watchdog-Schaltung

- Die LVI-Schaltung (Low Voltage Inhibit) nach einer unzulässigen Spannungsschwankung

- Unbekannter Opcode oder unerlaubte Adresse in einem Befehl

Die CPU08 kennt 128 Interrupts, die aber nie alle belegt sind. Für jeden Interrupt gibt es einen Interrupt-Vektor, der die Anfangsadressen der zugehörigen Interrupt-Service-Routine (ISR) enthält. Die Interrupt-Vektoren-Tabelle umfasst 256 Byte, sie liegt im Bereich von FF00h – FFFFh. Die Service-Routinen können frei programmiert werden, ihre Anfangsadresse muss nur in der Vektor-Tabelle eingetragen werden. Es gibt einen Interrupt, der durch einen Maschinenbefehl ausgelöst wird: Den Software-Interrupt SWI. Der SWI verläuft nach der Auslösung genau so wie ein durch Hardware ausgelöster Interrupt. Auf dem Chip des Mikrocontrollers ist ein Interrupt-Controller integriert, der die Interrupts verwaltet und allen Interrupts eine feste Priorität zuordnet. Außerdem teilt er der CPU die Interruptquelle mit, so dass nicht in der Service-Routine die Interruptquelle ermittelt werden muss. Die folgende Tabelle gibt einen Überblick.

Interruptquelle	Maskierbarkeit	Wortadresse des Interruptvektors	Priorität
Reset	–	FFFEh	1 (höchste)
SWI	–	FFFCh	2
typspezifisch	global und individuell	FFFAh	3
typspezifisch	global und individuell	FFF8h	4
	usw		
typspezifisch	global und individuell	FF00h	128 (niedrigste)

Wenn die Interrupts durch das Interupt-Masken-Bit (I-Bit) im Statusregister global freigeschaltet sind und eine Peripheriekomponente individuell für Interrupts freigeschaltet ist, kann diese einen Interrupt auslösen. Dann geschieht folgendes:

1. Im letzten Taktzyklus des laufenden Befehls wird abgefragt, ob ein Interrupt ansteht. Später eintreffende Interrupt-Anforderungen werden erst im nächsten Befehl erkannt; der aktuell bearbeitete Befehl wird in jedem Fall beendet.

2. Die zwei Bytes des PC-Registers, das zu diesem Zeitpunkt schon die Adresse des nächsten Befehles enthält, wird auf den Stack gespeichert (Rücksprungadresse).

3. X-Register, Akkumulator und Condition-Code-Register werden ebenfalls auf den Stack gespeichert.

4. Wenn mehrere Interrupts anstehen, wird der mit der höchsten Priorität ausgewählt.

5. Das Interrupt-Nachfrage-Flag der Quelle wird gelöscht, außer wenn mehrere Quellen in Frage kommen und die Flags von der Service-Routine ausgewertet werden müssen.

6. Das I-Bit wird gelöscht; hierdurch sind weitere Interrupts zunächst gesperrt. Geschachtelte Interrupts sind nur möglich, wenn innerhalb der ISR das I-Bit gelöscht wird (CLI).

7. Der Interrupt-Vektor des ausgelösten Interrupts wird aus der Tabelle in das PC-Register kopiert, erst das höherwertige dann das niederwertige Byte.

8. Die CPU führt die Interrupt-Service-Routine aus. Sie muss so programmiert sein, dass am Ende alle Register wieder den Inhalt haben, den sie bei Eintritt des Interrupts hatten. Werden Register innerhalb der Routine verändert, so muss vorher eine Kopie des alten Inhalts angelegt werden, die am Ende wieder in das Register kopiert wird.

9. Die Interrupt-Service-Routine endet mit dem Befehl RTI, Return from Interrupt.

10. Die gespeicherten Inhalte der Register werden in umgekehrter Reihenfolge vom Stack zurückgeholt und wieder in die Register eingetragen.

11. Die Programmausführung springt dadurch in das unterbrochene Programmstück und fährt mit dem nächsten Befehl fort.

Durch das automatische Retten der Register soll der Programmierer unterstützt werden, der ja dafür sorgen muss, dass nach dem Interrupt wieder alles so ist, wie es vor dem Interrupt war. Unterhalb dieser 5 Byte hat der Programmierer Platz auf dem Stack um weitere Daten zu speichern. Die Nutzung des Stacks durch Interrupt-Service-Routinen ist in Abb. 9.6 gezeigt.

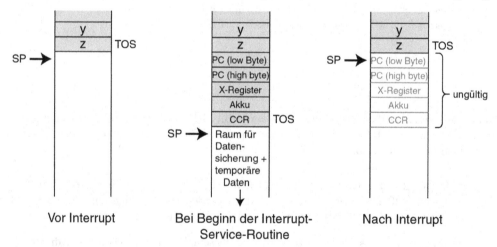

Abbildung 9.6: Bei Eintritt eines Interrupts speichert die CPU08 automatisch 5 Register auf den Stack. Um das H-Register muss sich der Programmierer kümmern. Unterhalb dieser 5 Register ist Platz um eine Kopie des H-Registers und weitere temporäre Daten aufzunehmen.

Der Leser mag sich fragen, warum alle anderen, nicht aber das H-Register automatisch auf den Stack gerettet werden. Der Grund liegt in der Kompatibilität mit dem Vorgängermodell

CPU05. Dieses hatte noch kein H-Register. Die CPU05 rettete alle Register auf den Stack und es ergab sich genau die Belegung wie in Abb. 9.6. Hätte man nun beim Nachfolgemodell CPU08 auch das H-Register gerettet, wäre die Stackbelegung um ein Byte größer geworden und die vorhandene CPU05-Software hätte auf vielen Systemen überarbeitet werden müssen. Stattdessen verlagert man die Verantwortung für die Rettung des H-Registers auf den Programmierer: Wenn es benutzt wird, muss es eben in der Interrupt-Service-Routine auf den Stack gerettet werden. Typischerweise beginnen nun viele ISR mit dem Befehl `PUSH H` und enden mit `POP H, RETI`.

9.1.8 Codebeispiele

In Abschnitt 7.5 ist der Zusammenhang zwischen Compilern, Maschinensprache und Assemblersprache dargestellt. Die folgenden Codebeispiele sind in Assembler abgefasst, bei manchen ist zusätzlich ein Stück C-Code angegeben, das der Funktionalität des Assemblercodes entspricht. Anders ausgedrückt: Dieser C-Code könnte nach der Übersetzung zu dem angegebenen Assemblercode führen.

Addition zweier 16-Bit Zahlen

Die CPU08 ist ein 8-Bit-Prozessor. 16-Bit Zahlen belegen deshalb zwei Speicherplätze, ein niederwertiges Byte (Low Byte) und ein höherwertiges Byte (High Byte). In Abb. 9.7 ist gezeigt, wie die drei 16-Bit-Variablen A, B und C im Speicher liegen. Dabei wurde die Big-Endian-Byteordnung gewählt, die von der CPU08 benutzt wird (s. Abschnitt 6.2.4).

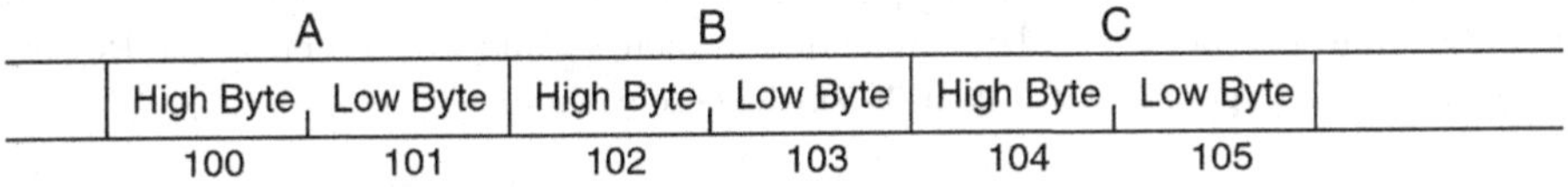

A		B		C		
High Byte	Low Byte	High Byte	Low Byte	High Byte	Low Byte	
100	101	102	103	104	105	

Abbildung 9.7: Die Abspeicherung von drei 16-Bit-Variablen. Im diesem Beispiel wurde die Anfangsadresse von A willkürlich auf 100 gesetzt.

Eine Addition von 16-Bit Variablen erfolgt in einem 8-Bit-Prozessor in zwei Schritten: Zunächst werden die beiden niederwertigen Bytes addiert, wobei ein Übertrag entstehen kann. Ein Übertrag setzt das Carryflag. Im zweiten Schritt werden die beiden höherwertigen Byte addiert und falls das Carryflag gesetzt ist, zusätzlich eine 1. Dafür gibt es den Befehl ADC „Add with Carry". Entsteht bei dieser Addition ein Übertrag so wird das Carryflag gesetzt und weist auf eine Überschreitung des Wertebereiches hin. In Abb. 9.8 ist das Vorgehen dargestellt, um die Variablen A und B zu addieren und das Ergebnis auf C zu speichern.

Der Code für diese 16-Bit-Addition würde auf der CPU08 ungefähr wie folgt aussehen:

```
; Addition zweier 16-Bit-Zahlen A und B, Ergebnis in 16-Bit-Zahl C speichern
; Addition niederwertige Bytes
    LDA A+1     ; niederwertiges Byte von A laden
    ADD B+1     ; niederwertiges Byte von B addieren
    STA C+1     ; speichern
```

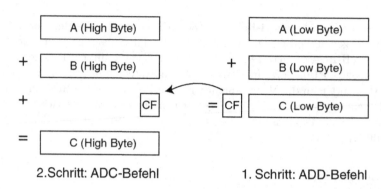

2.Schritt: ADC-Befehl   1. Schritt: ADD-Befehl

Abbildung 9.8: Die Addition von zwei 16-Bit-Zahlen in einem 8-Bit-Prozessor.

```
; Addition höherwertige Bytes + Carry
   LDA A        ; höherwertiges Byte von A laden
   ADC B        ; höherwertiges Byte von B und Carryflag addieren
   BCS  Fehlerbehandlung   ; Branch if Carry Set, Verzweige zur Routine
                           ; Fehlerbehandlung wenn Carry gesetzt,
                           ; 16 Bit reichen nicht aus für Ergebnis!
   STA C        ; speichern
```

Multiplikation zweier 8-Bit-Speichervariablen

Bei dieser Aufgabe nutzt man den Multiplikationsbefehl der CPU08 aus und erhält ein recht kurzes Programm. Die beiden malzunehmenden Zahlen A8 und B8 werden in die Register A und X geladen, das Ergebnis wird nach C8 zurückgeschrieben.

```
; Multiplikation zweier 8-Bit-Zahlen
;
   LDA A8       ; ersten Operanden A8 in Akkumulator laden
   LDX B8       ; zweiten Operanden B8 in X-Register laden
   MUL          ; Multipliziert A mit X, Ergebnis in X:A
   STA C8       ; Ergebnis abholen und in C8 übertragen
```

Arbeiten mit lokalen Variablen

Der Speicherplatz für die Variablen kann im dauerhaften Datensegment oder auf dem Stack angelegt werden. Lokale Variable in der Programmiersprache C sind Variable, die nur während der Abarbeitung einer Funktion gültig sind. Diese Variablen werden immer auf dem Stack angelegt und bei Beendigung der Funktion wieder gelöscht. Danach steht dieser Speicherplatz auf dem Stack für lokale Variable anderer Funktionen zur Verfügung. Auf diese Art kann der wertvolle Speicherplatz mehrfach genutzt werden.

Um den Gebrauch des Stacks für lokale Variable zu zeigen, haben wir ein Beispiel mit einer Funktion in der Programmiersprache C formuliert. Alle Variablen i,j,k sind lokal und werden auf dem Stack angelegt. Um beispielhaft einige Aktionen mit den lokalen Variablen auszuführen, findet dort noch einmal eine 16-Bit Addition statt. Der 16-Bit Variablen i wird der Wert 1300d zugewiesen, der Variablen j der Wert 1400d. Anschließend werden diese Variablen addiert und die Summe wird auf die Variable j geschrieben. Das Quellprogramm in C wäre zum Beispiel wie folgt:

```
void UP() {
  unsigned int i,j,k;
  i=1300;
  j=1400;
  k=i+j;
  /* weitere Schritte ... */
}
```

Ein solches Programm würde von einem Compiler in ein Maschinenprogramm übersetzt, das ungefähr dem nachfolgenden Assemblerprogramm entspricht. Dabei wird jeder C-Befehl in einen oder (meistens) mehrere Assemblerbefehle umgesetzt. Man beachte, dass bei diesem Code nicht geprüft wird, ob bei der letzten Additon ein Carry gesetzt wird. Zur besseren Zuordnung sind die ursprünglichen C-Befehle als Kommentar eingefügt. Im Unterprogramm werden zunächst 6 Byte auf dem Stack reserviert, die den drei lokalen Variablen zugewiesen werden (Abb. 9.9).

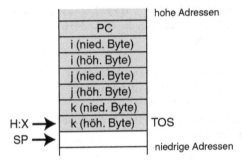

Abbildung 9.9: Die drei lokalen 16-Bit-Variablen i,j und k werden auf dem Stack angelegt.

```
; void UP() {
; unsigned int i,j,k;
; Drei 16-Bit-Ganzzahl-Variablen, die auf dem Stack angelegt werden

AIS #-6 ; Stackpointer um 6 Byte erniedrigen, das bedeutet,
; den Stack um 6 Byte vergrößern und für die drei
; lokalen Variablen je 2 Byte reservieren

TSX ; Transfer (Stackpointer+1) to X, um X zur Adressierung zu benutzen

; Lokale Variable auf dem Stack relativ zum X-Register:
;
;    X    : niederwertiges Byte von k
;    X+1  : höherwertiges Byte von k
```

```
;    X+2  : niederwertiges Byte von j
;    X+3  : höherwertiges Byte von j
;    X+4  : niederwertiges Byte von i
;    X+5  : höherwertiges Byte von i


;   i=1300;   ; 1300d=514h
   LDA #5
   STA 4,X      ; Höherwertiges Byte von 514h = 5 anlegen
   LDA #20      ; 20d=14h
   STA 5,X      ; Niederwertiges Byte von 514h = 20d anlegen

;   j=1400;   ; 1400d=578h
   LDA #5
   STA 2,X      ; Höherwertiges Byte von 578h = 5 anlegen
   LDA #120     ; 120d=78h
   STA 3,X      ; Niederwertiges Byte von 578h = 120d anlegen

;   k=i+j;
   LDA 5,X      ; niederwertiges Byte von i in Akku
   ADD 3,X      ; niederwertiges Byte von j addieren
                ; Dabei kann ein Übertrag enstehen -> Carryflag evtl. gesetzt
   STA 1,X      ; Ergebnis auf niederwertiges Byte von k speichern
   LDA 4,X      ; höherwertiges Byte von i laden
   ADC 2,X      ; Add with Carry:
                ; höherwertiges Byte von j und Carryflag addieren
   STA ,X       ; Ergebnis auf höherwertiges Byte von k addieren
   AIS #6       ; add immediate to Stackpointer 6:
                ; Platz für die lokalen Variablen wieder freigeben
   RTS          ; return from subroutine main
```

Minimum und Maximum in einem Zahlenfeld finden

Der folgende Code durchsucht ein Feld (Array) von 10 aufeinander folgend abgespeicherten vorzeichenlosen 8-Bit-Zahlen. Dabei wird sowohl das Minimum als auch das Maximum der Zahlenreihe gefunden und anschließend mit einer Subroutine zahlaus ausgegeben. Diese Ausgabe könnte zum Beispiel auf ein LCD oder über eine serielle Schnittstelle erfolgen. Minimum und Maximum werden von Beginn an auf Speichervariablen geführt, da keine Register mehr frei sind.

```
; Maximum und Minimum finden

   MOV zahlen,maximum   ; Maximumvariable initialisieren
                        ; mit erster Zahl des Zahlenfeldes
   MOV zahlen,minimum   ; ebenso Minimumvariable
```

```
    LDHX #zahlen    ; Zeiger H-X initialisieren mit der Anfangsadresse Zahlenfeld
    AIX #1          ; Zeiger H-X um eines erhöhen um erste Zahl zu überspringen,
                    ; diese steht schon in Minimum und Maximum
ladezahl:
    LDA ,x          ; nächste Zahl in A-Register laden, indirekte Adress. mit H-X
    CMP maximum     ; Vergleichen mit Maximum
    BLS suchemin    ; branch if less or same:
                    ; Sprung zur Marke "suchemin",
                    ; wenn Zahl in A kleiner oder gleich Maximum
    STA maximum     ; sta A in Maximum: neuer Wert in Maximum einspeichern

suchemin: cmp minimum  ; Vergleichen mit Minimum
    BHS zeigerinc   ; branch if higher or same: Sprung zur Marke "zeigerinc",
                    ; wenn kein neues Minimum
    STA minimum     ; sta A in Maximum: neuer Wert in Minimum einspeichern

zeigerinc:  aix #1 ; Zeiger erhöhen (Add immediate to H-X 1)
    CPHX #zahlen+9  ; Vergleiche H-X mit letzter Adresse des Zahlenfeldes
    BLS ladezahl    ; branch if less or same: Sprung zu "ladezahl",
                    ; wenn kleiner oder gleich

    LDA maximum     ; gefundenes Maximum laden
    JSR zahlaus     ; und ausgeben

    LDA minimum     ; gefundenes Minimum laden
    JSR zahlaus     ; und ausgeben
```

Parameterübergabe an Unterprogramme

Unterprogramme sind speziell dann nützlich, wenn man an sie bei jedem Aufruf Daten zur Verarbeitung übergeben kann, die sogenannten *Parameter*. Das folgende Beispiel zeigt die Verwendung eines Unterprogrammes, an das bei Auruf Parameter übergeben werden und das bei Abschluss ein Ergebnis an das aufrufende Programmstück zurückgibt.

In unserem Demonstrations-Beispiel werden an die Subroutine aaplusb zwei vorzeichenlose 8-Bit-Parameter übergeben. Der erste Parameter p1 wird quadriert und der zweite Parameter p2 wird zu dem Ergebnis addiert. Die Subroutine berechnet also p1*p1+p2. Das Ergebnis der Addition wird als Resultat der Subroutine zurückgegeben. Für die Übergabe der Parameter gibt es zwei Möglichkeiten:

1. Die Parameter werden über den Stack übergeben.

2. Die Parameter werden über Register übergeben.

Die erste Möglichkeit wird standardmäßig von Hochsprachencompilern benutzt, weil man über den Stack (nahezu) unbegrenzt viele Parameter übergeben kann, was ein Hochsprachencompiler voraussetzt. Die zweite Möglichkeit ist schneller in der Ausführung. Sie wird von

Compilern mit Geschwindigkeitsoptimierung oder von Assemblerprogrammierern benutzt. Wir zeigen beide Möglichkeiten im Beispiel.

```
unsigned char aaplusb(unsigned char p1, unsigned char p2) {
  unsigned char temp;
  temp = p1*p1+p2;
  return temp;
}


void main() {
  unsigned char u1,u2,u3;
  u1=2;
  u2=3;
  u3=aaplusb(u1,u2);
}
```

Aus diesem C-Programm würde ein Compiler, der die Parameter über den Stack übergibt, für die CPU08 ein Maschinenprogramm erzeugen, das dem folgenden Assemblerprogramm entspricht:

```
; Stackübergabe
; unsigned char aaplusb(unsigned char p1, unsigned char p2) {
;   unsigned char temp;
aaplusb:     ; Einsprungmarke Subroutine aaplusb
  AIS #-1    ; Auf Stack 1 Byte reservieren für lokale Variable temp
  TSX        ; Stackpointer auf X-Register übertragen für
             ; die Adressierung des Stacks, X = SP+1
; Stackaufbau in dieser Subroutine:
;
;     X+4       p2
;     X+3       p1
;     X+2       Rücksprungadresse niederwertiges Byte
;     X+1       Rücksprungadresse höherwertiges Byte
;     X         Temp
;     X-1       leer       <- aktueller Stackpointer
;
;   temp = p1*p1+p2;
  LDA 3,X    ; p1 vom Stack holen und in Akku laden
  LDX 3,X    ; p1 vom Stack holen und in X laden
  MUL        ; A und X multiplizieren, ergibt p1*p1
  TSX        ; X-Register wieder herstellen
  ADD 4,X    ; p2 vom Stack holen und zum A-Register addieren
             ; Ergebnis ist p1*p1+p2, verbleibt in A
  STA ,X     ; Ergebnis auf temp speichern

;   return temp;
```

```
              ; Keine Aktion nötig, Rückgabe erfolgt im Akku,
              ; dort liegt Ergebnis bereits vor
L1:
  AIS #1      ; Stackreservierung für lokale Variable temp freigeben
  RTS         ; return from subroutine, benutzt Rücksprungadresse


_main:        ; Einsprungmarke Subroutine main
  AIS #-3     ; 3 Byte auf Stack reservieren für lokale Variable u1,u2,u3
  TSX         ; transfer stackpointer to X-Reg.
  TSX         ; Stackpointer auf X-Register übertragen für
              ; die Adressierung des Stacks, X = SP+1
; Stackaufbau in dieser Subroutine:
;
;     X+4       Rücksprungadresse niederwertiges Byte
;     X+3       Rücksprungadresse höherwertiges Byte
;     X+2       u1
;     X+1       u2
;     X         u3
;     X-1       leer        <- aktueller Stackpointer
;

;   u1=2;
  LDA #2      ; Konstante 2 in A
  STA 2,X     ; A in u1 speichern

;   u2=3;
  LDA #3      ; Konstante 3 in A
  STA 1,X     ; A in u2 speichern

;   u3=aaplusb(u1,u2);
  PSHA        ; Push A: u2 auf Stack bringen
  LDA 2,X     ; load A von Adresse (u1+2): lokale Variable u1
  PSHA        ; push A: u1 auf den Stack legen
  BSR aaplusb    ; branch to subroutine aaplusb
              ; Ergebnis liegt in A, X wurde verändert
  AIS #2      ; add immediate to stackpointer 2
              ; Platz von u1 und u2 auf Stack freigeben
  TSX         ; X wieder zur Stackadressierung vorbereiten
  STA ,X      ; Ergebnis der Funktion auf lokale Variable u3
  AIS #3      ; Stackreservierung für lokale Variable wieder freigeben
  RTS         ; return from subroutine main
```

Wir betrachten nun die zweite Möglichkeit. Der nachfolgende Assemblercode passt ebenfalls zu dem oben angegebenen C-Programm, die Parameter werden aber hier via Register A und Register B übergeben.

```
; Registerübergabe
; unsigned char aaplusb(unsigned char p1, unsigned char p2) {
;    unsigned char temp;
aaplusb:    ; Einsprungmarke Subroutine aaplusb
  PSHX      ; Push X: Parameter p2 auf dem Stack sichern
  TAX       ; Transfer Accu to X-Register, p1 -> X
            ; Register A und X enthalten Parameter p1
  MUL       ; A und X multiplizieren, ergibt p1*p1 in A
  TSX       ; Transfer Stackpointer+1 to H-X; verweist auf
            ; den auf dem Stack gesicherten Parameter p2
  ADD  ,X   ; ADD-Befehl mit registerindirekter Adressierung:
            ; Parameter p2 zu p1*p1 addieren, Ergebnis bleibt in A
  PULH      ; Stack bereinigen
  RTS       ; Return from Subroutine


; void main() {
;    unsigned char u1,u2,u3;
_main:      ; Einsprungmarke Subroutine main
  AIS #-3 ; Add immediate to Stackpointer -3
; Stack um 3 Byte vergrößern, Platz für die lokalen Variablen mit je 1 Byte
;Stackaufbau:
;
; SP+3 : x
; SP+2 : y
; SP+1 : z
; SP   : leer
;

  LDA #0x02   ; erster Parameter in Register A
  LDX #0x03   ; zweiter Parameter in Register X
  BSR  aaplusb ; zu Subroutine aaplusb verzweigen
              ; Ergebnis liegt nun in Register A vor

  TSX         ; Transfer Stackpointer+1 to H:X; verweist auf z
  STA  ,X     ; Egebnis von A auf lokale Variable z übertragen
```

Welche Parameterübergabe ist nun zu bevorzugen? Es gibt zwei Kriterien: Der belegte Codespeicher und die notwendige Taktzahl bei der Ausführung. Aus der Dokumentation oder durch Benutzung eines Simulators ergeben sich die folgenden Taktzahlen für unser Unterprogramm aaplusb:

- Stackübergabe der Parameter: 28 Takte Ausführungszeit, 13 Byte Codelänge

- Registerübergabe der Parameter: 18 Takte Ausführungszeit, 7 Byte Codelänge

Die Registerübergabe ist also klar ökonomischer. Auch im rufenden Programmteil main ergeben sich dabei Vorteile, wie man leicht sieht. Eine Registerübergabe geht allerdings nur dann, wenn genügend Register zur Verfügung stehen. Mit zwei Parametern ist hier für die CPU08 schon die Obergrenze erreicht. Bei drei und mehr Parametern geht nur noch die Stackübergabe. Für Unterprogramme mit wenigen Parametern ist es aber gut, einen optimierenden Compiler zu benutzen, der die Registerübergabe nutzt. An dieser Stelle sind RISC-Prozessoren, die ja immer viele Register besitzen, im Vorteil.

9.2 Die MSP430CPU von Texas Instruments

Die MSP430-Mikrocontroller des Herstellers Texas Instruments sind eine große Produktfamilie mit vielfältiger Peripherie, die durch sehr niedrigen Stromverbrauch glänzt und sich zunehmender Popularität erfreut.[43][2] Der Kern dieser Mikrocontroller ist eine moderne RISC-CPU, auf die wir nun eingehen wollen. An der MSP430-Architektur und besonders im Vergleich mit der CPU08 werden sehr schön die besonderen Merkmale einer RISC-CPU deutlich.[47]

9.2.1 Übersicht

Die MSP430-CPU ist ein 16-Bit-Prozessor mit einem Satz von 16 Registern (Abb. 9.10). Es besteht voller Zugriff auf alle Register, auch auf den Program Counter, den Stackpointer und die Statusregister. Registeroperationen brauchen nur einen Arbeitstakt. Der Befehlssatz umfasst 27 Befehle und ist *orthogonal*, das heißt jedes Register arbeitet mit jedem Befehl und jeder Adressierungsart zusammen. Alle Operationscodes haben eine Länge von 16 Bit, wobei es nur drei Befehlsformate gibt.

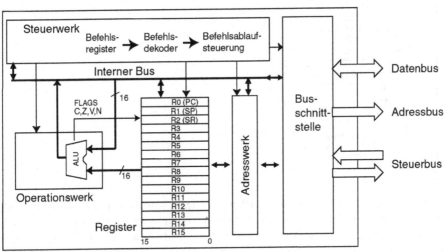

Abbildung 9.10: Der interne Aufbau des MSP430.

Die MSP430-CPU enthält einen Konstanten-Generator, der die Konstanten 0,1,2,4,8 und -1 erzeugt. Diese häufig vorkommenden Konstanten müssen also nicht als Operanden in den

Programmcode eingefügt werden und der Code wird kürzer. Die MSP430-CPU hat einen gemeinsamen Adressraum für Code und Daten von 64 Kilobyte (von Neumann-Architektur). Dieser kann wort- oder byteweise angesprochen werden, es stehen 5 Adressierungsarten zur Verfügung.

9.2.2 Der Registersatz

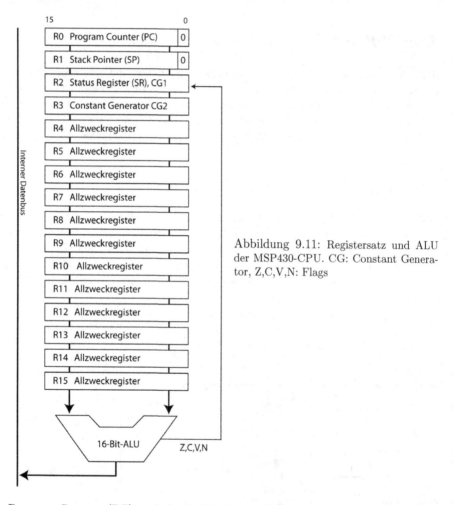

Abbildung 9.11: Registersatz und ALU der MSP430-CPU. CG: Constant Generator, Z,C,V,N: Flags

Der Program Counter (PC) und der Stackpointer (SP) sind in den Registern R0 und R1 untergebracht (Abb. 9.11). Auf diese Register kann genau so zugegriffen werden, wie auf die Allzweckregister. Bei diesen beiden ist allerdings das niedrigstwertige Bit konstant gleich 0, weil sowohl im Code als auch auf dem Stack nur mit Worten, also 16-Bit-Einheiten gearbeitet wird. Es werden daher nur gerade Adressen (Wortadressen) benutzt und das letzte Adressbit ist 0. Register R2 ist das Statusregister (SR) und enthält die vier Statusflags Zeroflag, Carry, Overflow und Negative, die von ALU-Operationen gesetzt werden. Außerdem sind dort einige

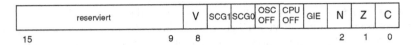

Abbildung 9.12: Register R2 enthält die Statusflags und einige Steuerbits.

Steuerbits angelegt, mit denen die Arbeitsweise der CPU gesteuert wird:

GIE General Interrupt Enable, Zentrale Freischaltung aller Interrupts

CPU OFF, OSC OFF Abschaltung der CPU bzw des Oszillators zur Einsparung von Energie

SCG0, SCG1 Abschaltung von Teilen des Takterzeugungssystems zur Einsparung von Energie

Bei der Programmierung können statt der Bezeichnungen R0, R1, R2 gleichwertig auch die Bezeichnungen PC, SP und SR benutzt werden. Die Register R2 und R3 sind zusätzlich zur Erzeugung von häufig benutzten Konstanten beschaltet. R2 kann die Konstanten 4 und 8 erzeugen, R3 die Konstanten 0, 1, 2 und -1. Die in R2 und R3 erzeugten Konstanten können als Datenquelle in Befehlen verwendet werden; das verkürzt den Code und spart Zugriffszeit.

9.2.3 Der Adressraum

Der MSP430 besitzt einen 16-Bit-Adressbus, der ihm einen Adressraum von 64 Kilobyte öffnet. In diesem Adressraum liegen Code, Daten, Interrupt-Vektoren, Special Function Register und die Register der Peripheriebausteine. (Abb. 9.13) Im RAM liegen die flüchtigen Programmdaten; schreibende und lesende Zugriffe können byteweise (8 Bit) oder wortweise (16 Bit) erfolgen. Im oberen Teil des Adressraums liegen die Interrupt-Vektoren, auf die wir im Abschnitt 9.2.6 noch zu sprechen kommen.

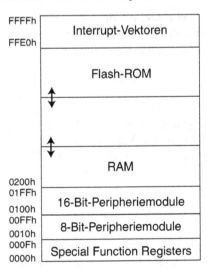

Abbildung 9.13: Adressraum des MSP430.

Die übrigen Teile des Adressraumes erinnern uns daran, dass die MSP430-CPU der Kern einer Mikrocontroller-Familie mit vielen Typen ist. Falls es sich um einen Typ mit Flash-ROM handelt, wird dort das Programm abgespeichert. Auch nichtvariable Daten, wie beispielsweise Texte, können dort angelegt werden. Das Programm kann über eine serielle Schnittstelle, die von dem eingebauten Bootstrap-Loader bedient wird, ins Flash-ROM geladen werden. Alternativ kann die JTAG-Schnittstelle des MSP benutzt werden. Außerdem kann auch ein Anwenderprogramm das Flash-ROM beschreiben, so dass beispielsweise nicht-flüchtige Daten dort abgelegt werden können.

Im Statusregister (R2) finden wir Steuerungs- und Statusbits für die Teile des Prozessors, die in allen Typen vorhanden sind. Die Special Function Registers enthalten die Steuerungs- und Statusregister, die spezifisch für den jeweils vorliegenden Controllertyp sind. Da der MSP430 die Ein-/Ausgabeports speicherbezogen (s. Abschn.6.2.2) adressiert, liegen auch die Daten-, Steuer- und Statusregister der Peripheriebaugruppen in diesem Adressraum und werden wie Speicherzellen angesprochen. Typische Peripheriebaugruppen sind digitale Ein-/Ausgabeports, Analog/Digital-Umsetzer, serielle Schnittstellen, Zeitgeber- und Zählerbausteine (Details dazu in Kap. 14).

9.2.4   Die Adressierungsarten

Die MSP430-CPU verfügt über sieben Adressierungsarten, hier „modes" genannt. Alle können für Quelloperanden benutzt werden, vier davon auch für Zieloperanden.

Register Mode
Entspricht der Registeradressierung; der Operand ist ein Register und der Befehl arbeitet mit dem Inhalt des bezeichneten Registers. Die Register können Quell- und Zieloperanden sein. Im folgenden Beispiel wird der Inhalt des Registers R4 ins Register R12 kopiert:

```
MOV R4,R12
```

Immediate Mode
Unmittelbare Adressierung; der Operand ist eine Konstante, die dem Befehl im Code unmittelbar folgt. Im Beispiel wird die Konstante A020h in Register R10 geschrieben. Da auch beim MSP430-Assembler Konstanten ein # vorangestellt wird, lautet der Code:

```
MOV #A020h,R10
```

Absolute Mode
Entspricht der direkten Adressierung, die Adresse der Speicherzelle wird also direkt genannt. Im folgenden Beispiel wird der Inhalt des Registers R9 auf die Variable Zaehler kopiert. Der Übersetzer ersetzt das Symbol &Zaehler durch dessen Adresse und verwendet die absolute Adressierung.

```
MOV R9,&Zaehler
```

Indexed Mode
Diese Adressierungsart entspricht der registerindirekten Adressierung mit Displacement. Zur Bildung der Adresse wird zum Inhalt des Registers noch eine Konstante (das Displacement)

addiert. Das verwendete Register kann auch der Stackpointer sein, was eine bequeme Adressierung des Stacks ermöglicht. Im folgenden Beispiel sind beide Operanden im indexed mode formuliert:

```
MOV 2(R4),4(R9)
```

Vor dem Datentransfer berechnet das Adresswerk die beiden Adressen:
Quelladresse = (Inhalt von R4) + 2
Zieladresse = (Inhalt von R9) + 4

Indirect Register Mode
Variante der registerindirekten Adressierung ohne Displacement. Diese Adressierung kann verwendet werden, wenn das Displacement 0 ist. Der Vorteil liegt darin, dass kein Operand (0) in den Code eingefügt wird und unnötig Platz verbraucht. So schreibt man beispielsweise statt 0(R14) nun einfach @R14 und erhält kürzeren Code. Diese Adressierungsart ist nur für Quelloperanden anwendbar. Beispiel:

```
MOV @(R4),4(R9)
```

Die beiden Adressen werden folgendermaßen vom Adresswerk berechnet:
Quelladresse = (Inhalt von R4)
Zieladresse = (Inhalt von R9) + 4

Indirect Autoincrement Mode
Variante des indirect register mode mit Postinkrement. Nach dem Zugriff wird der Inhalt des Adressregisters um 1 oder 2 erhöht. Beispiel:

```
MOV @R4+,4(R9)
```

Vor dem Datentransfer berechnet das Adresswerk die beiden Adressen:
Quelladresse = (Inhalt von R4)
Zieladresse = (Inhalt von R9) + 4
Nach dem Zugriff wird der Inhalt von R4 um 2 erhöht, da es sich um einen Wortzugriff (2 Byte) handelt. Diese Adressierungsart wird zum Beispiel in Verbindung mit dem Stackpointer beim POP-Befehl verwendet (siehe S.147).

Symbolic Mode
Diese Adressierung ist eine Spezialität, sie adressiert relativ zum momentanen Inhalt des Befehlszählers (R0=PC), ähnlich wie die bedingten Sprungbefehle.

9.2.5   Der Befehlssatz

Der Befehlssatz der MSP430-CPU besteht aus 27 elementaren Befehlen (Tabelle 9.2). Zu diesen kommen noch 24 so genannte emulierte Befehle hinzu. Die emulierten Befehle existieren eigentlich nur in der Assemblersprache des Prozessors und werden bei der Übersetzung (Assemblierung) auf elementare Befehle umgesetzt. Die 27 elementaren Befehle bilden drei Gruppen:

- 12 Befehle mit zwei Operanden

- 7 Befehle mit einem Operanden

- 8 Sprungbefehle

Tabelle 9.2: Elementare Befehle des MSP430

ADD(.B) src,dst	Add source to destination
ADDC(.B) src,dst	Add source and Carry to destination
AND(.B) src,dst	AND source and destination
BIC(.B) src,dst	Clear bits in destination
BIS(.B) src,dst	Set bits in destination
BIT(.B) src,dst	Test bits in destination
CALL dst	Call destination
CMP(.B) src,dst	Compare source and destination
DADD(.B) src,dst	Add source and Carryflag decimally to dst
JC/JHS label	Jump if Carryflag set/Jump if higher or same
JEQ/JZ label	Jump if equal/Jump if Zeroflag set
JGE label	Jump if greater or equal
JL label	Jump if less
JMP label	Jump
JN label	Jump if Negativeflag set
JNC/JLO label	Jump if Carryflag not set/Jump if lower
JNE/JNZ label	Jump if not equal/Jump if Zeroflag not set
MOV(.B) src,dst	Move source to destination
PUSH(.B) src	Push source onto stack
RETI	Return from interrupt
RRA(.B) dst	Rotate right arithmetically
RRC(.B) dst	Rotate right through Carry
SUB(.B) src,dst	Subtract source from destination
SUBC(.B) src,dst	Subtract source and not(Carry) from dst
SWPB dst	Swap bytes
SXT dst	Extend sign
XOR(.B) src,dst	Exclusive OR source and destination

Die Befehle, mit denen Operanden bearbeitet werden, wirken standardmäßig auf 16-Bit-Operanden. Durch den Zusatz .B (Byte) kann man bei diese Befehle so einstellen, dass sie 8-Bit-Operanden bearbeiten. Ein Beispiel:

```
ADD #16,R6      ; addiert 16 zu Register 6
ADD.B #16,R6    ; addiert 16 zum niederwertigen Byte von Register 6
```

Emulierte Befehle

Die emulierten Befehle sind keine echten Befehle sondern eine alternative, bequemere Syntax für bestimmte Aktionen elementarer Befehle. Da beim MSP430 freier Zugriff auf alle Register

– auch auf SP und PC – besteht, können Operationen wie die Rückkehr aus einem Unterprogramm (RET) und das Zurückholen vom Stack (POP) durch einfache Transportbefehle (MOV) realisiert werden. POP und RET werden also nicht als elementare Befehle gebraucht. Um die gewohnte Syntax anzubieten, werden sie als emulierte Befehle realisiert. Auf diese Art bleibt der eigentliche Befehlssatz klein, was genau der RISC-Idee entspricht. Die folgende Aufzählung schildert diese und weitere emulierte Befehle:

RET, Return from subroutine
Um von einem Unterprogramm ins rufende Programm zurückzukehren, muss die auf dem Stack gespeicherte Rücksprungadresse wieder in das PC-Register eingesetzt werden. Der RET-Befehl wird daher mit folgendem elementaren Befehl realisiert: MOV @SP+,PC

POP dst
Zieloperanden vom Stack holen. Wird durch einen elementaren Move-Befehl mit Stackpointeradressierung und Postinkrement des Stackpointers ersetzt: MOV @SP+,dst. Der Stackpointer wird nach dem Zugriff um 2 erhöht.

DEC dst, Decrement
Der Decrement-Befehl vermindert den Zieloperand um 1. Der Befehl wird in den elementaren Befehl SUB #1,dst umgesetzt.

CLR dst, Clear
Der Zieloperand wird gelöscht, also gleich Null gesetzt. Der Befehl wird auf einen elementaren Move-Befehl umgesetzt: MOV #0,dst.

CLRZ, Clear Zero Bit
Das Zerobit ist das Bit 1 im Statusregister (Abb. 9.12). Um dieses Bit auf Null zu setzen, muss man die Konstante 02h invertieren und das Ergebnis FFFDh durch ein bitweises UND mit dem Statusregister verknüpfen. Der emulierte Befehl CLRZ wird daher in den elementaren Bit-Clear-Befehl umgesetzt: BIC #2, SR

INV dst, Invert
Die Invertierung wird bitweise als logisches exklusives ODER ausgeführt: XOR #0FFFFh,dst

9.2.6 Reset und Interrupts

Der MSP430 kennt insgesamt 16 Interrupts, die in drei Typen aufgeteilt sind:

- Maskierbare Interrupts

- Nicht-maskierbarer Interrupt (NMI)

- Reset-Vorgang

Die maskierbaren Interrupts werden durch Peripheriekomponenten ausgelöst, beispielsweise Zähler-/Zeitgeberbausteine, serielle Schnittstellen, Analog/Digital-Wandler oder interruptfähige Ein-/Ausgabeleitungen. Wenn das Global Interrupt Enable Bit (GIE) im Statusregister gelöscht wird, sind alle maskierbaren Interrupts gesperrt (maskiert). Zusätzlich gibt es für jeden maskierbaren Interrupt ein individuelles Freigabebit, das Interrupt Enable Flag. Damit eine Komponente einen Interrupt auslösen kann, müssen also das globale und das individuelle Freigabeflag gesetzt sein. Zusätzlich gibt es für jede Interruptquelle auch ein Nachfrageflag, das dem Programm anzeigt, ob ein Interrupt verlangt wird. So können die Interruptquellen alternativ auch in Abfrageschleifen behandelt werden.

Der Non-maskable Interrupt wird bei schwerwiegenden Systemfehlern ausgelöst: Oszillator-fehler, Fehler im Flash-ROM oder schaltungstechnische Auslösung über den NMI-Eingang. Wenn das Global Interrupt Enable Bit im Statusregister gelöscht wird, sind alle anderen Interrupts abgeschaltet aber NMI ist weiterhin aktiv. Entgegen der Namensgebung dieses Interrupts gibt es allerdings auch für den NMI eine Abschaltmöglichkeit über ein Steuerbit.

Beim Reset lädt die MSP430CPU das Status-Register mit dem Wert 0000h, wodurch auch das Global Interrupt Enable-Bit auf Null gesetzt ist und zunächst keine Interrupts zugelassen sind. Die übrigen Register sind undefiniert. Der Program Counter wird mit dem Reset-Vektor geladen, der an den Adressen FFFEh und FFFFh im Flash-ROM hinterlegt ist. Dieser muss von der Entwicklungsumgebung belegt werden und auf den Einstiegspunkt des Anwenderpro-gramms verweisen. Die CPU beginnt an dieser Adresse. Es gibt folgende Quellen für einen Reset:

- Power On Reset (POR) nach dem Einschalten
- Reset durch externes LOW-Signal am $\overline{RST}$-Pin
- Security-Key-Fehler beim Zugriff auf den Flash-Speicher
- Fehlendes Rücksetzen der Watchdog-Schaltung oder Security-Key-Fehler beim Zugriff auf die Watchdog-Schaltung
- Falls vorhanden: Die SVS-Schaltung (Supply Voltage Supervisor) nach unzulässiger Spannungsschwankung

Für jeden Interrupt gibt es einen Interrupt-Vektor, der die Anfangsadresse der zugehörigen Interrupt-Service-Routine enthält. Diese Interrupt-Vektoren umfassen – wie alle Adressen beim MSP430 – 16 Bit und sind in der Interrupt-Vektoren-Tabelle hinterlegt. So liegt bei-spielsweise der Interrupt-Vektor des NMI auf den Adressen FFFCh und FFFDh. Die Interrupt-Vektoren-Tabelle belegt 32 Byte im Adressbereich von FFE0h – FFFFh. Außerdem ist jeder Interruptquelle eine Priorität zugeordnet, die den Vorrang bei gleichzeitiger Nachfrage meh-rerer Interrupts regelt. Einen Überblick über die Interrupts des MSP430 gibt die Tabelle 9.3. Die typspezifischen Interruptquellen hängen von der Ausstattung des jeweiligen Typs mit Peripheriekomponenten ab.

Wenn für eine Peripheriekomponente das globale und das individuelle Freigabebit gesetzt sind und diese Peripheriekomponente einen Interrupt nachfragt, wird die Interrupt-Bearbeitung in Gang gesetzt. Das umfasst folgende Schritte:

1. Der aktuell bearbeitete Befehl wird beendet.

2. Das PC-Register, das zu diesem Zeitpunkt schon die Adresse des nächsten Befehles (Rücksprungadresse) enthält, wird auf den Stack gespeichert.

3. Das Statusregister (Systemzustand) wird ebenfalls auf den Stack gespeichert.

4. Wenn mehrere Interrupts anstehen, wird der mit der höchsten Priorität ausgewählt.

Tabelle 9.3: Interruptquellen des MSP430

Interruptquelle	Maskierbarkeit	Wortadresse des Interruptvektors	Priorität Priorität
Reset	–	FFFEh	15 (höchste)
NMI	nur individuell	FFFCh	14
typspezifisch	global und individuell	FFFAh	13
typspezifisch	global und individuell	FFF8h	12
typspezifisch	global und individuell	FFF6h	11
Watchdog Timer	global und individuell	FFF4h	10
typspezifisch	global und individuell	FFF2h	9
typspezifisch	global und individuell	FFF0h	8
typspezifisch	global und individuell	FFEEh	7
typspezifisch	global und individuell	FFECh	6
typspezifisch	global und individuell	FFEAh	5
typspezifisch	global und individuell	FFE8h	4
typspezifisch	global und individuell	FFE6h	3
typspezifisch	global und individuell	FFE4h	2
typspezifisch	global und individuell	FFE2h	1
typspezifisch	global und individuell	FFE0h	0 (niedrigste)

5. Das Interrupt-Nachfrage-Flag der Quelle wird gelöscht, außer wenn mehrere Quellen in Frage kommen und die Flags von der Service-Routine ausgewertet werden müssen.

6. Das Statusregister wird gelöscht; da hierdurch auch das Global Interrupt Enable Flag gelöscht wird, sind weitere Interrupts zunächst gesperrt.

7. Der Interrupt-Vektor des ausgelösten Interrupts wird aus der Tabelle in das PC-Register kopiert.

8. Die CPU führt die Interrupt-Service-Routine aus. Sie muss so programmiert sein, dass am Ende alle Register wieder den Inhalt haben, den sie bei Eintritt des Interrupts hatten. Werden Register innerhalb der Routine verändert, so muss vorher eine Kopie des alten Inhalts angelegt werden, die am Ende wieder in das Register kopiert wird.

9. Die Interrupt-Service-Routine endet mit dem Befehl RETI, Return from Interrupt.

10. Der gespeicherte Inhalt des Statusregisters wird vom Stack zurückgeholt und ins SR kopiert.

11. Der gespeicherte Inhalt des PC (Rücksprungadresse) wird zurückgeholt und ins PC-Register kopiert.

Die Programmausführung springt dadurch in das unterbrochene Programmstück und fährt mit dem nächsten Befehl fort. Die Aktivierung der Interrupt-Service-Routine dauert 6 Takte, der Rücksprung weitere 5 Takte. Diese Zeiten müssen bei zeitkritischen Anwendungen berücksichtigt werden. Die Nutzung des Stacks durch Interrupt-Service-Routinen ist in Abb. 9.14 gezeigt.

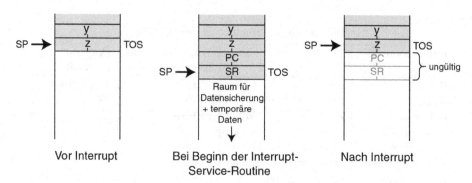

Abbildung 9.14: Beim Eintritt eines Interrupts werden von der CPU automatisch Rücksprungadresse und das Statusregister auf den Stack gespeichert. Unterhalb davon ist Platz um Sicherungskopien weiterer Register und temporäre Daten aufzunehmen. Jeder Eintrag umfasst 2 Byte. y und z sind willkürlich gewählte Namen.

9.2.7 Unterstützung für die ALU: Der Hardware-Multiplizierer

Die MSP430CPU besitzt eine konsequente RISC-Architektur und muss deshalb auf Mikroprogrammierung verzichten. Es kann also keine algorithmisch abgearbeitete Befehle geben und wir finden deshalb weder einen Multiplikations- noch einen Divisionsbefehl. Diese beiden Operationen müssen also durch entsprechende Aufrufe von Routinen in Softwarebibliotheken ausgeführt werden, was viel Zeit kostet. Um diesen Zeitverlust zumindest bei der häufig vorkommenden Multiplikation zu vermeiden, hat man der MSP430CPU in vielen Typvarianten einen Hardware-Multiplizierer zur Seite gestellt. Dieser Multiplizierer ist nicht Teil der CPU sondern eine Peripheriekomponente. Damit ist die Multiplikation letztlich schneller zu bewältigen, als mit einer CISC-Architektur, die zwar einen Multiplikationsbefehl besitzt, diesen aber in vielen Maschinentakten abarbeitet.

Der Multiplizierer des MSP430 bietet nicht nur die einfache Multiplikation an, sondern auch die Multiply-and-Accumulate-Operation (MAC), die für Signalverarbeitungsalgorithmen nützlich ist (siehe S.308). Es wird mit 16-Bit-Operanden gerechnet und für das Ergebnis stehen zwei 16-Bit-Register und ein Zusatzregister für Überträge bzw. Vorzeichen zur Verfügung. Der Multiplizierer ist über Peripherieregister an das System angebunden (Abb. 9.15). Die CPU muss zunächst den Operanden 1 in einem der vier vorgesehenen Register ablegen. Die Wahl des Registers bestimmt gleichzeitig die auszuführende Operation:

Registername	Registeradresse	Operation
MPY	0130h	Vorzeichenlose Multiplikation
MPYS	0132h	Multiplikation mit Vorzeichen
MAC	0134h	Multiplizieren und Akkumulieren vorzeichenlos
MACS	0136h	Multiplizieren und Akkumulieren mit Vorzeichen

Der zweite Operand wird in Register OP2 mit der Adresse 0138h geschrieben und danach beginnt der Multiplizierer automatisch die ausgewählte Operation. Das Ergebnis hat eine Breite von 32 Bit und wird vom Multiplizierer in den Registern 013Ah und 013Ch abgelegt. Dort kann es von der CPU ausgelesen werden. Um einen Übertrag, ein Borgen oder ein negatives

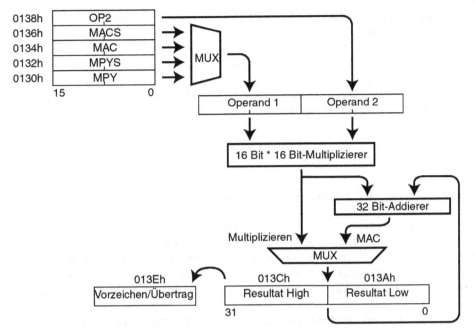

Abbildung 9.15: Der Hardware-Multplizierer des MSP430 ist über 8 Peripherieregister an das System angebunden.

Vorzeichen anzuzeigen (je nach Operation) gibt es ein Erweiterungsregister mit der Adresse 013Eh. Es ist auch möglich, den Operanden 1 unverändert zu lassen und mehrfach einen Operanden 2 einzutragen, jedesmal wird eine neue Multiplikation ausgeführt. Das folgende Programmbeispiel zeigt eine Multiplikation mit Vorzeichen:

```
; 16x16 Signed Multiply
   MOV #1024,&MPYS ; ersten Operanden eintragen, &MPYS=132h
                   ; Multiplikation mit Vorzeichen anwählen
   MOV #512,&OP2   ; Zweiten Operanden eintragen, &OP2=138h
; Ergebnisse abholen ...
```

9.2.8 Codebeispiele

In Abschnitt 9.1.8 haben wir für einige erdachte Aufgaben Codebeispiele für die CPU08 angegeben. Für die gleichen Aufgaben wollen wir nun Codebeispiele für den MSP430 angeben. Der Vergleich mit dem Code der CPU08 zeigt noch einmal die Architekturunterschiede.

Addition zweier 16-Bit-Speichervariablen

Als 16-Bit-Prozessor kann der MSP430 zwei 16-Bit-Zahlen in einem Schritt addieren und der Code fällt entsprechend kurz aus. Die Speichervariablen heißen A16, B16 und C16. Nach der

Addition wird geprüft, ob das Carryflag gesetzt ist; ein gesetztes Carryflag bedeutet, dass 16 Bit nicht für das Ergebnis ausreichen.

```
MOV A16,R5  ; A1 in Register 5 kopieren
ADD B16,R5   ; B1 dazu addieren
JC Fehler    ; zur Fehlerbehandlungsroutine falls ein Carry gesetzt
MOV R5,C16   ; Ergebnis der Addition in Speichervariable C1
     .
     .
     .
Fehler  ;  Fehlerbehandlung ...
```

Multiplikation zweier 8-Bit-Speichervariablen

Bei dieser Aufgabe nutzt man natürlich – falls vorhanden – elegant den Hardware-Multiplizierer des MSP430 (Abschnitt 9.2.7) aus. Die beiden malzunehmenden Zahlen A8 und B8 werden in die Eingangsregister des Multiplizierers geschrieben, anschließend kann das Ergebnis im unteren Byte des Ergebnisregisters ausgelesen werden und in die Variable C8 geschrieben werden. Da es sich um 8-Bit-Variablen handelt, wird die Byte-Variante des MOV-Befehls benutzt.

```
; Multiplikation zweier 8-Bit-Zahlen mit Hardware-Multiplizierer
;
   MOV.B A8, &130h   ; erster Operand A8 in Register 130h, dies fordert
                     ; eine vorzeichenlose Multiplikation an
   MOV.B B8, &138h   ; zweiten Operanden B8 eintragen, Multiplikation beginnt
   MOV.B &13Ah,C8    ; Ergebnis abholen und in C8 übertragen
```

Dieses Programmstück birgt allerdings noch eine tückische Gefahr: Falls Interrupts aktiv sind, könnte es sein, dass nach dem Einschreiben des ersten Operanden in Adresse 130h ein Interrupt ausgelöst wird und dessen ISR vielleicht selbst den Hardware-Multiplizierer benutzt. Dann würde evtl. in die Peripherieadressen für den ersten Operanden ein anderer Wert eingetragen und die nach dem Interrupt hier stattfindende Multiplikation ergäbe ein falsches Ergebnis. Um das zu vermeiden sollte man vor der Multiplikation alle Interrupts über das Bit 3 im Statusregister (Global Interrupt Enable) abschalten und nachher das GIE-Bit wieder in den alten Zustand bringen. Das würde ungefähr so aussehen:

```
PUSH SR          ; Statusregister auf dem Stack speichern
BIC #8, SR       ; Bit 3 im Statusregister (Global Interrupt Enable) löschen
NOP              ; NOP=No Operation, Wartetakt für den Fall, dass während des
                 ; letzten Befehls noch ein Interrupt angenommen wurde
     .
     .
Multiplikation
     .
     .
POP SR           ; Alten Inhalt wieder in Statusregister kopieren,
                 ; damit ist auch das GIE-Bit wieder im alten Zustand
```

Ist kein Hardwaremultiplizierer vorhanden, muss die Multiplikation durch eine Bibliotheks-routine erledigt werden, die bei der Übersetzung eingebunden wird. Diese Routine belegt natürlich wertvollen Platz im Programmspeicher.

```
; Multiplikation zweier 8-Bit-Zahlen ohne Hardware-Multiplizierer
;
    MOV.B A8, R12       ; erster Operand A8 in Register R12
    MOV.B B8, R14       ; zweiter Oprand B8 in Register R14
    CALL MUL8Routine    ; Unterprogramm für 8-Bit-Multiplikation
    MOV.B R12,C8        ; Ergebnis abholen und in C8 übertragen
```

Arbeiten mit lokalen Variablen

Wir untersuchen das gleiche Unterprogramm wie in Abschn.9.1.8, das in C wie folgt aussieht:

```
void UP() {
  unsigned int i,j,k;
  i=1300;
  j=1400;
  k=i+j;
  /* weitere Schritte ... */
}
```

Die MSP430CPU hat viele Register und kann es sich leisten, eine kleinere Zahl von lokalen Variablen einfach in Registern zu führen. So könnte man i in R13 legen, j in R14 und k in R15. Die Addition kann wegen der 16-Bit-Verarbeitung wieder einschrittig erfolgen und so wird die Routine recht kurz.

```
UP:
    MOV.W   #514h, R13  ; 514h=1300d in R13 (i)
    MOV.W   #578h, R14  ; 578h=1400d in R14 (j)
    ADD.W   R14, R13    ; addieren
    MOV.W   R13, R15    ; Ergebnis in R15 (k)
    RET
```

Minimum und Maximum in einem Zahlenfeld finden

Der folgende Code durchsucht ein Feld von 10 aufeinander folgend abgespeicherten vorzei-chenlosen 16-Bit-Zahlen. Dabei wird sowohl das Minimum als auch das Maximum des Zahlen-feldes gefunden und anschließend mit einer Subroutine **zahlaus** ausgegeben. Diese Ausgabe könnte wieder auf ein LCD oder über eine serielle Schnittstelle erfolgen. Da genug Register vorhanden sind, können Minimum und Maximum während der Suche in Registern gespeichert werden (R6,R7). R5 dient als Zeiger in das Zahlenfeld wobei in zwei Befehlen vorteilhaft das Postinkrement auf R5 angewandt werden kann. Man beachte, dass wegen des Wortzugriffs das Autoinkrement den Zeiger um 2 erhöht.

```
; Bestimmung von Minimum und Maximum einer Zahlenfolge im Speicher
;
   MOV #Zahlen,R5      ; Zeiger auf erstes Element des Zahlenfeldes
   MOV @R5, R6         ; R6 enthält vorläufiges Minimum
                       ; wird initialisiert mit erster Zahl im Feld
   MOV @R5+, R7        ; R7 enthält vorläufiges Minimum
                       ; wird auch initialisiert mit erster Zahl im Feld
                       ; Zeiger weiterrücken (+2)
Suchemin  CMP @R5, R6     ; nächste Zahl mit Minimum vergleichen
   JLO Suchemax        ; jump if lower, springen da kein neues Minimum
   MOV @R5, R6         ; Neues Minimum eintragen

Suchemax  CMP @R5+, R7    ; nächste Zahl mit Maximum vergleichen
                          ; und Zeiger weiterrücken (+2)
   JHS Schleifenende ; Jump if higher or same, springen da kein neues Maximum
   MOV -2(R5), R7     ; Neues Maximum eintragen, Zeigerwert R5-2

Schleifenende  CMP  #Zahlen+20, R5  ; Steht Zeiger R5 auf letzter Zahl?
   JNE Suchemin        ; jump if not equal: Wenn noch nicht auf letzter Zahl,
                       ; springen zu Suchemin und nächste Zahl untersuchen

   MOV R6, Minimum     ; Minimum aus Register auf Variable übertragen
   MOV R7, Maximum     ; Maximum aus Register auf Variable übertragen

   MOV R6,R15          ; Ausgabe Minimum, Parameter über R15 übergeben
   CALL Zahlaus

   MOV R7,R15          ; Ausgabe Maximum, Parameter über R15 übergeben
   CALL zahlaus
```

Parameterübergabe an Unterprogramme

Das folgende Codebeispiel präsentiert die Funktion `aaplusb(int a, int b)` und ein aufrufendes Hauptprogramm, das wir schon in Abschn. 9.1.8 als Demonstrationsobjekt benutzt haben.

```
unsigned char aaplusb(unsigned char p1, unsigned char p2) {
  unsigned char temp;
  temp = p1*p1+p2;
  return temp;
}

void main() {
  unsigned char u1,u2,u3;
  u1=2;
  u2=3;
```

```
    u3=aaplusb(u1,u2);
}
```

Auf dem MSP430 könnte dieser C-Code in folgenden Assemblercode umgesetzt werden, der
die Register R14 und R15 für die Parameterübermittlung, R14 außerdem für die Rückgabe
des Ergebnisses und R5 für die lokale Variable benutzt. Außerdem wird ein Hardware-
Multiplizierer vorausgesetzt.

```
aaplusb:
PUSH R5 ; R5 wird auf Stack gerettet, weil
               ; vorübergehend für Variable temp verwendet
MOV R14,&0x132  ; R14 ist Parameter a, wird auf erstes Operandenregister des
               ; Multiplizierers geschrieben  (multiplizieren mit Vorzeichen)
MOV R14,&0x138  ; zweiter Operand ist nochmals R14 (a)
MOV &0x13A,R5   ; Ergebnis abholen und auf R5 schreiben (temp)
ADD R15,R5      ; R15 ist Parameter b, wird zu temp addiert
MOV R5,R14      ; temp wird auf Rückgaberegister kopiert
POP R5          ; R5 restaurieren
RET             ; Rücksprung

main:
MOV R5,R15      ; lokale Variable u1 steht auf R5 und wird
               ; als erster Parameter über R15 an das Unterprogramm übergeben
MOV R4,R14      ; lokale Variable u2 steht auf R4 und wird
               ; als zweiter Parameter über R14 an das Unterprogramm übergeben
CALL #aaplusb   ; Unterprogramm aaplusb aufrufen
MOV R14,R6      ; Ergebnis kommt zurück auf R14 und wird auf lokale Variable
               ; u3 (R6) kopiert
```

Abbildung 9.16: Ein Texas Instruments
MSP430F1232 Mikrocontroller, auf eine Platine gelötet.

Eine Verarbeitungsbreite von 8 Bit zwingt bei der Verarbeitung von 16-Bit Zahlen zu einem
zweischrittigen Vorgehen, ein 16-Bit-Prozessor erledigt das bequem in einem Schritt. In der
Praxis wird man, wenn möglich, die Verarbeitungsbreite an den zu lösenden Aufgaben ausrich-
ten. Die Verarbeitungsbreite ist aber kein Kennzeichen von CISC- oder RISC-Architekturen.
Die unterschiedlichen Arbeitsbreiten ergeben für uns nur eine schöne Gelegenheit, um die
praktischen Unterschiede zu zeigen.

Die CPU08 besitzt nur 5 Register, was dazu führt, dass oft Zwischenergebnisse im Speicher abgelegt werden müssen. Andererseits verfügt sie aber über viele Befehle und Adressierungsarten, wodurch die Speicherzugriffe sehr komfortabel werden und nicht stören. Die MSP430CPU verfügt über 16 Register und kann dadurch viele Variable in Registern halten. Das betrifft auch lokale Variable und Übergabeparameter für Unterprogramme. Dadurch vermindert sich die Anzahl an Speicherzugriffen und die Programme werden schneller. Andererseits ist der Befehlssatz deutlich kleiner und es stehen weniger Adressierungsarten zur Verfügung, was aber den Komfort nicht spürbar einschränkt. Der MSP430 hat einen orthogonalen Befehlssatz, jeder Befehl funktioniert mit jedem Register. Demgegenüber sind bei der CPU08 die meisten Register bestimmten Aufgaben gewidmet.

Die RISC-Architektur erlaubt etwas höhere Arbeitsfrequenzen als die CISC-Architektur und braucht im Mittel etwas weniger Taktzyklen pro Befehl. Die Länge der Opcodes ist bei der CPU08 1 oder 2 Byte und beim MSP430 einheitlich 2 Byte, was bei letzterem zu einer gewissen Code-Verlängerung führt.

Eine Erwähnung verdienen Multiplikation und Division: Die CPU08 hat einen MUL- und einen DIV-Befehl und beide werden algorithmisch in Mikroprogrammierung ausgeführt. Der MSP430 hat als RISC-Prozessor keine Mikroprogrammierung und kann weder multiplizieren noch dividieren. Diese Operationen müssen, falls notwendig, durch eine Software-Routine (Emulation) ausgeführt werden. Das kostet Zeit und Programmspeicher. Ein Teil der MSPs ist aber mit einem schnellen Hardware-Multiplizierer ausgerüstet und stellt damit die CISC-Architektur in den Schatten.

9.3   Der ARM Cortex-M3

9.3.1   Historie der ARM- und Cortex-Prozessoren

Im Jahre 1981 erhielt das britische Unternehmen Acorn von der BBC den Auftrag, einen Mikrocomputer für eine Fernsehserie zu entwickeln. Mit dieser Serie sollte die Computertechnik einem breiten Publikum verständlich und zugänglich gemacht werden. Der Acorn-Rechner hatte einen mit 2 MHz getakteten 6502-Prozessor, bis zu 32 kB Speicher und war ein großer Erfolg, vor allem in Ausbildungseinrichtungen. Schon bald sah man sich nach einem leistungsfähigeren Prozessor für das Nachfolgemodell um. Aber statt nun bei Intel oder Motorola einzukaufen, begannen 1983 Steve Furber und Roger Wilson mit der Entwicklung eines 32-Bit-RISC-Prozessors. Dieser wurde ARM-Prozessor (Acorn RISC Machine) genannt und ein ARM2 wurde in den neu entwickelten Acorn Archimedes verbaut. Damit wurde erstmals 32-Bit-Technologie einem breiten Publikum zugänglich. Der mit 8 MHz getaktete ARM2 verlieh dem Archimedes eine Rechenleistung, die vergleichbare Modelle um ein Mehrfaches übertraf.

1990 gründete Acorn mit Apple und VLSI Technologies das Unternehmen *Advanced RISC Machines Ltd*, später unbenannt in ARM Ltd. Das Unternehmen ARM entwickelte die Reihe der ARM-Prozessoren weiter bis zum ARM11 und zum ARM Cortex. Dabei produziert ARM nicht selbst, sondern entwirft nur die Prozessorkerne und vergibt Lizenzen an Interessenten, die einen ARM-Kern in ihre Chips integrieren wollen. Die Lizenznehmer kombinieren den

Bauplan für den Kern („intellectual property", IP) mit den von Ihnen gewünschten Komponenten wie Speicher, Peripheriebausteine, Schnittstellen usw. zu einem maßgeschneiderten Chip. Heute gibt es über 30 Lizenznehmer in aller Welt und es werden jährlich 30 Milliarden Chips mit ARM-Kern produziert. Die ARM-Prozessoren haben sich vor allem in anspruchsvollen eingebetteten Systemen, wie Handys durchgesetzt.

Mit der ARM Cortex-Familie ab 2006 hat sich ARM nun entschlossen, seine Modellpalette neu zu organisieren und stärker auf (eingebettete) Anwendungen auszurichten. Es gibt nun als Nachfolger für den sehr erfolgreichen ARM7 drei Cortex-Reihen:

Cortex A (Applications) Architekturen mit virtueller Speicherverwaltung, FPU- und Multimedia-Unterstützung, gut geeignet für mobile High-End-Systeme mit Betriebssystem

Cortex R (Realtime) Für Echtzeitsysteme einschließlich Automobil und Massenspeicher

Cortex M (Microcontroller) Kostengünstige und energiesparende Chips mit schneller Interruptverarbeitung, für Anwendungen mit digitalen und analogen Signalen in Sensorik und Automobil.

Der populärste Cortex ist bisher der Cortex-M3, er zeichnet sich durch niedrigen Stromverbrauch und eine kleine Chipfläche bei gleichzeitig hoher Rechenleistung aus. Heute haben schon viele renommierte Hersteller Chips mit Cortex-M3-Kern im Programm. Dabei können sie selbst über die Ausstattung des Systems bestimmen, nur der Kern und die Debug-Einheit wird immer von ARM übernommen. (Abbildung 9.17)

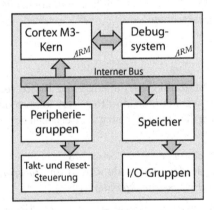

Abbildung 9.17: Die Struktur des Cortex M3 im Blockbild. Nur der Kern und die Debug-Einheit sind immer von ARM.

Durch die kleine Chipfläche ist ein sehr günstiger Preis realisierbar, Cortex-M3-Chips sind schon unter 1$ zu haben. Außerdem lässt er sich sehr energiesparend implementieren, der Hersteller Energy micro hat auf Basis des Cortex-M3 einen Mikrocontroller gebaut (EFM32), der weit weniger Strom braucht als verbreitete 8- oder 16-Bit Mikrocontroller. Man erwartet daher, dass der Cortex-M3 in vielen Applikationen 16-Bit- und sogar 8-Bit-Mikrocontroller verdrängt. Sehr interessant sind die so genannten Systems-on-chip (SoC), von Cypress gibt es den PSoC (programmierbarer SoC), mit einer dreigeteilten Funktionalität: Neben dem Mikrocontroller können analoge und digitale Funktionen durch den Anwender auf dem Chip konfiguriert werden. Eine grafische Software erlaubt die Konfiguration bequem am PC. Drei Mikrocontrollerkerne stehen zur Auswahl, beim PSoC5 ist es wiederum ein Cortex-M3. Wir glauben, dass der Cortex-M3 eine große Zukunft hat.

9.3.2 Übersicht

Der Cortex-M3 ist ein 32-Bit-RISC-Prozessor mit einer dreistufigen Pipeline. Alle Register und Datenbusse sind 32 Bit breit, daraus ergibt sich ein Adressraum von 4 Gigabyte. Er hat eine Harvard-Architektur, das heißt über die getrennten Busse können gleichzeitig Befehle und Daten aus den angeschlossenen Speichern geladen werden. Trotzdem liegen Daten und Code im gleichen logischen Adressraum. Der Cortex-M3 hat einen einfachen Speicherschutz um in bis zu 8 Regionen Betriebssystemdaten vor Anwendungen zu schützen. Es gibt zwei Pivilegierungsstufen und zwei Betriebsarten (Handler und Thread mode). Damit wird die Implementierung von Betriebssystemen auf dem Cortex-M3 hardwareseitig unterstützt. Sowohl Multiplizierer als auch Dividierer sind als Hardwareeinheit vorhanden und sorgen für hohe Performance.

Der Cortex-M3 hat einen Interrupt Controller, der gestufte Interrupts erlaubt. Die Interrupt Handler werden über eine Interrupt-Vektoren-Tabelle aufgefunden, die Prioritäten können beliebig programmiert und sogar im Betrieb geändert werden. Das erlaubt dem Cortex-M3 in eingebetteten Systemen mit vielen externen Signalen eine schnelle Reaktion auf Ereignisse. Die Abspeicherung von Daten kann sowohl big-endian als auch little-endian erfolgen, über eine Konfigurationsleitung wird die „Endianess" gewählt.

Um energiesparende Designs zu ermöglichen, hat man zwei Sleepmodes vorgesehen. Der gesamte Prozessorkern kann in unbeschäftigten Phasen abgeschaltet und durch einen Interrupt wieder aktiviert werden. Im Übrigen bewirkt die Architektur auch einen moderaten Energieverbrauch im aktiven Betrieb. Der Cortex-M3 enthält Hardware-Komponenten, die ein komfortables Debugging auf vielerlei Art direkt unterstützen.

9.3.3 Der Registersatz des Cortex-M3

Der Cortex-M3 besitzt 13 Allzweckregister und 3 Spezialregister, alle in einer Breite von 32 Bit. (Abb. 9.18) Die ersten 8 Register R0 – R7, die so genannten „low Register" können durch alle Befehle benutzt werden. Die Register R8 – R12, die „high Register", unterliegen gewissen Einschränkungen. Die Register R13 – R15 sind Spezialregister:

R13, Stack Pointer Register R13 ist der Stackpointer. da der Cortex-M3 zwei Stacks unterstützt, ist R13 gedoppelt. Von Betriebssystem- oder Handler-Code wird *Main Stackpointer* (MSP) benutzt, von normalem Anwendercode der *Process Stackpointer* (PSP).

R14, Link Register Register R14 nimmt die Rücksprungadresse auf, wenn ein Unterprogramm ausgeführt wird. Beim Aufruf des Unterprogramms wird also der Program Counter (R15), der schon auf den ersten Befehl nach der Ausführung des Unterprogramms verweist, im Link Register R14 abgelegt. Der Aufruf des Unterprogramms heißt in der Maschinensprache des Cortex „BL" (Branch with Link). Am Ende des Unterprogramms finden wir dann den Befehl „BX LR", was so viel bedeutet wie „Branch to the adress in LR". Damit wird der Rücksprung vollzogen und das aufrufende Programm fortgesetzt.

R14, Program Counter Register R15 hält die Adresse des nächsten auszuführenden Befehls und wird deshalb Program Counter genannt.

Zusätzlich besitzt der Cortex-M3 mehrere Spezialregister, die zur Steuerung des Programmablaufs und der Interruptabarbeitung und der Prozesorsteuerung gebraucht werden. Das

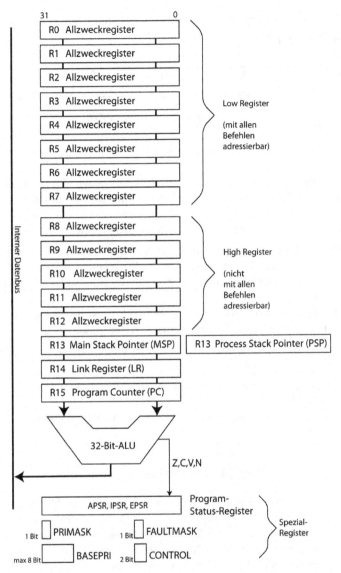

Abbildung 9.18: Die Register des Cortex-M3.

Program status register, PSR ist in drei Bereiche aufgeteilt: (Abb. 9.19)

Das **Application Program Status Register (APSR)** mit den fünf Flags N (Negative), Z (Zero), C (Carry/Borrow), V (Overflow) und Q (Sticky saturation flag).

Das **Interrupt Program Status Register (IPSR)** mit 9 Bit enthält die Nummer des aktuell ausgeführten Interrupt Handlers.

Das **Execution Program Status Register (EPSR)** enthält in bestimmten Situationen wichtige Informationen zur aktuellen Programmausführung. Dazu gehören der If-Then-Befehl und die multiplen Lade- bzw. Store-Instruktionen LDM und STM.

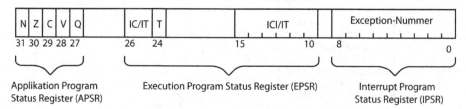

Abbildung 9.19: Die Program Status Register (PSR) des Cortex-M3.

Die drei Gruppen innerhalb des Program Status Registers lassen sich in Befehlen auch direkt als APSR, IPSR und EPSR ansprechen. Zu diesen kommen noch drei kleine Spezialregister, die benutzt werden, um vorübergehend die einen Teil der Exceptions stillzulegen. Sie sind für sehr zeitkritische Abschnitte oder schwerwiegende Fehlersituationen gedacht:

Das **PRIMASK-Register** ist ein 1-Bit-Register; wenn dieses Bit gesetzt ist, kann nur noch ein nonmaskable interrupt (NMI) oder eine hard fault exception stattfinden.

Das **FAULTMASK-Register** ist ebenfalls ein 1-Bit-Register; wenn es gesetzt ist, kann nur noch ein (NMI) stattfinden.

Das **BASEPRI-Register** ist ein Register mit bis zu 8 Bit; es enthält eine minmale Priorität, die ein Interrupt haben muss, um überhaupt an die Reihe zu kommen.

Das CONTROL-Register ist ein sehr wichtiges 2-Bit-Steuerregister und hat folgende Funktionen:

CONTROL[0] legt die Privilegierungsstufe fest: CONTROL[0]=1 Cortex ist privilegierten Betrieb, sonst im User-Betrieb

CONTROL[1] wählt zwischen den beiden Stacks aus: CONTROL[1]=0 main stack, sonst alternate stack.

9.3.4 Der Adressraum und Adressierungsarten

Der Adressraum umfasst wegen der 32-Bit-Adressen 4 Gigabyte, für Mikrocontroller-Anwendungen ein gewaltiger Adressraum. Dadurch ist es kein Problem, Code und Daten im gleichen Adressraum unterzubringen. (Abb.9.20) Das bedeutet, Daten können mit exakt der gleichen Adressierungsart geladen werden, gleichgültig ob sie im Daten- oder Codebereich stehen. Die in der Abbildung gekennzeichneten Nutzungsbereiche sind empfohlen, aber nicht zwingend.

Bei der direkten Adressierung wird eine konstante Adresse angesprochen. Bei der häufigeren Register-indirekten Adressierung bildet der Cortex-M3 die Adressen für Speicherzugriffe aus zwei Komponenten:

- Basisregister

- Offset

Als Basisregister kann ein beliebiges Allzweckregister genommen werden, für den Offset gibt es folgende drei Möglichkeiten:

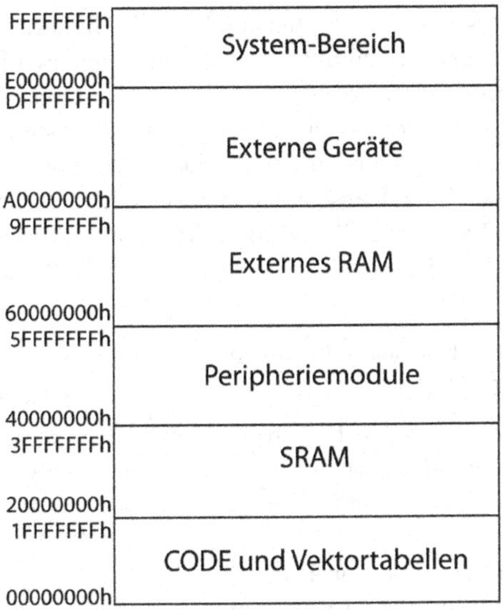

FFFFFFFFh	System-Bereich
E0000000h	
DFFFFFFFh	
	Externe Geräte
A0000000h	
9FFFFFFFh	
	Externes RAM
60000000h	
5FFFFFFFh	
	Peripheriemodule
40000000h	
3FFFFFFFh	
	SRAM
20000000h	
1FFFFFFFh	
	CODE und Vektortabellen
00000000h	

Abbildung 9.20: Die Speicheraufteilung des Cortex-M3.

- Offset ist eine Konstante

- Offset ist der Inhalt eines Registers (Indexregister)

- Offset ist der skalierte Inhalt eines Registers (Registerinhalt mal 2,4 oder 8, „shiftet Indexregister")

Für die Berechnung der Speicheradresse aus Offset und Basis gibt es wiederum drei Möglichkeiten:

- Einfacher Offset, der Offset wird zum Basiswert addiert oder von diesem subtrahiert um die Adresse zu bilden, Basis bleibt unverändert.

- Pre-indexed: Der Offset im Indexregister wird zunächst zum Basisregister addiert/subtrahiert, dann wird die Adresse ausgegeben.

- Post-indexed: Der Inhalt des Basisregisters wird zunächst als Adresse ausgegeben, danach wird der Offset im Indexregister zum Basisregister addiert oder subtrahiert.

Der Cortex-M3 benutzt also eine leichte Abwandlung des Schemas in Abb.7.9. Die beiden letzten Adressierungsarten realisieren hier das Autoinkrement und Autodekrement.

9.3.5 Der Befehlssatz

Der Befehlssatz des Cortex-M3 ist der so genannte Thumb-2-Befehlssatz. Dieser Befehlssatz ist ein Kompromiss zwischen Code-Dichte und Mächtigkeit. Um eine hohe Code-Dichte zu erreichen sind die meisten Instruktionen (Opcodes) 16 Bit groß. In diesen Befehlen stehen intern 3 Bit für die Codierung des Registers zur Verfügung, das reicht nur von R0 bis R7 („Low Register" in Abb.9.18). Um auch die „high register" ansprechen zu können und komplexere Befehle zu realisieren gibt es auch 32-Bit-Befehle. Mit 32-Bit-Befehlen kann man z.

B. auf einen Coprozessor zugreifen und Unterstützung erhalten für Digitale Signalverarbeitung und die Verarbeitung von Multimediadaten. Thumb-2 kennt die gleichen Befehle als 2-Operanden-Befehle oder alternativ als 3-Operanden-Befehle, wobei der erste Operand immer das Ergebnis aufnimmt. Viele Verarbeitungsbefehle können sowohl mit 16 als auch mit 32 Bit codiert werden, was den Befehlssatz etwas unübersichtlich macht.[1] Dazu kommt, dass es eine klassische Thumb-Syntax gibt und eine Unified Assembler Syntax (UAL). Aber diese Probleme wird ein guter C-Compiler in der Regel befriedigend lösen und für den Anwender kommt eine hohe Codedichte und eine gute Performance dabei heraus.

Tabelle 9.4: Die wichtigsten Maschinenbefehle des Cortex-M3 im Überblick

Gruppe	Aufgabe	Befehle
Transport	Transport zwischen Registern (Mov)	6
	Laden und speichern	16
	Mehrfach laden und speichern	10
	Packen	4
	Transport zu und von PSR	3
	Erweitern auf größere Bitbreite	12
	Register exklusiv laden und speichern	6
	Vorausschauendes Laden Instr./Daten	5
	Stackzugriff (Push und Pop)	2
	Umordnen (Reverse)	4
Arithmetik	Addition	3
	Subtraktion	3
	Parallelarithmetik (SIMD)	8
	Sättigungsarithmetik	2
	Multiplikation	7
	Dividieren	2
	Vergleich	2
Sprünge und Verzweigungen	Einfache Verzweigungen, Unterprogramme	4
	Bedingte Verzweigung	2
	Benutzung von Sprungtabellen	2
Bedingte Ausführung	If-Then	1
Bitbefehle	Schieben und Rotieren	9
	Bitweise logische Befehle	7
	Bitfeld bearbeiten	4
	Führende Nullen zählen	1
Verschiedene	Adresserzeugung	1
	Barieren festlegen	2
	Warten auf Interrupt	1
	Warten auf Ereignis	1
	Supervisor Call	1

Der Thumb-2-Befehlssatz ist relativ groß, wie Tabelle 9.4 zeigt. Wir wollen ihn hier nicht kom-

---

[1] Auch die ARM-Prozessoren können zwischen 16- und 32-Bit-Instruktionen wechseln, müssen dabei aber umständlich die Betriebsart wechseln.

plett durchgehen sondern einige Besonderheiten vorstellen. So gibt es einen If-Then-Befehl mit dem bis zu 4 nachfolgende Instruktionen (auf Assemblerebene) von eine Bedingung abhängig gemacht werden können. Das besondere ist, dass dabei keine Verzweigung entsteht, sondern eine bedingte Ausführung. Dadurch kommt es nicht zum Leeren der Pipeline mit entsprechendem Zeitverlust. Hinter dem IT-Befehl (if-then) werden die Buchstaben „T" (then) oder „E" (else) angehängt um für jede Instruktion klar zu machen, wann sie ausgeführt werden soll. Ein Beispiel:

```
CMP R5,R6        ; compare R5, R6
ITET EQ          ; if-then-else-then
MOVEQ R1,R5      ; wird ausgeführt wenn R5=R6
ADDNE R5,R6      ; wird ausgeführt, wenn R5 ungleich R6
ADDEQ R2,R3      ; wird ausgeführt wenn R5=R6
```

Ist möglich, in einem Befehl mehrere Register zu laden oder zu speichern, zum Beispiel: Push {R0, R4-R7,R9} Der folgende Befehl lädt vier Worte (16 Byte) ab Adresse 0x7000 in die Register R4 bis R7 und erhöht anschließend den Wert im Basisregister R3 um 16:

```
MOV R3,#0x7000   ; Startadresse in R3 laden
LDM R3!,{R4-R7}  ; Vier Worte aus Speicher in R4-R7 laden
                 ; Post-Inkrement: R3 enthaelt nun 0x7010
```

Die Verarbeitungsbefehle kennen die so genannte modified immediate constant, bei der aus eine 8-Bit-Konstanten durch kopieren oder schieben eine 32-Bit-Konstante wird. Bei vielen Befehlen kann der Programmierer entscheiden, ob die Flags im PSR verändert werden sollen oder nicht. Beispiel:

```
ADD.W R1,R2,R3   ; R1=R2+R3, Flags bleiben unverändert
ADDS.W R1,R2,R3  ; R1=R2+R3, update Flags entsprechend Ergebnis (S=Setflags)
```

Die Befehle REV, REVH und REVSH (Reverse) verändern die Reihenfolge der Bytes in den 32-Bit-Worten. REV ordnet alle 4 Byte genau in umgekehrter Reihenfolge, REVH kehrt nur die Reihenfolge der Bytes innerhalb der 16-Bit-Halbwörter um und REVSH wirkt nur auf das niedrigwertige Halbwort, kehrt dort die Reihenfolge der Bytes um und ergänzt auf den oberen 16 Bit eine Vorzeichenerweiterung. Beispiele:

```
MOV R0, #0x12345678   ; Ausgangswert
REV R1,R0             ; R1 ist jetzt 0x78563412
REVH R2,R0            ; R2 ist jetzt 0x56781234
MOV R0, #0x1234ABCD   ; neuer Ausgangswert
REVH R3,R0            ; R3 ist jetzt 0xFFFFABCD, vorzeichenerweitert negativ
```

Ein Funktionsaufruf wird elegant über das Link-Register abgewickelt:

```
BL <subroutine-adress>   ; Verzweigt zu <subroutine-adress> und legt die
                         ; Rücksprungadresse ins Link-Register LR,
                         ; entspricht "CALL"
```

...

```
subroutine
    ... ; Programmcode
    BX LR          ; Benutze LR für den Rücksprung, entspricht "Return"
```

Probleme gibt es, wenn eine Subroutine wiederum eine andere Subroutine aufruft. Dann wird LR überschrieben und die erste Rücksprungadresse geht verloren. In dieser Situation muss der Inhalt von LR auf den Stack gerettet werden.

Für die in jedem Programm vorkommenden Zählschleifen hat der Thumb-2-Befehlssatz den Spezialbefehl CBZ (Compare and Branch if Zero), der im folgenden Codebeispiel demonstriert ist: [2]

```
        MOV R2, #10      ; Anzahl Wiederholungen der Schleife
Schleife1 CBZ R2, Schleifenausgang  ; Vergleiche R2 mit 0,
                         ; wenn R2=0 ist springe zu Schleifenausgang

        ...              ; Schleifenrumpf

        B Schleife1      ; Springe zu Schleife1
Schleifenausgang
```

Bei der Mikrocontroller-Programmierung muss häufig ein einzelnes Bit geändert werden. Wenn keine Bitmanipulationsbefehle vorhanden sind, muss dazu ein ganzes Speicherwort geladen werden, mit einer Maske ein Bit manipuliert und das Wort in den Speicher zurück geschrieben werden. Der Cortex-M3 hat keine Bitmanipulationsbefehle, schafft aber eine Erleichterung durch das so genannte *Bit Banding*. Dabei wird ein Teil des RAMs und der Special Function Register auf einen 32 mal so großen Alias-Bereich abgebildet. Dort belegt jedes Bit (scheinbar) ein ganzes 32-Bit-Wort und steht jeweils im LSB. Unter jeder Adresse steht also nur ein Bit, die anderen 31 Bit sind immer 0. Über diesen Bit Banding-Alias kann mit einem einzelnen Befehl ein Bit gesetzt oder gelöscht werden, weil ja unter jeder Adresse nur ein Bit betroffen ist.

Die ARMv7-Architektur des Cortex-M3 kennt zwei optionale *Architekturerweiterungen*. Die eine ist die DSP-Extension, die ein zusätzliches, großes Paket von Instruktionen für Multiplikationsvarianten, SIMD und Sättigungsarithmetik mitbringt. Die floating point-extension bietet Zusatzbefehle zur Gleitkommaverarbeitung mit einfacher Genauigkeit. Der Lizenznehmer kann selbst entscheiden, ob er für seinen Chip eines der Pakete zusätzlich lizenzieren will.

Interessant sind die so genannten *Hint-Befehle*. Sie führen nicht zwingend zu einer Aktion sondern geben dem Prozessor bzw. System einen Hinweis, der ausgewertet werden kann. Der Hinweis kann aber auch ignoriert werden, wenn dafür in der konkreten Implementierung keine Aktion vorgesehen ist. Beispiele dafür sind die Preload-Befehle (Vorausschauendes Laden), die darauf hinweisen, dass bestimmte Daten wahrscheinlich demnächst gebraucht werden. Wenn das System dafür ausgelegt ist, werden diese Daten vorsorglich schon geladen, bevor sie wirklich gebraucht werden. Mit dem Hint-Befehl Yield wird angezeigt, dass dieser Thread

---

[2] x86-Prozessoren besitzen für den gleichen Zweck den Befehl Jump if CX Zero (JCXZ)

vorübergehend suspendiert werden könnte um die Performance zu verbessern. Die beiden Hint-Befehle WFI (wait for interrupt) und WFE (wait for event) weisen darauf hin, dass es ein guter Zeitpunkt ist, den Prozessor in den Schlafzustand zu versetzen. Eine Exception oder ein Interrupt weckt den Prozessor wieder auf und lässt ihn weiter laufen, ohne dass der Kontext durch die Software restauriert werden muss. NOP (no operation) ist eine Instruktion, die mit einem Befehl belegt werden kann, der nichts verändert.

Insgesamt ist man etwas erstaunt, bei einem RISC-Prozessor eine solche Vielfalt an Befehlen, Befehlsvarianten und -optionen zu finden. Die gute Performance zeigt aber, dass die Integration dieses relativ großen Befehlssatzes in die RISC-Architektur offensichtlich gut gelungen ist.

9.3.6 Reset, Exceptions und Interrupts

Beim ARM Cortex-M3 gibt es den Oberbegriff *Exception* für alle Programmunterbrechungen, bei denen Ereignisse durch einen Handler bearbeitet werden. Er kennt die stattliche Zahl von 255 Exceptions, wovon 240 für externe Interrupts von Geräten frei sind. Hier erkennt man deutlich die Ausrichtung auf eingebettete Systeme.

Tabelle 9.5: Die Exceptions des Cortex-M3

Ereignis	Exception Nr.	Priorität
Reset	1	-3 (höchste)
Nicht maskierbarer Interrupt (NMI)	2	-2
Unbehandelter Fehler	3	-1
Speicherschutz-Verletzung	4	programmierbar
Busfehler	5	programmierbar
Fehler in Anwendungsprogramm	6	programmierbar
reserviert	7–10	
Supervisor call	11	programmierbar
Debug Monitor	12	programmierbar
reserviert	11	
pendable request for system service	14	programmierbar
System timer tick	15	programmierbar
externe interrupt requests	16 –255	programmierbar

Die Handler zu den Exceptions werden durch eine Vektorentabelle gefunden, in der die Anfangsadressen der Handler eingetragen sind. Die Bearbeitung von externen Interrupts erfolgt durch den *Nested Vector Interrupt Controller* (NVIC). Dieser ist integraler Bestandteil der Cortex-M3-Architektur und nicht wie in anderen Systemen ein externer Baustein. Der NVIC ist sehr dicht an den Kern angekoppelt, bei Eintritt eines Interrupts wird z.B. der Kontext (Registerinhalte) automatisch von der Hardware gesichert.

Die Bearbeitung von Interrupts wird von einigen Steuerbits im Prozessor global gesteuert. (siehe S.158) Dazu kommt im NVIC die individuelle Steuerung der Interrupts. Z. B. ist die Priorität der Interrupts nicht durch die Position in der Tabelle vorgegeben sondern kann hier individuell festgelegt werden. Zu jedem Interrupt gehören folgende Daten:

- Enable und Clear Enable-Register um den Interrupt freizuschalten oder zu sperren

- Set Pending und Clear Pending-Register; hier kann abgelesen werden ob ein Interrupt
  ansteht (pending). Zusätzlich kann über die Schreibzugriffe auf diese beiden Register
  ein anstehender Interrupt gelöscht oder per Software ein Interrupt ausgelöst werden.

- Priorität des Interrupts als 8-Bit-Zahl

- Active-Statusflag, zeigt an, ob der Interrupt-Handler zu diesem Interrupt aktiv ist.

Der Nested Vector Interrupt Controller erlaubt, dass ein Interrupt mit höherer Priorität
einen niedriger priorisierten Interrupt unterbricht. Ist ein höher priorisierter Interrupt schon
in Bearbeitung, muss der niedriger priorisierte warten. Um die Wartezeit so klein wie möglich
zu halten, wird nun das so genannte *tail chaining* durchgeführt. Der zweite Interrupt wird
ohne vorheriges Wiederherstellen des unterbrochenen Kontextes mit nur 6 Takten Latenz
unmittelbar an den ersten Interrupt angeschlossen. Von den Prioritätenregeln gibt es ganz
bestimmte Ausnahmen um Problemsituationen wie Deadlocks besser zu bewältigen.

9.3.7   Schutzmechanismen des Cortex-M3

Der Cortex-M3 kennt zwei Betriebsarten („Operation modes"):

- Thread mode (Normale Anwendung)

- Handler mode (Interrupt handler oder Exception handler)

Außerdem gibt es zwei Privilegierungsstufen („Privilege levels"):

- Privileged State (Privilegierte Zustand)

- User State (Anwendungs-Zustand)

Im Privileged State hat ein Programmcode Zugriff auf alle Teile des Speichers und auf alle
Instruktionen und Steuerregister. Im User State gibt es da Einschränkungen, z.B. kann der
Code im User State logischerweise nicht auf das Steuerregister zugreifen um in den Privileged State umzuschalten. Da ein Interrupt- oder Exception-Handler nicht immer privilegiert
laufen muss, gibt es insgesamt nur drei mögliche Kombinationen aus Betriebsart und Pri-
vilegierung, die in Abb. 9.21 gezeigt sind. Im Betrieb wechselt der Cortex-M3 zwischen den

	Privileged state	User state
Handler Mode	Privilegierter Handler	Verboten
Thread Mode	Privilegierte Anwendung	User - Anwendung

Abbildung 9.21: Die Betriebsarten und Privilegierungsstufen des Cortex M3. Handler können nicht im User state laufen.

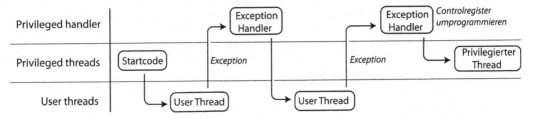

Abbildung 9.22: Beispiele für die Umschaltung zwischen den Modes beim Cortex M3.

Betriebsarten, zum Beispiel muss ja ein Interrupt-Handler immer im privilegierten Handler-Mode abgewickelt werden. (Abb. 9.22)

Einen anderen Schutzmechanismus bietet die optionale *Memory Protection Unit* (MPU). Sie ermöglicht es, den Speicher in bis zu 8 Regionen aufzuteilen und jeder Region bestimmte Regeln für den Zugriff zuzuweisen. Wird eine der Regeln verletzt, so wird das Programm unterbrochen und eine Exception Nr. 4 ausgelöst. Wenn nun die Anwendungssoftware in Prozesse (oder Threads) aufgeteilt ist, kann man jedem Prozess Speicherregion zuweisen und den Zugriff mit entsprechenden Regeln einschränken. Das macht nicht nur den Betrieb sicherer sondern ist in der Softwareentwicklung eine große Erleichterung, Fehler werden früher erkannt und sind leichter zu finden. Jede Speicherregion wird durch einen Datensatz beschrieben, der Folgendes enthält:

- Basisadresse der Region

- Größe der Region

- Code lesen in dieser Region erlaubt (J/N)

- Erlaubter Datenzugriff im Privileged State (Kein Zugriff / Nur lesen / lesen und schreiben)

- Erlaubter Datenzugriff im User State (Kein Zugriff / Nur lesen / lesen und schreiben)

- Weitere Bits für Überlappung, Caching und Buffering der Region

- Aktivierung von Sub-Regionen (J/N)

Interessant sind die so genannten Barrieren: Die Instruktion DMB (data memory barrier) sorgt in Multitasking-Betrieb dafür, dass nicht durch Vertauschung der Zugriffsreihenfolge veraltete Daten gelesen werden. Die DSB (data synchronization barrier) und die ISB (instruction synchronization barrier) garantieren, dass beispielsweise bei selbstmodifizierendem Code keine veralteten Instruktionen verarbeitet werden, weil sie zum Zeitpunkt der Code-Modifizierung schon in der Pipeline waren.

9.3.8 Erstellung von Software

Die Softwareerstellung wird ganz überwiegend in einer Hochsprache erfolgen, meistens in C. Es ist aber möglich Teile der Software in Assembler zu schreiben und in das C-Programm einzufügen. Das kann nötig sein, um

- Code zu implementieren, der nicht in C geschrieben werden kann, z.B. um gezielt den Stack zu verändern

- spezielle Maschinenbefehle auszuführen, die kein Äquivalent in C haben

- zeitkritische Abschnitte zu optimieren

- Speicherplatz zu sparen, wenn dieser extrem knapp ist

Die große Popularität brachte es mit sich, dass für den Cortex-M3 2008 schon 5 Compiler und 15 eingebettete Betriebssysteme auf dem Markt waren. Dazu kommen Utilities und Individualsoftware. Ohne irgendeine Standardisierung muss jede Art Software auf jeden Prozessor individuell zugeschnitten werden, weil sie ja an vielen Stellen durchgreift bis auf die (prozessorspezifische) Hardware. Wegen der Fülle an möglichen Kombinationen wird dann bei weitem nicht jede Software auf jedem Prozessor verfügbar sein. Für die Hersteller von Eingebetteten Systemen entsteht z. B. ein riesiger Aufwand, wenn sie in einem Produkt die Hardwareplattform wechseln wollen, große Teile der Software müssen neu geschrieben werden.

In dieser Situation wurde die Standardisierungsschnittstelle *CMSIS* (Cortex Microcontroller Software Interface Standard) geschaffen. CMSIS ist eine Treiberbibliothek, die nach einem festgelegten Standard aufgebaut ist und den Zugriff auf die Prozessorhardware über Bibliotheksfunktionen erlaubt.

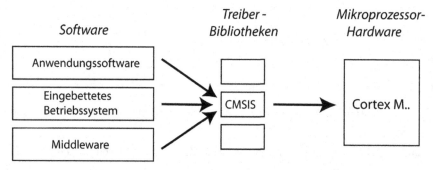

Abbildung 9.23: Die CMSIS-Bibliothek bildet eine standardisierte Schnittstelle zwischen Software und Prozessorhardware.

Die CMSIS-Bibliothek wird vom Prozessorhersteller geschrieben und mitgeliefert. Wenn die Software konsequent CMSIS benutzt, muss bei Austausch der Hardwareplattform nur die neue CMSIS-Bibliothek eingespielt werden und die eigene Software bleibt unverändert. Ein Softwarehersteller braucht nur noch eine Version seiner Software erstellen – eine die alle Hardware-Zugriffe über CMSIS macht. Die Vorteile liegen also auf der Hand:

- Die Software wird nur noch in einer Variante erstellt

- Die Software hat bessere Portabilität (Nutzung auf anderer Hardwareplattform) und Inter-Operabilität (Nutzung auf mehreren Hardwareplattformen)

- Softwareentwickler müssen sich nicht immer wieder mit der Prozessorarchitektur im Detail beschäftigen

- Die Softwareentwickler brauchen keinen Assemblercode mehr zu schreiben

- Softwareprodukte können leichter mit Softwareprodukten anderer Hersteller kombiniert werden

- Software erhält eine standardisierte Struktur, die von vielen Compilern unterstützt wird.

Eine solche Schnittstelle vergrößert den Markt für Softwareprodukte enorm. Teil der Standardisierung sind unter anderem folgende Punkte:

- Das HAL (Hardware Abstraction Layer), es enthält alle Registerdefinitionen für Core, NVIC, MPU usw sowie die Funktionen um auf Hardware zuzugreifen.

- Die Namen der System Exceptions

- Organisation der Header-Files

- Einheitliche Methode für die Systeminitialisierung (SystemInit();)

- Standardisierte intrinsische Funktionen

- Standardisierte Funktionen zur Kommunikation via UART, Ethernet, und SPI (Middleware)

- Standardisierter Zugriff auf die Systemfrequenz (Variable SystemFrequency)

Nun ein Beispiel für einen CMSIS-Aufruf: Um den Main Stack Pointer (MSP) zu setzen würde man ohne Bibliothek eine Assembler-Umgebung öffnen und den Spezialbefehl MSR (Move to Special Register) benutzen, z. B.

```
__ASM("MSR MSP, R3");
```

Wenn man dieses Programm einmal auf eine andere Plattform portiert, muss man den dort richtigen Maschinenbefehl heraussuchen und den Assemblercode neu schreiben. Mit der CMSIS-Bibliothek sucht man sich die geeignete C-Funktion heraus und benutzt stattdessen den folgenden Aufruf:

```
__set_MSP(topOfMainStack)
```

Bei der zweiten Lösung braucht man also keine Assemblerkenntnisse. Dieser Code hat Bestand, auch auf einer neuen Plattform wird er unverändert bleiben. Der dort richtige Maschinencode steht in der CMSIS-Bibliothek des neuen Prozessors. Eine Software, die CMSIS benutzt ist in vier Schichten organisiert: Anwendungssoftware, RTOS, CMSIS und Prozessor-Hardware. (Abb. 9.24)

Eingebettete Systeme enthalten oft kein grafisches Display. Deshalb ist das Debugging – das Aufspüren der unvermeidlichen Fehler während der Entwicklung – hier etwas heikler als beispielsweise an einem PC. Beim Cortex-M3 ist das Debugging schon im Systemdesign berücksichtigt, ein Debug-Modell namens CoreSight war von Anfang an Bestandteil der Architektur. Dabei wird die Verbindung zum Entwicklungsrechner über ein Serial-Wire Interface oder ein JTAG-Interface hergestellt. CoreSight unterstützt das Debugging in praktisch allen Varianten: Breakpoints, Stepping, Watchpoints, Tracing, Patching und Profiling. (Siehe auch Abschnitt 14.3.5) Diese Debugmöglichkeiten sind ein wichtiger Pluspunkt des Cortex-M3.

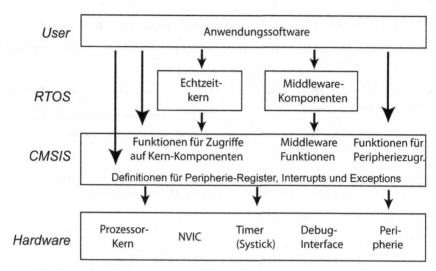

Abbildung 9.24: Die vier Schichten der Software bei Benutzung von CMSIS.

9.4 Kurzer Vergleich der drei Beispielarchitekturen

Wir wollen das Kapitel über Beispielarchitekturen mit einem kleinen Vergleich der CPU08, dem MSP430 und dem Cortex-M3 abschließen. (Tabelle 9.6) Darin erkennt man schön die Unterschiede zwischen der CISC-Architektur der CPU08 und den RISC-Architekturen von MSP430 und Cortex. CPU08 und MSP430 sind für ähnliche Anwendungen gedacht und unterscheiden sich in der Architektur. Diese Unterschiede wirken sich ja auch stark auf den Code der Prozessoren aus, wie man an den Beispielen sieht. MSP430 und Cortex-M3 haben beide eine RISC-Architektur, sind aber für andere Anwendungsfälle konzipiert; der Cortex-M3 ist für anspruchsvollere Aufgaben mit größerem Code und höherer Rechenleistung geeignet.

Tabelle 9.6: Einige Daten der CPU08, der MSP430CPU und des Cortex-M3 im Vergleich

	CPU08	MSP430	Cortex-M3
Verarbeitungsbreite	8 Bit	16 Bit	32 Bit
Register	5	16	16
Befehle	91	27	> 100
Adressraum	64 kB	64 kB	4 GB
Adressierungsarten	16	7	4+Varianten
Arbeitstakt	4–8 MHz	8–25 MHz	20 – 190 MHz
Taktzyklen pro Befehl	1–9	1–6	1 – 7
Opcode-Länge	1–2 Byte	2 Byte	2–4 Byte
Multiplikation	MUL-Befehl	Software/Hardware	Hardware
Division	DIV-Befehl	Software-Emulation	Hardware
Gleitkommaverarbeitung	Nein	Nein	Ja
Interrupt-Prioritäten	128 (fest)	16 (fest)	240 (programmierbar)
Schutzmechanismen	–	–	MPU, Privilege Levels

9.5 Aufgaben und Testfragen

1. Auf einer CPU08 werden die folgenden bitweise logischen Operationen ausgeführt. Wie ist der Inhalt des A-Registers nach dem letzten Befehl der Sequenz?

   ```
   LDA #$54        ; Lade 54h in Akku
   INCA            ; Inkrementiere Akku
   LSLA            ; Logisches Schieben Akku ein Bit nach links
   AND  #$0F       ; Logisches UND Akku mit 0Fh
   ORA  #$05       ; Logisches ODER Akkuu mit 05h
   INCA            ; Increment Accu
   ```

2. Auf einer CPU08 werden die folgenden arithmetischen Operationen ausgeführt. Geben Sie nach jedem der 6 Befehle den Inhalt des Akkumulators und der Flags C,N,V,O an!

   ```
   CLRA            ; Clear Akku
   ADD #80         ; Addiere 80d zu Akku
   ADD #80         ; Addiere 80d zu Akku
   ADD #80         ; Addiere 80d zu Akku
   ADD #32         ; Addiere 32d zu Akku
   SUB #16         ; Subtrahiere 16d von Akku
   ```

3. Auf einer CPU08 werden die nachfolgenden Operationen ausgeführt. a) Nach dem Befehl pshh: Welche Stackadressen wurden bisher belegt und welche Daten wurden dort gespeichert?
   b) Wie ist der Inhalt der Register A,X und H nach der Ausführung der ganzen Befehlssequenz?

   ```
   ;  Stackoperationen
   LDHX #$150      ; Lade H:X mit 150h
   TXS             ; Transfer H:X-1 in Stackpointer
   LDA #$07        ; Lade Akku mit 07h
   LDHX #$0908     ; Lade H:X mit 0908h
   PSHA            ; Push Akkumulator
   PSHX            ; Push X
   PSHH            ; Push H

   PULA            ; Pull Akku
   PULH            ; Pull H
   PULX            ; Pull X
   ```

4. Auf einer CPU08 wird die folgende Befehlssequenz ausgeführt. Wie ist der Inhalt des Akkumulators nach der Ausführung des CLRX-Befehls?

   ```
   CLRA
   LDX #$0A
   ```

```
Addition:
  ADD #3
  DECX
  CPX #2
  BNE Addition
  CLRX
```

5. Das folgende Programmstück wird auf einer CPU08 ausgeführt. Wie ist anschließend der Inhalt der Speicherzellen 40h bis 50h?

```
  LDHX #$0040
  LDA #10
store_akku:
  STA 2,X
  INCX
  INCA
  CPHX #$0047
  BLE store_akku
  CLRA
```

6. Die CPU08 übermittelt bei dem Befehl TXS (Transfer H:X to Stackpointer) den Wert von (H:X+1) in den Stackpointer, dagegen mit dem Befehl TSX (Transfer Stackpointer to H:X) den Wert (Stackpointer-1) nach H:X. Warum wohl?

7. Warum wäre es falsch, bei der CPU08 einen in H:X liegenden Adresszeiger mit dem Befehl INCX (Increment X) um Eins weiterzubewegen?

8. Auf dem MSP430 gibt es einen emulierten Befehl, der die folgende Aktion durchführt: BIS #1,SR (Bit Set Mask 1, Statusregister). Wie sollte dieser emulierte Befehl heißen?

9. Warum ist auf dem MSP430 POP ein emulierter Befehl und PUSH ein elementarer Befehl?

Lösungen auf Seite 319.

10 Speicherverwaltung

10.1 Virtueller Speicher und Paging

Der Mangel an Arbeitsspeicher ist eines der ältesten Probleme der Computertechnik und er hat Generationen von Programmierern und Anwendern geplagt. In manchen Fällen muss sich der Programmierer dieses Problems annehmen und beim Entwurf seines Programmes auf den begrenzten Speicher Rücksicht nehmen. Vielleicht wird er beispielsweise statt eines schnellen Algorithmusses einen langsameren mit geringem Speicherbedarf verwenden. Diese Situation findet man häufig bei Embbedded Systems, die in großen Stückzahlen produziert werden. Wenn ein Laufwerk vorhanden war, arbeitete man früher oft mit *Overlays*: Programmteile wurden nach Vorgabe des Programmierers zeitweilig ausgelagert. Bei PCs, Workstations und Großrechnern dagegen kann bei der Programmerstellung keine Rücksicht auf die Speichergröße genommen werden. Ein Programm wird auf vielerlei Rechnern mit völlig unterschiedlicher Speichergröße ausgeführt, ein evtl. Speichermangel muss beim Anwender behoben werden. Das bedeutet aber nicht unbedingt, dass mehr physikalischer Speicher installiert werden muss, vielmehr arbeitet das Betriebssystem mit *virtuellem Speicher*. Das Konzept des virtuellen Speichers bedeutet, dass aus der Sicht des Programmes immer genügend Speicher vorhanden ist und der Adressraum scheinbar (fast) unbegrenzt ist. Der Programmierer arbeitet mit *virtuellen Adressen* (logischen Adressen), die er völlig frei vergeben kann. Er muss keine Rücksicht darauf nehmen, ob diese Adressen im real vorhandenen *physikalischen Arbeitsspeicher* wirklich existieren. Das Betriebssystem löst diese Aufgabe mit der vorübergehenden Auslagerung von Speicherbereichen auf einen Massenspeicher, meistens die Festplatte.

Beispiel Ein Programm benötigt insgesamt 200 KByte Speicher, die physikalische Größe des Speichers beträgt aber nur 64 KByte. Man könnte nun den Adressraum von 200 KByte in vier Blöcke zu 64 KByte aufteilen, die hier *Seiten* (pages) heißen. Die letzte Seite ist nur teilweise gefüllt. Eine der vier Seiten liegt im physikalischen Arbeitsspeicher, die drei anderen sind auf die Festplatte ausgelagert, wie es in Abb. 10.1 gezeigt ist.

Solange die Speicherzugriffe die im Speicher präsente Seite betreffen, arbeitet das System ganz normal. Wird aber eine Adresse in einem der ausgelagerten Blöcke angesprochen, muss das Betriebssystem die im Speicher liegende Seite auslagern und stattdessen die Seite mit der angeforderten Adresse in den Arbeitsspeicher einlagern. Außerdem muss eine Adressabbildung aktiviert werden. Wenn z.B. Seite 1 im physikalischen Speicher liegt, müssen die virtuellen Adressen 64k bis 128k-1 auf die immer gleich bleibenden physikalischen Adressen 0 bis 64k-1 abgebildet werden. Erst dann wird der Speicherzugriff ausgeführt und das Programm läuft normal weiter. Das ganze Verfahren heißt *Seitenauslagerung* oder *Paging*. Der große Vorteil

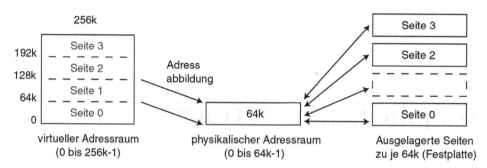

Abbildung 10.1: Die Seitenauslagerung ermöglicht einen beliebig großen virtuellen Adressraum. In diesem Beispiel befindet sich gerade Seite 1 im physikalischen Speicher, die anderen Seiten sind ausgelagert.

des Paging ist, dass der Programmierer nun auf die physikalische Größe des Speichers keine Rücksicht nehmen muss, das Betriebssystem gaukelt ihm einen unbegrenzten, virtuellen Speicher vor. Außer den Zeitverzögerungen beim Seitenwechsel, ist von einer Begrenzung nichts zu spüren, das Paging verläuft *transparent*.

Es stellt sich die Frage, wie groß denn die Seiten sein sollten. Die Auslagerung der bisher präsenten Seite und die Einlagerung einer neuen Seite kostet natürlich viel Zeit, denn eine Festplatte hat Zugriffszeiten von einigen Millisekunden, gegenüber Zeiten im Nanosekundenbereich bei DRAMs. Der Seitenwechsel dauert um so länger, je größer die Seite ist, also wird man kleine Seiten wählen. Andererseits wird für jeden Festplattenzugriff eine Vorlaufzeit für das Positionieren des Kopfes und das Erreichen des richtigen Sektors gebraucht. Mit kleiner werdender Seitengröße steigt die Anzahl der Ein-/Auslagerungen an. Da hierbei jedesmal die Vorlaufzeit anfällt, sind zu kleine Seiten nicht mehr effizient. Ein weiterer Gesichtspunkt: Auf der vierten Seite befinden sich in unserem Beispiel ja nur noch 8 KByte Nutzdaten, denn das Programm braucht ja 200 KByte Speicherplatz. Es bleiben also 56 KByte ungenutzt, wenn Seite 3 im physikalischen Speicher liegt, man spricht von *interner Fragmentierung*. Im statistischen Mittel wird durch die interne Fragmentierung die letzte Seite zur Hälfte ungenutzt bleiben, das spricht wiederum für kleine Seiten. In der Praxis trifft man Seitengrößen von 512 Byte bis zu 4 MByte, typisch sind Seiten zu 4 KByte. [4]

Eine Seitengröße von 4 KByte bedeutet andererseits, dass der physikalische Speicher nicht mehr nur einer Seite entspricht, sondern vielen Seiten. Ein Arbeitsspeicher von 2 MByte beispielsweise kann in 512 Seiten zu je 4 KByte aufgeteilt werden. Zur Verwaltung dieser Seiten benutzt man eine *Seitentabelle* (page table), in der für jede Seite des virtuellen Adressraumes verzeichnet ist,

1. ob diese Seite im physikalischen Speicher präsent ist (P-Bit),

2. an welche Stelle des physikalischen Speichers die Seite geladen wurde (Die physikalische Seitenadresse),

3. weitere Attribute für die Verwaltung der Seite.

Betrachten wir ein Beispiel, in dem ein virtueller Adressraum von 16 MByte in 2-KByte-Seiten auf einen physikalischen Speicher von 64 KByte abgebildet wird. Der virtuelle Adressraum besteht dann aus 8192 Seiten, die auf 32 Seiten im physikalischen Adressraum (Seitenrahmen) abgebildet werden (Abb. 10.2).

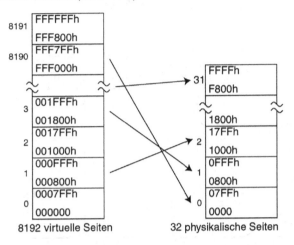

Abbildung 10.2: Beispiel zum Paging: Ein virtueller Adressraum von 16 MByte, wird mit einer Seitengröße von 2 KByte auf einem physikalischen Adressraum von 64 KByte abgebildet.

Von den 8192 virtuellen Seiten sind nur 32 im physikalischen Speicher präsent, 8160 sind auf die Festplatte ausgelagert. Im virtuellen Adressraum wird mit 24-Bit-Adressen gearbeitet, die durch Adressunterteilung in Seitenangabe und Offset aufgeteilt werden. Die unteren 11 Bit davon geben den Offset innerhalb der Seite an. Die oberen 13 Bit stellen die virtuelle Seitenadresse dar und verweisen in die Seitentabelle (Abb. 10.3).

Dort ist für jede präsente (P=1) virtuelle Seite die 5 Bit große physikalische Seitenadresse angegeben. Physikalische Seitenadresse und Offset bilden die 16 Bit breite physikalische Adresse. In dem abgebildeten Beispiel ist die virtuelle Seitenaddresse 3 (0000000000011b). Der Eintrag Nr.3 in der Seitentabelle enthält den Wert 1 (00001b). Dieser Wert wird mit dem 11-Bit-Offset zur physikalischen 16-Bit-Adresse zusammengesetzt. Die Seitentabelle bildet dadurch die virtuelle Seite 3 mit den virtuellen Adressen zwischen 001800h und 001FFFh auf die physikalische Seite 1 mit den Adressen 0800h bis 0FFFh ab, wie auch in Abb. 10.2 zu erkennen ist. In unserem Beispiel wird die virtuelle Adresse 0019B6h auf die physikalische Adresse 09B6h abgebildet. Ist die Seite nicht präsent, wird die Ausnahme *Seitenfehler* (page fault) ausgelöst. Die Behandlungsroutine für den Seitenfehler lädt dann die benötigte Seite vor dem Zugriff in den physikalischen Speicher.

Ein Programm muss keineswegs automatisch beim Start alle Seiten in den physikalischen Speicher einlagern, dies kann sukzessive durch Seitenfehler geschehen. Man spricht dann vom *Demand-Paging* (Seiteneinlagerung auf Anforderung). Wenn das Programm einige Zeit gelaufen ist, befinden sich genau die Seiten im Speicher, die bis dahin gebraucht wurden; man spricht auch von der Arbeitsmenge. Einige Seiten des virtuellen Adressraumes werden evtl. in diesem Programmlauf gar nicht gebraucht und werden auch niemals eingelagert. Demand-Paging ist also ökonomisch. Eine weitere nützliche Maßnahme ist das *Dirty-Bit*, es hält fest, ob eine Seite überhaupt geändert wurde. Wenn nicht, braucht sie bei der Auslagerung gar nicht auf die Festplatte zurückgeschrieben werden. Das ist bei Code-Seiten der Regelfall und spart viele Plattenzugriffe ein.

Wenn der physikalische Speicher voll belegt ist, muss beim Einlagern einer angeforderten Seite eine andere Seite ausgelagert werden, um Platz zu machen. Die große Frage ist: Welche

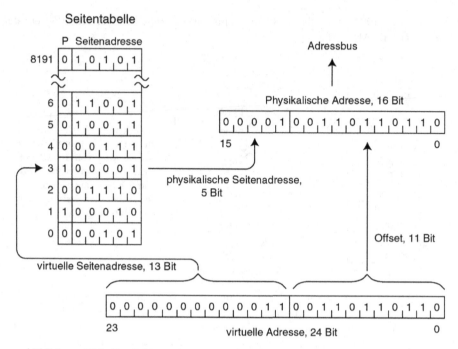

Abbildung 10.3: Die Bildung der physikalischen Adresse aus der virtuellen Adresse für das Paging in Abb. 10.2. Als Beispiel wird die virtuelle Adresse 0019B6h in die physikalische Adresse 09B6h umgesetzt.

Seite soll das sein? Wünschenswert ist es, eine Seite auszulagern, die möglichst lange nicht mehr gebraucht wird, doch das lässt sich nicht vorhersagen. Es bleibt nur die Möglichkeit einer Wahrscheinlichkeitsauswahl, die sich auf den bisherigen Verlauf des Paging stützt. Für die *Seitenersetzung* gibt es daher folgende Möglichkeiten:

LRU-Ersetzung LRU = Least Recently Used, es wird die Seite ersetzt, deren Benutzung am längsten zurückliegt.

LFU-Ersetzung LFU = Least Frequently Used, es wird die Seite ersetzt, die in einer festgelegten Beobachtungszeit am wenigsten benutzt wurde.

FIFO-Ersetzung First In – First Out, es wird die Seite ersetzt, die schon am längsten im Speicher präsent ist.

Diese Ersetzungsverfahren arbeiten normalerweise zufriedenstellend, können aber in bestimmten Situationen problematisch sein. Führen wir hypothetisch die LRU-Ersetzung in unserem obigen Beispiel ein und nehmen wir an, ein Programm bearbeitet einen Datenbereich von 66 KByte. Davon passen 64 KByte in die 32 Seiten des physikalischen Speichers, eine Seite bleibt ausgelagert.[1] Nehmen wir weiter an, dass das Programm mehrfach sequenziell alle 33

---

[1] Um das Beispiel einfach zu halten, sehen wir hier vereinfachend davon ab, dass auch das Betriebssystem Speicher belegt.

Seiten des Datenbereichs anspricht. Wenn zu Beginn Seite 32 ausgelagert ist, können die Seiten 0 – 31 ohne Seitenfehler adressiert werden. Bei der Adressierung von Seite 32 erfolgt ein Seitenfehler. Um Platz zu machen für deren Einlagerung, wird nun die Seite ausgelagert, deren Benutzung am längsten zurückliegt: Seite 0. Wegen der sequenziellen Bearbeitung wird der nächste Zugriff aber ausgerechnet Seite 0 betreffen! Diese wird also beim nächsten Datenzugriff sofort wieder zurückgeholt. Dafür muss nun wieder die Seite weichen, deren Benutzung jetzt am längsten zurückliegt: Seite 1. Auch diesmal trifft es die Seite, die gleich anschließend gebraucht wird. Das wiederholt sich nun mit allen nachfolgenden Seiten bis Seite 32 und setzt sich dann wieder bei Seite 0 fort usw. Im Extremfall muss für jeden Speicherzugriff eine Seite von 2 KByte auf die Festplatte ausgelagert und eine andere eingelagert werden. Die Folge ist, dass die Festplatte anhaltend rattert und das Programm extrem verlangsamt wird; man nennt solche Zustände *Thrashing*. Je kleiner der Arbeitsspeicher ist, um so größer ist die Gefahr eines Thrashing. Bei großem Arbeitsspeicher ändert sich nach einiger Zeit die Arbeitsmenge kaum noch und es sind nur noch wenige Ein-/Auslagerungen notwendig.

Das bisher Gesagte macht klar, dass Paging ein relativ komlizierter Vorgang ist. Nicht nur die Ein- und Auslagerung muss bewältigt werden, sondern auch die vielen Adressabbildungen. Für diese Aufgabe gibt es eine eigene Hardware-Einheit, die *Memory Management Unit*, *MMU*. Die MMU ist entweder ein separater Baustein, der sehr eng mit dem Prozessor zusammenarbeitet oder bei moderneren Prozessoren on-Chip.

10.2 Speichersegmentierung

Der Benutzer eines modernen Computers erwartet zu Recht, dass mehrere Aufgaben gleichzeitig bearbeitet werden können. So soll vielleicht ein Druckauftrag ablaufen, während parallel Daten aus dem Internet geladen werden und der Benutzer eine email schreibt. Einen solchen Betrieb mit mehreren gleichzeitigen Prozessen nennt man *Multitasking*. In Wirklichkeit ist das Multitasking eine Illusion: Das Betriebssystem schaltet schnell zwischen den Prozessen (Tasks) um und lässt sie abwechselnd durch die CPU bearbeiten (Time-Sharing, Zeitscheibenverfahren). Die Anforderungen an Betriebssystem und Prozessor werden größer, wenn der Rechner Multitasking unterstützen soll.

Zunächst werden die ausführbaren Programme an unterschiedlichen Stellen im Speicher geladen. Wenn es nur den Systemadressraum gibt, muss das Betriebssystem beim Laden zu allen relativen Adressen im Programm die aktuelle Einladeadresse (Basisadresse) addieren, um die richtigen Adressen zu erhalten. Einfacher wäre es, wenn jeder Prozess einen oder mehrere bei 0 beginnende Adressräume hätte. Diese prozesseigenen Adressräume werden durch *Speichersegmentierung* zur Verfügung gestellt. Jeder Prozess erhält mehrere Segmente des Speichers und adressiert innerhalb der Segmente mit Offsets (Abstand vom Segmentanfang), d.h. beginnend bei Adresse 0 (Abb. 10.4).

Das Betriebssystem bzw. die MMU bildet diesen Adressraum auf den zugeteilten physikalischen Adressbereich transparent ab, d.h. ohne dass das ablaufende Programm irgendetwas davon bemerkt. Dadurch werden Programme und Daten von Prozessen verschiebbar (relocatable) und können leicht an beliebige Adressen geladen werden.

Für das Multitasking bietet die Segmentierung viele Vorteile. Die interne Adressierung ändert sich nicht, wenn andere Segmente verändert werden oder wenn die Segmente im Speicher

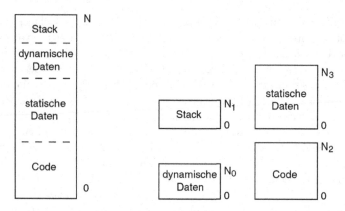

Abbildung 10.4: Links unsegmentierter Speicher, rechts segmentierter Speicher. In jedem Segment beginnt die Adressierung bei Offset 0.

verschoben werden. Das ist ein großer Vorteil, wenn ein Segment auf die Festplatte ausgelagert werden muss und später wieder eingelagert wird. Ein Zugriff auf fremde Segmente ist möglich, indem man eine zweiteilige Adresse übergibt, die aus Segmentnummer und Offset besteht. Damit ist es möglich, Daten- und Code-Segmente zu laden, die von mehreren Prozessen benutzt werden können. So wird z.B. Speicherplatz gespart, wenn mehrere Instanzen eines einzigen Programmes geladen sind.

Man richtet es so ein, dass in Segmenten logisch zusammenhängende Daten stehen, z.B. Programmcode, Programmdaten, Programmstack usw. Ein Beispiel, um den Nutzen dieser Aufteilung zu zeigen: Wenn Daten und Stack in einem gemeinsamen Speicherbereich mit einheitlichen Zugriffsrechten verwaltet werden, kann eine fehlerhafte Stackadressierung dazu führen, dass irrtümlich außerhalb des Stacks in den Datenbereich zugegriffen wird. Die Auswirkungen wird man vielleicht erst viel später bemerken und es steht eine mühsame Fehlersuche bevor. Wird der Stack in einem eigenen Segment geführt, bemerkt man die fehlerhafte Stackadressierung sofort (Programmabbruch wegen Schutzverletzung) und die Fehlersuche ist wesentlich leichter. Einen Schreibzugriff auf Programmsegmente kann man sicherheitshalber ganz unterbinden. Außerdem wird es möglich, Schutzmechanismen zu installieren, die für das Multitasking gebraucht werden. Jedes Segment gehört zu einem bestimmten Prozess, der dem Betriebssystem bekannt ist. Dadurch kann bei Speicherzugriffen überwacht werden, ob ein Prozess versucht auf fremde Daten zuzugreifen. Ein Zugriff auf fremde Daten würde bedeuten, dass ein Prozess unzulässig in einen völlig fremden Prozess eingreift, was natürlich nicht geduldet werden kann. Ebenso kann man eine Rangordnung einführen und den Zugriff von Anwenderprozessen auf Daten oder Codestücke des Betriebssystems nur unter bestimmten Voraussetzungen zulassen. All das erfordert aber eine entsprechend detaillierte Beschreibung der Segmente. Vielleicht fragt sich der Leser hier, was das alles mit Mikroprozessoren zu tun hat. Man muss sich vor Augen halten, dass z.B. die Überwachung von Zugriffsrechten bei *jedem* Speicherzugriff erfolgen muss. Um dies auf Softwareebene zu leisten müsste jedesmal eine Routine aufgerufen werden, die einen Vergleich mit den Segmentgrenzen anstellt und zusätzlich die Zugriffsrechte des Segmentes mit denen des Prozesses vergleicht. Das würde den Computer so verlangsamen, dass Multitasking wieder aus der Praxis verschwinden würde. Die Schutzmechanismen für ein Multitasking sind *nur mit Hardwareschaltungen* schnell genug durchführbar und diese Schaltungen sind in moderne Prozessoren schon integriert.

Ein weiterer Gesichtspunkt ist die mögliche Anzahl der Prozesse in einem Multitasking. Es wäre sehr unschön, wenn das Betriebssystem das Starten eines neuen Prozesses mit dem Hinweis auf Speichermangel verweigern würde. Tatsächlich sind die üblichen Multitasking-Betriebssysteme so aufgebaut, dass scheinbar beliebig viele Prozesse gestartet werden können. Auch dazu sind Segmente hilfreich, denn sie bilden ja logische Einheiten und bei Speichermangel können Segmente, die zu einem nicht aktiven Prozess gehören, ausgelagert werden. Wird dann der Prozess wieder aktiviert, muss das Segment wieder eingelagert werden. Das Ein- und Auslagern ganzer Segmente heißt auch *Swapping*. Da Segmente aber relativ große Objekte sind, tritt beim Swapping ein Problem auf: Die Fragmentierung des Speichers [45].

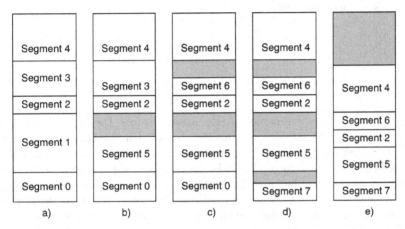

Abbildung 10.5: Die externe Fragmentierung des Arbeitsspeichers durch Ein- und Auslagerung von Segmenten.

Beispiel Zunächst sei der Speicher lückenlos mit Segmenten aufgefüllt (Abb. 10.5 a)). Dann wird Segment 1 ausgelagert, um Platz für Segment 5 zu machen; da Segment 5 aber etwas kleiner ist als Segment 1, bleibt eine ungenutzte Lücke (Abb. 10.5 b)). Nachdem Segment 3 für Segment 6 ausgelagert wurde (Abb. 10.5 c)) und Segment 0 für Segment 7, sind schon drei Lücken entstanden (Abb. 10.5 d)). Nehmen wir an, nun soll Segment 3 wieder eingelagert werden. Es ist genug Speicher frei, er ist aber nicht zusammenhängend, sondern *fragmentiert*. Hier spricht man von *externer Fragmentierung*. Die verbliebenen Speichersegmente müssen nun komprimiert (zusammengeschoben) werden, um die Fragmentierung zu beseitigen und einen ausreichend großen zusammenhängenden freien Bereich zu erhalten (Abb. 10.5 e)). Dieser Vorgang ist aber zeitraubend. Falls noch Lücken da sind, die für die Einlagerung von Segmenten ausreichen, wählt man entweder die erste ausreichend große Lücke (first fit) oder von den ausreichend großen Lücken die kleinste (best fit).

Ein reines Swapping bringt also bei vielen parallelen Prozessen gewisse Nachteile mit. Swapping wird daher oft mit Paging kombiniert. So führte Intel mit dem 80286 den Protected Mode mit Segmentierung und allen Schutzmechanismen ein. Mit dem Nachfolger 80386 wurde zusätzlich ein Paging eingeführt.

Für die Verwaltung der Segmente wird eine *Segmenttabelle* gebraucht. Die Segmenttabelle enthält für jedes Segment die Basisadresse und weitere Informationen über die Segmentlänge,

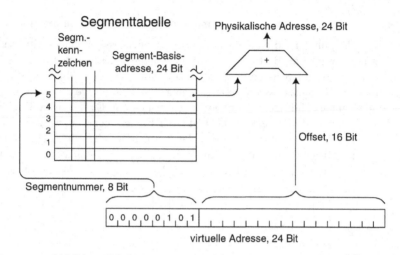

Abbildung 10.6: Segmentverwaltung mit Adressunterteilung.

die Zugriffsrechte, die Beschreibbarkeit, Änderungsstatus usw. Die Einträge in der Segment-tabelle werden zur Abbildung der virtuellen Adresse auf den physikalischen Adressraum be-nutzt. Für die Auswahl eines Eintrages in der Segmenttabelle kann ein Teil der virtuellen Adresse abgespalten werden. In Abb. 10.6 ist ein Beispiel dafür gezeigt: Von einer virtuellen 24-Bit-Adresse werden die oberen 8 Bit abgespalten, um einen Eintrag in der Segmentta-belle auszuwählen. Die verbleibenden 16 Bit bilden den Offset innerhalb des Segments. Die physikalische Adresse wird gebildet, indem zu der Segmentbasisadresse aus der Tabelle der 16-Bit-Offset addiert wird. Man kann so maximal 256 Segmente verwalten. Wegen der Off-setgröße von 16 Bit kann jedes Segment maximal 64 KByte groß sein.

Wenn der Prozessor Segmentnummern-Register besitzt, können mehr Segmente und größere Segmente verwaltet werden. Die Auswahl des Eintrages in der Segmenttabelle erfolgt nun durch den Eintrag in einem dieser Nummernregister. Dadurch bleiben mehr Bit für den Offset verfügbar. Die maximale Anzahl der Segmente ist durch die Bitbreite der Segmentnummern-Register gegeben.

In Abb. 10.7 ist ein Beispiel gezeigt, bei dem 256 Segmente zu je 16 MByte verwaltet werden können. Welches Segmentregister für die Adressbildung benutzt werden soll, muss aus dem Programmkontext hervorgehen. Der Nachteil dieser Lösung liegt darin, dass die Adressen nun zweiteilig sind, eine virtuelle Adresse besteht aus Segmentregisterangabe *und* Offset.

10.3 Caching

10.3.1 Warum Caches?

Die Verabeitungsgeschwindigkeit der Prozessoren ist in den letzten 30 Jahren um den Faktor 1000 angestiegen [30]. Speicherbausteine sind auch schneller geworden, aber bei weitem nicht in diesem Maße. Prozessoren werden mittlerweile mehr als zehn mal so hoch getaktet wie die Speicherbausteine. In der Zeit, die für einen Speicherzugriff gebraucht wird, schafft der

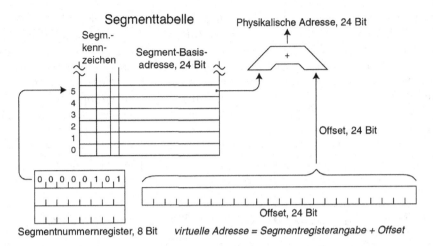

Abbildung 10.7: Segmentverwaltung mit Segmentnummern-Registern.

Prozessor also mehr als zehn Arbeitsschritte und die Schieflage verschlimmert sich mit jedem weiteren Entwicklungsjahr. Bei modernen Prozessoren besteht das Designziel, mit jedem Takt einen Maschinenbefehl abzuarbeiten, bei einem superskalaren Prozessor sogar mehr (s. Kap. 7.4). Die Designer des Speichersystems stehen also vor der großen Herausforderung, Daten und Code schnell genug aus dem Speichersystem anzuliefern, sonst sind alle Fortschritte bei den Prozessoren sinnlos. Dazu muss sowohl die *Speicher-Latenzzeit* (die Wartezeit bis der Speicherzugriff anläuft) als auch die *Speicherbandbreite* (Übertragungsrate bei laufender Übertragung) verbessert werden.

Man macht sich nun die Beobachtung zunutze, dass auf den Speicher nicht völlig zufällig zugegriffen wird. Es ist vielmehr so, dass häufig Zugriffe auf Adressen erfolgen, die in der Nähe kürzlich benutzter Adressen liegen (*räumliche Lokalität*). Eine zweite Beobachtung ist, dass Folgezugriffe auf Adressen meistens in kurzen zeitlichen Abständen erfolgen (*zeitliche Lokalität*). Diese Beobachtungen nutzen die *Cache-Speicher* (Cache: Versteck, geheimes Depot) aus. Ein Cache ist ein kleiner, aber schneller Zwischenspeicher, in dem die kürzlich benutzten Speicherdaten noch so lange wie möglich aufgehoben werden. Erfolgt kurze Zeit später ein Folgezugriff auf die gleiche Adresse (zeitliche Lokalität), kann das Datum aus dem Cache angeliefert werden, was wesentlich schneller geht als ein Hauptspeicherzugriff. Nach einem Hauptspeicherzugriff bewahrt man im Cache nicht nur den Inhalt der adressierten Speicherzelle auf, sondern gleich den ganzen Speicherblock, in dem diese Speicherzelle liegt. Erfolgt dann ein Zugriff auf eine benachbarte Adresse (räumliche Lokalität), so sind die Daten schon im Cache, obwohl sie nie vorher adressiert wurden.

Der Cache ist zunächst leer. Nach jedem Hauptspeicherzugriff wird eine Kopie des betroffenen Blocks im Cache abgelegt und der Cache füllt sich allmählich. Bei jedem Lesezugriff des Prozessors auf den Hauptspeicher wird geprüft, ob das Datum im Cache vorhanden ist. Wenn ja, hat man einen *Cache-Treffer* und liest es aus dem Cache. Wenn nicht, hat man einen *Cache-Fehltreffer* und muss aus dem Hauptspeicher lesen. Dann wird das angeforderte Datum an den Prozessor übermittelt und der Datenblock, in dem es liegt, als *Cache-Line* in den Cache übernommen. Der Cache aktualisiert sich also von selbst. Wenn der Cache vollständig gefüllt ist, muss bei der Übernahme eines neuen Datenblocks ein vorhandener Datenblock überschrieben, d.h. gelöscht werden. Hier versuchen viele Caches, innerhalb ihrer Wahlmöglichkeiten möglichst einen wenig nachgefragten Block zu überschreiben. Dazu gibt es verschiedene Ersetzungsstrategien (s. Abschn. 10.3.3). Je höher die Trefferrate des Cache, um so mehr bestimmt die Zugriffszeit des Cache maßgeblich die Systemleistung. Wenn zum Beispiel der Cache ein schnelles SRAM ist und der nachgeordnete Speicher ein langsames DRAM, wird bei hoher Trefferrate für den Hauptspeicherzugriff meistens nur die Zugriffszeit des SRAMs auftreten.

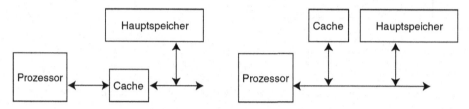

Abbildung 10.8: Ein Cache kann zwischen Hauptspeicher und Prozessor liegen (Look-Through-Cache, links) oder parallel zum Hauptspeicher (Look-aside-Cache, rechts).

Der Cache kann als *Look-Through-Cache* zwischen Hauptspeicher und Prozessor liegen (Abb. 10.8 links). Das hat den Vorteil, dass zwischen Hauptspeicher und Cache ein höherer Bustakt gefahren werden kann und dass ein Transfer zwischen Cache und Prozessor den Speicherbus nicht beeinträchtigt. Nachteilig ist, dass die eigentlichen Hauptspeicherzugriffe erst verzögert eingeleitet werden, wenn Daten im Cache nicht vorhanden sind. Beim Look-aside-Cache (Abb. 10.8 rechts) werden Cache-Zugriff und Hauptspeicherzugriff gleichzeitig aktiviert, so dass bei einem Fehltreffer im Cache keine Zeit verloren geht. Allerdings wird hier der Cache durch den langsameren Speicherbus getaktet.

In einem einstufigen Cache-System ist eine hohe Trefferrate schwer zu erreichen. Außerdem mindern schon wenige Cache-Fehltreffer die Systemleistung erheblich, wenn sie zu einem Zugriff auf den langsamen Hauptspeicher führen.

Beispiel In einem mit Prozessortakt laufenden Cache wird eine Trefferrate von 80% erzielt. Bei Cache-Treffern kann ohne Wartetakt zugegriffen werden. Bei Fehltreffern wird ein Zugriff auf den Hauptspeicher ausgeführt, dabei fallen 20 Wartetakte Latenz bis zur ersten Übertragung an. Die mittlere Wartezeit ist $0.8 \cdot 0 + 0.2 \cdot 20 = 4$ Prozessortakte. Schon die 20% Cache-Fehltreffer erhöhen also hier die durchschnittliche Wartezeit von 0 Takten auf 4 Takte!

Man baut daher einen Cache mehrstufig auf (Abb. 10.9). Direkt hinter dem Prozessor wird ein kleiner Cache mit vollem Prozessortakt betrieben, der *First-Level-Cache* oder *L1-Cache*. Der L1-Cache ist bei modernen Prozessoren in den Prozessorchip integriert. Dort ist er üblicherweise zweigeteilt (split cache) in einem L1-Daten-Cache und einen L1-Code-Cache. Dadurch ist ein gleichzeitiger Zugriff auf Daten und Code möglich, d.h. die Speicherbandbreite ist an dieser Stelle verdoppelt. Ein typischer L1-Cache hat zwischen 16 KByte und 64 KByte Kapazität. Dahinter wird der *Second-Level-Cache* oder *L2-Cache* betrieben, der typischerweise zwischen 256 KByte und 512 KByte Kapazität hat. Der L2-Cache ist ein gemeinsamer Cache für Daten und Code (unified cache); er ist heute bei modernen Prozessoren ebenfalls

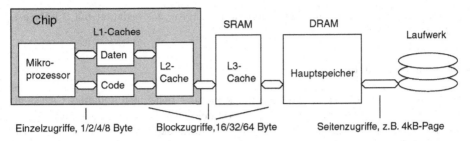

Abbildung 10.9: Die Hierarchie der Cache-Speicher in einem Mikrocomputersystem.

in den Chip integriert, läuft aber meistens nicht mit vollem Prozessortakt, sondern langsamer. Hinter dem L2-Cache sitzt der L3-Cache, ein schnelles SRAM (z.B. in ECL-Technik mit 5 ns Zugriffszeit) auf der Systemplatine in wechselnden Größen. Danach erst kommt der Hauptspeicher. Für den Datenverkehr von und zur Festplatte arbeitet der Hauptspeicher als Cache, um die Plattenzugriffe zu vermindern und zu beschleunigen. Außerdem sind ja wegen des virtuellen Speicherkonzeptes oft Teile des Hauptspeichers auf ein Laufwerk ausgelagert (s. Abschn. 10.1). Der Hauptspeicher kann also auch als „L4-Cache" für die Festplatte betrachtet werden.[2]

Das Festplatten-Caching kann man an seinem PC beobachten: Um das Grafikprogramm zu laden, mit dem die Zeichnungen in diesem Buch erstellt wurden, braucht der PC des Autors beim ersten mal zehn Sekunden. Wenn das Programm dann sofort wieder ausgeladen und erneut geladen wird, braucht der PC nur noch zwei Sekunden, weil große Teile der Daten noch im Festplattencache vorhanden sind.

10.3.2   Strukturen und Organisationsformen von Caches

Jeder Cache besteht aus einem Datenbereich, einem Identifikationsbereich und einem Verwaltungsbereich. Der Datenbereich besteht aus einer bestimmten Anzahl von *Cache-Zeilen* (*Cache Lines*, auch Cache-Einträge). Alle Cache-Zeilen haben eine einheitliche *Blocklänge* (block size, line size). Beim Laden des Caches wird immer eine ganze Cache-Zeile eingeladen bzw. ersetzt. Der Identifikationsteil heißt *Tag* (Etikett) und trägt die Information, aus welchem Abschnitt des Hauptspeichers diese Cache-Zeile geladen wurde. Der Tag wird benutzt, um festzustellen, ob ein Datum im Cache ist oder nicht. Der Verwaltungsteil besteht mindestens aus zwei Bits:

V-Bit, Valid V=0: Cache-Line ist ungültig; V=1: Cache-Line ist gültig.

D-Bit, Dirty D=0: Auf die Cache-Zeile wurde noch nicht geschrieben;
D=1: Auf die Cache-Zeile wurde schon geschrieben

Das Dirty-Bit wird für die Copy-Back-Ersetzungsstrategie gebraucht (s. Abschn. 10.3.3). Wir wollen nun die drei wichtigsten Organisationsformen für Caches betrachten. Dabei benutzen

---

[2] Man kann diesen Gedanken noch weiter führen: Die Festplatte dient z.B. als Cache für Internet-Daten, die wiederum vielleicht aus einem Proxy-Server kommen, der als Cache für die eigentliche Datenquelle arbeitet.

wir beispielhaft einen Cache mit 128 Zeilen zu je 16 Byte, das bedeutet mit 2 KByte Kapazität, für 32-Bit-Adressen.

Vollassoziativer Cache

Im vollassoziativen Cache kann ein Datenblock in jeder beliebigen Zeile des Caches gespeichert werden. Es ist daher erforderlich, einen Vergleich der Tags aller Zeilen mit einer angefragten Adresse durchzuführen. Das muss aus Geschwindigkeitsgründen gleichzeitig erfolgen. Man braucht also für jede Cache-Zeile einen Vergleicher, was einen hohen Hardwareaufwand bedeutet.

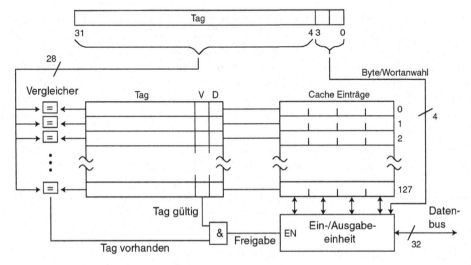

Abbildung 10.10: Ein vollassoziativer Cache.

In Abb. 10.10 ist ein vollassoziativer Cache mit 128 Zeilen und 128 Vergleichern dargestellt. Da immer Datenblöcke von 16 Byte eingespeichert werden, werden die letzten vier Bit der Adresse nicht in den Adressvergleich einbezogen. Der Tag enthält nur die oberen 28 Bit der Adresse. Die Bits 0 bis 3 werden benutzt, um innerhalb der Cache-Line das gesuchte Byte oder Wort zu adressieren. Bei der Entscheidung, ob ein Cache-Treffer vorliegt, sind sie sie nicht relevant. Im vollassoziativen Cache bestehen keine Einschränkungen bei der Ersetzung, er wird also versuchen, immer die Cache-Zeile mit der geringsten Aktualität zu überschreiben. Gemäß einer Ersetzungsstrategie (s. Abschn. 10.3.3) kann eine möglichst wenig aktuelle Cache-Zeile für eine Ersetzung ausgewählt werden. Der vollassoziative Cache erreicht daher unter allen Organisationsformen die höchste Trefferquote.

Direkt abbildender Cache

Beim direkt abbildenden Cache (direct mapped Cache) wird ein Teil der Adresse, der *Index*, benutzt um dem aus dem nachgeordneten Speicher kommenden Datenblock eine Cache-Zeile zuzuweisen. Der Block kann *nur dort* gespeichert werden, auch wenn dadurch ein relativ aktueller Eintrag überschrieben wird. Eine Ersetzungsstrategie gibt es hier nicht und der direkt abbildende Cache hat deshalb unter allen Organisationsformen die schlechtesten Trefferraten. Sein Vorteil ist der einfache Aufbau. Bei einer Anfrage wird aus dem Index sofort bestimmt, in welcher Cache-Zeile der Datenblock stehen muss, falls er gespeichert ist. Es ist also nur ein Vergleicher erforderlich.

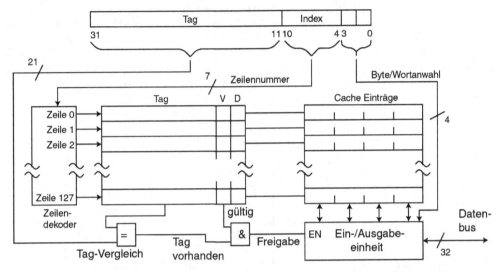

Abbildung 10.11: Beispiel für einen direkt abbildenden Cache.

In Abb. 10.11 ist ein direkt abbildender Cache für 32-Bit-Adressen mit 128 Zeilen und 16 Byte Zeilengröße gezeigt. Die Bits 4 – 10 der Adresse ergeben den 7-Bit-Index, mit dem eine der 128 Cache-Zeilen ausgewählt wird.

Beispiel Die Adresse 00345F62h wird vom Prozessor angefordert. Der Index ist dann 76h = 118d. Der Cache vergleicht nun den Tag von Zeile 118 mit dem Tag 00000000011010001011b der angeforderten Adresse. Bei Übereinstimmung liegt ein Cache-Treffer vor und das Datum wird aus dem Cache geliefert. Wenn nicht, wird es aus dem Hauptspeicher geholt und der Speicherblock 00345F60h – 00345F6Fh (16 Byte) in die Zeile 118 des Cache geladen.

Der Nachteil des direkt abbildenden Caches liegt in der festen Zuordnung einer Zeile zu einer Adresse. Wenn mehrfach auf Blöcke zugegriffen wird, die auf die gleiche Cache-Zeile abgebildet werden, kommt es jedesmal zur Ersetzung dieser Zeile. Bei ständiger Wiederholung liegt ein *Thrashing* vor (s. auch Abschn. 10.1). Zugriffe unter Thrashing sind sogar langsamer als ohne Cache.

Beispiel In obigem Beispielcache werden durch den Prozessor fortlaufend die Adressen 20h, 820h, 1020h, 1820h angesprochen. Alle Blöcke werden auf Zeile 2 des Cache abgebildet. Diese Zeile wird also ständig ersetzt, es kommt zum Thrashing.

Mehrfach assoziativer Cache (Mehrweg-Cache)

Der mehrfache assoziative Cache, auch *n-fach assoziativer Cache*, *n-Wege-Cache* oder *teilassoziativer Cache*, ist eine Kompromisslösung zwischen den bisher vorgestellten Organisationsformen. Hier werden jeweils 2, 4, 8 oder mehr Cache-Zeilen zu einem *Satz* zusammengefasst.

Der Indexteil der Adresse ist hier die Satznummer. Der wichtige Unterschied zum direkt abbildenden Cache ist folgender: Aus der Adresse ergibt sich nur die Nummer des Satzes; innerhalb des Satzes kann aber für die Einspeicherung ein Weg (eine Cache-Zeile) frei gewählt werden. Dabei wird eine Ersetzungsstrategie befolgt, um eine möglichst wenig aktuelle Cache-Zeile zu ersetzen (s. Abschn. 10.3.3). Das verbessert die Leistung erheblich und mehrfach assoziative Caches sind heute die meistverwendeten Caches. Bei der Trefferbestimmung verweist der Index auf den Satz, in dem das Datum stehen könnte. Innerhalb dieses Satzes kann das Datum in jedem der n Einträge (n Wege, $n = 2, 4, 8, \ldots$) liegen. Es sind daher auch n Vergleicher vorhanden, die parallel die Tags der n Einträge vergleichen. In Abb. 10.12 ist ein zweifach-assoziativer Cache (2-Weg-Cache) mit 64 Sätzen zu je zwei Zeilen gezeigt.

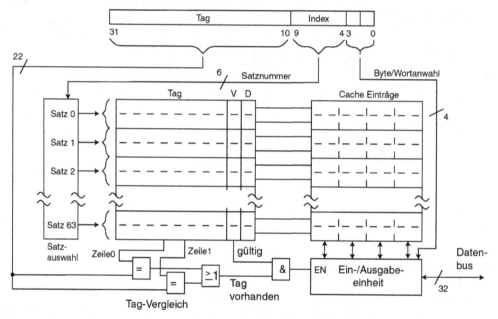

Abbildung 10.12: Ein zweifach assoziativer Cache (2-Weg-Cache).

Beispiel 1 Die Adresse 00345F62h wird vom Prozessor aus dem zweifach-assoziativen Cache von Abb. 10.12 angefordert. Der Index ist dann 36h = 54d. Der Cache vergleicht nun den Tag von Satz 54 mit dem Tag 0000000000110100010111b der angeforderten Adresse. Bei Übereinstimmung liegt ein Cache-Treffer vor und das Datum wird aus dem Cache geliefert. Wenn nicht, wird es aus dem Hauptspeicher geholt und der Speicherblock 00345F60h – 00345F6Fh (16 Byte) in den Satz 54 des Cache geladen. Dort stehen zwei Einträge zur Auswahl. Der Cache wird nach seiner Ersetzungsstrategie entscheiden, welcher von beiden weniger aktuell ist und durch den neuen Eintrag überschrieben wird.

Beispiel 2 In diesem Beispiel nehmen wir an, dass der zweifach-assoziative Cache von Abb. 10.12 eine LRU-Ersetzung befolgt und spielen eine Folge von fünf Zugriffen durch. Wir nehmen an, dass der Cache am Anfang leer ist. Es ergeben sich folgende Zugriffe:

Adresse	Index	Treffer/ Fehltreffer	Weg	Kommentar
0023A051h	5	F	0	Fehltreffer da Satz 5 leer, speichern in Weg 0 wegen LRU.
0020185Bh	5	F	1	Fehltr. in Satz 5 da Tag untersch., speichern in Weg 1.
0023A059h	5	T	0	Satz 5, Tagübereinstimmung in Weg 0, Treffer.
00213952h	21	F	0	Fehltreffer da Satz 21 leer, speichern in Weg 0.
0020B457h	5	F	1	Fehltreff. in Satz 5, Weg 1 ist LRU, wird überschrieben.

10.3.3 Ersetzungsstrategien

Beim Einspeichern eines Blockes in eine Cache-Zeile muss im vollassoziativen und im mehrfach assoziativen Cache entschieden werden, welche Zeile ersetzt werden soll. Dazu versucht man, die Zeile auszuwählen, von der angenommen wird, dass sie die geringste Wahrscheinlichkeit für einen baldigen Wiederholungszugriff hat. Diese Zeile hat die geringste Aktualität. Dazu kommen folgende Ersetzungsstrategien zum Einsatz:

LRU-Ersetzung LRU=Least Recently Used, es wird die Zeile ersetzt, deren Benutzung am längsten zurückliegt.

LFU-Ersetzung LFU=Least Frequently Used, es wird die Zeile ersetzt, die in einer festgelegten Beobachtungszeit am wenigsten benutzt wurde.

FIFO-Ersetzung First In–First Out, es wird die Zeile ersetzt, die schon am längsten im Cache präsent ist.

Random-Ersetzung Es wird nach dem Zufallsprinzip eine Zeile ausgewählt.

Die Einhaltung der drei ersten Strategien erfordert weitere Informationen, die im Cache geführt werden müssen. Das Zufallsprinzip dagegen ist einfach zu implementieren und liefert doch erstaunlich gute Ergebnisse. Man vergleiche dazu auch die ähnliche Problematik der Seitenersetzung (S. 176).

10.3.4 Aktualisierungsstrategien

Zwei wichtige Begriffe im Zusammenhang mit Caches sind die *Konsistenz* und die *Kohärenz* des Caches. Ein Cache ist konsistent, wenn alle Kopien eines Datenobjektes im System den gleichen Inhalt haben. Kohärenz ist das korrekte Fortschreiten des Systemzustandes. Eine Inkohärenz würde z.B. auftreten, wenn eine Dateninkonsistenz nicht bereinigt wird. Beim Betrieb eines Caches gibt es in bestimmten Situationen mehrere mögliche Verfahrensweisen, was die Datenhaltung in Hauptspeicher und Cache und die Kohärenz des Systems angeht. Hier muss eine Entscheidung getroffen werden. Wir wollen die auftretenden Situationen und die unterschiedlichen Möglichkeiten kurz durchgehen.

Bei einem *Lese-Treffer* werden die Daten zeitsparend aus dem Cache entnommen, es gibt keine weiteren Aktionen. Bei einem *Lese-Fehltreffer* wird der Datenblock, der das angeforderte Datum enthält, in den Cache geladen und das angeforderte Datum in die CPU.

Bei einem *Schreib-Treffer* gibt es zwei Möglichkeiten:

a) Die *Write-Through-Strategie*, das Datum wird in den Cache und gleichzeitig in den Hauptspeicher geschrieben. Die Systemverwaltung ist einfach, das System ist immer konsistent.

b) Die *Copy-Back-Strategie* (Write-Later-Strategie), das Datum wird nur im Cache aktualisiert und die betroffene Cache-Zeile wird als verändert markiert (D=1). Diese Zeile muss aber spätestens dann in den Hauptspeicher zurückgeschrieben werden, wenn sie im Cache ersetzt wird. Die Copy-Back-Strategie zahlt sich besonders aus, wenn vor der Ersetzung der Zeile mehrfach auf die Zeile geschrieben wurde, z.B. weil sie eine viel benutzte Variable enthält. Dafür nimmt man in Kauf, dass das System vorübergehend inkonsistent ist.

Auch bei einem *Schreib-Fehltreffer* bestehen zwei Möglichkeiten:

a) Bei der *No-Write-Allocate-Strategie* wird einfach nur das angeforderte Datum in den Hauptspeicher geschrieben und liegt anschließend nicht im Cache vor.

b) Die *Write-Allocate-Strategie* schreibt vor, das Datum in den Hauptspeicher zu schreiben und außerdem den Block, dem es angehört, in den Cache zu laden.

Tabelle 10.1: Aktualisierungsstrategien für Caches. Die Flags V und D bedeuten: V=Valid (gültig) , D=Dirty (verändert). Das Zurückkopieren in den Speicher (∗) ist nur notwendig, wenn V=D=1.

Cache-Zugriff	Write-Through with No-Write-Allocate	Write-Through with Write-Allocate	Copy-Back
Read-Hit	Cache-Datum in CPU	Cache-Datum in CPU	Cache-Datum in CPU
Read-Miss	Speicherblock,Tag in Cache Speicherdatum in CPU V:=1	Speicherblock,Tag in Cache Speicherdatum in CPU V:=1	Cache-Zeile in Speicher ∗ Speicherblock,Tag in Cache Speicherdatum in CPU V:=1, D:=0
Write-Hit	CPU-Datum in Cache, Speicher	CPU-Datum in Cache, Speicher	CPU-Datum in Cache,D:=1
Write-Miss	CPU-Datum in Speicher	Speicherblock,Tag in Cache V:=1 CPU-Datum in Cache, Speicher	Cache-Zeile in Speicher ∗ Speicherblock,Tag in Cache V:=1 CPU-Datum in Cache, D:=1

Einen Überblick über diese Möglichkeiten gibt Tab. 10.1. Die Absicherung der Kohärenz ist eines der Hauptprobleme beim Caching. Die damit verbundenen Probleme sind unterschiedlich, je nach Komplexität des Systems. Bei hierarchisch angeordneten Caches, wie in Abb. 10.8, kann die Kohärenz durch *Inklusion* hergestellt werden: Die Daten jedes Caches sind auch in dem nachgeordneten Cache vorhanden. Bei Einhaltung der Copy-Back-Strategie ist allerdings nicht garantiert, dass alle Kopien immer übereinstimmen. Alle bisherigen Überlegungen betrafen Systeme mit einem Busmaster. Wenn mehrere Busmaster vorhanden sind, wird es aufwändiger, die Kohärenz des Speicher-Cache-Systems zu sichern.

Zusätzliche Busmaster ohne Cache Das Kohärenzproblem tritt z.B. schon dann auf, wenn ein anderer Busmaster auf einen Speicherplatz schreibt, von dem eine Kopie im Cache existiert. Es tritt auch auf, wenn ein anderer Busmaster ein Datum aus dem Hauptspeicher liest, von dem wegen Befolgung der Copy-Back-Strategie eine neuere Kopie im Cache existiert. Es gibt dazu drei gebräuchliche Lösungen:

1) Man kann einen Bereich vom Caching ausklammern, in dem die gemeinsam benutzten Daten liegen, eine *Non-cacheable-Area*

2) Jeder Busmaster wird durch einen eigenen Task gesteuert und beim Taskwechsel wird der

Cache durch ein *Cache Flush* (*Cache Clear*) komplett geleert.

3) Der Cache-Controller führt ein *Bus Snooping* durch. Das bedeutet, er registriert alle Bustransfers einschließlich der benutzten Adressen. Wenn er feststellt, dass durch die Aktivität eines anderen Busmasters Daten in seinem Cache veraltet sind, wird er diese Daten entweder als ungültig markieren (V=0) oder nachladen.

Mehrere Busmaster mit jeweils eigenem Cache Dies ist der komplizierteste Fall. Eine mögliche Lösung ist das Write Through-Verfahren in Verbindung mit Bus Snooping. Jeder Cache-Controller kann dann ein gecachtes Datum für ungültig erklären, wenn ein anderer Busmaster auf den entsprechenden Speicherplatz geschrieben hat. Sollen die Caches aber im Copy-Back betrieben werden, ist ein aufwändigeres Protokoll notwendig, z.B. das *MESI-Kohärenz-Protokoll*. Es kennt die vier Zustände Modified, Exclusive, Shared und Invalid und verwaltet korrekt alle Übergänge zwischen diesen vier Zuständen. Das MESI-Protokoll wird u.a. von den Pentium-Prozessoren unterstützt [34], [18], [26].

10.4 Fallstudie: Intel Pentium 4 (IA-32-Architektur)

Die Intel-Prozessoren 80386, 80486, Pentium, Pentium-MMX, Pentium Pro, Pentium II, Pentium III, Pentium 4 und ihre Varianten (Celeron, Xeon, ...) gehören zur IA-32-Architektur (IA-32 Intel Architecture). Die neueren Vertreter dieser Architektur besitzen neue funktionale Baugruppen, wie MMX, SSE und ISSE. Alle IA-32-Prozessoren bilden aber ihre 32-Bit-Adressen mit der hier vorgestellten Speicherverwaltung. Die IA-32-Prozessoren kennen drei Betriebsarten: Den Real Mode, den Virtual 8086-Mode und den *Protected Virtual Address Mode*, meist kurz *Protected Mode* genannt. Die beiden ersten Betriebsarten werden nur aus Gründen der Kompatibilität zu älteren Prozessoren unterstützt. Nur im Protected Mode entfalten die IA-32-Prozessoren ihre volle Leistung. Diese Betriebsart bietet eine ganze Reihe von Schutzmechanismen um einen Multitaskingbetrieb hardwaremäßig zu unterstützen.[3] Wir zeigen hier die IA-32 am Beispiel des jüngsten Familienmitgliedes Pentium 4 und betrachten nur den Protected Mode.

In Abb. 10.13 sind die Allzweck- und Segmentregister der IA-32-Prozessoren gezeigt. Es gibt weitere Register, die in dieser Abbildung nicht gezeigt sind. Dazu gehören die vier Prozessor-Steuerregister (control register) CR0 bis CR3 und die vier Speicherverwaltungsregister LDTR, TR, GDTR und IDTR, auf die später eingegangen wird.

10.4.1 Privilegierungsstufen

Privilegierungsstufen gehören zu den umfangreichen Schutzmechanismen der IA-32. Es gibt vier verschiedene Privilegierungsstufen (*Privilege Levels*). Mit diesem Modell wird geprüft, ob ein Programm zu bestimmten Zugriffen auf Speichersegment, Programmstücke oder Schnittstellen berechtigt ist. Je gößer der PL-Wert numerisch ist, umso geringer sind die Zugriffsrechte. Man dachte dabei ungefähr an folgende Aufteilung:

---

[3] Multitasking konnte auch auf dem 80286 schon realisiert werden, dem ersten Intel-Prozessor mit Protected Mode. Ihm fehlten allerdings einige Features, wie z.B. die Möglichkeit, in den Real Mode zurückzuschalten. Außerdem war seine Rechenleistung schlicht zu gering, so dass der 80286 praktisch immer im Real Mode betrieben wurde, also sozusagen als schneller 8086.

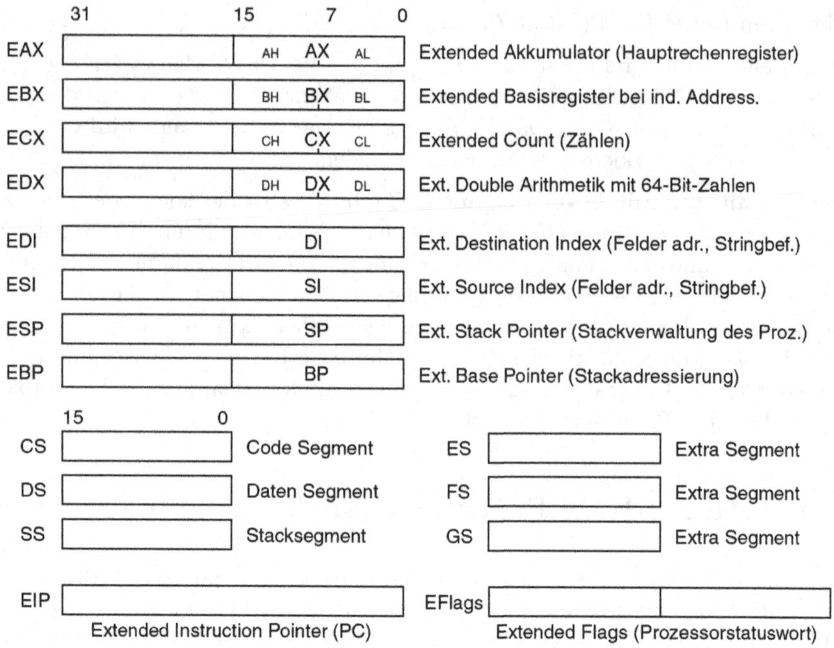

Abbildung 10.13: Die Register der IA-32-Prozessoren. Nicht abgebildet sind die Kontroll-, Debug-, Test- und Cache-Register sowie die späteren Erweiterungen MMX und SSE.

Privilege Level 3 (PL=3) Unterste Privilegierungsstufe, für Anwendungsprogramme.

Privilege Level 2 (PL=2) Für Betriebssystemerweiterungen, z.B. Funktionsbibliotheken.

Privilege Level 1 (PL=1) Für Geräte- und Schnittstellentreiber.

Privilege Level 0 (PL=0) Höchste Privilegierungsstufe, für Kern des Betriebssystems.

Die *privilegierten Befehle* für die zentrale Steuerung des Prozessors (Laden der Deskriptoren-tabellen u.ä.) können nur mit PL=0 ausgeführt werden. Jedem Daten-Segment wird in der Segmenttabelle eine Privilegierungsstufe zugeordnet. Ein Zugriff auf das Segment kann nur erfolgen, wenn die Privilegierungsstufe des Prozesses (und des Eintrages im Segmentregister) ausreichend sind für dieses Segment. Auch beim Zugriff auf Code-Segmente werden die Privilegierungsstufen geprüft. Um auf Betriebssystem-Funktionen oder Treiber mit höheren Privilegierungsstufen zuzugreifen muss man so genannte *Gates* (Tore) benutzen. Diese garantieren den ordnungsgemäßen Einsprungpunkt in die betreffenden Routinen und verhindern damit eine unerlaubte Codebenutzung. Man unterscheidet Call Gates, Task Gates und Interrupt Gates, jedes Gate wird durch einen Deskriptor in der GDT beschrieben (s. nächster Abschnitt).

10.4.2 Speichersegmentierung, Selektoren und Deskriptoren

IA-32 bietet eine Speicherverwaltung, die sowohl Segmentierung als auch Paging unterstützt. Die Adressierung der Segmente wird durch Segmentregister unterstützt, entsprechend Abb. 10.7. In den Segmentregistern liegt ein so genannter *Selektor*, der in die Segmenttabelle verweist. Dort wählt er einen der Einträge aus, die bei Intel *Deskriptoren* heißen. Jeder Deskriptor beschreibt ein Segment mit Anfangsadresse, Länge, Zugriffsrechten und weiteren Eigenschaften. Die Segmenttabellen heißen bei Intel folgerichtig Deskriptorentabellen. Es gibt für jeden Prozess eine *Lokale Deskriptorentabelle*, LDT, in der dessen private Speichersegmente eingetragen sind. In der *Globalen Deskriptorentabelle*, GDT , sind Speichersegmente beschrieben, die für alle Prozesse zur Verfügung stehen: LDTs und Betriebssystemsegmente. In der *Interrupt-Deskriptoren-Tabelle* (IDT) stehen spezielle Deskriptoren (Gates), die den Weg zu den Interrupt-Service-Routinen weisen. Die Adressierung einer Speicheradresse verläuft also im Prinzip nach dem Schema:

Selektor → Deskriptor → Speicherbereich

Die Selektoren liegen in den 16-Bit-Segmentregistern (Abb. 10.14). Das *RPL-Feld* (Requested Privilege Level, Bit 0, Bit 1) enthält die erforderliche Privilegierungsstufe, die für die Prüfung der Zugriffsberechtigung auf diesen Selektor benutzt wird. Das *TI-Bit* (Table Indicator, Bit 2) zeigt an, ob in die globale oder lokale Deskriptorentabelle verwiesen wird (0=GDT, 1=LDT).

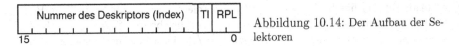

Abbildung 10.14: Der Aufbau der Selektoren

Die restlichen 13 Bit sind für die Nummer des Deskriptors in der Deskriptorentabelle (*Index*) reserviert . Jede Deskriptorentabelle kann also maximal 8192 (2^{13}) Einträge enthalten, über die je ein Segment adressiert wird. Die Deskriptoren sind 64-Bit-Strukturen, die das Segment im Detail beschreiben (Abb. 10.15).

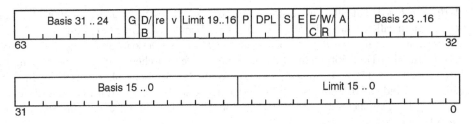

Abbildung 10.15: Der Aufbau der 64-Bit-Segmentdeskriptoren.

Die *Basis*, 32 Bit groß (Bit 16..39 und Bit 56..63), ist die Anfangsadresse des Segmentes. Das *Limit*, 20 Bit groß (Bit 0..15 und Bit 48..51), gibt die Größe des Segments an. In welcher Maßeinheit die Segmentgröße angegeben wird, hängt vom *G-Bit* (Granularität, Bit 55) ab. Bei G=0 ist die Größenangabe in Byte. Das ist eine gute Möglichkeit für kleine Segmente, deren Größe Byte-genau gewählt werden kann. Bei G=1 ist die Segmentgröße in Einheiten von 4 KByte angegeben. Das ist die richtige Wahl für große Segmente, hier wird die Segmentgröße

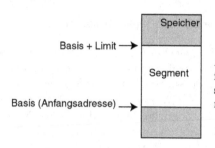

Abbildung 10.16: Ein Segment ist mit Anfangsadresse (Basis) und Größe (Limit) beschrieben, so dass Zugriffe ausserhalb des Segmentes erkannt werden können.

auf ein Vielfaches von 4 KByte aufgerundet. Mit diesen Informationen kann geprüft werden, ob ein Speicherzugriff außerhalb des zugewiesenen Segmentes versucht wird (Abb. 10.16).

Die IA-32-Prozessorhardware prüft dies bei jedem Zugriff und löst bei einem Zugriffsversuch außerhalb der Segmentgrenzen sofort eine Ausnahme 13 *allgemeine Schutzverletzung* (*General Protection Fault*) aus. Die verteilte Abspeicherung von Basis und Limit ist historisch bedingt, beide Felder wurden beim Übergang vom 80286 zum 80386 erweitert, dabei mussten aber die Bits 0..47 unverändert bleiben. Die Bitgruppe von Bit 40 bis Bit 47 enthält die Zugriffsrechte des Deskriptors. Das *S-Bit* (System, Bit 44) unterscheidet Systemsegmente (S=0) von Code- oder Datensegmenten der Applikationen (S=1). Wir betrachten hier zunächst nur Deskriptoren mit S=1, d.h. Code- und Datensegmente.

Das *E-Bit* (Executable, Bit 43) sagt aus, ob das Segment ausführbar ist und damit ein Codesegment (E=1) oder nicht ausführbar, und damit ein Datensegment (E=0). Das *W/R-Bit* (Write/Read, Bit 41) hat bei Daten- und Codesegmenten eine unterschiedliche Bedeutung. Bei Datensegmenten steht W/R=1 für ein auch beschreibbares Segment, W/R=0 für ein nur lesbares Segment. Bei Codesegmenten steht W/R=1 für ein auch lesbares Segment und W/R=0 für ein nur ausführbares und nicht lesbares Segment. Das *E/C-Bit* (Expand down/-Conforming, Bit 42) unterscheidet bei Datensegmenten, ob das Segment zu hohen (E/C=0) oder zu niedrigen (E/C=1) Adressen hin wächst. Bei Codesegmenten steht es für „Conforming", ein Codesegment mit E/C=1 passt seine Privilegierungsstufe an die Privilegierungsstufe des aktuellen Prozesses an.

Im *A-Bit* (Accessed, Bit 40) wird festgehalten, ob auf dieses Segment seit der Einlagerung schon einmal zugegriffen wurde. Damit können wenig benutzte Segmente erkannt und für eine Auslagerung ausgewählt werden. In den beiden *DPL-Bits* (Deskriptor Privilege Level, Bits 45, 46) ist für den Deskriptor eine Privilegierungsstufe zwischen 0 und 3 angegeben. Das *P-Bit* (Present, Bit 47) wird auf eins gesetzt, wenn das Segment physikalisch im Speicher vorhanden ist, und auf 0, wenn es auf die Festplatte ausgelagert ist. Wird ein Zugriff auf ein Segment mit P=0 versucht, so wird zunächst eine Ausnahme ausgelöst und das Segment von der Festplatte geladen.

Das *v-Bit* (Bit 52) ist verfügbar für das Betriebssystem und kann z.B. benutzt werden, um festzuhalten, ob das Segment verändert wurde. Ein nicht verändertes Segment braucht ja bei der Auslagerung nicht auf die Festplatte zurückgeschrieben werden. Man erkennt insgesamt sehr schön, wie durch die sehr detaillierte Beschreibung des Segmentes ein großer Zugriffschutz ermöglicht wird. Man kann nicht nur Zugriffe außerhalb der Segmentgrenzen, sondern auch viele andere Fehler abfangen. Ein Beispiel dafür wäre ein Schreibzugriff auf ein Codesegment (E=1), der ebenfalls Ausnahme 13 auslöst. Noch beim 8086 konnte ein solcher Fehler nicht erkannt werden. Das Bit D/B (Default/Big, Bit 54) ist aus Kompatibilitätsgründen vorhanden und steuert, ob die Adressen und Operanden im Maschinencode eine Defaultgröße von 16 oder 32 Bit haben.

Programme arbeiten immer mit logischen Adressen (virtuellen Adressen), die aus Segment-registerangabe und Offset, also 16+32 Bit, bestehen. Beim Zugriff auf ein Speichersegment wird die logische Adresse in mehreren Schritten (Abb. 10.17) in die *lineare Adresse* (32 Bit) umgesetzt:

- Das TI-Bit des Selektors im Segmentregister der logischen Adresse entscheidet, ob der Deskriptor in der LDT oder GDT steht.

- Da jeder Deskriptor 64 Bit belegt, wird die Deskriptornummer (Index) mit 8 multipliziert und zur Anfangsadresse der Tabelle addiert. Der dort stehende Deskriptor wird geladen.

- Für die erste Zugriffsprüfung wird aus dem Current Privilege Level (CPL) des Prozesses und dem RPL des Selektors das schlechtere ausgewählt, das *Effective Privilege Level* (*EPL*). Das EPL muss mindestens so gut sein wie das DPL des Deskriptors, sonst wird die Ausnahme 13 *allgemeine Schutzverletzung* ausgelöst.

- Zur 32-Bit-Anfangsadresse des Deskriptors wird der 32-Bit-Offset der logischen Adresse addiert.

- Ein weitere Zugriffsprüfung stellt fest, ob die erzeugte Adresse innerhalb der Segment-grenzen liegt (Offset $\leq$ Limit). Falls nicht, wird eine allgemeine Schutzverletzung ausgelöst.

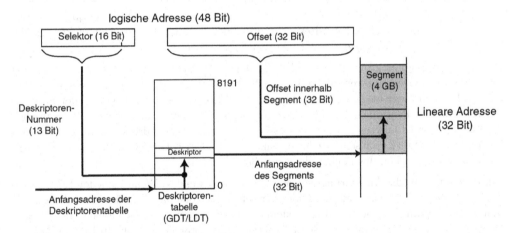

Abbildung 10.17: Die Bildung der linearen Adresse aus der logischen Adresse.

Die „privaten" Segmente eines Prozesses sind in der lokalen Deskriptorentabelle verzeichnet. Die LDT wiederum ist in der Globale Deskriptorentabelle verzeichnet, und diese wiederum findet der IA-32-Prozessor über ein spezielles Register im Prozessor, das GDTR, in dem die Anfangsadresse der GDT steht. Es ergibt sich also eine baumartige Struktur mit Wurzel im GDTR, die in Abb. 10.18 dargestellt ist. Vor der Umschaltung in den Protected Mode müssen (im Real Mode) die Deskriptorentabellen angelegt und die Basisadresse der GDT im GDTR hinterlegt werden.

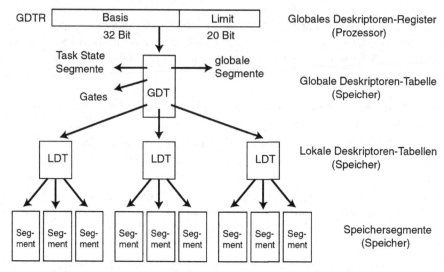

Abbildung 10.18: Die Speicherorganisation ist im Protected Mode als Baum aufgebaut, der seine Wurzel im GDTR hat.

Ergänzend sei erwähnt, dass man nicht unbedingt dieses Speichermodell mit vielen unterschiedlichen Segmenten betreiben muss. Eine einfache Alternative ist das *flache Speichermodell* (flat model). Dabei verweisen alle Deskriptoren auf ein und dasselbe Speichersegment, das nun von 0 bis 4 G durchadressiert werden kann. Man schaltet dabei also quasi die Segmentierung aus und benutzt den Adressraum unsegmentiert. Schutzmechanismen können hier immer noch über die Privilegierungsstufen realisiert werden.

Die maximale Segmentgröße ist bei 20-Bit-Limit und 4 KByte Granularität $1\,M \cdot 4\,KByte = 4\,Gbyte$. Da jede Deskriptorentabelle bis zu 8192 Einträge hat, kann jeder Prozess über GDT und LDT zusammmen insgesamt $2 \cdot 8192 \cdot 4\,Gbyte = 64$ Terabyte (2^{46} Byte) virtuellen Speicher adressieren. Der Pentium 4 hat 36 Adressleitungen und kann damit einen physikalischen Adressraum von 64 Gbyte (2^{36} Byte) adressieren.[4] Der virtuelle Adressraum jedes Prozesses kann also 1024 mal so groß sein wie der physikalische Speicher. Diese Gegenüberstellung zeigt noch einmal sehr schön das Prinzip des virtuellen Speichers.

Ein Problem stellt die Ausführungszeit der Speicherzugriffe dar. Wenn für jeden Speicherzugriff zunächst ein Deskriptor aus dem Speicher geladen werden müsste, wären Speicherzugriffe sehr, sehr langsam. Es gibt deshalb zu jedem Segmentregister einen nach außen unsichtbaren Deskriptoren-Cache, in dem der zuletzt benutzte Deskriptor liegt (Abb. 10.19). So kann ab dem zweiten Zugriff die Adressbildung samt Zugriffsprüfungen innerhalb des Prozessors stattfinden, ohne dass in der Deskriptorentabelle gelesen werden muss. Mit diesen Deskriptoren-Caches erreicht man akzeptable Zugriffszeiten.

---

[4] Die oben beschriebene standardmäßige Adressbildung erzeugt nur eine 32-Bit-Adresse. Mit der so genannten Physical Address Extension (PAE-Bit) kann die Adressbildung auf 36 Bit erweitert werden.

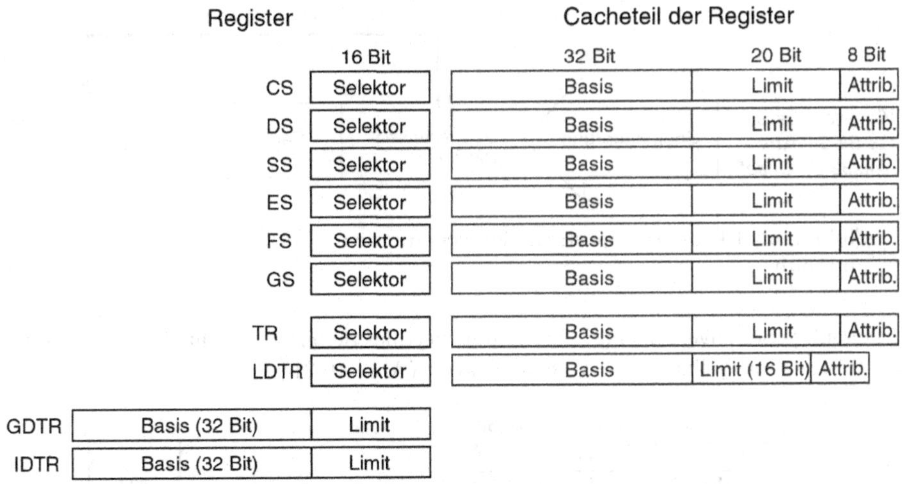

	Register	Cacheteil der Register		
	16 Bit	32 Bit	20 Bit	8 Bit
CS	Selektor	Basis	Limit	Attrib.
DS	Selektor	Basis	Limit	Attrib.
SS	Selektor	Basis	Limit	Attrib.
ES	Selektor	Basis	Limit	Attrib.
FS	Selektor	Basis	Limit	Attrib.
GS	Selektor	Basis	Limit	Attrib.
TR	Selektor	Basis	Limit	Attrib.
LDTR	Selektor	Basis	Limit (16 Bit)	Attrib.

GDTR	Basis (32 Bit)	Limit
IDTR	Basis (32 Bit)	Limit

Abbildung 10.19: Die Segment und Deskriptorenregister der IA-32-Prozessoren samt Cache-Teil. Das Taskregister TR enthält einen Selektor des Task-State-Segmentes des aktuellen Prozesses, das LDTR einen Selektor auf die aktive LDT. Das GDTR enthält den Deskriptor der GDT, das IDTR den Deskriptor der Interrupt-Deskriptoren-Tabelle. Die Cacheteile werden bei jeder Benutzung der Register automatisch geladen.

Ganz ähnlich wird beim LDT-Zugriff verfahren. Um eine lokale Deskriptorentabelle zu benutzen wird in das LDT-Register (LDTR) ein Selektor eingetragen, der diese LDT in der GDT auswählt. Beim ersten Zugriff auf diese LDT wird der Deskriptor der neuen LDT aus der GDT gelesen. Das kostet Zeit. Der gelesene Deskriptor wird aber im Cache-Teil des LDTR abgelegt, so dass bei jedem Wiederholungszugriff über diese LDT der Deskriptor schon im Prozessor verfügbar ist, und die Adresse entsprechend schnell gebildet werden kann.

10.4.3 Paging

Der Pentium 4 und alle anderen IA-32-Prozessoren stellen ein *Paging* mit einer standardmäßigen Seitengröße von 4 KByte zur Verfügung. Ab dem Pentium Pro kann die Seitengröße wahlweise auf 4 MByte eingestellt werden (page size extension), was allerdings bisher wenig genutzt wird. Das Paging kann wahlweise eingeschaltet werden. Mit Bit 31 im Steuerregister CR0 wird das Paging aktiviert. Bei ausgeschaltetem Paging ist die lineare Adresse auch die physikalische Adresse und wird direkt an die Adressbustreiber weitergegeben. Bei eingeschaltetem Paging wird die lineare Adresse auf eine völlig andere physikalische Adresse transformiert (Abb. 10.20).

Bei der Seitengröße von 4 KByte ist ein Segment mit der maximalen Größe von 4 Gbyte in 1048576 (2^{20}) Seiten aufgeteilt. Für jede Seite muss in der Seitentabelle ein Eintrag mit der physikalischen Seitenadresse geführt werden. Wollte man diese Seiten mit einer einzigen Seitentabelle verwalten, hätte diese eine Länge von 1048576 mal 4 Byte, also 4 MByte. Bei erscheinen des ersten IA-32-Prozessors, des 80386, im Jahre 1985 hatten aber die meisten PCs weniger als 4 MByte Hauptspeicher. Man hätte also noch nicht einmal die Seitenverwaltungstabelle laden können, geschweige denn die Seiten selbst. Intel entschied sich daher für

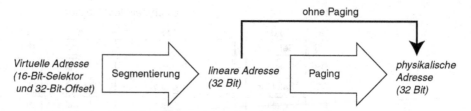

Abbildung 10.20: Die Transformation der Adressen im Pentium 4. Das Paging ist abschaltbar.

eine zweistufige Seitenverwaltung, bei der ein zentrales Seitenverzeichnis (page directory) auf bis zu 1024 Seitentabellen (page tables) verweist (Abb. 10.21).

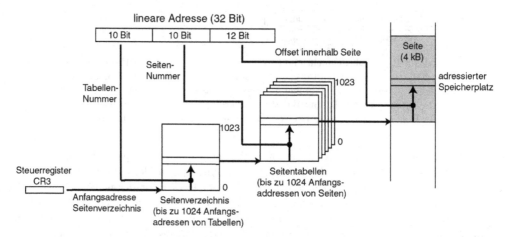

Abbildung 10.21: Die zweistufige Adressumsetzung beim Paging der IA-32-Prozessoren mit 4 KByte-Seiten.

Dadurch braucht man nicht mehr Seitentabellen als nötig anlegen, außerdem können die Seitentabellen selbst ausgelagert werden. Die Seitentabellen enthalten die Anfangsadressen von bis zu 1024 Seiten. Für die Umsetzung wird die lineare Adresse in drei Anteile aufgeteilt: Die höchstwertigen 10 Bit werden benutzt, um eine der max. 1024 Einträge im Seitenverzeichnis auszuwählen, der einen Verweis auf eine Seiten-Tabelle enthält. Die Bits 12 – 21 wählen in dieser Tabelle einen Eintrag aus, der die Basisadresse der gesuchten Seite enthält. Die niedrigstwertigen 12 Bit der linearen Adresse bilden den Offset innerhalb der Seite. Für die Basisadresse des Seitenverzeichnisses haben die IA-32-Prozessoren ein spezielles Register (Control-Register 3).

Die Einträge in der Seitentabelle sind 32 Bit groß. Davon geben 20 Bit die Position der Seitenadresse in Vielfachen von 4 KByte, d.h. den Seitenrahmen, an. Die übrigen 12 Bit werden für Attribute zur Verwaltung der Seite benutzt. Diese Attribute sind z.B.

A-Bit Accessed, 1=Seite wurde schon benutzt, 0=Seite wurde noch nicht benutzt.

P-Bit Present, 0=Seite ist ausgelagert, 1=Seite ist präsent.

D-Bit Dirty, 0=Seite wurde seit Einlagerung nicht verändert, 1=Seite wurde verändert.

Diese Attribute werden für eine effiziente Seitenverwaltung gebraucht. Bei einem Zugriff auf eine Seite mit P=0 tritt ein Seitenfehler auf und die Seite muss zunächst eingelagert werden. Eine Seite mit D=0 braucht bei der Auslagerung nicht auf die Festplatte zurückgeschrieben werden, weil sie nicht geändert wurde. Mit dem A-Bit kann man Zugriffsstatistiken für eine effiziente Ersetzungsstrategie erstellen.

Die mehrstufige Adressumsetzung kostet natürlich Zeit. Um diesen Nachteil zu mildern, hat der Pentium 4 zwei Caches für Seitentabellen-Einträge, die *Translation Lookaside Buffer* (TLB): Ein 4-fach assoziativer Cache für Verweise auf Code-Seiten mit 128-Einträgen und ein vollassoziativer Cache mit 64 Einträgen für Verweise auf Datenseiten. Die umzusetzende lineare Adresse wird mit den Einträgen in den TLBs verglichen. Im Falle eines Treffers wird die physikalische Adresse der Seite direkt aus dem TLB geliefert. Über das PGE-Bit (page global enable) kann beim Pentium 4 verhindert werden, dass häufig genutzte Seiten beim Prozesswechsel automatisch gelöscht werden. Damit kann die Trefferrate der TLBs weiter verbessert werden.

10.4.4 Kontrolle von E/A-Zugriffen

Ein Multitasking-Betriebssystem muss seine Schnittstellen gegen unkontrollierte Benutzung schützen. Hardwarezugriffe via Ein-/Ausgabe müssen durch das Betriebssystem verwaltet werden und dürfen nicht direkt vom Anwenderprogramm aus erfolgen. Dazu gibt es bei IA-32-Prozessoren zwei Mechanismen:

1. Das *IO-Privilege-Level* (IOPL), ein Zwei-Bit-Feld im Flagregister. Ein IO-Zugriff ist nur erlaubt, wenn $CPL \leq IOPL$. Das Betriebssystem kann also das IOPL so setzen, dass z.B. Anwenderprozessen (PL=3) keine Ein- oder Ausgabe erlaubt ist.

2. In der *IO-Permission-Bitmap* ist jeder E/A-Adresse ein Bit zugeordnet. Steht hier eine 0, ist der Zugriff erlaubt, bei einer 1 ist er verboten. Die IO-Permission-Bitmap hat eine Größe von 8 KByte (64 k E/A-Adressen mal 1 Bit).

Jeder Prozesszustand auf einem Pentium 4 ist definiert durch den Inhalt aller Register, Flags und Speicher einschl. Stacks. Beim Prozesswechsel wird diese Information vollständig in einem speziellen Segment abgelegt, dem *Task State Segment* (TSS). Das TSS enthält auch die IO-Permission-Bitmap. Bei der Wiederaktivierung des Prozesses werden diese Informationen aus dem TSS wieder in den Prozessor und den Speicher geladen. Alle Transfers führt die Prozessorhardware selbstständig aus, ein schönes Beispiel für die Unterstützung des Multitasking durch die Prozessorhardware.

10.4.5 Caches

Der Pentium 4 hat einen 8 KByte großen 4-fach-assoziativen L1-Datencache mit einer Zeilengröße von 64 Byte. Der L1-Befehlscache ist 8-fach-assoziativ und fasst 12 k Mikrobefehle. Auf dem Chip befindet sich ein gemeinsamer 256 KB oder 512 KByte großer L2-Cache, der 8-fach assoziativ organisiert ist und eine Zeilenlänge von 64 Byte hat. Die Paging-Einheit besitzt zusätzliche Caches für Seiteneinträge (s. Abschn. 10.4.3).

10.4.6　Der Aufbau des Maschinencodes

In Kap. 7 wurde schon beschrieben, dass Maschinencode aus Bitmustern besteht, die vom Mikroprozessor eingelesen werden und ihn anweisen, bestimmte Maschinenbefehle auszuführen. Hier soll nun am Beispiel des Pentium 4 der Aufbau dieser Bitmuster gezeigt werden.[5] Der Maschinencode der IA-32-Architektur ist mittlerweile durch die zahlreichen Erweiterungen (MMX, SSE, 64-Bit und anderes mehr) recht kompliziert geworden und kann hier keinesfalls vollständig dargestellt werden. Im Wesentlichen ist er nach dem Schema in Abb. 10.22 aufgebaut. [26]

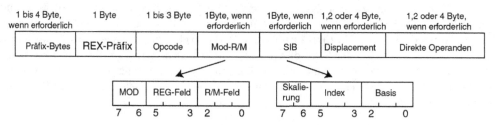

Abbildung 10.22: Das Schema für den Aufbau des Maschinencodes bei IA-32-Prozessoren. Erklärung im Text.

Am Anfang eines Maschinencodebefehls können bis zu vier *Präfix-Bytes* stehen, auf die wir unten eingehen. Danach kann im 64-Bit-Mode das REX-Präfix (Register Extension) folgen. Es besteht aus vier festen Bits (0100b), verwendet ein Bit zur Festlegung der Operandengröße und erweitert mit den übrigen 3 Bits die Felder REG, Index und Basis um je 1 Bit. Das wird gebraucht, da die 64-Bit-Erweiterung ja 16 Allzweck-Register zur Verfügung stellt (Abschn.11.3.1) und die entprechenden Bitfelder somit 4 Bit brauchen.

Danach folgt der eigentliche Opcode, der ein oder zwei Bytes umfasst. Das MOD-R/M-Byte (Operandenmodus-Register/Memory) legt fest, auf welche Register- oder Speicheroperanden der Befehl wirkt. Falls es Speicheroperanden sind, wird hier auch die Art der Adressierung festgelegt. Der IA-32-Code kennt eine Skalierung des Indexregisters mit den Faktoren 1, 2, 4 oder 8. Für diese vier Möglichkeiten sind die beiden ersten Bit im SIB-Byte (Skalierung, Indexregister, Basisregister) reserviert, das eine Erweiterung des MOD-R/M-Bytes darstellt. Die übrigen Felder werden für die Adressierung mit solchen Registerkombinationen gebraucht, die sich mit dem MOD-R/M-Byte nicht darstellen lassen. Danach folgt ein evtl. Displacement (additive Konstante bei der Adressbildung) mit ein, zwei oder vier Bytes. Den Schluss bilden, soweit vorhanden, Direktoperanden die in einer Breite von ein, zwei oder vier Byte an den Code angehängt werden. Beispiele dafür sind Adressen oder konstante Operanden.

Das *MOD-R/M-Byte* ist charakteristisch für den Maschinencode des Pentium 4. Es setzt sich aus drei Bitfeldern für Operandemodus (MOD-Feld), Register (REG-Feld) und Register/Speicheroperand (R/M-Feld) zusammmen. Die Bedeutung des R/M-Feldes ist flexibel und wird durch das MOD-Feld festgelegt. Oft ist das MOD-R/M-Byte nur teilweise vorhanden. Wenn ein Befehl z.B. ein Register und keinen Speicherplatz adressiert, wird nur das

---

[5] Der Aufbau von Maschinencode gehört nicht unbedingt in dieses Kapitel. Das Thema kann aber aus Platzgründen nur exemplarisch behandelt werden und schließt sich gut an die Fallstudie über den Pentium 4 an.

Tabelle 10.2: Die Bedeutung der Codes im R/M- und REG-Feld des MOD-R/M-Bytes

R/M	MOD=00	MOD=01	MOD=10	MOD=11
	Registerindirekte Speicheradressierung			Adressierung eines
	Ohne Displacem.	8-Bit-Displacem.	32-Bit-Displacem.	Registers und REG-Feld
000	[EAX]	[EAX+disp8]	[EAX+disp32]	AL/AX/EAX/MM0/XMM0
001	[ECX]	[ECX+disp8]	[ECX+disp32]	CL/CX/ECX/MM1/XMM1
010	[EDX]	[EDX+disp8]	[EDX+disp32]	DL/DX/EDX/MM2/XMM2
011	[EBX]	[EBX+disp8]	[EBX+disp32]	BL/BX/EBX/MM3/XMM3
100	SIB-Byte folgt	disp8	disp32	AH/SP/ESP/MM4/XMM4
101	disp32	[EBP+disp8]	[EBP+disp32]	CH/BP/EBP/MM5/XMM5
110	[ESI]	[ESI+disp8]	[ESI+disp32]	DH/SI/ESI/MM6/XMM6
111	[EDI]	[EDI+disp8]	[EDI+disp32]	BH/DI/EDI/MM7/XMM7

REG-Feld gebraucht, MOD- und R/M-Feld sind überflüssig. Bei Befehlen, die nur den Speicher und kein Register ansprechen, ist es umgekehrt. Die Codierung des MOD-R/M-Bytes ist in Tab. 10.2 für 32-Bit-Befehle gezeigt.[6] Die rechte Spalte der Tabelle gibt die Bedeutung der Codes für REG-Felder an, bzw. für R/M-Felder, falls damit ein Registerzugriff codiert wird. Mehr Informationen zu den hier genannten Registern findet man in Abschn. 13.2.

Beispiel 1 Wir ermitteln den Maschinencode für den Befehl INC EBX. Der Maschinencode für den Befehl INC Reg32 entspricht nach Herstellerangaben dem Schema in Abb. 10.23. [26]

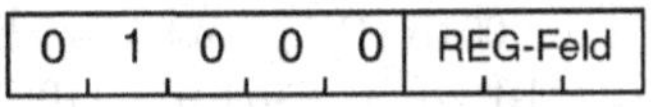

0	1	0	0	0	REG-Feld

Abbildung 10.23: Der Aufbau des Maschinencodes für das Inkrementieren eines 32-Bit-Registers (INC REG32)

Um das Register EBX anzusprechen, muss man nach Tab. 10.2 in das REG-Feld das Bitmuster 011b eintragen. Das Ergebnis ist das Bitmuster 01000011b, in hexadezimaler Schreibweise:

43

Im Maschinencode steht also für den Befehl INC EBX nur dieses eine Byte 43h, was mit einem Debugger oder Disassemblierer sichtbar gemacht werden kann.

Das Feld für den *Operandenmodus* legt fest, ob das R/M-Bitfeld ein Register oder eine Speicheradresse beschreibt. Speicheradressen werden registerindirekt adressiert mit folgenden Auswahlmöglichkeiten: kein Displacement, 8-Bit-Displacement oder 32-Bit-Displacement.

Beispiel 2 Wir ermitteln den Maschinencode für den Befehl INC DWORD PTR [EDI+64], der den Inhalt des Doppelwortes (32 Bit) inkrementiert, das durch das Register EDI mit einem Displacement von 64 im Hauptspeicher adressiert wird. Das Schema für den Maschinencode in Abb. 10.24 gezeigt:

1	1	1	1	1	1	1	1		MOD	0	0	0	R/M-Feld

Abbildung 10.24: Der Aufbau des Maschinencodes für das Inkrementieren eines 32-Bit-Wortes im Speicher (INC Mem32)

---

[6] Die aus Kompatibilitätsgründen weiterhin unterstützten 16-Bit-Befehle sind ähnlich aufgebaut.

Es werden also zwei Byte Maschinencode erzeugt: Ein Byte mit Opcode und ein MOD-R/M-Byte, bei dem das Registerfeld auf 000b gesetzt ist. Das Registerfeld 000b ist hier Teil des Opcodes. Nach Tab. 10.2 muss für die Adressierung mit einem 8-Bit-Displacement der Operandenmodus 01b eingestellt werden. Für die Adressierung mit EDI wird das R/M-Feld auf 111b gesetzt. Das MOD-R/M-Byte ist also 01000111b, d.h. 47h. Danach wird das Displacement 64 (40h) eingefügt. Es ergeben sich also drei Byte Maschinencode, die in hexadezimaler Schreibweise wie folgt lauten:

    FF 47 40

Beispiel 3 Betrachten wir als Beispiel den Assemblerbefehl `mov ecx,[esi+5]`. Dieser Befehl führt einen Lesezugriff im Speicher mit registerindirekter Adressierung durch ESI und einem Displacement von 5 durch. Der gelesene 32-Bit-Wert wird in Register ECX geladen. Da in diesem Befehl sowohl ein Register als auch ein Speicherplatz angesprochen werden, müssen alle Bits des MOD-R/M-Byte benutzt werden. Der Maschinencode des MOV-Befehls hat den in Abb. 10.25 dargestellten Aufbau.

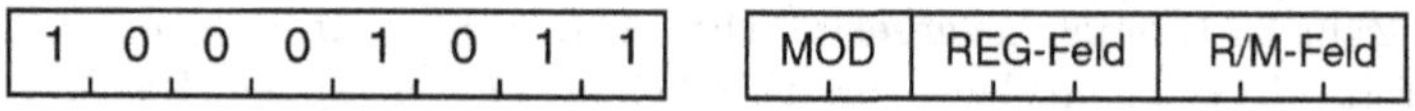

1	0	0	0	1	0	1	1		MOD	REG-Feld	R/M-Feld

Abbildung 10.25: Der Aufbau des Maschinencodes für einen 32-Bit-Transportbefehl Speicher→Register (`MOV Reg32,Mem32`)

Für die Bitfelder des MOD-R/M-Bytes ergibt sich: Operandenmodus 01b (Speicherzugriff mit 8-Bit-Displacement), Registerangabe 001b (ECX) und Speicheradressierungsart 110b (registerindirekt mit ESI). Das MOD-R/M-Byte ist also 01001110b = 4Eh. Mit dem nachfolgenden Displacement 5 entsteht der hexadezimale Maschinencode:

    8B 4E 05

Präfix-Bytes können den Maschinencodes vorangestellt werden. Sie gelten immer nur für einen Befehl und ändern die Ausführungsweise dieses Befehls. Die folgende Tabelle gibt eine kurze Beschreibung der Präfix-Bytes des Pentium 4:

Präfix	Bedeutung	Präfix	Bedeutung
F0h	Lock (verhindert die Busabgabe)	F2h, F3h	Stringbefehl wiederholen
2Eh	Zugriff mit Selektor CS	36h	Zugriff mit Selektor SS
3Eh	Zugriff mit Selektor DS	26h	Zugriff mit Selektor ES
64h	Zugriff mit Selektor FS	65h	Zugriff mit Selektor GS
2Eh	Sprungvoraussage für Jcc negativ	3Eh	Sprungvoraussage für Jcc positiv
66h	Operandengröße änd.(16/32 Bit)/SIMD	67h	Adressgröße ändern (16/32 Bit)
40h–4Fh	Befehlserweiterungen 64-Bit-Modus		

Beispiel 4 In Abänderung von Beispiel 3 betrachten wir den Befehl `MOV ECX,SS:[ESI+5]`, bei dem der Zugriff nicht mit dem DS-Selektor (im Datensegment, Voreinstellung), sondern mit dem SS-Selektor (im Stacksegment) erfolgt. Nach obiger Tabelle ist das Präfix-Byte 36h erforderlich, womit sich dann folgender Maschinencode ergibt:

    36 8B 4E 05

10.5   Aufgaben und Testfragen

1. Nehmen Sie an, dass die Seitentabelle von Abb. 10.3 benutzt wird. Auf welche physikalischen Adressen werden die virtuellen Adressen

   a) 000B05h,   b) 001440h

   abgebildet? Klären Sie jeweils auch ab, ob ein Seitenfehler auftritt. Vergleichen Sie die Resultate mit Abb. 10.2.

2. Wie groß ist die mittlere Wartezeit (Latenz) eines Systems mit einem einstufigen Cache, wenn der Hauptspeicherzugriff 8 Prozessortakte Wartezeit erfordert und der Zugriff auf den Cache nur einen Wartetakt. Die Trefferrate des Caches sei 70%, die Taktfrequenz des Prozessors 200 MHz.

3. Bei a) dem vollassoziativen Cache aus Abb. 10.10,
   b) dem direkt abbildenden Cache aus Abb. 10.11,
   c) dem zweifach assoziativen Cache aus Abb. 10.12

   werde jeweils auf ein 32-Bit-Wort mit der Speicheradresse 002A2564h zugegriffen. Für alle drei Fälle soll beantwortet werden: Auf welche Zeile wird zugegriffen, wie lautet der im Vergleich benutzte Tag, wo in der Cache-Line steht das adressierte 32-Bit-Wort?

4. Der direkt abbildende Cache aus Abb. 10.11 werde als L1-Datencache benutzt. Wie groß sind die Trefferraten im Cache, wenn das Programm in einer Schleife mehrfach einen zusammenhängenden Datenbereich von a) 1 KByte, b) 2 KByte, c) 4 KByte adressiert?

5. Der vollassoziative Cache aus Abb. 10.10 werde als L1-Codecache benutzt. Ein Programm adressiert in einer Schleife mehrfach einen zusammenhängenden Codebereich von 2560 Byte im Hauptspeicher. Wie groß sind die Trefferraten im Cache ab dem zweiten Durchgang, wenn dieser
   a) mit LRU-Ersetzungsstrategie arbeitet, b) mit LFU-Ersetzungsstrategie arbeitet,
   c) mit FIFO-Ersetzungsstrategie arbeitet, d) mit Random-Ersetzungsstrategie arbeitet.

6. Ein Programm greift in einer Schleife mehrfach auf die Adressen 00002091h, 00005492h, 00002093h, 00005494h, 0000109Ah, 0000F49Bh, 0000109Ch, 0000F49Dh zu. Wie sind die Trefferraten ab dem zweiten Schleifendurchgang bei Verwendung folgender Caches (alle für 32-Bit-Adressen und mit einer Zeilenlänge von 16 Byte):

   a) vollassoziativer Cache mit 64 Zeilen,
   b) direkt abbildender Cache mit 64 Zeilen,
   c) zweifach-assoziativer Cache mit 32 Sätzen zu je 2 Zeilen,
   d) vierfach-assoziativer Cache mit 16 Sätzen zu je 4 Zeilen.
   Zusatzfrage: Wie groß ist die Kapazität der vier Caches?

7. Auf einem Pentium 4-System seien die Inhalte der LDT und der gezeichneten Register entsprechend Abb. 10.26.

   Nehmen Sie nun an, dass in einem Anwendungsprogramm (Privilegierungsstufe 3) mit dem Befehl MOV DS:[EBX], EAX ein Schreibzugriff auf die virtuelle Adresse DS:EBX versucht wird.

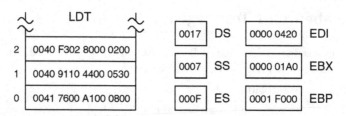

Abbildung 10.26: Die lokale Deskriptorentabelle und einige Register in einem Pentium-System.

a) Gehen Sie alle Zugriffsprüfungen durch, stellen Sie fest, ob der Zugriff erfolgen kann und auf welche lineare Adresse er erfolgt.

b) Beantworten Sie die gleichen Fragen für einen Schreibzugriff auf die virtuelle Adresse SS:EBP, und

c) ES:EDI.

8. Bestimmen Sie die Maschinencodes folgender Befehle für einen Pentium 4:

a) INC EAX,   b) INC ESI,   c) INC dword ptr [EBX],
d) INC dword ptr [ESI+512],   e) MOV EAX,[ECX],   f) MOV ESI,[EDI+1024],
g) MOV EDX,ES:[EAX+16],   h) MOV EAX,FS:[EBP+80]

Lösungen auf Seite 320.

11 Skalare und superskalare Architekturen

11.1 Skalare Architekturen und Befehls-Pipelining

In einem einfachen CISC-Prozessor durchläuft ein Befehl sequenziell die notwendigen Verarbeitungsstufen, wie z.B.

1.Takt: Befehlslesezyklus (Opcode Fetch),
2.Takt: Dekodieren (Decode),
3.Takt: Operanden einlesen (Operand Fetch),
4.Takt: Ausführen (Execute),
5.Takt: Zurückschreiben (Write Back).

Die Situation ist in Abb. 11.1 dargestellt. Jede Bearbeitungsstufe ist einen Takt lang beschäftigt und danach vier Takte lang unbeschäftigt. Die Auslastung ist also 20%. Wenn es sich um einen mikroprogrammierten Befehl handelt, wird er vielleicht mehrere Takte in der Ausführungsstufe zubringen, dann ist die Auslastung der Verarbeitungsstufen noch schlechter.

Takt	Befehl lesen	Dekodieren	Operanden lesen	Ausführen	Ergebnisse zurückschr.
1	Befehl 1				
2		Befehl 1			
3			Befehl 1		
4				Befehl 1	
5					Befehl 1
6	Befehl 2				
7		Befehl 2			
8			Befehl 2		
9				Befehl 2	
10					Befehl 2

Abbildung 11.1: Ein einfacher Befehl wird auf einem einfachen Prozessor sequenziell abgearbeitet. Die Ausführung braucht mindestens so viele Takte wie Bearbeitungstufen vorhanden sind, die Bearbeitungstufen sind schlecht ausgelastet.

Die Grundidee des *Befehls-Pipelining* (*Fließbandverarbeitung*) ist nun, Befehle überlappend und parallel durch die Bearbeitungsstufen zu schleusen. Wenn ein Befehl in die zweite Bearbeitungsstufe geht, kann schon der nachfolgende Befehl in die erste Stufe gehen usw. Mit jedem Takt wird also

1. der letzte Befehl nach dem Zurückschreiben der Ergebnisse aus der Pipeline herausgenommen,

2. jeder andere Befehl in die nachfolgende Bearbeitungsstufe gerückt,

3. in die erste Stufe der Pipeline ein neuer Befehl aufgenommen.

Der Durchlauf eines Befehles dauert so viele Takte, wie die Pipeline Stufen hat, man nennt diese Zeit *Latenzzeit*. Die Latenzzeit macht sich aber nur beim Auffüllen der Pipeline bemerkbar. Wenn die Pipeline gefüllt ist und störungsfrei funktioniert, ist die Auslastung der Verarbeitungsstufen 100% und mit jedem Takt wird ein Befehl beendet. Damit wäre das Ziel der Skalarität erreicht. Die Situation kann mit einem Fließband, z.B. bei der Automobilherstellung, verglichen werden: Die Herstellung eines Autos dauert mehrere Stunden, trotzdem läuft regelmäßig nach wenigen Minuten ein fertiges Auto vom Band. In Abb. 11.2 sind die gleichen Bearbeitungsstufen dargestellt, die nun als ideale fünfstufige Pipeline betrieben werden.

Takt	Befehl lesen	Dekodieren	Operanden lesen	Ausführen	Ergebnisse zurückschr.	
1	Befehl 1					▲
2	Befehl 2	Befehl 1				
3	Befehl 3	Befehl 2	Befehl 1			Latenzzeit
4	Befehl 4	Befehl 3	Befehl 2	Befehl 1		
5	Befehl 5	Befehl 4	Befehl 3	Befehl 2	Befehl 1	▼
6	Befehl 6	Befehl 5	Befehl 4	Befehl 3	Befehl 2	ein Befehl
7	Befehl 7	Befehl 6	Befehl 5	Befehl 4	Befehl 3	pro Takt
8	Befehl 8	Befehl 7	Befehl 6	Befehl 5	Befehl 4	▼

Abbildung 11.2: Eine ideale 5-stufige Pipeline. Nachdem die Pipeline gefüllt ist (Latenzzeit) wird ein Befehl pro Takt beendet.

In der Praxis kann eine 100%-ige Auslastung nicht erreicht werden, weil es verschiedene *Pipeline-Hemmnisse* (Pipeline-Interlocks) gibt. Ein einfaches Pipeline-Hemmnis ist ein Hauptspeicherzugriff, der allenfalls in einem Takt durchgeführt werden kann, wenn der L1-Cache mit vollem Prozessortakt betrieben wird und das Datum dort vorliegt. Jeder L1-Cache-Fehltreffer führt zu Wartezeiten, die Pipeline muss dann warten und läuft für einige Takte leer. Weniger kritisch ist das Einlesen der Operanden, weil der Code immer frühzeitig blockweise in den L1-Code-Cache geladen wird. Schon hier wird klar, dass Caching ein integrales Konzept von RISC-Prozessoren ist.

Ein weiteres Pipeline-Hemmnis sind *Resourcenkonflikte*. Diese entstehen dadurch, dass verschiedene Verarbeitungsstufen der Pipeline gleichzeitig auf den gleichen Teil der Hardware zugreifen wollen. Resourcenkonflikte entstehen aber meistens nur aufgrund struktureller Engpässe, wie z.B. einem gemeinsamen Bus für Daten und Code.

Ein anderes Hemmnis sind *Datenabhängigkeiten* (*Daten-Hazards*). Datenabhängigkeiten entstehen, wenn Befehle über die Inhalte von Registern verknüpft sind. Wenn z.B. ein Maschinenbefehl ein Register ausliest, das der vorhergehende Maschinenbefehl beschreibt, muss er darauf warten, dass das Beschreiben des Registers abgeschlossen ist. Man nennt diese häufige Situation *Read-After-Write-Hazard* (*RAW-Hazard*). Betrachten wir dazu folgendes Beispiel:

```
;Beispiel für ein Read-After-Write-Hazard
        ADD R1,R1,R2    ; R1=R1+R2
        SUB R3,R3,R1    ; R3=R3-R1
        XOR R2,R2,R4    ; R2=R2 xor R4
```

Wenn diese Befehlssequenz in unsere fünfstufige Beispiel-Pipeline geladen wird, entsteht nach fünf Takten ein Problem: Im gleichen Takt, in dem der ADD-Befehl sein Ergebnis nach R1 zurückschreibt, wird der SUB-Befehl schon ausgeführt und benutzt den veralteten Inhalt des Registers R1, ein typischer RAW-Hazard. (Abb. 11.3)

Takt	Befehl lesen	Dekodieren	Operanden lesen	Ausführen	Ergebnisse zurückschr.	
1	ADD					
2	SUB	ADD				
3		SUB	ADD			
4			SUB	ADD		
5				SUB	ADD	RAW-Hazard
6					SUB	

Abbildung 11.3: Ein Problem durch eine Read-After-Write-Datenabhängigkeit: In Takt 5 schreibt der ADD-Befehl sein Ergebnis in R1, im gleichen Takt liest der nachfolgende SUB-Befehl schon R1.

Ohne eine Korrektur kommen hier falsche Ergebnisse zu Stande. Eine einfache Lösung des Problems ist es, die ersten vier Stufen der Pipeline für einen Takt anzuhalten. Das kann auch softwaremäßig vorweggenommen werden, indem zwischen den ADD- und den SUB-Befehl ein Leerbefehl (No Operation, NOP) eingefügt wird. Wenn nun SUB ausgeführt wird, liegt das Ergebnis des ADD-Befehls im Register vor. (Abb. 11.4)

Takt	Befehl lesen	Dekodieren	Operanden lesen	Ausführen	Ergebnisse zurückschr.	
1	ADD					
2	NOP	ADD				
3	SUB	NOP	ADD			
4		SUB	NOP	ADD		
5			SUB	NOP	ADD	
6				SUB	NOP	RAW-Hazard aufgelöst
					SUB	

Abbildung 11.4: Durch das Einfügen von Leerbefehlen (NOP) kann der RAW-Hazard aus Abb. 11.3 auf Kosten eines Leertaktes aufgelöst werden.

Diese beiden Lösungen führen aber zu einem Leertakt und damit einer Leistungseinbuße. Um diesen Leertakt zu vermeiden, hat man phantasievolle Lösungen entwickelt: Über einen *Register-Bypass* (Register-Umgehung) wird ein Operand gleichzeitig ins Zielregister und an die Eingänge der ALU übertragen. Da der Operand ein Ergebnis aus der ALU ist, spricht man vom *Result Forwarding* (Ergebnis-Weiterleitung, Abb. 11.5).

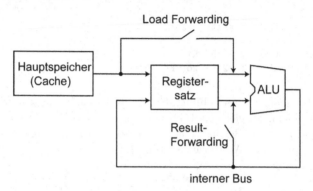

Abbildung 11.5: Ein Register-Bypass ermöglicht das Load Forwarding bzw. das Result Forwarding. Gleichzeitig mit dem Einschreiben in das Register steht der neue Inhalt auch an der ALU für die Addition zur Verfügung, dadurch kann ein Takt eingespart werden.

Ein ähnliches Problem entsteht, wenn in obigem Codebeispiel unmittelbar vor dem SUB-Befehl ein LOAD-Befehl mit Ziel R1 oder R3 steht. Der neue Wert ist in der Regel noch nicht ins Register geladen, wenn der SUB-Befehl darauf zugreifen wird. Auch hier kann ein Register-Bypass helfen, der Wert wird nun vom internen Bus nicht nur in das Zielregister, sondern gleichzeitig auch an die ALU-Eingänge übertragen. Hier spricht man vom *Load Forwarding* (Lade-Weiterleitung). Forwarding wird nicht von allen RISC-Prozessoren unterstützt, da die Steuerung sehr aufwändig ist.

Es gibt eine weitere Lösung für den vorliegenden Fall. Ein optimierender Compiler könnte erkennen, dass der nachfolgende XOR-Befehl nicht von einer Datenabhängigkeit betroffen ist und vorgezogen werden kann. So wird das Problem elegant auf Software-Ebene gelöst, ohne dass Leerlauf entsteht (Abb. 11.6).

Takt	Befehl lesen	Dekodieren	Operanden lesen	Ausführen	Ergebnisse zurückschr.
1	ADD				
2	XOR	ADD			
3	SUB	XOR	ADD		
4		SUB	XOR	ADD	
5			SUB	XOR	ADD
6				SUB	XOR
					SUB

Abbildung 11.6: Durch Umordnen der Befehle kann unter Umständen ein optimierender Compiler die Datenabhängigkeit ohne Zeitverlust auflösen.

Zu prüfen wäre hier, ob nicht der XOR-Befehl das Ergebnis zu früh zurückschreibt, so dass der ADD-Befehl mit einem falschen Inhalt von R2 arbeitet (*Write-After-Read-Hazard*); dies kann aber im Allgemeinen nicht geschehen, da die Lese-Operanden schon in der Dekodierungsphase gelesen werden. Man sieht hier sehr schön, dass bei RISC-Prozessoren Hardware und Software eine Einheit bilden und ein optimierender Compiler sehr wichtig für die Performance des Prozessors ist.

Ein großes Problem für Pipelines sind Sprungbefehle. Die Verarbeitung weicht bei Ausführung eines Sprunges von der sequenziellen Ordnung ab und setzt an einer ganz anderen Stelle (am Sprungziel) fort. Der Sprung wird ja erst in der letzten Stufe (Ergebnisse zurückschreiben) wirksam, wenn der neue Wert in den Programmzähler geschrieben wird. Zu diesem Zeitpunkt sind aber schon einige Befehle in der Pipeline teilweise verarbeitet. Die Pipeline muss nun vollständig neu geladen werden und es fällt wieder die Latenzzeit an, d.h. mehrere Leertakte (Abb. 11.7).

Takt	Befehl lesen	Dekodieren	Operanden lesen	Ausführen	Ergebnisse zurückschr.	
1	BREQ					
2	Befehl 2	BREQ				
3	Befehl 3	Befehl 2	BREQ			
4	Befehl 4	Befehl 3	Befehl 2	BREQ		
5	Befehl 5	Befehl 4	Befehl 3	Befehl 2	BREQ	
6	Befehl 80					↑
7	Befehl 81	Befehl 80				
8	Befehl 82	Befehl 81	Befehl 80			Latenzzeit
9	Befehl 83	Befehl 82	Befehl 81	Befehl 80		
10	Befehl 84	Befehl 83	Befehl 82	Befehl 81	Befehl 80	↓

Abbildung 11.7: Verzweigung durch einen bedingten Sprungbefehl. Beispielhaft wird hier angenommen, dass der Befehl BREQ (Branch if equal) zu Befehl 80 verzweigt. Die schon vorverarbeiteten Befehle (hier Befehl 2 – Befehl 5) müssen verworfen werden. Die Pipeline wird neu gefüllt, dabei fällt wieder die Latenzzeit an.

Der Zeitverlust ist also um so größer, je länger die Pipeline ist. Unbedingte Sprünge lassen sich schon in der Dekodierphase abfangen. Schwieriger sind bedingte Sprünge, bei denen ja erst durch die Auswertung einer Bedingung über die Ausführung des Sprunges entschieden wird, also in der Ausführungsstufe. Für diesen Problembereich wurden verschiedene Lösungen entwickelt.

Bei der *Delay-Branch-Technik* führt der Prozessor den nach dem Sprungbefehl stehenden Maschinenbefehl (im so genannten Delay-Slot) auf jeden Fall aus. Das ist zwar unlogisch, vereinfacht aber das Prozessordesign. Der Übersetzer wird also versuchen, dort einen Befehl unterzubringen, der unabhängig vom Sprung ausgeführt werden muss. Das ist in der Regel ein Befehl, der *vor* dem Sprungbefehl steht und verschiebbar ist. Gelingt das nicht, muss auf den Delay-Slot ein Leerbefehl gesetzt werden.

Eine weitere Maßnahme ist die möglichst *frühe Erkennung des Sprunges*. Dazu kann die Berechnung des Sprungzieles aus der Ausführungsstufe in die Dekodierungsstufe vorverlegt werden und ebenso die Auswertung der Sprungbedingung. Das vermindert den Zeitverlust, bedeutet aber einigen Hardwareaufwand.

Eine Sprungvorhersage (*Branch Prediction*) macht einfach eine Annahme darüber, ob der Sprung genommen wird oder nicht, und setzt entsprechend fort. Man spricht von *spekulativer Ausführung*. Wenn sich bei der Auswertung der Sprungbedingung herausstellt, dass die Annahme richtig war, hat der Prozessor richtig spekuliert und es geht ohne Zeitverlust weiter. War die Annahme falsch, ist die Spekulation schief gegangen. Dann müssen alle Befehle, die nach dem Sprung lagen, aus der Pipeline gelöscht und diese neu gefüllt werden. Die *statische Sprungvorhersage* geht von festen Regeln aus. Eine mögliche Regel ist: Rückwärtssprünge werden immer genommen, Vorwärtssprünge nie. Diese Regel beruht darauf, dass Schleifen mit Rückwärtssprüngen aufgebaut sind und meistens mehrfach durchlaufen werden. Vorwärtssprünge dienen z.B. dem Abbruch von Schleifen oder der Reaktion auf Fehlerbedingungen, beides kommt etwas seltener vor. Natürlich sind diese Regeln primitiv und produzieren viele falsche Vorhersagen, sie sind aber immer noch besser, als das Zufallsprinzip.

Moderne Prozessoren arbeiten mit einer *dynamischen Sprungvorhersage*. Dabei werden im aktuellen Programmlauf die Sprungbefehle beobachtet und in einer speziellen Hardware, der *Branch-History-Tabelle*, wird eine Statistik über die Sprünge aufgestellt. Eine Branch-History-Tabelle kann folgende Bestandteile enthalten:

1. Die Adresse des Sprungbefehls oder des Blockes, in dem dieser liegt,

2. ein Bit, das die Gültigkeit des Eintrages anzeigt (Valid-Bit),

3. ein oder mehrere History-Bits, die aktuelle Erfahrungen mit diesem Sprungbefehl enthalten (Sprung genommen/ nicht genommen),

4. die Adresse des Sprungzieles.

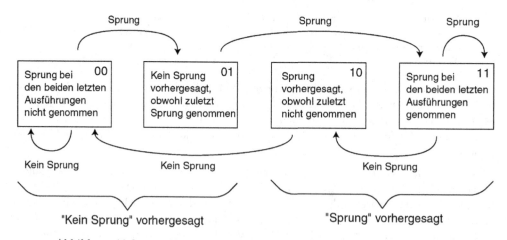

Abbildung 11.8: Eine History-Tabelle mit zwei History-Bits und vier Zuständen.

In Abb. 11.8 ist eine Vorhersage-Logik mit zwei History-Bits und vier Zuständen vorgestellt. Wenn ein Sprung zweimal nacheinander nicht genommen wurde, ist man im Zustand (0,0) ganz links. Die Vorhersage ist dann natürlich „Kein Sprung". Wird der Sprung beim nächsten

Mal genommen, bleibt die Logik zunächst bei ihrer Vorhersage (Zustand (0,1)). Wird der Sprung danach wieder genommen, geht sie in den Zustand (1,1) über, weil der Sprung ja nun zweimal hintereinander genommen wurde. Wird er beim nächsten Mal nicht genommen, gelangt man in Zustand (1,0) usw.[1] Diese Art der History-Tabelle berücksichtigt also nicht nur den letzten Sprung, wie es bei einer 1-Bit-History wäre. Aufwändige dynamische Sprungvorhersagen erreichen Trefferquoten von 99%. Die Adresse des Sprungzieles kann natürlich auch aus dem Sprungbefehl entnommen werden; in der History-Tabelle ist sie aber früher verfügbar.

Damit ein RISC-Prozessor wirklich gute Leistung erbringt, muss Maschinencode erzeugt werden, der für das Befehls-Pipelining gut geeignet ist. Man plant daher optimierende Compiler fest ein, auf Assemblerprogrammierung wird meistens verzichtet.

11.2 Superskalare Architekturen

11.2.1 Mehrfache parallele Hardwareeinheiten

Unter Skalarität verstanden wir die Fähigkeit, im Prinzip eine Instruktion pro Takt auszuführen. Superskalare Architekturen erreichen Durchsätze von mehr als einer Instruktion pro Takt. Das ist nur durch echte Parallelisierung möglich, die über das Befehlspipelining hinausgeht. Superskalare Architekturen besitzen mehrere Dekodierungsstufen und mehrere Ausführungseinheiten, die parallel arbeiten können.

Als Beispiel betrachten wir die Architektur in Abb. 11.9. Sie besitzt zwei Dekoder, zwei Ganzzahl-Einheiten, eine Gleitkommaeinheit und eine Lade-/Speichereinheit. Die beiden Dekoder begrenzen die Leistung der Architektur auf maximal zwei Instruktionen pro Takt. Es stehen getrennte Ganzzahlregister R0 – R31 und Gleitkommaregister F0 – F15 zur Verfügung. Die beiden Dekoder dekodierten die Instruktionen in so genannte *Mikrooperationen* (MicroOps) und speichern sie in einem kleinen Pufferspeicher mit zwei Plätzen. Die Befehle werden von dort an Ausführungseinheiten ausgegeben (issue), sobald diese verfügbar sind. Dabei müssen natürlich evtl. Datenabhängigkeit berücksichtigt werden. Wenn im Pufferspeicher Plätze frei werden, werden im gleichen Takt neue Befehle dekodiert und im Pufferspeicher abgelegt. Wir nehmen an, dass durch Voreinholung (Prefetching) immer genug Code vorausschauend eingelesen und an die Dekoder weitergegeben wird. Die Instruktionen werden abgeschlossen durch die Rückordnungs- und Abschlusseinheit. Bei STORE-Befehlen werden durch diese Einheit die Ergebnisse aus den Registern entnommen und an die LOAD/STORE-Einheit übergeben.

Wir nehmen an, dass die Ganzzahl-Befehle nach der Ausgabe an die Ganzzahl-Einheit drei Takte zur Ausführung brauchen, während die Gleitkommabefehle vier Takte brauchen. Die Ausführungszeit der Lade- und Speicherbefehle hängt vom Inhalt des L1-Cache ab, soll aber mindestens vier Takte betragen (L1-Cache-Treffer). Wir nehmen zunächst an, dass alle Instruktionen in richtiger Reihenfolge ausgegeben werden müssen (*in-order-issue*). Es ist also eine parallele Ausgabe aufeinanderfolgender Befehle erlaubt, nicht aber die Ausgabe eines Befehls, der im Code nach Befehlen steht, die noch nicht ausgegeben wurden. Außerdem wollen wir annehmen, dass es kein Bypassing gibt und bei Datenabhängigkeit abgewartet wird, bis

---

[1] Die Verwaltung der vier Zustände stellt einen endlichen Automaten dar.

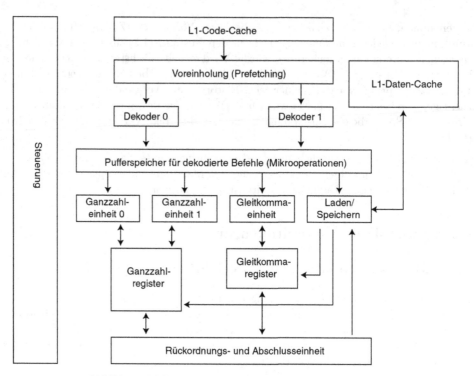

Abbildung 11.9: Beispiel für eine superskalare Architektur.

das betreffende Register beschrieben ist. Wir wollen nun am Beispiel eines kleinen, hypothetischen Code-Abschnittes versuchen, die Arbeit dieser Beispielarchitektur nachzuvollziehen.

```
;Beispiel-Befehlsfolge für die superskalare Architektur von Abb. 11.9
            AND R1,R2,R3    ; R1=R2 AND R3
            INC R0          ; Increment R0
            SUB R5,R4,R1    ; R5=R4-R1
            ADD R6,R5,R1    ; R6=R5+R1
            COPY R5, 1200h  ; R5=1200h
            LOAD R7,[R5]    ; Laden mit registerindirekter Adressierung
            FADD F0,F1,F2   ; F0=F1+F2
            FSUB F0,F0,F3   ; F0=F0-F3
```

Diese Befehlsfolge wird nun aus dem L1-Code-Cache sequenziell eingelesen und verarbeitet, wie in Abb. 11.10 dargestellt.

Takt 1 Der AND- und der INC-Befehl werden dekodiert und im Pufferspeicher abgelegt.

Takt 2 AND- und INC-Befehl sind frei von Datenabhängigkeiten und werden parallel an die Ganzzahleinheiten 1 und 2 ausgegeben; der SUB- und der ADD-Befehl werden dekodiert.

Takte 3, 4 Parallele Ausführung des AND- und des INC-Befehls.

Takt 5 Der SUB-Befehl steht über R1 in einer Datenabhängigkeit (Read-After-Write) zum AND-Befehl, kann aber ausgegeben werden, da der AND-Befehl abgeschlossen ist. Der ADD-

Takt-zyklus	Dekoder0	Dekoder1	Ganzzahl-Einheit0	Ganzzahl-Einheit1	Gleit-komma-einheit	Load/Store
1	AND	INC				
2	SUB	ADD	AND	INC		
3			AND	INC		
4			AND	INC		
5	COPY		SUB			
6			SUB			
7			SUB			
8	LOAD		ADD			
9			ADD			
10			ADD			
11	FADD		COPY			
12			COPY			
13			COPY			
14	FSUB	...			FADD	LOAD
15					FADD	LOAD
16					FADD	LOAD
17					FADD	LOAD
18	...				FSUB	
19					FSUB	
20					FSUB	
21					FSUB	

Abbildung 11.10: Ausführung der Beispiel-Befehlsfolge, wenn der Prozessor die Instruktionen in der richtigen Reihenfolge ausgibt. „..." steht für einen nachfolgenden Befehl.

Befehl kann nicht ausgegeben werden, weil er auf das Ergebnis in R5 warten muss (Datenabhängigkeit Read-After Write), COPY wird dekodiert.

Takte 6, 7 Weitere Ausführung von SUB.

Takt 8 ADD wird ausgegeben, LOAD wird dekodiert. Der COPY-Befehl kann wegen einer Datenabhängigkeit (Write-After-Read) in Register R5 nicht parallel ausgegeben werden.

Takt 9, 10 Weitere Ausführung von ADD.

Takt 11 Da Register R5 beschrieben ist, wird der COPY-Befehl ausgegeben; FADD wird dekodiert.

Takt 12, 13 Weitere Ausführung von COPY.

Takt 14 Da das Ergebnis des COPY-Befehls nun in R5 vorliegt, kann der LOAD-Befehl ausgegeben werden. Der FADD-Befehl benutzt die Gleitkommaregister und ist unabhängig von den Ganzzahlbefehlen, er wird parallel an die Gleitkommaeinheit ausgegeben. Die beiden Dekoder dekodieren parallel den FSUB-Befehl und dessen Nachfolger.

Takt 15, 16, 17 Weitere Ausführung von FADD und LOAD.

Takt 18 FSUB wird ausgegeben; ein weiterer Befehl wird dekodiert.

Takt 19, 20, 21 Weitere Ausführung von FSUB.

Um die Einhaltung der Datenabhängigkeiten zu überwachen, kann ein *Scoreboard* benutzt werden. Dort wird für jedes Register mitgeführt, wie viele Lesezugriffe noch ausstehen und ob noch ein Schreibzugriff aussteht [45]. Ein neuer Befehl darf nur dann ausgegeben werden, wenn

1. die Register, die der Befehl liest, nicht mehr zum Beschreiben vorgemerkt sind (keine RAW-Abhängigkeit),

2. die Register, die er beschreibt, nicht mehr zum Lesen vorgemerkt sind (keine WAR-Abhängigkeit),

3. die Register, die er beschreibt, nicht mehr zum Beschreiben vorgemerkt sind (keine WAW-Abhängigkeit).

11.2.2 Ausführung in geänderter Reihenfolge

Insgesamt erreichen wir trotz hohen Hardwareaufwandes bisher kein großes Maß an Parallelverarbeitung, das Codebeispiel im letzten Abschnitt war erst nach 21 Takten abgearbeitet. Das liegt nicht nur an den vielen Datenabhängigkeiten im Code, auch die Ausführung in der richtigen Reihenfolge wirkt als Hemmschuh. Der FADD- und der nachfolgende FSUB-Befehl sind völlig unabhängig von den vorhergehenden Befehlen, können aber nicht an die Gleitkommaeinheit ausgegeben werden, weil der Prozessor sich an die Reihenfolge im Code hält. Viele Prozessoren sind deshalb dazu übergegangen, die Reihenfolge der Ausführung abzuändern, wenn das einen Vorteil bringt. Die Ausführung in geänderter Reihenfolge, *out of order execution*, kann natürlich nur dann betrieben werden, wenn am Ende alle Ergebnisse so sind, als wären die Befehle in der richtigen Reihenfolge ausgeführt worden. Auf die Ausgabe in der ursprünglichen Reihenfolge kann verzichtet werden, wenn zumindest die Ergebnisse in der richtigen Reihenfolge anfallen und alle Datenabhängigkeiten berücksichtigt werden. Fällt ein Ergebnis zu früh an, kann es zwischengespeichert werden, und zur richtigen Zeit wieder in den Ablauf eingeschleust werden. Das ist die Aufgabe der Rückordnungs- und Abschlusseinheit, die hier wesentlich aufwändiger ausfällt. Nehmen wir noch einmal den obigen Code als Beispiel. Wenn bei Ausführung in geänderter Reihenfolge das Ergebnis des 5. Befehls (COPY) vor dem 3. Befehl (SUB) vorliegen würde, dürfte es nicht zurückgeschrieben werden, weil dann der SUB-Befehl später zurückschreibt und ein falscher Wert in R5 verbleibt (Write-After-Write). Auch hier ist das Scoreboard ein wichtiges Hilfsmittel. Betrachten wir die Ausführung des obigen Code-Abschnitts noch einmal, nachdem wir in unsere Beispiel-Architektur die Befehlsausführung in veränderter Reihenfolge eingeführt haben. Damit sich dazu überhaupt Möglichkeiten ergeben, vergrößern wir den Pufferspeicher, so dass er sechs dekodierte Befehle fasst. Der Verlauf der Bearbeitung ist in Abb. 11.11 dargestellt, der letzte Befehl der Sequenz wird jetzt schon in Takt 17 beendet.

Takt 1 Der AND- und der INC-Befehl werden dekodiert und im Pufferspeicher abgelegt.

Takt 2 Der AND- und der INC-Befehl sind frei von Datenabhängigkeit und werden parallel an die Ganzzahleinheiten 1 und 2 ausgegeben; der SUB- und der ADD-Befehl werden dekodiert.

Takt 3 Parallele Ausführung des AND- und des INC-Befehls; der COPY- und der LOAD-Befehl werden dekodiert.

Takt 4 Abschluss des AND- und des INC-Befehls; der FADD- und der FSUB-Befehl werden dekodiert, Pufferspeicher ist gefüllt.

Takt 5 Der SUB-Befehl wird ausgegeben, da der AND-Befehl abgeschlossen ist. Der ADD-Befehl muss wegen RAW-Abhängigkeit zum SUB-Befehl warten. Ebenso der COPY-Befehl (WAR-Abhängigkeit von ADD) und der LOAD-Befehl (RAW-Abhängigkeit zu COPY). Der

Takt-zyklus	Dekoder0	Dekoder1	Ganzzahl-Einheit0	Ganzzahl-Einheit1	Gleit-komma-einheit	Load/Store
1	AND	INC				
2	SUB	ADD	AND	INC		
3	COPY	LOAD	AND	INC		
4	FADD	FSUB	AND	INC		
5	...	...	SUB		FADD	
6			SUB		FADD	
7			SUB		FADD	
8	...		ADD		FADD	
9	...		ADD		FSUB	
10			ADD		FSUB	
11	...		COPY		FSUB	
12			COPY		FSUB	
13			COPY			
14	...					LOAD
15						LOAD
16						LOAD
17						LOAD

Abbildung 11.11: Ausführung der Beispiel-Befehlsfolge, wenn der Prozessor die Instruktionen in veränderter Reihenfolge ausgibt.

FADD-Befehl ist nicht von Datenabhängigkeiten betroffen, er wird jetzt vorgezogen und ausgegeben. Die Dekoder füllen die beiden frei gewordenen Plätze im Pufferspeicher auf.

Takte 6, 7 Weitere Ausführung von SUB und FADD.

Takt 8 ADD wird ausgegeben, FADD beendet und ein neuer Befehl dekodiert.

Takt 9 FSUB wird ausgegeben; ein weiterer Befehl wird dekodiert.

Takt 10 Weitere Ausführung von ADD und FSUB.

Takt 11 Da Register R5 beschrieben ist, wird der COPY-Befehl ausgegeben; ein neuer Befehl wird dekodiert.

Takt 12 FSUB wird abgeschlossen.

Takt 13 COPY wird abgeschlossen.

Takt 14 Da der Wert in R5 nun vorliegt wird der LOAD-Befehl ausgegeben.

Takt 15, 16, 17 Weitere Ausführung von LOAD.

Die Ausführung in veränderter Reihenfolge hat uns also einen Gewinn von vier Taktzyklen eingebracht und war anscheinend auch relativ unproblematisch. Der notwendige Hardware-aufwand ist aber nicht zu unterschätzen, außerdem entsteht ein neues Problem: Natürlich muss auch eine superskalare Architektur auf Interrupts reagieren. Stellen wir uns z.B. vor, dass in Abb. 11.11 im 8. Taktzyklus eine Interruptanforderung angemeldet wird. Es würde zu viel Zeit kosten, zunächst alle Befehle vollständig abzuarbeiten, und dann erst den Interrupt zu bearbeiten. Wenn man aber nach dem 8. Taktzyklus unterbricht, hat man eine bemerkenswerte Situation: Der Befehl ADD ist teilweise bearbeitet. Der viel später im Code stehende FADD-Befehl ist schon beendet und die dazwischen stehenden Befehle COPY und LOAD sind nur dekodiert. Entsprechend aufwändig ist nach Beendigung der Unterbrechung die Wiederherstellung des Systemzustands (Problematik der *präzisen Interrupts*).

11.2.3 Register-Umbenennung

Die Ausführung des obigen Codes lässt sich weiter verbessern. Ein kritischer Blick auf den Code zeigt, dass ein Teil der Datenabhängigkeiten vermeidbar ist. Der COPY-Befehl lädt die Adresse 1200h nach R5, damit der nachfolgende LOAD-Befehl mit R5 adressieren kann. Genau so gut hätte in diesen beiden Befehlen jedes andere Register benutzt werden können. Die Wahl von R5 war aber sehr unglücklich, sie produziert eine unnötige Datenabhängigkeit (WAR) zu dem vorausgehenden ADD-Befehl und ein optimierender Compiler hätte eine bessere Wahl getroffen. Eine Möglichkeit, das Problem mit Hardware-Mitteln zu beseitigen ist die Register-Umbenennung (*Register Renaming*). Dabei werden die im Code referenzierten ISA-Register über eine Zuordnungstabelle auf eine größere Zahl von Hintergrundregistern abgebildet.

Beispiel Im Programm steht der Befehl ADD R1,R2,R3, es soll also die Summe von R2 und R3 berechnet und in R1 abgelegt werden. In der Zuordnungstabelle steht, dass R2 im Hintergrundregister H13 zu finden ist und R3 in H19. Der Prozessor addiert also in einer freien Ganzzahleinheit H13 und H19. Das Ergebnis legt er in einem freien Hintergrundregister ab, sagen wir in H5. Nachfolgende Lesezugriffe auf R1 werden nun immer auf H5 geleitet. Wenn später R1 neu beschrieben wird, braucht nicht wieder H5 benutzt werden. Im Gegenteil, es ist vorteilhaft, diesmal ein anderes Hintergrundregister zu wählen, weil dadurch die Datenabhängigkeit aufgehoben wird. Konkret heißt das, ein Lesezugriff auf den alten Wert in R1 kann noch ausgeführt werden, obwohl ein nachfolgender Befehl, der R1 neu beschreibt, schon ausgeführt ist. Das ist natürlich für die Ausführung in veränderter Reihenfolge sehr nützlich.

Die Hintergrund-Register können linear organisiert sein oder in der Art eines Ringpuffers. Die (jetzt intelligent zu konstruierende) Dekodiereinheit würde in unserem Code-Beispiel also die Datenabhängigkeit erkennen und in den beiden Befehlen COPY und LOAD statt R5 ein internes Register benutzen, das zu diesem Zeitpunkt völlig frei ist. Diese Zuordnung bleibt erhalten, bis R5 durch einen anderen Befehl überschrieben wird. Für die korrekte Zuordnung bei Abschluss der Befehle ist die Rückordnungs- und Abschlusseinheit zuständig. Die Ausgabe von COPY und LOAD braucht nun nicht mehr zurückgehalten werden, bis der ADD-Befehl abgeschlossen ist, denn die Register-Umbenennung hat ja die Datenabhängigkeit beseitigt. Das Ergebnis ist in Abb. 11.12 dargestellt, der letzte Befehl der Sequenz ist schon nach 12 Takten abgeschlossen.

11.2.4 Pipeline-Länge, spekulative Ausführung

Da ein Befehl nach wie vor die Verarbeitungsstufen und -teilstufen sequenziell durchläuft, spricht man auch bei superskalaren Strukturen nach wie vor von einer Pipeline, obwohl diese nicht mehr linear, sondern verteilt aufgebaut ist. Wenn wir den Befehlslesezyklus mitrechnen, entspricht unsere Beispiel-Architektur einer verzweigten fünf- bis sechsstufigen Pipeline. Interessant ist die Frage nach der optimalen Länge der Pipeline. Eine Pipeline mit vielen Stufen kann mit einem hohen Prozessortakt angesteuert werden, weil jede Stufe nur eine kleine Teilaufgabe löst und einfach aufgebaut ist. Das ergibt einen hohen Durchsatz an Instruktionen pro Sekunde. Prozessoren mit mehr als 10 Pipeline-Stufen nennt man auch *super-pipelined*. Der Nutzen des Superpipelining ist allerdings durch zwei Effekte begrenzt: Erstens lassen sich Zugriffe auf Speicherbausteine schlecht weiter unterteilen und zweitens wächst mit der

Takt-zyklus	Dekoder0	Dekoder1	Ganzzahl-Einheit0	Ganzzahl-Einheit1	Gleit-komma-einheit	Load/Store
1	AND	INC				
2	SUB	ADD	AND	INC		
3	COPY	LOAD	AND	INC		
4	FADD	FSUB	AND	INC		
5	...	...	SUB	COPY	FADD	
6	...		SUB	COPY	FADD	
7			SUB	COPY	FADD	
8	...	...	ADD		FADD	LOAD
9	...		ADD		FSUB	LOAD
10			ADD		FSUB	LOAD
11					FSUB	LOAD
12					FSUB	

Abbildung 11.12: Ausführung der Beispiel-Befehlsfolge, bei veränderter Reihenfolge und Benutzung von Register-Umbenennung.

Pipeline-Länge die Latenzzeit an. Trotzdem ist in den letzten Jahren eine gewisse Tendenz zu großen Pipeline-Längen zu beobachten (s. Abschn. 11.3.2).

Bedingte Sprungbefehle bleiben auch für superskalare Architekturen ein Problem, besonders für solche mit langer Pipeline und demnach hoher Latenzzeit. Ein nicht vorhergesagter Sprung kann ja bedeuten, dass alle Ausgabeeinheiten geleert werden müssen. Man ergreift daher neben der Sprungvorhersage hier oft weitere Maßnahmen. Bei ausreichenden Systemresourcen kann man sich eine spekulative Ausführung in mehreren Zweigen leisten. Bei einem bedingten Sprungbefehl leitet man also die Befehle *beider* Zweige in die Pipeline ein. Ist dann die Sprungentscheidung gefallen, wird der eine Teil ungültig gemacht und der andere weiterverfolgt. Das erfordert zwingend eine ausgefeilte Registerumbenennung, da in beiden Zweigen ja aus Programmsicht auf den gleichen Registersatz zugegriffen wird. Manche Architekturen sind sogar in der Lage, beim Auftreten einer weiteren Verzweigung im spekulativen Zweig wieder beide Zweige zu verfolgen. Die spekulative Ausführung hat aber ihre Tücken. Wird z.B. in einem spekulativen Zweig ein Ladebefehl ausgeführt, der zu einem Cache-Fehltreffer führt, werden unter Umständen viele Prozessorzyklen geopfert, um einen Cache-Block nachzuladen, der dann doch nicht gebraucht wird. Führt der Speicherzugriff zu einem Seitenfehler mit anschließendem Festplattenzugriff, verschlimmert sich das Problem noch erheblich. Viele Superskalare Prozessoren arbeiten deshalb mit dem *spekulativen Laden*, bei dem das Laden eines Speicherdatums abgebrochen wird, wenn dieses nicht im L1-Cache zu finden ist. Ein noch größeres Problem könnte entstehen, wenn folgender C-Code übersetzt wird:

```
if (x>0) z = y/x;
```

In dem erzeugten Maschinencode wird die Division spekulativ ausgeführt, bevor die Sprungbedingung ausgewertet ist, d.h. auch dann, wenn x gleich 0 ist. Die spekulative Ausführung führt damit genau zu der Divisionsfehler-Ausnahme, die der Programmierer korrekt vermeiden wollte! Eine mögliche Lösung ist das so genannte *Giftbit* (*Poison Bit*), das in dieser Situation gesetzt wird, anstatt die Ausnahme auszulösen. Stellt sich dann heraus, das tatsächlich dieser Zweig genommen wird, kann die Ausnahme immer noch ausgelöst werden. [45]

Superskalare Prozessoren können bei der Aufgabe der Parallelisierung auch durch die Compiler unterstützt werden. Eine Maßnahme ist dabei die Erstellung möglichst langer Blöcke ohne Sprungbefehl (Basisblöcke). Das kann man z.b. durch die Auflösung von Schleifen (*Loop-Unrolling*) oder Unterprogrammaufrufen erreichen. Noch besser ist es, wenn die Architektur, wie z.B. Intels IA-64, *Prädikation* anbietet (s. Abschn. 11.4). Prädikatierte Befehle sind Befehle, die nur ausgeführt werden, wenn eine angegebene Bedingung erfüllt ist. Ist sie nicht erfüllt, bleiben sie wirkungslos (NOP). Prädikatierte Befehle können die Anzahl der Verzweigungen vermindern.

11.2.5 VLIW-Prozessoren

Ein anderer Weg ist die Parallelisierung durch den Compiler. Schon bei der Übersetzung wird der Code analysiert und unter genauer Kenntnis der Hardware entschieden, welche Maschinenbefehle parallel ausgeführt werden können. Das übersetzte Programm enthält dann schon die Anweisungen zur Parallelausführung und dem Prozessor ist diese Aufgabe abgenommen. Man nennt dies auch explizite Parallelisierung. Die Parallelität wird meistens mit Hilfe eines *very long instruction word*, kurz *VLIW*, formuliert. Ein VLIW enthält mehrere Befehle, die schon zur Übersetzungszeit gebündelt wurden.

VLIW-Prozessoren haben Vor- und Nachteile. Ein Vorteil ist der einfachere Aufbau der Hardware, da ja die komplizierte Aufgabe der Parallelisierung dem Übersetzer übertragen wird. Ein Nachteil liegt darin, dass bei einer Änderung der Architektur, z.B. bei dem Nachfolgeprozessor, alle Programme neu übersetzt werden müssen. Die IA-64-Architektur, die in Abschn. 11.4 vorgestellt wird, arbeitet mit einem dreifach parallelen VLIW.

11.2.6 Hyper-Threading

Ein Thread („Faden") ist ein eigenständiger Teil eines Prozesses, der seinen eigenen Programmfluss samt Programmzähler, Registerinhalten und Stack hat. Ein Thread hat aber keinen eigenen Adressraum, sondern teilt sich den Adressraum mit anderen Threads dieses Prozesses. Ist ein Prozess in mehrere Threads aufgeteilt, spricht man auch von *Multithreading*. In manchen Programmiersprachen (z. B. Java) ist die Erzeugung von Threads schon in der Sprachdefinition vorgesehen. In anderen Sprachen benutzt man einen Aufruf des Betriebssystems um einen Thread zu erzeugen. Die Threads sind weitgehend voneinander entkoppelt, das heißt sie haben kaum gegenseitige Datenabhängigkeiten und können großenteils unabhängig voneinander ausgeführt werden.[2] Ein Einfachkern-Prozessor bearbeitet mehrere Threads, indem er zwischen den Threads umschaltet und reihum jeden Thread eine kurze Zeitspanne bearbeitet (Time-Sharing). Doch auch hier ist das Multithreading nützlich: Weitgehend unabhängige Threads lassen sich auch unabhängig abarbeiten. Wenn sich z. B. im ersten Thread eine große Wartezeit durch eine Datenabhängigkeit oder einen Hauptspeicherzugriff ergibt, kann der Prozessor inzwischen den zweiten Thread bearbeiten, statt untätig zu warten.

---

[2] Ein Mehrkernprozessor (Abschnitt 11.2.7) könnte nun in echter Parallelausführung jedem Kern einen Thread zuweisen.

Ein Problem dabei ist, dass die Umschaltung auf den zweiten Thread bei einem konventionellen Prozessor sehr lange dauert. Es müssen nämlich bei jeder Umschaltung viele Daten transportiert werden:

- Sichern der Inhalte der Hintergrundregister und der Registerzuordnungstabellen des aktiven Threads aus dem Prozessor in einen geschützten Speicherbereich

- Laden der Inhalte der Hintergrundregister und der Registerzuordnungstabellen des zu aktivierenden Threads aus einen geschützten Speicherbereich in den Prozessor

Erst danach kann auf den neuen Thread umgeschaltet werden. Der Zeitgewinn durch das Multithreading geht durch Zeitaufwand für das Umkopieren der Daten teilweise wieder verloren, manchmal lohnt sich die Umschaltung auf einen anderen Thread gar nicht. Genau hier setzt die Idee des Hyper-Threading an: Die Hintergrundregister und die Registerzuordnungstabelle sind doppelt vorhanden, die Ausführungseinheiten und Caches weiterhin nur einmal. (Abb. 11.13) Das Umschalten auf den anderen Thread geht dann sehr schnell, da der zweite Registersatz alle aktuellen Daten des zweiten Threads enthält, es muss nichts gesichert oder geladen werden. Hyper-Threading beschleunigt also nicht die Ausführung sondern das Umschalten zwischen den Threads. Programme, die nur einen Thread haben, profitieren überhaupt nicht vom Hyper-Threading.

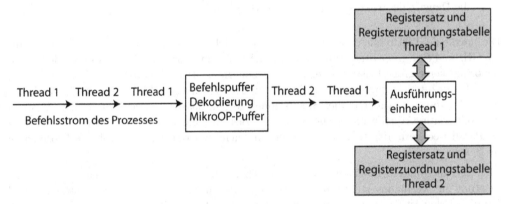

Abbildung 11.13: Funktionsschema des Hyper-Threading. Register und Registerzuordnungstabelle sind doppelt vorhanden, beim Umschalten auf den anderen Thread müssen keine Daten zeitaufwändig gesichert und geladen werden.

Wichtig ist natürlich, ob und wie weit eine Anwendung sich auf mehrere Threads aufteilen lässt. Dies ist die alte Schlüsselfrage nach der Parallelisierbarkeit von Software. Es geht immer dann gut, wenn mehrere Berechnungsstränge unabhängig von einander ausgeführt werden. Wenn zum Beispiel ein Grafikprogramm ein Bild nach einer bestimmten Rechenvorschrift rendert, kann man das Bild in mehrere Bereiche aufteilen und jeden von einem eigenen Thread berechnen lassen. Ähnliches gilt für viele Arten der Bild- oder Videobearbeitung. Multithreading lässt sich auch in vielen Spielen realisieren, wenn der Bildaufbau und die Spiellogik in ganz verschiedenen Programmteilen stattfinden und jeweils einen eigenen Thread erhalten. Die Hyper-Threading-Prozessoren stellen aus der Sicht von Software und Betriebssystem ein (virtuelles) Doppelprozessor-System dar. Hyper-Threading bringt bei überschaubarem Hardwareaufwand einen typischen Performancegewinn von 10 - 20%.

11.2.7 Prozessoren mit mehreren Kernen

Der ständige Wunsch der Computernutzer nach immer mehr Leistung konnte lange Zeit unter anderem durch Erhöhung der Taktfrequenz erfüllt werden. Doch in den letzten Jahren zeichnete sich ab, dass die Taktfrequenz der Prozessoren sich heute nicht mehr so einfach steigern lässt. Die Gründe dafür sind:

Wärmeentwicklung Die Leistungsaufnahme und die damit verbundene Wärmeentwicklung steigen mit der Taktfrequenz massiv an. (Siehe auch Kapitel 12)

Abstrahlung Die elektromagnetische Abstrahlung der Leiterbahnen nimmt mit der Taktfrequenz zu und führt zur Störung benachbarter Leiterbahnen, die wie eine Antenne die Abstrahlung auffangen. Dieses Problem wird ohnehin wegen der immer kleineren Abstände auf dem Chip immer kritischer.

Bus-Skew Durch unterschiedliche Leitungslängen und Ausbreitungsgeschwindigkeiten entstehen Zeitverschiebungen der Taktflanken und diese werden immer störender, je kürzer die Dauer eines Taktes ist. (Bus-Skew, Bus-Schräglauf)

Die maximale Taktfrequenz der Prozessoren liegt schon seit Jahren im Bereich von 2,5 bis 3,5 GHz und eine große Steigerung ist nicht mehr in Sicht. Auch eine Verbreiterung der Register bringt keine große Leistungssteigerung, schon die heutigen 64-Bit-Register werden durch die Software oft nicht gut ausgenutzt. Nun könnte man noch die Zahl der Ausführungseinheiten in den Prozessoren erhöhen, aber Simulationen zeigen, dass wegen der Datenabhängigkeiten im Code weitere Ausführungseinheiten kaum noch auszulasten sind. Da bleibt nur der Weg zu Parallelrechnern, das heißt Prozessoren mit mehreren Kernen oder mehrere Prozessoren im System.

Man darf allerdings nicht davon ausgehen, dass bei Einsatz von n Prozessoren auch die n-fache Leistung zur Verfügung steht. Das liegt daran, dass in jedem Code nur ein gewisser Anteil parallelisierbar ist. Der übrige Code muss sequenziell abgearbeitet werden, dazu gehört z. B. die Vorbereitung der Parallelausführung und das Erfassen der Ergebnisse. Bezeichnen wir mit f den Bruchteil an sequenziellem Code, so bleibt ein Anteil $(1-f)$ potenziell parallelisierbarer Code. Die Ausführungszeit für diesen Anteil kann theoretisch durch die Parallelisierung auf n Prozessoren um den Faktor $1/n$ vermindert werden. Die Beschleunigung B (Speedup) wird nun definiert als die ursprüngliche Ausführungszeit T geteilt durch die Ausführungszeit nach der Parallelisierung. Es ergibt sich

$$B = \frac{T}{fT + (1-f)T/n} = \frac{n}{1 + (n-1)f} \tag{11.1}$$

Dieser Zusammenhang ist als *Amdahls Gesetz* bekannt. Ein Rechenbeispiel dazu: Auf einem System mit vier Prozessoren ($n = 4$) läuft ein Programm mit einem parallelisierbaren Anteil von 10%. Somit ist $f = 0.1$ und man erhält eine Beschleunigung um den Faktor:

$$B = \frac{4}{1 + 3 \cdot 0.1} = 3.08 \text{ (gerundet)}$$

Man muss aber darauf hinweisen, dass dieser Wert nur das theoretisch erreichbare Maximum ist. In der Praxis wird es selten möglich sein, alle n Prozessoren voll auszulasten. Der Erfolg hängt von weiteren Faktoren wie den Algorithmen, den Caches und den Speicherlatenzen ab. Die Auslastung wird dann gut sein, wenn

- mehrere Prozesse aktiv sind (Multitasking) oder

- Prozesse mit mehreren Threads aktiv sind (Multithreading).

Für ein echtes Mehrprozessorsystem braucht man mehrere Sockel und einen dementsprechenden Chipsatz, das ist aufwändig und teuer. Billiger ist es, mehrere Prozessorkerne in einem Chip unterzubringen. Diese *Mehrkernprozessoren* (Multicores) sind in der PC-Welt heute der Standard. Bei solchen gleichartigen Prozessorkernen spricht man vom *Symmetrischen Multiprocessing* (SMP). Bei Mehrkernprozessoren stellen sich einige Designfragen:

- Wie wird das Caching organisiert, gibt es „private" Caches für die Kerne?

- Wie werden die Caches konsistent gehalten?

- Wie wird die Peripherie (Speicher, Grafikkarte, IO-Controller) angebunden?

- Sind die Prozessoren auch für Rechnersysteme mit mehreren Mehrkernprozessoren vorgesehen?

Würden alle Prozessoren/Prozessorkerne einen gemeinsamen Cache benutzen, wäre der Datenverkehr auf dem zugehörigen Bus sehr groß und würde einen Engpass bilden. Besser ist es, jedem Prozessor(-kern) zumindest einen eigenen Cache zu geben. Damit stellt sich sofort die Frage nach der Konsistenz der Caches. (siehe auch Abschnitt 10.3.4) Nach jedem Lesezugriff liegt im Cache eine Kopie des entsprechenden Blocks aus dem Speicher (Cache-Line). Liegt in zwei Caches eine Kopie des gleichen Speicherblocks und wird eine davon durch einen Schreibzugriff verändert, so ist die andere Kopie veraltet und muss für ungültig erklärt werden. Über solche Konsistenzprobleme muss streng gewacht werden und dazu dient das MESI-Kohärenzprotokoll. Dieses Protokoll kennt die Zustände Modified, Exclusive, Shared und Invalid.

Es setzt voraus, dass jeder Prozessor(-kern) auch über die Aktivitäten in anderen Caches informiert ist. Dazu muss das so genannte *Bus snooping* implementiert werden: Jeder Prozessor verfolgt den Busverkehr und protokolliert mit, welche Datenblöcke in andere Caches geladen oder auch dort verändert wurden. Stellt ein Prozessor beispielsweise fest, dass ein Datenblock, von dem er eine Kopie in seinem privaten Cache hat, in einem anderen Cache verändert wurde (Modified), erklärt er seine Kopie für ungültig (Invalid). Das Auffinden von Daten kann sehr unterschiedlich verlaufen. Im einfachsten Falle findet ein Kern das Datum im L1-Cache. Ist es dort nicht zu finden, wird im L2-Cache gesucht, danach im gemeinsamen L3-Cache. Hierbei ist es vorteilhaft, die Caches als „inclusive"-Caches zu betreiben: Alle

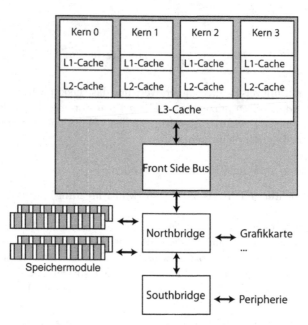

Abbildung 11.14: Vierkernprozessor mit konventionellem Chipsatz mit North- und Southbridge

Daten sind immer auch in den Caches höherer L-Stufe vorhanden. Findet der Kern das Datum in keinem Cache, muss der langwierige Lesevorgang im Hauptspeicher in Gang gesetzt werden. Interessant ist der Fall, dass ein Datum in einem privaten L1- oder L2-Cache steht, aber als verändert (Modified) markiert ist, in diesem Fall wird der Kern aufgefordert das Datum aus seinem privaten L2-Cache in den gemeinsamen L3-Cache zurück zu schreiben. Das Caching in Mehrprozessorsystemen ist ein wirklich komplexes Thema und die Hersteller gehen dabei auch etwas unterschiedliche Wege. AMD-Prozessoren verwenden beispielsweise das MOESI-Protokoll, das um einen fünften Zustand „Owned" erweitert wurde. Ein typisches Design ist in Abb. 11.14 zu sehen. Hier hat jeder Kern einen privaten L1- und L2-Cache. Der L3-Cache dagegen wird gemeinsam benutzt. Der Chipsatz besteht klassisch aus North- und Southbridge. Diesem Aufbau entspricht z. B. der Phenom-Prozessor von AMD. Bei weiterer Integration kann der Speichercontroller auf den Chip verlegt werden, wodurch sich die Northbridge vereinfacht. (Abb. 11.15) Diesem Aufbau entspricht z. B. der Core i7-900 von Intel.

Die weitere funktionale Integration bringt auch die PCI-Express-Schnittstelle auf den Prozessorchip (Abb. 11.16). Diesem Aufbau entspricht z. B. Intels Core i5-700. Hier kann die Northbridge entfallen und der Chipsatz besteht im Wesentlichen aus der Southbridge (IO-Controller)

Bemerkenswert ist, dass die Hersteller sich Wege offen gehalten haben, um mehrere solche Prozessoren zusammen zu schalten. Dazu brauchen die Prozessoren eine sehr leistungsfähige Schnittstelle um untereinander schnell Daten auszutauschen (Inter-Prozessor-Kommunikation). Solche Schnittstellen wurden von Intel (Quick Path Interconnect) entwickelt und auch von

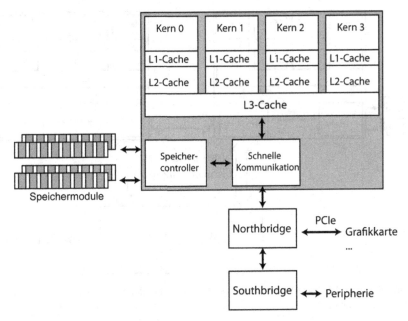

Abbildung 11.15: Vierkernprozessor mit integriertem Speichercontroller, North- und Southbridge

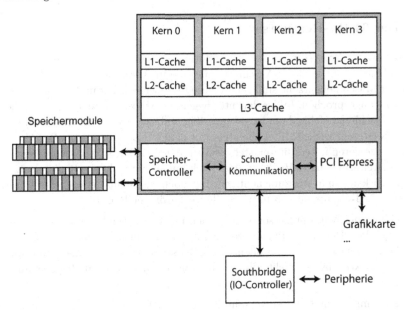

Abbildung 11.16: Vierkernprozessor mit integrierter PCI-Express-Schnittstelle und Southbridge

AMD (Hypertransport). Die Architektur eines solchen Systems ist in Abb. 11.17 angedeutet.

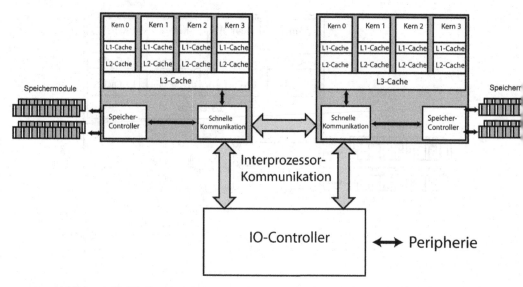

Abbildung 11.17: Zwei Vierkernprozessoren mit schneller Interprozesskommunikation in einem Serversystem

11.3   Fallbeispiel: Core Architektur der Intel-Prozessoren

11.3.1   Der 64-Bit-Registersatz

Der Registersatz der Prozessoren mit Core Architektur gehört zur Hardware-Software-Schnittstelle (Befehlssatzschnittstelle, ISA-Schnittstelle) die in Abschnitt 7.5.4 beschrieben ist. Auf der Ebene der Maschinensprache sind genau diese Register sichtbar und werden durch die Maschinenbefehle angesprochen. In der darunter liegenden Mikroarchitektur werden diese Register und die Maschinenbefehle dann hardwaremäßig realisiert. Beide Schichten wurden separat voneinander weiter entwickelt. Intel blieb hier mit neuen Prozessoren stets Befehlssatzkompatibel, neue Prozessoren unterstützten stets weiterhin den Befehlssatz des Vorgängers. Deshalb musste bei Erweiterungen des Registersatzes auch immer der bisherige Registersatz verfügbar bleiben und so kann man bis zum heutigen Tag noch die 8-Bit-Register des Urvaters 8086 ansprechen – als Teilgruppen von mittlerweile weit größerer Register.

Die Entwicklung der Mikroprozessoren ging auch mit einer ständigen Verbreiterung der Arbeitsregister einher. Der erste Mikroprozessor Intel 4004 arbeitete noch mit 4 Bit Breite aber nach der Jahrtausendwende waren offenbar 32 Bit schon zu wenig. Eine Umstellung auf 64 Bit stand an, obwohl längst nicht alle Anwendungen solche großen Register auch sinnvoll nutzen.

Bei Intel setzte man damals auf einen kompletten Neuanfang mit der dem Itanium-Prozessor und der IA-64-Architektur (s. Abschn.11.4). Diese bot 64-Bit-Verarbeitung und einen völlig neuen Befehlssatz, mit dem man ohne Ballast in die Zukunft starten wollte. Der Itanium setzte sich allerdings nur zögerlich durch und währenddessen beschritt Konkurrent AMD einen anderen Weg: Man erweiterte den Registersatz des Athlon auf 64 Bit, hielt den Prozessor

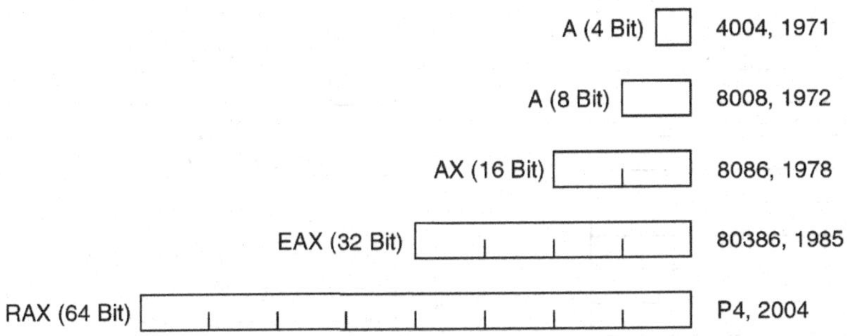

A (4 Bit) ☐   4004, 1971

A (8 Bit) ☐   8008, 1972

AX (16 Bit) ☐   8086, 1978

EAX (32 Bit) ☐   80386, 1985

RAX (64 Bit) ☐   P4, 2004

Abbildung 11.18: Die historische Entwicklung der Verarbeitungsbreite am Beispiel einiger Intel-Prozessoren.

aber kompatibel zu den Vorgängern.[3] Dadurch kann vorhandene Software weiter benutzt werden, ein schon erwähntes wichtiges Argument. Die 64-Bit-Erweiterung stellt nicht nur auf 64 Bit erweiterte Register sondern auch 8 zusätzliche Allzweckregister zur Verfügung (Abb. 11.19). Dieser erweiterte Registersatz wurde schließlich auch von Intel übernommen und bildet gemeinsam mit dem aktuellen Maschinenbefehlssatz die *Intel 64-Architektur*, sie ist in Abb. 11.19 dargestellt.[26] Die Intel 64-Architektur darf nicht mit der IA-64 verwechselt werden, die in Abschnitt 11.4 beschrieben wird.

Die Allzweckregister RAX, RBX, RCX, RDX, RDI, RSI, RBP, RSP sowie R8 – R15 haben 64 Bit und stehen für Zugriffe mit 64, 32, 16 oder sogar nur 8 Bit zur Verfügung. Der Instruction Pointer RIP eröffnet mit seinen 64 Bit den unvorstellbaren Adressraum von 16 Exabyte. Das Statusregister RFLAGS hat 64 Bit, allerdings sind nur 18 Bit wirklich mit Flags belegt. Für SIMD (siehe Abschn. 13) mit Ganzzahlen stehen acht MMX-Register mit je 64 Bit zur Verfügung und für SIMD mit Gleitkommazahlen, bei Intel SSE genannt, stehen acht zusätzliche 128-Bit-Register zur Verfügung: XMM0 – XMM8. AMD stellt hier sogar 16 dieser 128-Bit-Register bereit.

11.3.2 Die Entwicklung bis zu Pentium 4

Angesichts der überzeugenden Vorteile der RISC-Technologie wird sich der Leser vielleicht fragen, wie die Intel-Prozessoren der x86-Reihe ihre führende Rolle auf dem Markt behaupten konnten. Die Baureihe entwickelte sich bis zum 80386 ja zur typischen CISC-Architektur mit vielen und teils recht komplexen Befehlen. Intel verstand es aber erstaunlich gut, moderne RISC-Techniken in die dafür eigentlich ganz ungeeignete x86-Architektur zu integrieren. Die ganze Baureihe ist heute recht modern und leistungsstark. Gleichzeitig wurde streng auf absolute Abwärtskompatibilität geachtet. Auch auf dem neuesten Intel-Prozessor kann ohne Veränderung ein Maschinenprogramm laufen, das vor über 20 Jahren für einen 8086 übersetzt wurde. Da sich herausstellte, dass die Herstellung von Software aufwändig und teuer ist, werden Programme oft erstaunlich lange betrieben und die Abwärtskompatibilität von Intels Prozessoren war ein wichtiger Pluspunkt. Mittlerweile gibt es riesige Mengen von Software

---

[3] Durch ein Präfix-Byte vor dem betreffenden Befehl kann immer noch auf die 32-Bit-Umgebung zurück geschaltet werden.

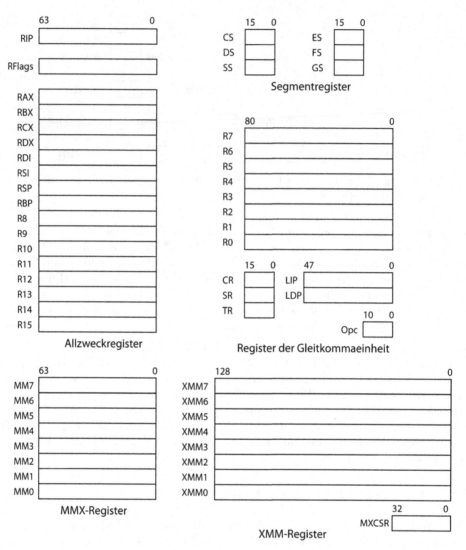

Abbildung 11.19: Der 64-Bit-Registersatz der Intel 64-Architektur

für die x86-Architekturen und man fragt sich allmählich, ob diese überhaupt jemals abgelöst werden.

Bei Erscheinen des 80386 hatte man schon erkannt, dass der RISC-Technologie die Zukunft gehört. Der Nachfolger 80486 wies schon einige RISC-Merkmale auf: Eine fünfstufige Pipeline, mehr in Hardware realisierte Befehle, einen L1-Cache auf dem Chip u.a.m. Dessen Nachfolger Pentium war schon ein Superskalar mit zwei parallelen Pipelines. Pentium Pro, Pentium II und Pentium III besitzen die *P6-Mikroarchitektur*, eine superskalare Drei-Weg-Architektur mit Ausführung in veränderter Reihenfolge. Der P6-Aufbau hat Ähnlichkeit mit unserer superskalaren Beispielarchitektur in Abb. 11.9. Es gibt auf dem Chip getrennte L1-

Caches für Daten und Code. Drei Dekoder geben die erzeugten Mikrooperationen an einen Pufferspeicher (hier: Reservierungsstation) mit 20 Einträgen weiter. Das Register-Renaming bildet die acht ISA-Register über eine Zuordnungstabelle auf 40 Hintergrundregister ab. Die Ausführungseinheiten sind drei LOAD-/STORE-Einheiten und zwei gemischte ALUs für Ganzzahl-, SIMD- und Gleitkommaverarbeitung. Die Pipeline des Pentium III hat 10 bis 11 Stufen. Das Hauptproblem der P6-Architektur ist die Beibehaltung der Unterstützung der komplexen Befehle aus dem 80386-Befehlssatz. Die einfachen, „RISC-artigen" Befehle werden von den Dekodern direkt in eine Mikrooperation umgesetzt. Die komplexen Befehle dagegen werden teilweise nach wie vor in Mikrocode abgearbeitet. Dazu ist einer der Dekoder mit einem Mikrocode-ROM ausgerüstet und erzeugt entsprechende Sequenzen von Mikrooperationen. Die mächtigen SIMD-Einheiten der Pentium-Prozessoren sind in Abschn. 13 beschrieben.

Wir haben es also bei den heutigen PC-Prozessoren mit einer gemischten Architektur zu tun, die nicht eindeutig als CISC oder RISC eingeordnet werden kann. Der Befehlssatz entstammt den alten CISC-Prozessoren, die Ausführung in den neueren Prozessoren läuft aber mit sehr moderner RISC-Technologie ab.

Die Superskalarität durch parallele Instruktionsausführung kann man an einem PC leicht ausprobieren, wenn ein C-Compiler installiert ist, der Inline-Assembler erlaubt. Die Pentium-Prozessoren (ebenso der Athlon) verfügen über einen *Zeitmarkenzähler*, der 64 Bit breit ist und mit jedem Prozessortakt um eins erhöht wird. Der Zeitmarkenzähler ist Teil des so genannten *Performance Monitors*, mit dem man Daten über den Ausführungsverlauf des Prozessors gewinnen kann. Mit dem Befehl RDTSC (*read time stamp counter*) kann der Zeitmarkenzähler in die Register EDX und EAX übertragen werden. Wenn man den Zeitmarkenzähler zweimal ausliest, ist die Differenz der Zählerstände die Anzahl der für die dazwischen liegende Befehlssequenz verbrauchten Prozessortakte. In dem folgenden Beispiel werden zwischen die RDTSC-Befehle vier einfache Befehle eingefügt. Die Ausführungszeit erhöht sich dadurch nur um einen Prozessortakt, was die Parallelarbeit im Prozessor sehr schön demonstriert.[4]

```
_asm {
rdtsc            ; Read time stamp counter
mov esi,eax      ; Zählerstand in ESI speichern
;*****************************************************
; Die folgenden vier einfachen Ganzzahl-Befehle verlängern
; die Ausführungszeit nur um einen Prozessortakt

or ecx,edi
xor eax,eax
and ebx,ecx
ende: inc edi
;*****************************************************
rdtsc                    ; Read time stamp counter
sub eax,esi              ; Differenz der Zählerstände ermitteln
mov anzahltakte, eax     ; und auf Variable übertragen
}
```

---

[4] In diesem Programmstück wurden nur die unteren 32 Bit des Zeitmarkenzählers verwendet, da deren Überlauf extrem selten ist.

```
printf("Die Ausfuehrung der Befehlsfolge brauchte %i Prozessortakte\n",anzahltakte);
```

Wir tauschen nun den xor-Befehl gegen den bedingten Sprungbefehl JNZ ende (jump if not zero to 'ende'). Der bedingte Sprungbefehl kann ja dazu führen, dass die Pipeline geleert und neu gefüllt werden muss. Tatsächlich verlängert der bedingte Sprungbefehl die Ausführungszeit auf einem Pentium III um weitere 11 Takte, was genau der Anzahl der Pipelinestufen entspricht.

```
_asm {
rdtsc            ; Read time stamp counter
mov esi,eax      ; Zählerstand in ESI speichern
;****************************************************
; Die folgenden vier Befehle verlängern die
; Ausführungszeit um mehrere Prozessortakte

or ecx,edi
jnz ende         ; jump if not zero to 'ende'
and ebx,ecx
ende:inc edi

;****************************************************
rdtsc                    ; Read time stamp counter
sub eax,esi              ; Differenz der Zählerstände ermitteln
mov anzahltakte, eax     ; und auf Variable übertragen
}
printf("Die Ausfuehrung der Befehlsfolge brauchte %i Prozessortakte\n",anzahltakte);
```

Es sei noch darauf hingewiesen, dass diese kleinen Beispiele keine exakten Messungen darstellen, weil die eingefügten Befehle auch teilüberlappend zum RDTSC-Befehl ausgeführt werden [26].

Mit dem *Pentium 4* kam die *Netburst Micro-Architecture*. Hier ist der L1-Code-Cache als *Execution-Trace-Cache* hinter die Dekodierung verlegt [26]. Darin liegen 12 K Mikrooperationen, die entsprechend der letzten Ablauffolge als verkettete Sequenzen (Trace Sequences) gespeichert wurden, und zwar über alle Sprünge und Verzweigungen hinweg. Wenn sich der gleiche Ablauf noch einmal ergibt – was in Schleifen häufig vorkommt – kann die Sequenz einfach aus dem Execution-Trace-Cache entnommen und erneut an die Ausführungseinheiten weitergereicht werden. Dadurch spart man den Datenverkehr zur Speicherhierarchie und den Aufwand des erneuten Dekodierens völlig ein.

Der Pentium 4E enthält die gewaltige Zahl von 125 Millionen Transistoren. Mit seiner hyperlangen Pipeline von 32 Stufen war er ursprünglich für eine Weiterentwicklung bis zu 10 GHz vorgesehen. Sein großer Leistungsbedarf – bei Volllast bis zu 150 W – und die damit verbundene Wärmeentwicklung war allerdings ein Problem. Möglicherweise ist das auch der Grund dafür, dass der Pentium 4 und seine Netburst-Architektur nun bei Intel mehr nicht weiterentwickelt werden. Die besten Ideen der Netburst-Architektur wurden allerdings in die heute aktuelle Core Prozessor Familie übernommen.

11.3.3 Die Mikroarchitektur der Core Prozessoren

Die P6-Architektur des Pentium Pro / Pentium II / Pentium III war offenbar noch entwicklungsfähig und wurde weitergeführt, vor allem im Hinblick auf stromsparende Prozessoren für mobile Computer. In einer eigenen Entwicklungslinie wurde nun daraus eine neue Architektur abgeleitet, die *Core-Architektur*. Frühe Vertreter der Linie waren Core Duo, Core Solo, Xeon, Core 2 und Core i7. Die heutige Hauptlinie wird von Intel „2010 Intel Core processor family" genannt, dazu gehören der Core i3, Core i5 und Core i7. Diese Architektur wurde auch unter dem Codenamen *Nehalem* bekannt. In Abb. 11.20 ist die Mikroarchitektur des Nehalem dargestellt, die wir uns nun hier genauer ansehen wollen. Wir werden dabei praktisch jede der Optimierungstechniken finden, die in Abschnitt 11.2 beschrieben sind.[41][26]

Aus einem L1-Codecache kommen die Maschinenbefehle in den Voreinhol-Befehlspuffer (Prefetch Buffer), danach erfolgt eine Vor- und Längendekodierung. Schon in dieser frühen Phase erfolgt eine wichtige Überprüfung: Befinden sich Sprungbefehle unter den hereinkommenden Befehlen? Im Falle eines genommenen Sprunges wird der am Sprungziel stehende Code schon aus dem Sprungziel-Pufferspeicher (Branch Target Buffer) genommen und die Verarbeitung des Codes gerät nicht ins Stocken.

Von der Vordekodierung werden die Befehle an die Befehlswarteschlange (Instruction Queue) übergeben. In dieser Stufe werden zunächst die komplexen, nicht RISC-gemäßen Befehle, die als „Erblast" noch im Befehlssatz der Core-Prozessoren enthalten sind, ausgesondert und an den Micro Instruction Sequencer übergeben. Dieser erzeugt direkt eine Sequenz von Mikrooperationen (MicroOps) und speist diese in den Mikrooperationen-Pufferspeicher ein – das entspricht dem Mikrocode bei CISC-Prozessoren. Die übrigen Maschinenbefehle werden hier ausgerichtet und wenn möglich, wird die so genannte *MakroOp-Fusion* durchgeführt: Befehlspaare, die oft gemeinsam auftreten, werden zu einer einzigen Mikrooperation verschmolzen und gemeinsam dekodiert. Zum Beispiel wird das häufig auftretende Befehlspaar Compare/Test – Jump-if-Conditioncode verschmolzen. Das erhöht den Durchsatz der nachgeschalteten vier Befehlsdekoder: Mit der MakroOp-Fusion können sie bis zu 5 Befehle pro Takt dekodieren. Die vier Dekoder vergleichen die Operationcodes der hereinkommenden Maschinenbefehle mit bekannten Bitmustern und erkennen so, was der Befehl tun soll. Ausgangsseitig erzeugen die Dekoder Mikrooperationen, die in den Mikrooperationen-Pufferspeicher eingespeist werden. Von den vier Dekodern hat Dekoder 0 eine Sonderstellung, er verarbeitet die etwas komplexeren Befehle und erzeugt aus diesen dann mehr als eine Mikrooperation. An diese Stufe angekoppelt ist der *Loop Stream Decoder*, der Schleifen erkennt, die sich innerhalb des schon dekodierten Codes abspielen. Die Mikrooperationen, die zu solchen kleinen Schleifen gehören, werden direkt aus dem Puffer entnommen und müssen nicht bei jedem Schleifendurchlauf erneut dekodiert werden. Das verbessert die Leistung des Core-Prozessors. Eine weitere Feinheit ist die so genannte *MicroOp-Fusion*. Dabei werden einfache Mikrooperationen, die aus dem gleichen Maschinenbefehl stammen, wieder verschmolzen um dann gemeinsam weiter verarbeitet zu werden. Die nächste Station ist die Registerzuordnung (Register Allocation Table) Hier werden die in den Befehlen angesprochenen logischen Register (s. Abb. 11.19) auf reale Hintergrundregister zugeordnet. Dieses Verfahren ist als Register-Umbenennung bekannt und vermeidet unnötige Datenabhängigkeiten (s. Abschn.11.2.3). Der ganze Stapel an Hintergrundregistern und die Zuordnungstabelle sind doppelt vorhanden um Hyper-Threading zu ermöglichen. (Abschn.11.2.6) Das Hyper-Threading ist schon vom Pentium 4 bekannt, es erlaubt sehr schnelles Umschalten zwischen zwei Threads. Auch beim

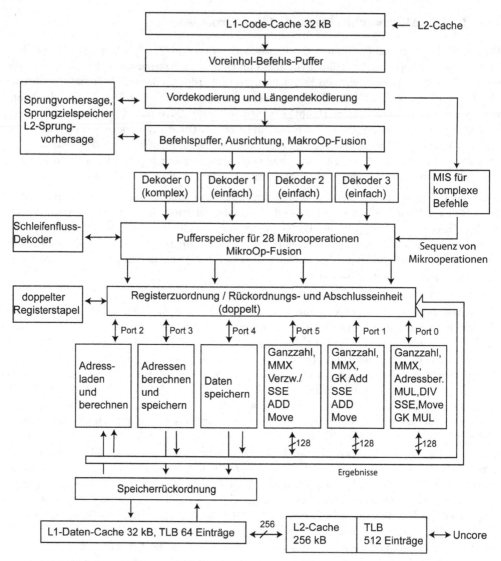

Abbildung 11.20: Die Mikroarchitektur von Intels „2010 Intel Core processor family"

Core-Prozessor ist es implementiert und verbessert die Leistung.

Nach der Registerzuordnung kommen die Mikrooperationen in die Reservierungsstation und werden an eine der 6 Ausführungseinheiten übergeben. Um keine Zeit zu verlieren, wird vom Scheduler für jede Mikrooperation die erste freie, passende Ausführungseinheit genommen, auch wenn sich dadurch die Reihenfolge der Befehle ändert. (Out of Order Execution, siehe Abschn. 11.2.2) Nach der Ausführung werden die Ergebnisse aus den Ausführungseinheiten entnommen und in die Register zurückgeschrieben. Dabei muss der Scheduler wieder über die Registerzuordnungstabelle gehen und natürlich die ursprüngliche Reihenfolge berücksichtigen.

Die Ausführungseinheiten sind alle auf bestimmte Aufgaben spezialisiert, wie Abb. 11.20 zeigt.

Sehr ausgefeilt ist auch die Cacheverwaltung. Sie protokolliert Cache-Treffer und Fehlttreffer und versucht Muster darin zu erkennen. Wird ein Muster erkannt, können vorausschauend Daten geladen werden, die wohl in naher Zukunft gebraucht werden. Auch kann jetzt vorsorglich nach dem Laden einer Cache-Line die benachbarte Cache-Line zusätzlich geladen werden. Außerdem kennt die Core-Architektur jetzt das *spekulative Laden*: Stellen wir uns dazu einen Ladebefehl vor, dem noch ein Schreibbefehl vorausgeht. Man würde nun den (möglicherweise langwierigen) Ladebefehl so früh wie möglich starten. Lädt man aber vor dem Schreibbefehl, könnte es sein, dass der Schreibvorgang das geladene Datum betrifft und dieses demnach zu früh geladen wurde. Beim spekulativen Laden wagt man es trotzdem. War es zu früh, wird das Datum für ungültig erklärt und der Ladevorgang wiederholt. Im statistischen Mittel gewinnt man damit Zeit (siehe auch S.233). Die Pipeline umfasst insgesamt 16 Stufen, zwei mehr als bei den ersten Core-Architekturen.

Außerhalb des Kernbereichs im so genannten *Uncore* liegen Baugruppen, die von den Kernen gemeinsam genutzt werden. Zur Zeit sind vorgesehen: Der *QuickPath Interconnect*, eine schnelle Schnittstelle zur Kommunikation mit anderen Kernen, ein *DDR3 Memory-Controller* über den drei Speicherbänke angebunden werden können, der *L3-Cache* mit einer Kapazität von 8 Megabyte und evtl. eine *PCIe-Schnittstelle*. (Abb. 11.21)

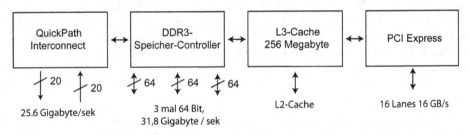

Abbildung 11.21: Der Uncore-Bereich der Core-Prozessoren

Viele Maßnahmen zur Verminderung des Stromverbrauchs wurden getroffen: Der L2-Cache ist in Segmente unterteilt, die sich einzeln abschalten lassen. Auch Subsysteme des Prozessors lassen sich einzeln abschalten, zum Beispiel wird ein Teil der Leitungstreiber abgeschaltet, wenn nicht die volle Busbreite benutzt wird. Im Speedstep-Verfahren können die Core-Prozessoren ihre Taktfrequenz weiter absenken als ihre Vorgänger, nämlich bis auf 1,2 GHz.

Bemerkenswert ist auch die hardwareseitige Unterstützung von virtuellen Maschinen auf dem Core-Prozessor, eine Technik die mehr und mehr Verbreitung findet. Auch damit wird eine Entwicklung konsequent fortgesetzt. Die Prozessoren unterstützten zunächst nur einen Task auf einer Maschine, seit den 80er Jahren dann mehrere Tasks auf mehreren Maschinen und nun mehrere Tasks auf mehreren virtuellen Maschinen.

Ein sehr pfiffiges Feature ist der *Turbo Boost*.[5] Bei Mehrkernprozessoren wird durch die innerhalb des Chips maximal dauerhaft zulässige Freisetzung von Wärmeleistung (Thermal Design Power, TDP) die Taktfrequenz der Kerne begrenzt. Die TDP wird erreicht, wenn

---

[5] Auch bei AMD-Prozessoren als „Turbo Core" verfügbar

alle Kerne mit ihrer maximalen Taktfrequenz betrieben werden. Oftmals ist aber die Auslastung der Kerne ungleichmäßig, weil viele Anwendungen nicht für Mehrkernprozessoren optimiert sind. Dann läuft ein Teil der Kerne mit maximaler Frequenz, andere sind herunter getaktet, die maximale Wärmeentwicklung wird in der Summe nicht erreicht. Die Idee von Turbo Boost ist nun, genau in solchen Situationen den ausgelasteten Kernen einen höheren Takt zuzuführen. Diese werden dann mehr Wärme entwickeln, insgesamt wird aber die TDP nicht überschritten, weil andere Kerne ja mit niedrigem Takt laufen und wenig Wärme entwickeln.[10] Man könnte auch sagen, das thermische Budget wird besser ausgenutzt. Die Höhertaktung kann bei Desktop-Prozessoren bis zu 0,8 GHz und bei Notebook-Prozessoren bis zu 1,3 GHz ausmachen, was die Anwendungen spürbar beschleunigt.

Die Prozessoren Core i3, Core i5 und Core i7 bauen alle auf der beschriebenen Architektur auf, unterscheiden sich aber in zahlreichen Details. So bieten manche Prozessoren 2 und andere 4 Kerne, manche bieten Hyper-Threading an, andere nicht. Weiter gibt es Unterschiede bei den Cache-Größen und (kleinere) Unterschiede bei den Taktfrequenzen.

Es ist bemerkenswert, dass Intels führende Prozessorarchitektur auf einen Entwurf aus dem Jahr 1995 zurückgeht, den P6. Durch konsequente Verbesserungen im Detail hat man sie weiterentwickelt zu einen gut durchdachten, leistungsfähigen und energieeffizienten Prozessorkern. Dieser unterstützt aber nach wie vor den „alten" x86-Befehlssatz, was mancherlei Extra und viele Kompromisse erfordert. Er hat keine LOAD/STORE-Architektur sondern ist speicherorientiert. Das macht die Dekodierung und die Zerlegung in Mikrooperationen schwierig. Insgesamt hat die Komplexität sehr zugenommen, wer einmal den Aufbau des IA32-Maschinencodes in der letzten Generation durchgeht, weiß was wir meinen. Der Leistungszuwachs durch Architekturverbesserungen ist spürbar, aber überschaubar und die Taktfrequenzen der Kerne haben sich bei 2,5 bis 3,5 MHz eingependelt. Der Leistungszuwachs entsteht daher zur Zeit hauptsächlich durch die Bereitstellung von immer mehr Kernen. (Siehe auch Abschnitt. 11.2.7)

Einzelkern-Prozessoren realisieren das Multitasking (Mehrprozessbetrieb) durch schnelles Umschalten zwischen den Prozessen, so dass der Eindruck der Gleichzeitigkeit vermittelt wird. Die Rechenzeit des Prozessors muss hier aber auf die Prozesse aufgeteilt werden. Ein Prozessor mit mehreren Kernen kann wirklich mehrere Prozesse gleichzeitig bearbeiten. Mehrere Prozesse sind beispielsweise aktiv, wenn ein Anwenderprogramm im Vordergrund und ein anderer Prozess im Hintergrund läuft. Der Vordergrundprozess kann z. B. eine Textverarbeitung und der Hintergrundprozess ein Virenscanner oder eine Medienwiedergabe sein. Da dem Hintergrundprozess ein eigener Prozessorkern zur Verfügung steht, wird er keine Verlangsamung des Vordergrundprozesses verursachen. Ein Rechner mit Mehrkernprozessor vermittelt dabei immer noch das Gefühl angenehm flüssig zu laufen. Ein anderes Beispiel ist die Übersetzung eines Programmpaketes aus mehreren Dateien. Wenn die Übersetzung jeder Datei als eigener Prozess gestartet wird, können die Übersetzungen auf verschiedenen Kernen gleichzeitig laufen. Sehr vorteilhaft sind Mehrfachkerne bei Servern, denn hier laufen immer viele Prozesse gleichzeitig. Außerdem bieten Mehrkernprozessoren Vorteile bei der so genannten Virtualisierung. Wenn auf dem Rechner virtuelle Maschinen laufen sollen, kann diesen ein eigener Prozessor zugeordnet werden. Damit können die virtuellen Maschinen besser getrennt und leichter verwaltet werden. (Siehe auch Abschn.11.2.7)

Obwohl ein großer Teil der Software die Mehrkernprozessoren noch nicht optimal nutzt, sind sie aus unseren PCs nicht mehr wegzudenken. Ein-Kern-Prozessoren wie der Atom werden nur noch in kleinen portablen System eingesetzt, für Notebooks und Desktop-PCs bieten die Hersteller zur Zeit PC-Prozessoren mit 2-4 Kernen an. Falls auch Hyper-Threading implementiert ist, stehen schon 4-8 logische Prozessoren zur Verfügung. Für Server sind schon Prozessoren mit 6 Kernen verfügbar und auch 8-Kern-Prozessoren sind angekündigt. Bündelt man mehrere solche Prozessoren auf Boards für Hochleistungsserver, stehen 12 oder mehr Rechenkerne, evtl. mit Hyperthreading, zur Verfügung. Auch in eingebetteten Systemen werden mittlerweile bei rechenintensiven Mehrprozess-Anwendungen gerne Mehrfachkerne eingesetzt.

Ein weiterer Trend ist die Integration der GPU (Grafics Processing Unit, Grafikkern) in den Chip. Prozessoren mit integrierter GPU sind bereits verfügbar und bieten eine einfache Grafik, die aber für viele Zwecke ausreicht. Bei diesen Prozessoren bietet sich prinzipiell die Möglichkeit, die GPU als Co-Prozessor zu nutzen; das wird aber zur Zeit nur von wenigen Spezialisten ausgenutzt, der Aufwand ist sehr hoch.

Als Nachfolge-Design für die Core-Prozessoren steht nun „Visibly Smart" (früher „Sandy Bridge") bereit. Diese Prozessoren sollen mindestens 4 Kerne haben, optional aber auch 6 oder 8, bieten weiterhin Turbo Boost und Hyperthreading an und haben eine hochentwickelte Grafikeinheit bereits auf dem Chip. Visibly Smart soll zunächst in 32 nm-Technologie gefertigt werden und bald in 22 nm. Intels Itanium-Prozessor mit der moderneren Architektur IA-64 scheint sich im Augenblick noch nicht durchzusetzen, aber man darf gespannt sein, wie es weiter geht.

11.4 Fallbeispiel: IA-64 und Itanium-Prozessor

Schon seit 1990 arbeiteten die Entwickler der Fa. Hewlett-Packard an der Entwicklung eines VLIW-Prozessors (Very Large Instruction Word, s. Abschn. 11.2.5) mit völlig neuer Architektur. 1994 wurde Intel als Partner gewonnen und gemeinsam entwickelte man daraus die IA-64 (64-Bit Instruction Architecture) und den Itanium-Prozessor. Das Projekt erhielt die Bezeichnung *Explicitly Parallel Instruction Computing*, kurz *EPIC*. [5]

Der Itanium ist ein Superskalar mit allen Merkmalen eines modernen Hochleistungs-RISC-Prozessors. Er besitzt eine Load/Store-Architektur und Drei-Adress-Befehle. Es können zwei Befehlsworte pro Takt verarbeitet werden, die Verarbeitung entspricht einer 10-stufigen Pipeline. Der Itanium besitzt je vier Ganzzahl- und zwei Fließkommaeinheiten, die jeweils auch SIMD-Operationen (s. Kap. 13) ausführen können, dazu kommen zwei Verzweigungseinheiten. Die Instruktionen werden über neun Ports an die Verarbeitungseinheiten ausgegeben. Er hat auf dem Chip einen L1-Cache (je 16 KByte Daten und Befehle) und einen L2-Cache (96 KByte) sowie einen L3-Cache (2/4 MByte) auf dem Träger. Der Itanium unterstützt Paging mit Seitengrößen von 4 KByte – 256 KByte. Er arbeitet mit 64-Bit-Adressen, damit steht ein wirklich riesiger virtueller Adressraum von 2^{64} Byte, das sind 16 Exabyte (ca. 16 Milliarden Gigabyte), zur Verfügung. Die aktuelle Busbreite ist 44 Bit, was für 16 Terabyte physikalischen Adressraum ausreicht.

Der Itanium ist großzügig mit Registern ausgestattet und viele Beschränkungen der IA-32 entfallen hier. Es gibt 128 Allzweckregister mit 64 Bit, 128 Gleitkommaregister mit 82 Bit und 128 Anwendungsregister mit 64 Bit (Abb. 11.22).

Von den Allzweckregistern sind die unteren 32 statisch (global). Die übrigen 96 Allzweckregister werden flexibel als überlappende *Registerfenster* verwaltet (s. Abschn. 7.4). Reichen die

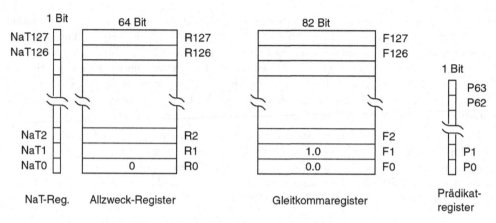

Abbildung 11.22: Einige wichtige Register des Itanium.

128 Register nicht aus, lagert die Prozessorhardware automatisch Register in den L1-Cache aus, so dass aus der Sicht des Programmierers beliebig viele Register vorhanden sind. Der Itanium unterstützt nicht nur das Autoinkrement und Autodekrement von Adressregistern, sondern auch Registerrotation (s. S. 235). Die MMX-Register (s. Kap. 13) gibt es nicht mehr, statt dessen können praktischerweise die MMX-Befehle auf die Allzweckregister angewendet werden. Die 128 Gleitkommaregister sind alle mit Drei-Adress-Befehlen ansprechbar (Befehl, Zielregister, Quellregister 1, Quellregister 2), eine starke Verbesserung gegenüber IA-32, wo fast alle Gleitkommaoperationen das Stackregister ST(0) benutzen mussten. Auch die Gleitkommaregister sind in 32 statische und 96 flexibel fensterbare Register aufgeteilt.

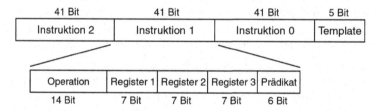

Abbildung 11.23: Das Instruktionswort des Itanium ist 128 Bit groß und enthält drei Instruktionen. Das Template enthält Angaben zur Parallelverarbeitung.

Das Instruktionswort des Itanium (Bundle, Bündel) ist 128 Bit groß und enthält drei Instruktionen zu je 41 Bit sowie ein Template zu 5 Bit (Abb. 11.23). [40] Das Template enthält Angaben zur Parallelität, die z.B. innerhalb des Bundles begrenzt oder auf das folgende Bundle ausgedehnt werden kann. Jede Instruktion enthält die auszuführende Operation, bis zu drei Register und ein Prädikat, von dem noch die Rede sein wird. Die drei Operationen eines Bundles müssen unabhängig voneinander sein. Außerdem müssen sie bestimmten Regeln genügen, z.B. darf immer nur ein Gleitkommabefehl in dem Bündel enthalten sein. Findet sich kein passender Befehl mehr, wird mit NOPs aufgefüllt. Für die richtige Bündelung ist in der Regel der Compiler verantwortlich oder auch ein Assembler im Automatik-Modus. Die möglichst intelligent zu gestaltende Parallelität kann also zur Übersetzungszeit ohne Zeitdruck optimiert werden und muss nicht in Echtzeit und mit begrenztem Vorausblick durch die Prozessorhardware realisiert werden. Ein Beispiel für ein Itanium-Bundle:

```
{ .MFI
    ld r16 = [r8]
    fadd f16 = f12, f17
    add r50 = r52,r55
}
```

Das Kürzel MFI steht für Memory-Floating Point-Integer und bezeichnet das gewählte Template. Der Itanium unterstützt *Prädikation*. Damit können oft bedingte Sprungbefehle vermieden werden, die ja den Pipeline-Betrieb empfindlich stören. Ein prädikatierter Befehl wird ausgeführt, wenn das angegebene Bit im Prädikat-Register gesetzt ist, sonst bleibt er ohne Wirkung. Das Bit im Prädikat-Register wird zuvor durch einen Vergleichsbefehl oder einen Bit-Test-Befehl gesetzt. Ein weiteres Prädikatbit wird gleichzeitig komplementär dazu gesetzt. Betrachten wir z.B. die folgende Verzweigung in einem C-Code:

```
if (r1)
    r2 = r3 + r4;
else
    r7 = r6 - r5;
```

Ohne Prädikation müsste der Assemblercode einen bedingten Sprungbefehl enthalten. Auf dem Itanium würde man den Code mit Prädikatierung schreiben:

```
cmp.ne p1,p2 = r1,0;;    // Vergleiche ob r1 ungleich 0, Ergebnisse in p1,p2
(p1) add r2 = r3,r4      // wird ausgeführt, wenn p1=1
(p2) sub r7 = r6,r5      // wird ausgeführt wenn p2=0
```

Durch die Prädikatierung entfällt der bedingte Sprungbefehl, die beiden Befehle laufen linear durch die Pipeline.

Der Itanium beherrscht mehrere Arten des *spekulativen Ladens* (Speculation). Damit versucht man, die Latenzzeiten zu umgehen, die beim Laden aus dem Speicher anfallen. Diese Latenzzeiten (hier zwei Takte) können prinzipiell umgangen werden, indem der Ladebefehl vorgezogen und früher gestartet wird. Das spekulative Laden wird abgebrochen, falls eine Ausnahme durch Schutzverletzung oder Seitenfehler auftritt (s. S. 215). Der Itanium kennt zwei Arten der spekulativen Ausführung:

Bei der *Data Speculation* wird der Ladebefehl über einen Speicherbefehl hinweg vorgezogen. Überlappen nun die Adressen dieses Speicherbefehls und des Ladebefehls, bedeutet das, dass die Daten vor der letzten Aktualisierung geladen wurden und ungültig sind. Es muss daher an der ursprünglichen Position des Ladebefehls ein Check-Befehl stehen, der prüft, ob die frühzeitig geladenen Daten gültig sind. In dem folgenden Beispiel muss nach dem Ladebefehl ein Leertakt eingelegt werden, da eine Datenabhängigkeit besteht und der Ladebefehl zwei Takte braucht [27].

```
st8 [r4]=r12     // Takt 0: speichern 8 Byte
ld8 r6=[r8];;    // Takt 0: Laden 8 Byte, soll vorgezogen werden
add r5=r6,r7;;   // Takt 2
st8 [r18]=r5     // Takt 3
```

Der Ladebefehl kann aber als spekulativ angegeben werden (ld.a = advanced load) und vorgezogen werden. An der ursprünglichen Position wird ein Lade-Check-Befehl eingesetzt:

```
ld8.a r6=[r8]      // Takt -2 oder früher
// andere Befehle
st8 [r4]=r12       // Takt 0: speichern
ld8.c r6=[r8]      // Takt 0: Das Laden von r6 prüfen (checken)
add r5=r6,r7;;      // Takt 0
st8 [r18]=r5       // Takt 1
```

Der erste Befehl versucht, von der angegebenen Speicheradresse spekulativ zu laden. Bei Erfolg wird in der Advanced Load Address Table (ALAT) ein Eintrag gemacht, der besagt, dass Daten spekulativ in r6 geladen wurden. In den parallelen Ausführungseinheiten werden die drei mittleren Befehle gleichzeitig ausgeführt. Falls das Speichern im zweiten Befehl Adressen betrifft, die spekulativ in r6 geladen wurden, wird der Eintrag in der ALAT wieder gelöscht. Der Befehl ld8.c r6=[r8] prüft, ob ein Eintrag in der ALAT für Register r6 vorliegt. Falls ja, wird der schon ausgeführte add-Befehl für gültig erklärt. Falls nicht, wird die Addition für ungültig erklärt und das Laden in r6 wieder aufgenommen.

Eine zweite Variante ist die *Control Speculation*. Dabei wird ein Ladebefehl vorgezogen, der hinter einem bedingten Sprungbefehl steht. In dem folgenden Beispiel muss wieder nach dem Ladebefehl ein Leertakt eingelegt werden:

```
(p1)br.cond some_label  // Takt 0, prädikatierter Sprungbefehl
ld8 r1=[r5];;          // Takt 1, Lade 8 Byte
add r2=r1,r3           // Takt 3, Addition
```

Mit Control Speculation kann der Ladebefehl vorgezogen werden, an seine Stelle tritt ein Check-Befehl. Ist der Ladevorgang nicht erfolgreich, wird das Giftbit (s. S. 215) von Register r1 gesetzt, das beim Itanium den lustigen Namen NaT (Not a Thing) hat.

```
ld8.s r1=[r5];;        // Takt -2, spekulatives Laden von r1
// Andere Befehle
(p1) br.cond some_label // Takt 0, prädikatierter Sprungbefehl
chk.s r1,recovery      // Takt 0, check speculation
add r2=r1,r3           // Takt 0, Addition
```

Der Check-Befehl stellt fest, ob das NaT-Bit von Register r1 gesetzt ist. Falls nicht, liegen gültige Daten in r1 vor und der parallel ausgeführte Additionsbefehl wird für gültig erklärt. Falls ja, wird zur Adresse recovery verzweigt. Dagegen wird das fehlgeschlagene Laden nicht mehr aufgenommen, wenn der Sprung ausgeführt wird – es entsteht also kein Zeitverlust durch das Vorziehen des Befehls.

Für die *Ausführung von Schleifen* bietet der Itanium ausgefeilte Hardware-Unterstützung. Zählschleifen können mit dem br.cloop-Befehl hardwaremäßig gesteuert werden. Dabei dekrementiert die Prozessorhardware bei jeder Schleifeniteration ein Register (Loop Count, LC) und beendet die Schleife wenn LC=0. Der Overhead für Kontrollstrukturen in Software entfällt. Das *Software-Pipelining* ist eine Technik, die es ermöglicht, mehrere Befehle innerhalb eines Schleifenrumpfes gleichzeitig auszuführen. Dazu ist eine Technik namens *Register-Rotation* vorhanden. Bei der Register-Rotation rotieren alle Registerinhalte einer festgelegten Gruppe von Registern mit jedem Takt in das nächst folgende Register. Betrachten wir folgendes Beispiel, in dem ein Datenblock aus dem Speicher geladen und an einen anderen Platz kopiert wird:

```
ld4 r35 = [r4],4    // Laden 4 Byte, Adressierung. mit r4; r4=r4+4
; warten
st4 [r5] = r35,4    // Speichern 4 Byte, Adressierung mit r5; r5=r5+4
```

Der zweite Befehl ist vom ersten abhängig, der zwei Takte braucht; er kann also erst zwei Takte später ausgeführt werden. Entsprechend wenig effizient ist eine Schleife mit diesen beiden Befehlen. Das Software-Pipelining des Itanium mit Register-Rotation ermöglicht folgenden Aufbau:

```
L1: ld4 r35 = [r4],4  // Laden 4 Byte, Adressierung mit r4; r4=r4+4
    st4 [r5] = r37,4   // Speichern 4 Byte, Adressierung mit r5; r5=r5+4
    swp_branch L1 ;;   // Software-pipelined branch L1,Stop parallele Sequenz
```

Hier steht `swp_branch` für einen Software-Pipelined-Branch-Befehl. In der Schleife werden beide Befehle im gleichen Takt ausgeführt. Durch die Register-Rotation ist der Inhalt von r35 einen Takt später in r36, zwei Takte später in r37. Der Speicher-Befehl speichert also immer das Datum, das zwei Takte vorher geladen wurde. Bei richtiger Initialisierung der Adressregister erfolgt also genau das beabsichtigte Kopieren im Speicher. Software-Pipelining vollzieht sich in drei Phasen: Die Einleitungsphase (Prolog), den Kern (Kernel) und die Ausleitungsphase (Epilog).

Im Gleitkommabereich sind viele Funktionen wie Division, Wurzel, Winkelfunktionen, Logarithmus nicht mehr hardwaremäßig vorhanden, sondern müssen in Software realisiert werden. Dabei lassen sich aber vergleichsweise sehr gute Ergebnisse erzielen, da diese Operationen in anderen Prozessoren durch langsamen Mikrocode ausgeführt werden. In den Gleitkommaregistern können auch zwei einfach genaue Gleitkommazahlen parallel bearbeitet werden (SIMD). Außerdem steht für Gleitkommazahlen ein Multiply-Accumulate-Befehl (MAC-Befehl) zur Verfügung, ein Spezialbefehl, der aus dem Bereich der Signalprozessoren bekannt ist (s. S. 308). Um den Übergang von den IA-32 Prozessoren zum Itanium zu erleichtern, unterstützt der Itanium softwaremäßig noch den IA-32-Befehlssatz; ebenso wird der Befehlssatz von Hewlett Packards PA-Prozessoren unterstützt.

Der Itanium hat sich bisher nicht so verbreitet, wie man das auf Grund seiner herausragenden Architektur vielleicht erwartet hat. Mittlerweile ist er als Doppelkernprozessor („Montecito") erhältlich, verfügt über wesentlich mehr Cache, eine schnelle Schiebeeinheit und Hyper-Threading. Auch die neueste Generation mit vier Prozessorkernen („Tukwila") wurde schon demonstriert und es bleibt zu hoffen, dass Intels Flaggschiff bald mehr eingesetzt wird.

11.5 Aufgaben und Testfragen

1. Nehmen Sie an, dass das folgende Programmstück in unserer fünfstufigen Beispiel-Pipeline von Abb. 11.2 bearbeitet werden soll.

```
LOAD R1          ; R1 laden
SUB R2,R1,R3     ; R2=R1-R3
ADD R4,R2,R4     ; R4=R2+R4
```

Sind Pipeline-Hemmnisse zu erwarten? Wenn ja welche? Schlagen Sie Verbesserungs-maßnahmen vor.

2. Nehmen Sie an, dass der nachfolgende Code durch die Beispielarchitektur in Abb. 11.9 bearbeitet wird.

```
FADD F0,F0,F1    ; Gleitkommabefehl F0=F0+F1
FSUB F3,F2,F0    ; Gleitkommabefehl F3=F2+F0
ADD R0,R1,8      ; R0=R1+8
SUB R2,R2,R0     ; R2=R2-R0
COPY R0,128d     ; R0=128d
LOAD R3,[R0]     ; registerindirekte Adress. des Speichers über R0
```

a) Nehmen Sie an, dass der Prozessor die Befehle in der richtigen Reihenfolge ausgibt. Stellen Sie ein Schema analog zu Abb. 11.10 auf und bestimmen Sie, nach wie vielen Takten der letzte Befehl (LOAD) beendet ist.

b) Nehmen Sie nun an, dass der Prozessor eine Pufferspeichergröße von sechs Befehlen hat und die Befehle in veränderter Reihenfolge ausgeben kann. Stellen Sie ein Schema analog zu Abb. 11.11 auf und bestimmen Sie wieder, nach wie vielen Takten der letzte Befehl (LOAD) beendet ist.

c) Erlauben Sie nun zusätzlich Registerumbenennungen. Stellen Sie wieder ein Schema analog zu Abb. 11.12 auf und bestimmen Sie wieder, nach wie vielen Takten der letzte Befehl (LOAD) beendet ist.

d) Wie würde sich die Ausführungszeit verkürzen, wenn es eine weitere Ganzzahleinheit, eine weitere Gleitkommaeinheit, einen weiteren Dekoder oder einen größeren Pufferspei-cher gäbe?

3. Ein Programm mit 80% parallelisierbarem Code wird von einem Ein-Prozessorsystem auf ein Zweiprozessorsystem portiert. Mit welchem Leistungszuwachs ist maximal zu rechnen?

4. Der nächste Prozessor der Itanium-Reihe (McKinley) hat einen Addressbus mit 50 Bit. Geben Sie den physikalischen Adressraum an.

Lösungen auf Seite 322.

12 Energieeffizienz von Mikroprozessoren

12.1 Was ist Energieeffizienz und warum wird sie gebraucht?

Während die Energieeffizienz von Mikroprozessoren vor wenigen Jahren noch ein Randthema war, ist sie heute enorm wichtig.[1] Aber klären wir zunächst, was mit Energieeffizienz gemeint ist. Wir meinen damit, dass die elektrische Leistungsaufnahme (der „Stromverbrauch") in einem möglichst guten Verhältnis zur aktuellen, tatsächlich erbrachten Rechnerleistung steht. Es ist ganz natürlich, dass ein Mikroprozessor bei hoher Rechenleistung eine relativ hohe Leistungsaufnahme hat.Läuft er dagegen mit geringer Belastung, wie z.B. beim Schreiben einer email, so wäre eine hohe Leistungsaufnahme nicht energieeffizient.[2] Das Ziel muss sein, in allen Betriebsituationen so wenig Energie wie möglich zu verbrauchen.

Warum ist Energieeffizienz überhaupt für die Mikroprozessortechnik interessant? Es gibt vier Ansatzpunkte dafür:

- Die Betriebszeit akkubetriebener Geräte

- Der Kühlungsaufwand und die damit verbundene Geräuschentwicklung

- Die Betriebskosten

- Der Klimaschutz

Die Betriebszeit akkubetriebener Geräte, vor allem von Notebooks, war der erste Anlass, sich mit Energieeffizienz zu beschäftigen. Es macht für den Anwender eben einen großen Unterschied, ob das Notebook 5 Stunden oder 30 Minuten läuft, bevor der Akku leer ist. Das gleiche gilt für viele eingebettete Systeme, die mit einem Mikrocontroller gesteuert werden. Notebooks und Mikrocontroller verfügen deshalb schon seit langem über ausgefeilte Mechanismen um die Leistungsaufnahme zu reduzieren.

Bei netzversorgten Systemen spielt das keine Rolle, aber hier ist ein anderer Aspekt in den Fokus gerückt: Die umgesetzte elektrische Leistung verschwindet nicht einfach, sondern wird in Wärme verwandelt. Dadurch erwärmt sich der Prozessor. Mit zunehmender Leistung wird auch mehr Wärme freigesetzt und die muss abtransportiert werden, sonst wird der Prozessor

---

[1] Wir widmen diesem Thema ein eigenes Kapitel, auch wenn es (noch) kurz ausfällt.
[2] Da Leistung gleich Energie pro Zeit ist, sind die Betrachtung von Energie und Leistung äquivalent.

zu heiß. Das kann ihn zerstören oder zumindest seine Lebensdauer herabsetzen. Man muss also für eine angemessene Kühlung sorgen. Am Beispiel der PCs lässt sich die Entwicklung schön erkennen: Die ersten PC-Prozessoren liefen noch ganz ohne Kühler, danach war ein passiver Kühlkörper nötig, später musste auf den CPU-Kühler noch ein eigener Lüfter gesetzt werden. Mittlerweile gibt es eine ganze Reihe Hochleistungs-Grafikkarten mit Wasserkühlung.

Ein Aspekt, der lange vernachlässigt wurde, sind die Kosten des Rechnerbetriebs. Ein PC mit 80 Watt Leistung, der durchgehend läuft, verursacht in einem Jahr schon 140,-Euro Kosten.[3] Je 10 Watt geringerer Leistungsaufnahme sind es 18,-Euro weniger. Bei Clustern von Servern summiert sich das zu erklecklichen Beträgen auf.

In Zeiten der Sorge um das Klima auf der Erde, wird auch der Umweltaspekt immer wichtiger. Ein ständig laufender Rechner mit 80 Watt Leistung verursacht in einem Jahr eine Freisetzung von 432 kg CO_2. Um die gleiche Menge frei zu setzen, muss ein Auto 3200 km fahren.[19] Nach Untersuchungen werden 1–2% des gesamten erzeugten Stromes für Rechenzentren gebraucht. Der Energieaspekt beeinflusst mittlerweile viele Bereiche der Technik, wie z. B. den Maschinen- und Anlagenbau.

Es gibt also genug Gründe, sich um energieeffiziente Computer zu bemühen und das geschieht auch. Ein Schwerpunktthema der CeBIT 2008 war „Green IT". Dort war unter anderem ein komplettes energieeffizientes Rechenzentrum zu sehen. Schlagworte wie „Low Power" und „Eco-Design" werden auf Konferenzen diskutiert und mittlerweile wird auch bei Peripheriekomponenten und selbst analogen Bausteinen eine geringe Leistungsaufnahme gefordert und auch geboten. Auch die Konstruktionsabläufe für Halbleiterbausteine („Flows") wurden ergänzt, um sie schon beim Entwurf auf Energieeffizienz auszurichten und diesen Aspekt während der ganzen Konstruktion zu beachten. Prozessorhersteller werben heute außer mit hoher Leistung ihrer Prozessoren ebenso mit niedrigem Energieverbrauch. Dazu wurden viele konstruktive Maßnahmen eingeführt, einschließlich neuer, sparsamer Prozessorfamilien wie Intels Atom.

12.2   Leistungsaufnahme von integrierten Schaltkreisen

Die Leistungsaufnahme von integrierten Schaltkreisen mit Feldeffekttransistoren (FETs) – heute die dominierende Bauweise – besteht aus zwei Anteilen: Einem statischen und einem dynamischen Anteil.[48]

Der statische Anteil wird durch Leckströme an den FETs (Kap. 3) verursacht. Die im Silizium eingebetteten Schalttransistoren sind eben nicht perfekt isoliert sondern lassen ständig kleine Leckströme fließen. Diese fließen einerseits zum Gate hin (Gate Leakage) und andererseits zwischen Drain und Source (Subthreshold Leakage). Bei mehreren Hundert Millionen FETs kommt da ein spürbarer Strom zusammen. Diese statische Leistungsaufnahme lässt sich im Betrieb nur verkleinern, indem Teile des Prozessors abgeschaltet werden.

Man kann diese Leckströme durch entsprechende Bauweise verkleinern. Leider verschlechtern sich dann andere Eigenschaften: Transistoren mit niedriger Schaltschwellenspannungen (Threshold) erlauben schnelle Schaltvorgänge, haben aber hohe Leckströme. Transistoren mit hoher Schaltschwellenspannungen dagegen haben niedrige Leckströme erlauben aber weniger

---

[3]   Viele PCs nehmen sogar mehr als 80 Watt auf.

schnelle Schaltvorgänge. Beim Chipdesign muss also ein Kompromiss gefunden werden. Neuerdings baut man auf einem Chip Bereiche mit verschiedenen Arten von Transistoren ein. Es kann z. B. einen Bereich geben, in dem die Transistoren eine niedrige Schaltschwellenspannung haben und einen zweiten, in dem die Schaltschwellenspannung hoch ist. Je nach Aufgabe kann man dann in der Anwendung den günstigsten Bereich auswählen (Multithresholding, siehe Tabelle 12.2.1). Außerdem gibt es Versuche, den Leckstrom durch Verwendung ausgewählter Materialien im FET zu vermindern.

Der dynamische Anteil hat eine andere Ursache: Die FETs im Schaltkreis haben eine unerwünschte aber unvermeidliche, kleine Gate-Kapazität. Als Summe der vielen parallel geschalteten FET-Kapazitäten ergibt sich eine erhebliche Gesamtkapazität C im System. Beim Umschalten der FETs muss diese Kapazität umgeladen werden und dazu ist eine Leistung erforderlich die nach folgender Formel berechnet wird:

$$P_d = fCU^2 \qquad\qquad (12.1)$$

Dabei ist

P_d dynamischer Anteil der Leistungsaufnahme
f Arbeitsfrequenz
C Gesamtkapazität der Feldeffekttransistoren im Schaltkreis
U Betriebsspannung

Die gesamte Leistungsaufnahme eines Schaltkreises mit FETs ergibt sich mit der statischen Leistungsaufnahme P_s als:

$$P = P_s + P_d = P_s + fCU^2 \qquad\qquad (12.2)$$

Diese Formel reicht aus um die wichtigsten Zusammenhänge zu verstehen, auch wenn bei einem Mikroprozessor die Dinge noch etwas komplizierter sind, weil er aus verschiedenen Bereichen mit verschiedenen Eigenschaften besteht (Rechenwerk, Cache). Wenn man die Leistungsaufnahme gegen die Frequenz aufträgt erhält man also eine Gerade, die die y-Achse bei P_s schneidet (Abb. 12.1).

Betrachten wir ein praktisches Beispiel: Aus dem Datenblatt des MSP430 geht hervor, wie der Versorgungsstrom sowohl mit der Spannung (V_{cc}) als auch der Arbeitsfrequenz (f_{DCO}) linear ansteigt. (Abb. 12.2) Im linken Teil der Abbildung ist zu sehen, dass der Strom I annähernd linear mit U ansteigt. Da die Leistungsaufnahme $P = UI$ ist, bedeutet dies, dass P proportional zu U^2 ansteigt – wie man es nach Gleichung 12.1 erwartet.

Sorgt man für eine Abfuhr der Wärme, kann man Prozessoren extrem übertakten. So ist es gelungen, einen 3-GHz-Prozessor, der mit flüssiger Luft gekühlt wurde, mit 8.2 GHz zu betreiben.

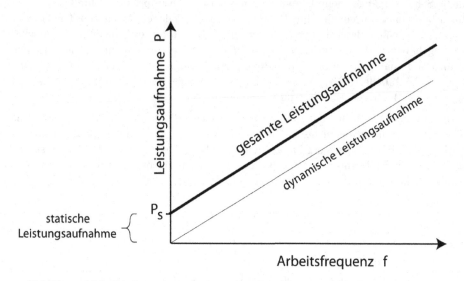

Abbildung 12.1: Die Leistungsaufnahme eines Schaltkreises mit FETs setzt sich aus einem statischen und einem dynamischen Anteil zusammen.

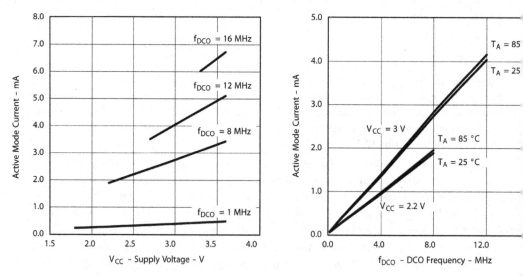

Abbildung 12.2: Der Versorgungsstrom eines Mikroprozessors steigt sowohl mit der Versorgungsspannung an (Bild links). Bei konstanter Versorgungsspannung steigt der Versorgungsstrom linear mit Arbeitsfrequenz an. (Aus dem Datenblatt des TI MSP430 x22x2 mit freundlicher Genehmigung von Texas Instruments. [46])

12.2.1 Verminderung der Leistungsaufnahme

Um die dynamische Leistungsaufnahme zu reduzieren kann man nach Formel 12.2 drei Wege gehen und in der Praxis werden tatsächlich alle drei Möglichkeiten genutzt:

- Die Arbeitsfrequenz f absenken

- Die gesamte Kapazität C vermindern

- Die Betriebsspannung U absenken

Da die Betriebsspannung U sogar quadratisch auf die Leistungsaufnahme wirkt, ist es naheliegend, diese abzusenken. Die ersten Mikroprozessoren liefen als TTL-Bausteine noch mit 5V Versorgungsspannung. Dies wurde über die Jahre kontinuierlich abgesenkt, die aktuellen PC-Prozessoren brauchen Versorgungsspannungen von ca. 1V. Eine ähnliche Entwicklung gab es bei den Speicherbausteinen: DDR-SDRAM brauchte noch 2.5 V, DDR2-SDRAM nur noch 1.8 V und DDR3-SDRAM begnügt sich mit 1.3 V.

Die Taktfrequenz f stieg im Laufe der Jahre wunschgemäß an, um höhere Rechenleistung zu erreichen. Mit ihr stieg die Leistungsaufnahme der Bausteine. Heute versucht man eine hohe maximale Taktfrequenz zur Verfügung zu haben, aber das System so oft wie möglich mit abgesenkter Taktfrequenz zu betreiben.

Die Gesamtkapazität C ergibt sich aus der Kapazität eines einzelnen FETs malgenommen mit ihrer Anzahl. Durch die Miniaturisierung wird die Kapazität eines FETs zwar immer kleiner, andererseits wächst ihre Anzahl unaufhaltsam an. Im Betrieb lässt sich C nur durch Abschaltung von Teilen des Chips, z. B. Bussen, vermindern. Die Verfahren zur Reduzierung der Leistungsaufnahme beruhen letztlich auf den oben genannten drei Maßnahmen in unterschiedlichen Varianten. Einige dieser Verfahren sind in Tabelle 12.2.1 aufgeführt. [16]

Verfahrensbezeichnung	Funktionsweise
Optimierung des Clock-Trees und Clock-Gating	Von mehreren Taktleitungen werden die unbenutzten zeitweise abgeschaltet
Multi-Thresholding (Multi-V_{Th})	Mehrere Bereiche, in denen Logikbausteine unterschiedliche Transistoren nutzen: Solche mit hohen und solche mit niedrigen Schaltschwellenspannungen
Mehrere Versorgungsspannungen	Jeder Funktionsblock erhält die optimale (möglichst niedrige) Versorgungsspannung
Dynamische Spannungs- und Frequenzanpassung	In ausgewählten Bereichen des Chips wird während des Betriebs Versorgungsspannung und Frequenz an die aktuell geforderte Leistung angepasst.
Power-Shutoff	Nicht verwendete Funktionsblöcke werden abgeschaltet

Tabelle 12.1: Einige Verfahren zu Verminderung der Leistungsaufnahme von Mikroprozessoren.

12.3 Das Advanced Control and Power Interface (ACPI)

Das ACPI ist ein offener Industriestandard, der geschaffen wurde, um die Steuermöglichkeiten von Computersystemen und -komponenten zu verbessern, besonders im Hinblick auf Energiemanagement. ACPI 1.0 wurde 1996 veröffentlicht. Beim ACPI liegt die Steuerung der Komponenten beim Betriebssystem, das mehr Informationen über den aktuellen Betriebszustand hat als Hardwarebausteine. (Operating System Power Management, OSPM) Über ACPI können zahlreiche Komponenten des Rechners in energiesparende Zustände versetzt werden und so ergeben sich vielfältige Möglichkeiten, Energie einzusparen. In umgekehrter Richtung kann auch die Hardware über einen speziellen Interrupt dem Betriebssystem Ereignisse mitteilen. Die Benutzung von ACPI setzt ein ACPI-fähiges Motherboard und ein ATX 2.01-Netzteil voraus. ACPI ist sowohl für Notebooks Der gesamte Rechner kann sich in folgenden Zuständen befinden:

G0 Working, aktiver Zustand

G1 Schlafzustand, viele Komponenten abgeschaltet aber schnelle Rückkehr nach G0 möglich

G2 Softwaremäßig ausgeschaltet, Spannung liegt noch an

G3 Mechanisch ausgeschaltet über Schalter oder Stecker

Der Zustand G1 ist noch feiner unterteilt in die Stufen S1 – S5 in denen die „Tiefe" des Schlafzustandes weiter unterschieden wird. Je größer die S-Stufe, um so mehr Komponenten sind abgeschaltet und um so länger dauert es, das Gerät wieder zu aktivieren. Für Komponenten von Computern gibt es analog die vier Zustände D0 – D3. Für Prozessoren (CPUs) gibt es die folgenden Zustände:

C0 Working, Prozessor arbeitet Befehle ab

C1 Halt, Prozessor befindet sich im Haltzustand, Caches arbeiten weiter

C2 Stop Grant, verschieden gehandhabt

C3 Sleep, Prozessor inaktiv, Caches müssen zwischengespeichert werden

Der Zustand C0 ist weiter in so genannte Performance-Stufen P0, P1, P2 usw. unterteilt. Jeder P-Zustand definiert einen Betriebspunkt mit einer festgelegten Arbeitsfrequenz. Dabei ist P0 der Betrieb bei voller Taktfrequenz, der Highest Frequency Mode (HFM). In P1 ist dann der Takt etwas abgesenkt, in P2 noch mehr usw. Im letzten P-Zustand läuft der Prozessor mit der niedrigsten Taktfrequenz, die verfügbar ist; dies ist der Lowest Frequency Mode (LFM). Der Energieverbrauch ist also im HFM am höchsten und im LFM am geringsten. Die genaue Definition der P-Zustände ist den Herstellern überlassen. In der Praxis ist jeder P-Zustand mit einer bestimmten Taktfrequenz verbunden, die in den Mikroprozessoren über die Multiplikatoren (FID) an den Taktgebern (PLL) eingestellt wird. (S.84) Den umgekehrten Weg geht man bei ungleichmäßiger Auslastung von Mehrkernprozessoren: Beim Turboboost (Intel) bzw. TurboCore (AMD) geht man vorübergehend in P-States mit höheren Taktfrequenzen. (Siehe Abschn. 11.3.3)

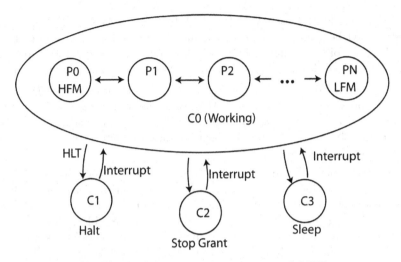

Abbildung 12.3: Zustände der CPU gemäß ACPI.

Über das ACPI hat das Betriebssystem also die Möglichkeit schrittweise die P-Zustände herauf oder herunter zu laufen. Damit kann Leistung der Prozessoren im Laufenden Betrieb an den Bedarf angepasst und der Energieverbrauch verkleinert werden. Das ist genau die Methode, die bei den Verfahren „Speedstep" (Intel) sowie „Cool'n'Quiet" (AMD) angewandt wird. Allerdings ist in der Praxis das Umschalten der Taktfrequenz mit einigem Aufwand verbunden, wie in Abschnitt 12.4.2 geschildert wird. [1],[48],[10],[9]

12.4 Praktische Realisierung von energieeffizienten Architekturen und Betriebsarten

12.4.1 Mikrocontroller

Mikrocontroller werden häufig in batteriebetriebenen eingebetteten Systemen eingesetzt. Die meisten Mikrocontroller sind deshalb für einen energieeffizienten Betrieb gut gerüstet und bieten eine Reihe von Mechanismen an, um den Stromverbrauch zu senken. Hierbei muss es auch ohne Betriebssystem möglich sein, energieeffizient zu arbeiten. Der Anwendungsprogrammierer muss deshalb die entsprechenden Kommandos explizit in sein Programm aufnehmen. Das ist relativ leicht möglich, wenn ein Anwendungsprogramm nur auf einer Hardwareplattform laufen soll. Hier muss der Anwendungsprogrammierer ein gutes Verständnis der Stromspar-Mechanismen haben und ist für die Energieeffizienz des Systems verantwortlich.

Wir haben den RISC-Kern des MSP430 schon in Abschnitt 9.2 kennengelernt. Der darauf aufgebaute Mikrocontroller wird vom Hersteller als Ultra Low Power MCU bezeichnet und bietet hier besonders reichhaltige Möglichkeiten.[46] Er soll uns hier als Beispiel dienen. Zunächst kann eine Versorgungsspannung zwischen 1.8 V und 3.6 V benutzt werden, damit lässt sich die Leistungsaufnahme direkt beeinflussen. Es ist allerdings zu beachten, dass bei verminderter Versorgungsspannung auch die maximal mögliche Taktfrequenz absinkt, wie man in Abb. 12.2 erkennt.

Die Arbeitsfrequenz kann zwischen 12 kHz und 16 Mhz eingestellt werden, was mehr als einen Faktor 1000 bedeutet. Wenn man auf die Quarzstabilisierung verzichtet, kann mit dem Digitally Controlled Oscillator (DCO) die Arbeitsfrequenz sogar durch Softwarebefehle eingestellt werden, und das über einen sehr weiten Bereich, zwischen 60 kHz und 12 MHz.

Wie kann man nun die dritte Variable in Formel 12.1, das C, beeinflussen? Dazu gibt es bei manchen Mikroprozessoren und fast allen Mikrocontrollern die Möglichkeit Teile des Chips abzuschalten. Die FETs in den abgeschalteten Bereichen müssen nicht mehr umgeladen werden und wirken sich nicht mehr aus. Übrigens verkleinert man damit auch den statischen Anteil der Leistungsaufnahme.

Es gibt 3 verschiedene Taktsignale auf dem MSP430, die variabel aus vier verschiedenen Oszillatoren erzeugt werden. Der Anwender kann für viele Peripheriekomponenten einen der drei Takte auswählen. Es gibt insgesamt 5 Betriebsarten: Die aktive Betriebsart (Active Mode) in der alle Taktsignale aktiv sind und 4 Low Power Modes (LPM0 bis LPM3). In allen Low Power Modes ist die CPU abgeschaltet. In LPM0 sind noch alle Taktsignale und alle Peripheriekomponenten aktiv. In LPM1 – LPM3 sind verschiedene Taktsignale und Peripheriekomponenten abgeschaltet, in LPM4 schließlich sind alle Taktsignale ausgeschaltet. Damit lässt sich der Versorgungsstrom von $300\,\mu A$ im Active Mode auf $0.1\,\mu A$ im LPM4 absenken. Jeder Interrupt bringt den Mikrocontroller wieder zurück in den Active Mode.

Es stellt sich natürlich die Frage, wann man Betriebsspannung und Arbeitsfrequenz zurück nehmen kann und soll. Die Antwort lautet: Immer, wenn es die Umstände erlauben. So wird man immer, wenn ein aktives Teilstück der Software beendet ist und der Controller auf ein Signal von der Peripherie wartet, in einen der Low Power Modes wechseln. Man muss nur sicherstellen, dass der Controller wieder in den Active Mode kommt und dass die „Aufwachzeit" nicht zu groß ist. So ergibt sich eine sehr niedrige durchschnittliche Leistungsaufnahme dadurch, dass der Chip ganz wenig im Active Mode und statt dessen meistens in einem der Low Power Modes ist.

Es gibt weitere Regeln für eine energieeffiziente Programmierung:

- So weit wie möglich, Aufgaben durch Hardware statt durch Software erledigen lassen. Ein PWM-Signal sollte z.B durch einen Timer mit PWM-Kanal erzeugt werden.

- Möglichst Interrupts plus Low Power Mode statt Pin- oder Flag-Polling verwenden

- Vorberechnete Tabellenwerte statt aufwändiger Berechnungsroutinen verwenden.

- Häufige Aufrufe von Unterprogrammen vermeiden und stattdessen den Programmfluss einfacher steuern, z. B. mit berechneten Sprungzielen

Diese Regeln decken sich nicht alle mit den Grundsätzen der üblichen Softwaretechnik, sind aber unter dem Gesichtspunkt der Energieeffizienz gerechtfertigt.

12.4.2 PC-Prozessoren

Bei PCs läuft die Verminderung der Leistungsaufnahme anders ab als bei Mikrocontrollern. Da es in der PC-Welt sehr viele Anwendungen gibt und diese Anwendungen auf allen Hardwarevarianten energieeffizient laufen sollen, überlässt man die Energie sparenden Maßnahmen dem hier immer vorhandenen Betriebssystem über das ACPI. (Abschn. 12.3) Allerdings müssen auch die Anwendungsprogramme sich an bestimmte Regeln halten.

Notebooks

Die Vorreiter des Energie-Sparens waren hier die Notebooks. Man muss ja an hohe Akku-Laufzeiten denken und verfügt außerdem wegen der flachen Bauweise nur über begrenzte Kühlmöglichkeiten. Die erste Maßnahme war eine Selektion der auf einem Wafer gefertigten Prozessorchips: Manche erreichen bei niedriger Betriebsspannung schon hohe Taktfrequenzen und eignen sich dadurch gut für den mobilen Einsatz. Eine weitere Maßnahme ist, durch Abschaltung von Teilbereichen den Cache zu verkleinern und damit die Schaltkapazität sowie die Leckströme zu verkleinern. Jeder PC-Prozessor hat eine so genannte *Thermal Design Power* (TDP). Die TDP ist die höchste im Betrieb erlaubte elektrische Leistungsaufnahme. Das Kühlsystem muss in der Lage sein, diese Leistung abzutransportieren. Bei Notebookprozessoren liegt sie zwischen 10 und 45 Watt, typischerweise bei etwa 20 Watt – im Vergleich zu Desktop-Prozessoren also sehr wenig.

Der Chipsatz schaltet den Prozessor so oft wie möglich in den Ruhezustand (Schlafmodus, Sleep Mode), beispielsweise dann, wenn auf eine Benutzereingabe gewartet wird. Auch beim schnellen Eintippen eines Textes legt sich der Mobilprozessor zwischen zwei Tastenanschlägen kurz „schlafen". In solchen Phasen liegt die Leistungsaufnahme nahe beim Leerlauf. Außerdem werden ja Komponenten wie Monitor, Festplatte, Schnittstellen deaktiviert, wenn sie für eine voreingestellte Zeit unbenutzt bleiben. Manche Prozessoren kennen verschiedene Ruhezustände und können schrittweise in immer sparsamere Betriebsarten geschaltet werden. Dabei wird sowohl das Taktsignal gesperrt als auch die Betriebsspannung vermindert, deshalb steigt auch die „Aufwachzeit" an, je sparsamer der Ruhezustand ist. Notebooks schalten auch Teile des RAMs in den Ruhezustand. Außerdem ist der Takt des Frontsidebus nicht so hoch wie bei den Desktop-PCs, auch das spart Energie.

Für den Bau von Notebooks wurden aus den bestehenden Baureihen bestimmte Architekturen ausgewählt und im Hinblick auf die besonderen Anforderungen im mobilen Betrieb weiter entwickelt. Dazu gibt es spezielle Chipsätze, die das Zusammenspiel mit der CPU perfekt beherrschen. Außerdem sind beispielsweise alle Stromversorgungseinheiten exakt auf ihre Aufgabe im Notebook abgestimmt und nicht wegen einer evtl. Aufrüstung überdimensioniert. Das verbessert den Wirkungsgrad und dafür nimmt man z. B. auch in Kauf, dass die Anzahl und die Strombelastbarkeit der USB-Ports geringer ist. Eine neuere Maßnahme ist der Einbau von Flash-Speicher in Notebooks um damit die Festplatte zu cachen. Dadurch soll die Festplatte längere Zeit abgeschaltet bleiben und Energie gespart werden. Der Marktanteil von Notebooks nimmt ständig zu, seit 2008 werden mehr Notebooks als Desktops verkauft. Auf die technische Entwicklung bei den Notebooks darf man weiterhin sehr gespannt sein

Desktop-Prozessoren

Die Desktop-Prozessoren wurden lange Zeit ohne Rücksicht auf die Leistungsaufnahme entwickelt. Das führte dazu, das in einer bestimmten Entwicklungsstufe der Leistungshunger einfach zu groß wurde. Ein Pentium 4 kann bis zu 150 Watt Leistung aufnehmen. Intel entschied sich deshalb, diese Linie nicht weiter zu entwickeln und statt dessen die Core-Mikroarchitektur (siehe Abschnitt 11.3.3), die ursprünglich nur für Notebooks gedacht war, zur Hauptlinie für Desktop-PCs zu machen. Eine solche Entscheidung zeigt die Bedeutung der Energieeffizienz.

Um die Leistungsaufnahme zu verringern, entschlossen sich die Hersteller, die Taktfrequenz ständig an die benötigte Rechenleistung anzupassen. Das ACPI (siehe Abschn.12.3) enthält die nötigen Werkzeuge dafür und wurde auf den Motherboards implementiert. Für jeden Prozessor werden mehrere P-Zustände mit unterschiedlichen Taktfrequenzen definiert. Diese können nach Bedarf schrittweise aufwärts oder abwärts durchlaufen werden.

Kompliziert wird es dadurch, dass die *Kernspannung* (Versorgungsspannung des Prozessorkerns) und die Taktfrequenz in einem engen Verhältnis zueinander stehen: Je höher die Taktfrequenz um so mehr Kernspannung wird gebraucht. Das erkennt man übrigens auch in Abb. 12.2. Man muss also die Kernspannung und die Taktfrequenz gemeinsam in kleinen Schritte erhöhen oder absenken. Zu diesem Zweck werden die Prozessoren während der Fertigung ausgemessen und die ermittelten Datenpaare von Takt- und Spannungswerten werden jedem Prozessor für den späteren Betrieb eingebrannt. Sie werden beim booten im ACPI-BIOS in Tabellen hinterlegt und das Betriebssystem greift auf diese Tabellen zu um zwischen den P-Zuständen zu wechseln. Über das Voltage-Identification-Signal fordert der Kern jeweils die zu seinem P-Zustand passende Kernspannung vom Spannungswandler an und dieser muss die gewünschte Spannung dann sehr schnell bereit stellen.

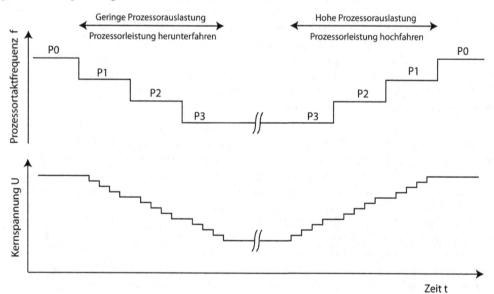

Abbildung 12.4: Anpassung von Taktfrequenz und Kernspannung beim Speedstep-Verfahren von Intel. In diesem Beispiel wird herunter gefahren bis zum Zustand P3

Um z. B. die Taktfrequenz abzusenken muss zuerst der Prozessor in einen Halt-Zustand versetzt werden. Dann kann der Multiplikator verkleinert werden, aber die PLLs brauchen einige Zeit, um auf die neue Taktfrequenz einzuschwingen. Nachdem ein stabiler neuer Takt zur Verfügung steht kann die Kernspannung des Prozessors in mehreren Schritten abgesenkt werden. Auch die Spannungsregler brauchen jedes mal Zeit um sich auf den neuen Wert einzustellen. Nun kann der Prozessor wieder gestartet werden. Nötigenfalls muss der Vorgang mehrfach wiederholt werden. Wenn wieder mehr Rechenleistung gebraucht wird, vollzieht sich der Vorgang in umgekehrter Reihenfolge: Erst Kernspannung erhöhen dann Taktfrequenz. Das ganze Verfahren wird bei Intel „Speedstep" genannt (Abb. 12.4).

Die Anpassung von Taktfrequenz und Kernspannung ist also ein recht komplexes und auch zeitaufwändiges Verfahren. Wegen des Zeitaufwandes der mit Anpassungen von Takt und Spannung verbunden ist, lohnt es sich nicht, all zu häufig eine andere Stufe einzustellen. Hier ist eine Optimierung durch das Betriebssystem nötig.

Auch für Mehrkernprozessoren ist Energieeffizienz ein sehr interessantes Thema. Die Hersteller sehen vor, dass die Kerne einzeln hernuter getaktet werden können oder einzeln von der Versorgungsspannung getrennt werden können. [11]

12.4.3   Prozessoren für Subnotebooks

Subnotebooks, auch Mini-Notebooks oder Netbooks genannt, sind die neuesten und kleinsten derzeitigen PCs. Sie sind nicht größer als ein normales Buch und werden gerne auf Reisen benutzt um sich mit dem Internet zu verbinden. Subnotebooks werden preiswert gehandelt und die großen Hersteller haben sich auf den neuen Markt eingestellt und spezielle Prozesoren dafür entwickelt. Hier werden noch sparsamere (und billigere) Prozessoren gebraucht. Zum Teil wurden dazu ältere Prozessoren etwas verkleinert und niedrig getaktet, wie es bei Intels Celeron M geschieht, der auf die P6-Mikroarchitektur zurückgeht (S.224). Es gibt aber auch Neuentwürfe, wie Vias Nano und Intels Atom-Prozessor.

Beim Atom verzichtete man beispielsweise auf die Ausführung in veränderter Reihenfolge (out of order execution, siehe Abschnitt 11.2.2). Damit spart man die komplizierte Rückordnung der Instruktionen, die Hardware wird einfacher und der Strombedarf sinkt. Außerdem werden die Instruktionen nicht mehr so stark zerlegt wie in Desktop-Prozessoren, das macht die Verwaltung einfacher. Der Atom-Prozessor verfügt über zwei parallele Pipelines, kann also maximal zwei einfache Befehle parallel ausführen. Um den Nachteil der fehlenden Ausführung in geänderter Reihenfolge etwas auszugleichen, führte man hier ein (abschaltbares) Hyperthreading ein: Die Registersätze für Ganzzahloperationen, Gleitkommaoperationen und SIMD sind doppelt vorhanden. Für den L1-Cache wurden besonders energiesparende Speicherzellen mit 8 statt 6 Transistoren eingesetzt. Mit diesen Architekturmerkmalen vermindert sich die Leistungsaufnahme des Atoms auf bescheidene 2 Watt bei 1,6 GHz Takt. Für die Absenkung der Leistung bei geringer Auslastung beherrscht Atom das Speedstep-Verfahren.

Die Rechenleistung ist natürlich ebenfalls etwas eingeschränkt. Bei logischen Operationen und Integeroperationen kann der Atom mit 2 Instruktionen pro Takt sehr gut mithalten (Core2: 2 oder 3 pro Takt). Bei SIMD-Operationen ist er deutlich weniger leistungsfähig, für eine Division von gepackten Zahlen mit Vorzeichen braucht er z. B. 43 Takte, ein Core2 braucht nur 5.[42]

Mittlerweile hat VIA einen x86-kompatiblen Prozessor vorgestellt, der nur 1 Watt Leistung konsumiert und ohne Lüfter betrieben wird, den VIA Eden-ULV. Ein Problem ist zur Zeit noch, dass Chipsätze und Peripherie nicht ebenso sparsam sind, wie die neuen Prozessoren, aber auch da sind Neuentwicklungen in Vorbereitung. Intel hat zum Atom bereits einen

Chipsatz vorgestellt, der nur noch aus einem einzigen Chip besteht: Der System Controller Hub vereint Northbridge, Southbridge, Speichercontroller und Grafikprozessor. Darin sind die PCI-Express-Schnittstellen auf eine Lane beschränkt und interessanterweise ist keine SATA-Schnittstelle vorhanden. Man geht wohl davon aus, dass ohnehin eine Flash-Disk eingebaut wird.

Der Atom-Prozessor ist nun dabei sich neue Märkte zu erobern: Smartphones und andere tragbare Geräte sind mit dem sparsamen Atom-Prozessor gut zu betreiben und es steht das riesige Software-Potential der x86-Welt zur Verfügung. Letzteres Argument hilft dem Atom zum Einstieg in den Markt der Industriesteuerungen, wo er den ARM-Prozessoren Konkurrenz macht.

12.5   Aufgaben und Testfragen

1. Wie lautet die Formel für die Leistungsaufnahme elektronischer Schaltkreise?

2. Ein Mikroprozessor nimmt bei 2.4 Ghz Takt 42 Watt Leistung auf. Wieviel Leistung wird durchschnittlich aufgenommen, wenn in einem Beobachtungszeitraum der Prozessor 50 % im Haltzustand ist (f=0), 40 % mit 0.8 Mhz und 10 % mit 2.4 MHz läuft?

3. Ein TI MSP430 soll mit 2.5 V Versorgungsspannung bei einem Takt von 8 MHz betrieben werden. In bestimmten rechenintensiven Situationen soll der Takt mit dem DCO auf 12 MHz erhöht werden. Wo liegt das Problem bei dieser Planung?

4. Wie lange könnte man ein Desktop-System mit einer Leistung von 250 W aus einem Akku mit 11V Spannung und einer Kapazität von 4000 mAh betreiben?

Lösungen auf Seite 323.

13 Single Instruction Multiple Data (SIMD)

13.1 Grundlagen

Bei *Single Instruction Multiple Data* wirkt ein Befehl nicht nur auf ein, sondern auf mehrere voneinander unabhängige Operandenpaare. Solche Aufgabenstellungen ergeben sich oft in der Wissenschaft und Technik. Ein Beispiel dafür wäre das Skalarprodukt zweier Vektoren:

$$\vec{x}\vec{y} = \sum_{i=1}^{N} x_i y_i = x_1 y_1 + x_2 y_2 + x_3 y_3 + \ldots + x_N y_N$$

Ein Prozessor, der dieses Produkt auf mehreren ALUs parallel berechnen kann, wird *Vektorprozessor* genannt.[1] Ein SIMD-Befehl würde einen Vektorprozessor anweisen, auf der ersten ALU $x_1 y_1$, auf der zweiten ALU $x_2 y_2$ usw. parallel zu berechnen. Ein Vektorrechner ist bei wissenschaftlichen Programmen mit vielen Berechnungen, die ähnlich dem Skalarprodukt-Beispiel sind, natürlich klar im Vorteil. Ein bekannter Computer mit Vektorprozessor ist die Cray-1 aus dem Jahr 1976, die tatsächlich überwiegend im wissenschaftlichen Bereich eingesetzt wurde. Vektorprozessoren waren zunächst teuren Supercomputern vorbehalten.

Das änderte sich in den neunziger Jahren, als PCs zunehmend für die Bearbeitung von Audio- und Videodaten („Multimediadaten") benutzt wurden. Die Verarbeitung von multimedialen Daten kann als Signalverarbeitung betrachtet werden. Dabei werden viele kleine und unabhängige Dateneinheiten verarbeitet: Ein Grauwert wird oft durch ein Byte dargestellt, ein Lautstärkewert (Abtastwert) in CD-Qualität durch 16 Bit, also zwei Byte, ein Farbwert durch drei mal ein Byte usw. Die 32-Bit-Register und die 32-Bit-ALU des Prozessors waren damit schlecht ausgenutzt. Man entschloss sich deshalb, SIMD auf *gepackten Daten* (*packed data*) einzuführen.

Bei gepackten Daten sind innerhalb eines großen Datenwortes mehrere gleich große Bitfelder definiert, deren Inhalt jeweils eine eigenständige Zahl repräsentiert. Man kann z.B. ein 32-Bit-Register als Repräsentation von vier unabhängigen 8-Bit-Zahlen betrachten. Mit einem SIMD-Befehl werden diese Zahlen in einem Schritt und unabhängig voneinander bearbeitet. Es gibt keine Beeinflussung durch Übertrag oder Borgen über die Grenzen der Bitfelder. Das Wirkungsschema ist in Abb. 13.1 dargestellt.

---

[1] Eine andere Variante sind Array-Prozessoren.

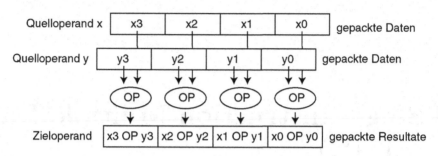

Abbildung 13.1: Wirkungsschema von Single Instruction Multiple Data (SIMD) auf gepackte Daten. Es gibt keine Beeinflussung über die Bitfeldgrenzen hinweg. OP steht für eine arithmetische, logische, Schiebe- oder Vergleichsoperation.

Wegen der Parallelausführung kann die Verarbeitungsleistung bei Multimediadaten mit SIMD enorm verbessert werden. Diese Überlegungen führten zur Entwicklung der MMX und SSE-Einheiten bei Intel sowie der 3DNow!-Einheit bei AMD. Darin stehen nun 64 bzw. 128 Bit große Register für SIMD zur Verfügung, so dass Vektorprozessor-Funktionalität heute in jedem preiswerten PC zu finden ist. Exemplarisch ist die SIMD-Funktionalität des Pentium 4 im nächsten Abschnitt ausführlicher beschrieben. Darüber hinaus gibt es heute auch digitale Signalprozessoren, die SIMD anbieten.

13.2   Fallbeispiel: SIMD bei Intels IA-32-Architektur

Der Registersatz des Intel Pentium 4 hat sich gegenüber dem Urvater der Modellreihe 8086 stark weiterentwickelt. Die Allzweckregister wurden auf 32 Bit erweitert und zwei weitere Registerstapel für SIMD-Operationen wurden hinzugefügt: Acht 64 Bit breite MMX-Register und acht 128 Bit breite XMM-Register (Abb. 13.2).

Allzweck-Register 32 Bit	MMX-Register 64 Bit	XMM-Register 128 Bit
ESP	MM7	XMM7
EBP	MM6	XMM6
EDI	MM5	XMM5
ESI	MM4	XMM4
EDX	MM3	XMM3
ECX	MM2	XMM2
EBX	MM1	XMM1
EAX	MM0	XMM0

EFlags		MXCSR-Register

Allzweck-Bereich   SIMD-Bereich

Abbildung 13.2: Der Registersatz des Pentium 4. Nicht eingezeichnet sind die Register der Segmentierungseinheit und die Steuerregister.

SIMD-Operationen wurden bis zum Pentium 4 schrittweise eingeführt: Zunächst erschien 1997 mit dem Pentium-MMX die so genannte *MMX-Einheit* (Multimedia Extension), ein

Satz von acht 64-Bit-Registern mit zugehörigem Ganzzahl-SIMD-Befehlssatz. Mit dem Pentium III wurde 1999 die *SSE-Einheit* (*Streaming SIMD Extension*) eingeführt. Sie besteht aus acht 128-Bit-Registern (XMM-Register) und einem Befehlssatz für SIMD-Befehle auf gepackten Gleitkommazahlen in einfacher Genauigkeit. Mit dem Erweiterungspaket *SSE2* wurden SIMD-Operationen für gepackte doppelt genaue Gleitkommazahlen eingeführt und weitere Befehle für Ganzzahl-SIMD eingeführt. Inzwischen sind die Befehlsgruppen SSE3 und SSE4 gefolgt, die immer speziellere Befehle enthalten. Ein Programm kann mit Hilfe des CPUID-Befehls klären, welche dieser Einheiten verfügbar sind [26],[38].

13.2.1 Die MMX-Einheit

Für die MMX-Befehle wurden mehrere gepackte Datentypen eingeführt, die in Abb. 13.3 dargestellt sind.

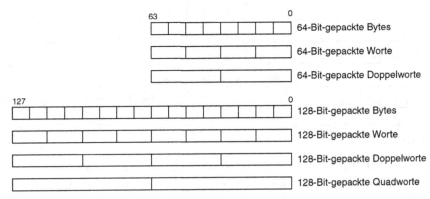

Abbildung 13.3: Die ganzzahligen gepackten Datentypen des SIMD-Befehlssatzes.

Bei gepackten Bytes wird das Datenwort in 8-Bit-Einheiten aufgeteilt, ein 64-Bit Datenwort enthält also acht gepackte Bytes. Ebenso kann es aber vier gepackte Worte zu je 16 Bit enthalten, oder zwei gepackte Doppelworte zu je 32 Bit. Ein 128-Bit-Datenwort kann sogar 16 gepackte Bytes, 8 gepackte Worte oder vier gepackte Doppelworte enthalten. Hier gibt es zusätzlich die Möglichkeit, zwei 64-Bit-Quadworte hineinzupacken. Der MMX-Befehlssatz arbeitet sowohl mit den MMX-Registern als auch (ab Pentium 4) mit den XMM-Registern zusammen. Man muss erwähnen, dass die MMX-Einheit nicht wirklich acht neue Register hat, sondern dass diese Register auf die Mantissenanteile der acht FPU-Register[2] abgebildet werden. Dies ist wichtig für die Programmierung: Ein Schreibvorgang auf ein MMX-Register zerstört FPU-Daten und umgekehrt. Man sollte daher MMX- und FPU-Befehle nicht mischen und muss, nach Abschluss der MMX-Operationen, mit dem Befehl EMMS (Empty Multimedia State) die Register leer hinterlassen.

Die Verarbeitung von Audio- und Videodaten ist eine spezielle Art der Signalverarbeitung und die MMX-Einheit besitzt zwei spezielle Merkmale, die aus der DSP-Technik bekannt sind: *Sättigungsarithmetik* (s. S. 308) und einen Befehl für *Multiplizieren-Akkumulieren*, (*MAC-Befehl*, s. S. 308). Beide Merkmale werden in diesem Abschnitt noch durch Beispiele veranschaulicht.

---

[2] Die FPU (Floating Point Unit) ist die konventionelle Gleitkommaeinheit, der Nachfolger des Koprozessors.

Das Kernstück der MMX-Befehle stellen die arithmetischen Befehle auf gepackte Bytes, Worte, Doppelworte und Quadworte (ab Pentium 4) dar: Addition, Addition mit Sättigung, Subtraktion, Subtraktion mit Sättigung, Multiplikation und Multiplikation mit Addition (MAC-Befehl). Ab dem Pentium III gibt es zusätzliche Befehle für Durchschnittsbildung, Maximum- und Minimumauswahl, Summe der absoluten Differenzen bilden und MSB-Maske erstellen. Als Beispiel zeigt Abb. 13.4 die Wirkung des Befehls

```
paddb   xmm1,xmm2
```

PADDB steht für *Packed Add Bytes* und bewirkt die Addition von gepackten Bytes. Der PADDB-Befehl behandelt die beiden Operanden als Einheit von 16 gepackten Bytes, führt 16 paarweise Additionen aus und speichert die 16 Ergebnisse im ersten Operanden ab.

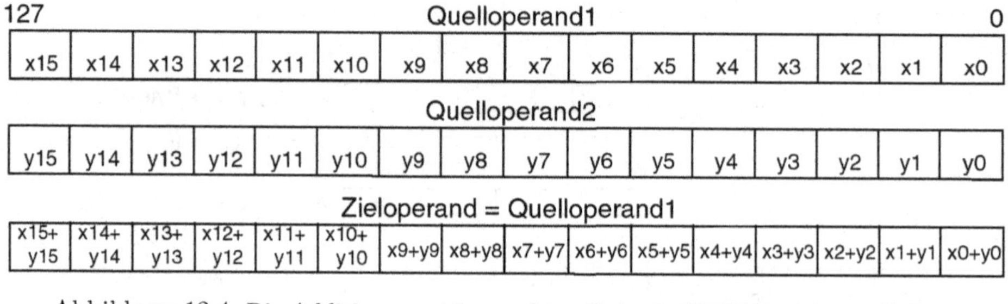

127					Quelloperand1										0
x15	x14	x13	x12	x11	x10	x9	x8	x7	x6	x5	x4	x3	x2	x1	x0

Quelloperand2															
y15	y14	y13	y12	y11	y10	y9	y8	y7	y6	y5	y4	y3	y2	y1	y0

Zieloperand = Quelloperand1															
x15+ y15	x14+ y14	x13+ y13	x12+ y12	x11+ y11	x10+ y10	x9+y9	x8+y8	x7+y7	x6+y6	x5+y5	x4+y4	x3+y3	x2+y2	x1+y1	x0+y0

Abbildung 13.4: Die Addition von 16 gepackten Bytes in XMM-Registern mit dem PADDB-Befehl.

Beispiel Der PADDB-Befehl wird auf zwei MMX-Register angewandt, die acht gepackte Bytes aufnehmen können. Die Zahlen sind so gewählt, dass im letzten Byte ein Übertrag erfolgt:

```
               ;Der Inhalt des Registers mm0 sei:        20304050010207F0h
               ;Der Inhalt des Registers mm1 sei:        0102030420304011h
               ;Summe bei 32-Bit-Ganzzahladdition wäre:  2132435421324801h
paddb mm0,mm1  ;packed add bytes
               ;Das Ergebnis hier ist:                   2132435421324701h
```

Der Unterschied zur 32-Bit-Ganzzahlarithmetik liegt im Resultat bei der Ziffer '7': Der Übertrag aus der Addition der unteren Bytes wurde nicht auf das nächste Byte übertragen, da die acht Bytes als unabhängige Einheiten behandelt werden.

Beispiel Im letzten Beispiel fand auf dem letzten Byte ein Überlauf statt, der dort zu dem Wert 01h führte. Dieser Überlaufwert ist im Multimediabereich oft unsinnig und man kann ihn mit Sättigungsarithmetik (s. S. 308) vermeiden. Der Befehl `paddusb` (packed add with unsigned saturation bytes, Addition gepackter Bytes mit vorzeichenloser Sättigung) addiert ebenfalls gepackte Bytes, wendet dabei aber vorzeichenlose Sättigungsarithmetik an.

```
                ;Der Inhalt des Registers mm0 sei:       20304050010207F0h
                ;Der Inhalt des Registers mm1 sei:       0102030420304011h
paddusb mm0,mm1 ;packed add bytes with unsigned saturation
                ;Sättigung im letzten Byte, Ergebnis:    21324354213247FFh
```

Das Ergebnis unterscheidet sich im letzten Byte vom Ergebnis des vorigen Beispiels. Der Wert FFh (255) ist der Sättigungswert vorzeichenloser 8-Bit-Zahlen. In Tab. 13.1 sind alle Sättigungswerte zusammengestellt.

Tabelle 13.1: Die Endwerte der Sättigungsarithmetik

		unterer Sättigungswert	oberer Sättigungswert
Vorzeichenlose	8 Bit	0	255
Zahlen	16 Bit	0	65535
Vorzeichenbehaftete	8 Bit	-128	127
Zahlen	16 Bit	-32768	32767

Der Befehl PMADDWD ist ein zweifach paralleler *MAC-Befehl*, er multipliziert vier Paare von 16-Bit-Worten und addiert paarweise die Produkte zu zwei Doppelworten auf (Abb. 13.5).

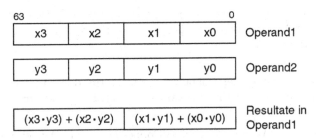

Abbildung 13.5: Wirkungsschema des PMADDWD-Befehls.

Das folgende Programmbeispiel in C ist an die Signalverarbeitung angelehnt. Es sollen vier 16-Bit-Zahlen (Koeffizienten) mit vier anderen 16-Bit-Zahlen (Datenwerten) multipliziert und anschließend die Summe der vier Produkte gebildet werden. Mit Hilfe des PMADDWD-Befehls und einiger weiterer MMX-Befehle, die in Inline-Assembler eingefügt sind, wird das Programm außerordentlich kurz:

```
short Daten[4]        = {1,2,3,3};    // 16-Bit-Zahlen
short Koeffizienten[4] = {10,6,3,2};   // 16-Bit-Zahlen
int Produktsumme;                      // 32-Bit-Zahl
_asm{
  movq mm0,Daten          // mov Quadword Daten nach MM0
  movq mm1,Koeffizienten  // mov Quadword Koeffizienten nach MM0
  pmaddwd mm0,mm1         // Packed Multiply and Add Word to Doubleword
                         // Ergebnisse: Unteres Doppelwort:15,
                         // obereres Doppelwort:22
  movq mm1,mm0           // Ergebnisse nach MM1 kopieren
  psrlq mm0, 32          // Packed shift right logical
                         // Quadword mm0 um 32 Bit nach rechts schieben
  paddd mm0,mm1          // Die beiden Doppelworte addieren, Ergebnis: 37
  movd Produktsumme, mm0} // Ergebnis ablegen in Speichervariable
```

Neben den arithmetischen Befehlen gibt es folgende weitere Befehle für die MMX-Einheit, auf die hier nicht mehr im Detail eingegangen werden kann:

Datentransport
Kopieren eines Doppelwortes zwischen MMX-Einheit und Speicher oder Allzweckregister (movd) und kopieren eines Quadwortes zwischen MMX-Einheit und Speicher (movq).

Schiebebefehle
Schieben nach links oder rechts von gepackten Worten (psllw, psrlw), Doppelworten (pslld, psrld), Quadworten (psllq, psrlq) oder Doppelquadworten (ganzes 128-Bit-XMM-Register, pslldq, psrldq).

Bitweise logische Befehle
Logisches UND, UND NICHT, ODER und exklusives ODER auf gepackte Daten (pand, pandn, por, pxor).

Vergleichsbefehle
Vergleich gepackter Daten auf gleich oder größer, Ablage der Ergebnisflags in einem der Operandenregister (pcmpeqb, pcmpeqw, pcmpeqd, pcmpgtb, pcmpgtw, pcmpgtd).

Packbefehle
Packen von Worten in Bytes oder Doppelworten in Worte, dabei vorzeichenbehaftete oder vorzeichenlose Sättigungsarithmetik: (packsswb, packssdw, packuswb).

Entpackbefehle
Erweiterung von Bytes zu Worten, Worten zu Doppelworten und Doppelworten zu Quadworten, höher- oder niederwertige Hälfte der Quelloperanden (punpckhbw, punpckhwd, punpckhdq, punpcklbw, punpcklwd, punpckldq).

MMX-Umgebung
MMX-Umgebung sichern (fxsave), wiederherstellen (fxrstor) oder schließen (emms).

13.2.2 Die SSE-, SSE2-, SSE3- und SSE4-Befehle

Für die SIMD-Gleitkommabefehle wurden gepackte Formate eingeführt, die in Abb. 13.6 gezeigt sind. Es werden einfach genaue Gleitkommazahlen mit 32 Bit und doppelt genaue Gleitkommazahlen mit 64 Bit unterstützt. Auf 128 Bit lassen sich vier gepackte einfach genaue oder zwei gepackte doppelt genaue Gleitkommazahlen unterbringen.

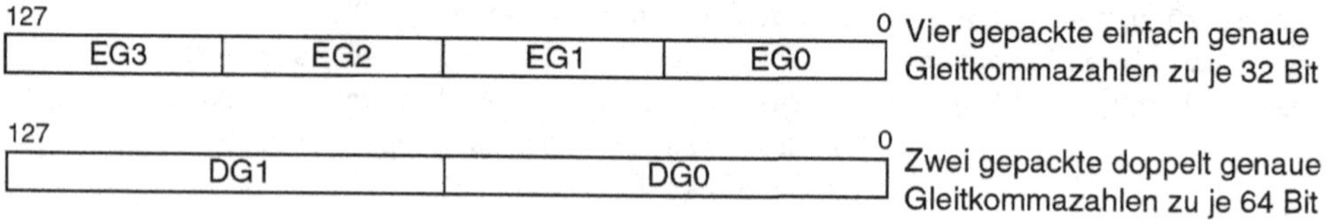

Abbildung 13.6: Die gepackten Gleitkomma-Datentypen des SIMD-Befehlssatzes.

Das SSE-Paket enthält SIMD-Befehle für gepackte einfach genaue (single precision) Gleitkommazahlen, und SSE2 enthält SIMD-Befehle für gepackte doppelt genaue (double precision) Gleitkommazahlen. Die gepackten Daten liegen in den XMM-Registern. Die Bearbeitung folgt – bis auf wenige Ausnahmen – dem IEEE Standard 754 (s. Abschn. 2.4.4). Neben dem SIMD-Ausführungsschema (Abb. 13.1) gibt es alle Befehle auch als so genannte *skalare* Befehle, bei denen nur die beiden Operanden an der niedrigstwertigen Position durch eine Operation verknüpft werden. Das *MXCSR-Register* enthält Status- und Steuerbits für die SSE- und SSE2-Operationen.

Die angebotenen arithmetischen Operationen sind für einfach genaue Gleitkommazahlen: Addition und Subtraktion, Multiplikation und Division, Kehrwertberechnung (Reziprokwert), Quadratwurzelberechnung, Berechnung der reziproken Quadratwurzel sowie Minimum- und Maximumbildung. Für doppelt genaue Gleitkommazahlen stehen im SSE2-Befehlssatz die gleichen Befehle (mit Ausnahme der Reziprokwertberechnungen) zur Verfügung. Die Befehlsnamen unterscheiden sich im letzten Buchstaben, es steht 's' für single precision und 'd' für double precision. Zum Beispiel steht SQRTPS für *square root of packed single precision values* (Quadratwurzel aus gepackten einfach genauen Gleitkommazahlen). Der Befehl

```
sqrtps xmm0, xmm5
```

interpretiert den Inhalt von Register XMM5 als vier gepackte einfach genaue Gleitkommazahlen (Abb. 13.6 oben), zieht jeweils die Quadratwurzel und speichert die vier einfach genauen Ergebnisse gepackt in Register XMM0. Dagegen interpretiert der Befehl

```
sqrtpd xmm0, xmm5
```

den Inhalt von XMM5 als zwei gepackte doppelt genaue Gleitkommazahlen (Abb. 13.6 unten), zieht die Wurzel und legt die beiden doppelt genauen Ergebnisse in XMM0 ab.

Die weiteren Befehle des SSE- und SSE2-Befehlssatzes gliedern sich in die Gruppen Transportbefehle, Vergleichsbefehle, Mischbefehle, Konversionsbefehle und Kontrollbefehle. Wir wollen hier nur auf letztere kurz eingehen.

Die Verarbeitung eines multimedialen Datenstromes (stellen wir uns z.B. vor, er stamme von dem Digitalausgang eines CD-Players) bringt gewisse Besonderheiten mit sich. Große Mengen kleiner Datenpakete werden genau einmal eingelesen, verarbeitet und ausgegeben. Die eingelesenen Daten sind demnach in keinem Cache zu finden. Es macht auch keinen Sinn, sie beim Zurückschreiben in den Speicher im Cache abzulegen (Write-Allocate-Strategie, s. S. 188). Dadurch würde nämlich die gesamte Cache-Hierarchie „ausgespült" und mit Daten gefüllt, die in absehbarer Zukunft nicht mehr gebraucht werden (cache pollution). Die SSE-/SSE2-Einheit verfügt daher über einige Befehle, um diesen Besonderheiten Rechnung zu tragen.

Die PREFETCH-Befehle erlauben das explizite Einlesen von Daten aus dem Speicher in ein Cache-Level der Wahl. Damit wird es möglich, dass die CPU Daten schon beim ersten Zugriff im Cache findet – für die Verarbeitung von multimedialen Daten ein wichtiger Vorteil. PREFETCH0 z.B. liest einen Datenblock in den L1- und L2-Cache ein, noch bevor er von der CPU angefordert wurde. Mit speziellen MOV-Befehlen (MOVNTxx) können Daten abgespeichert werden, ohne dass diese Daten im Cache abgelegt werden. So kann das „Ausspülen" der Caches verhindert werden. Die FENCE-Befehle garantieren die Einhaltung der programmierten Reihenfolge beim Laden bzw. Speichern von Daten. Mit dem Befehl CLFLUSH (Cache Line Flush) wird eine bezeichnete Cache Line in den Speicher zurückgeschrieben.

Mit *SSE3* wurde ein weiteres Paket von 13 neuen Befehlen eingeführt. Dazu gehören beispielsweise vier „horizontal" arbeitende Befehle, bei denen jeweils zwei Elemente aus dem gleichen Operanden miteinander verknüpft werden. Der HADDPD-Befehl (horizontal add packed double precision) addiert jeweils die erste und zweite doppelt genaue Gleitkommazahl aus dem gleichen Operanden, wie im folgenden Bild dargestellt ist:

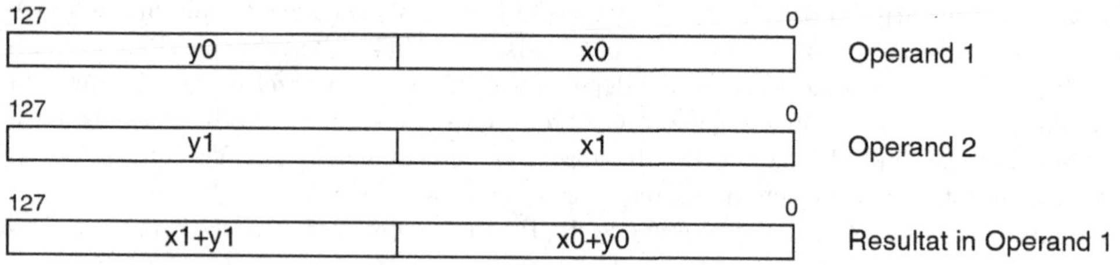

127	0	
y0	x0	Operand 1

127	0	
y1	x1	Operand 2

127	0	
x1+y1	x0+y0	Resultat in Operand 1

Abbildung 13.7: Der HADDPD-Befehl verknüpft Elemente aus dem gleichen Operanden, er arbeitet „horizontal".

Weitere SSE3-Befehle dienen der Duplizierung von Daten und der Thread-Synchronisation. Interessant sind die so genannten ADD/SUB-Befehle. Von diesen Befehlen wird eine Hälfte der Elemente der Operandenpaare addiert und die andere subtrahiert. Diese Operationen sind im Zusammenhang mit komplexen Zahlen nützlich. Als Beispiel ist hier die Funktionsweise des Befehls ADDSUBPD gezeigt:

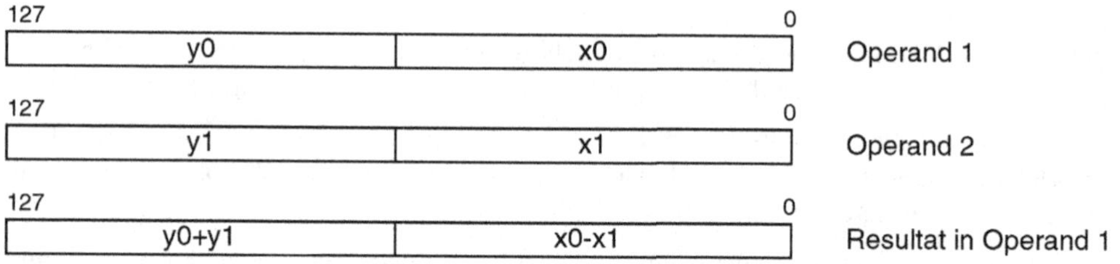

127	0	
y0	x0	Operand 1

127	0	
y1	x1	Operand 2

127	0	
y0+y1	x0-x1	Resultat in Operand 1

Abbildung 13.8: Der ADDSUBPD-Befehl subtrahiert das erste und addiert das zweite Elementpaar.

Die Core-Architektur bietet mittlerweile SSE4 an, zunächst SSE4.1 und nun mit dem Nehalem auch SSE4.2. Die neuen Befehle bieten Funktionen im Bereich Integermultiplikation, Skalarprodukt, Datenströme laden, bedingtes überblenden, Minimum/Maximum bestimmen, Rundung, Konversion, Transport, Summen von absoluten Differenzen, horizontale Suche, Test und Stringverarbeitung.

13.3 Aufgaben und Testfragen

In einem C-Programm für einen Pentium 4-Prozessor sind die beiden Vektoren $\vec{a}$ und $\vec{b}$ folgendermaßen definiert:

```
short a[4]={4,5,6,0};   // Vektor mit Komponenten x,y,z,leer
short b[4]={1,2,3,0};   // Vektor mit Komponenten x,y,z,leer
int Ergebnis;
```

Setzen Sie diese Datendefinition in den drei folgenden Aufgaben voraus.

1. a) Schreiben Sie mit Hilfe von SIMD-Befehlen in Inline-Assembler eine Sequenz von Befehlen, die die Summe der Vektoren

$$\vec{a} + \vec{b} = (a_x + b_x, a_y + b_y, a_z + b_z)$$

bildet und das Ergebnis in Vektor $\vec{a}$ ablegt. Was ist der Ergebnisvektor, wenn man ihn komponentenweise in Zahlen ausdrückt?

b) Schreiben Sie mit Hilfe von SIMD-Befehlen in Inline-Assembler eine Sequenz von Befehlen, die die Differenz der Vektoren

$$\vec{a} - \vec{b} = (a_x - b_x, a_y - b_y, a_z - b_z)$$

bildet und das Ergebnis in Vektor $\vec{a}$ ablegt. Was ist der Ergebnisvektor, wenn man ihn komponentenweise in Zahlen ausdrückt?

2. Schreiben Sie mit Hilfe von SIMD-Befehlen in Inline-Assembler eine Sequenz, die das Skalarprodukt

$$\vec{a}\vec{b} = a_x b_x + a_y b_y + a_z b_z$$

berechnet und in der Variablen `Skalarprodukt` speichert. Was ist das Ergebnis?

Lösungen auf Seite 323.

14 Mikrocontroller

14.1 Allgemeines

Bei einem Mikrocontroller (Abk. MC oder μC) sind die CPU, Speicher, Peripheriekomponenten und Interruptsystem auf einem Chip integriert. Ein Mikrocontroller kann also mit sehr wenigen externen Bausteinen betrieben werden, man nennt sie daher auch *Single-Chip-Computer* oder *Einchip-Computer*. Im Gegensatz zum Mikroprozessor steht beim Mikrocontroller nicht die hohe Verarbeitungsleistung im Vordergrund, sondern eine hohe *funktionelle Integration*: Je mehr Funktionen schon auf dem Mikrocontroller-Chip sind, um so weniger Zusatzbausteine braucht man. Dies hat viele Vorteile für die Herstellung vollständiger Systeme:

- Der Schaltungsentwurf wird einfacher,
- das vollständige System wird kompakter,
- die Verlustleistung ist geringer,
- durch die geringere Anzahl von Leitungen, Sockeln und Steckern verringert sich auch das Risiko von mechanischen Verbindungsstörungen,
- die Fertigung und das Testen der Schaltungen kostet weniger.

Das Haupteinsatzgebiet der Mikrocontroller ist die Steuerung in *eingebetteten Systemen* (Embedded Systems). Darunter versteht man Systeme, die von einen Computer gesteuert werden, ohne dass dieser nach aussen in Erscheinung tritt. Durch die Fortschritte in der Integration und die sinkenden Preise konnten Mikrocontroller in immer mehr Applikationen als Steuerungszentrale eingesetzt werden (Embedded Control, to control = steuern). In vielen Fällen haben sie Steuerungen aus digitalen Bausteinen oder speicherprogrammierbare Steuerungen abgelöst. Mikrocontroller bieten hier den Vorteil größerer Flexibilität, denn die Funktion kann auf der Softwareebene geändert oder erweitert werden. Besonders augenfällig ist dieser Vorteil bei feldprogrammierbaren Mikrocontrollern, das sind Controller die neu programmiert werden können, ohne dass man sie aus ihrer Schaltung entnehmen muss. Wir finden Mikrocontroller z.B. in Digitaluhren, Taschenrechnern, Haushaltsgeräten, KFZ, Mobiltelefonen, Kommunikationseinrichtungen aller Art, Medizingeräten und vielen anderen eingebetteten Systemen. Der Markt für Mikrocontroller wächst ständig.

Standardmikrocontroller sind universell gehalten und kommen in unterschiedlichen Applikationen zum Einsatz, sie werden frei verkauft. *Kundenspezifische Mikrocontroller* dagegen sind im Kundenauftrag für einen ganz spezifischen Einsatz entworfen, werden in hohen Stückzahlen gefertigt und als Teil eines fertigen Produktes an den Endkunden verkauft.

Ein Mikrocontroller enthält einen Kern (Core), der mit den Bestandteilen Rechenwerk, Steuerwerk, Registersatz und Busschnittstelle ungefähr einer üblichen CPU entspricht. Dazu kommen mehr oder weniger viele Peripheriekomponenten, die der Controller für seine Steuerungs- und Kommunikationsaufgaben im eingebetteten System braucht, z.B.:

- Verschiedene Arten von Speicher
- Kommunikationsschnittstellen (UART, I^2C, SPI, CAN,...)
- Ein konfigurierbares Interruptsystem mit externen Interrupts
- Eine Oszillatorschaltung
- Ein- und Ausgabeports (IO-Ports)
- Zähler/Zeitgeber-Bausteine
- Analog-Digital-Wandler
- Digital-Analog-Wandler
- Echtzeituhr (RTC)
- Watchdog Timer (WDT)
- Ansteuerung von LCD- und LED-Anzeigeelementen

Mikrocontroller, die den gleichen Kern haben und sich in den Peripheriekomponenten unterscheiden, nennt man *Derivate*. Von manchen Mikrocontrollern existieren sehr viele Derivate. Da es außerdem relativ viele Hersteller gibt, stellen die verfügbaren Mikrocontroller eine große und bunte Palette dar - die Auswahl des richtigen Controllers ist nicht immer leicht.

14.2 Typische Baugruppen von Mikrocontrollern

14.2.1 Mikrocontrollerkern (Core)

Die Kerne der Mikrocontroller entsprechen dem Mikroprozessor eines Rechners. Sie bestimmen daher die Datenverarbeitungsbreite, den Befehlssatz, den Registersatz, die Adressierungsarten, die Größe des adressierbaren Speichers, RISC/CISC-Architektur u.a.m. Welche Kerne sind nun in der Mikrocontrollerwelt sinnvoll und verbreitet? Da in vielen Anwendungen keine hohe Rechenleistung gebraucht wird, haben die meisten Mikrocontroller noch einen 8-Bit-Kern, sogar 4-Bit-Kerne werden noch häufig eingesetzt. Bei der Arbeitsfrequenz gibt man sich häufig mit bescheidenen Taktfrequenzen zufrieden, z.B. 12 MHz oder weniger. Die Anzahl der rechenintensiven Controlleranwendungen wächst aber – ein Beispiel ist die Steuerung von KFZ-Motoren – und der Trend geht daher zu schnelleren 16- und 32-Bit-Kernen. Wie bei den Prozessoren findet man bei Mikrocontrollern *CISC- und RISC-Kerne*.

Die Kerne der Mikrocontroller werden auf ihre spezielle Aufgabe angepasst. So werden z.B. Befehle oder Register ergänzt um die spezielle On-Chip-Peripherie anzusprechen. Um eine gute Speicherausnutzung zu erreichen, haben viele Controller Bitbefehle, mit denen einzelne Bits direkt gespeichert und manipuliert werden können.

Oft wurden die Mikrocontrollerkerne aus vorhandenen Mikroprozessoren abgeleitet. Dies hat verschiedene Vorteile: Es spart für den Hersteller Entwicklungs-und Testzeit, vielen Benutzern ist der Befehlssatz schon bekannt und zum Teil können vorhandene Entwicklungswerkzeuge benutzt werden.

Neuere Entwicklungen haben zu leistungsfähigen Mikrocontrollern geführt, die z.b. hardwaremäßige Unterstützung für Fuzzy-Logik oder digitale Signalverarbeitung anbieten.

14.2.2 Busschnittstelle

Da in vielen Fällen letzlich doch weitere externe Bausteine, meist Speicher, gebraucht werden, haben die meisten Mikrocontroller auch eine Busschnittstelle. Bei manchen Mikrocontrollern wird die Busschnittstelle einfach realisiert, indem die Anschlussstifte bestimmter IO-Ports die Signale für Datenbus und Adressbus führen. Ergänzend gibt der Mikrocontroller Steuersignale nach aussen, auch ein Daten/Adress-Multiplexing ist möglich. Ist kein Anschluss von externen Speicherbausteinen nötig, so können diese Anschlüsse als ganz normale IO-Ports benutzt werden.

Für anspruchsvollere Schaltungen gibt es bei manchen Mikrocontrollern ein programmierbares Businterface, das flexibel auf den angeschlossenen Speicher eingestellt werden kann und so z.B. Bänke aus mehreren Speicherchips ansprechen kann.

14.2.3 Programmspeicher

Ein Mikrocontroller, der ohne externen Programmspeicher in einem Embedded System arbeiten soll, muss sein übersetztes Anwendungsprogramm in einem On-Chip-Programmspeicher haben. Dieser Speicher muss auch ohne Versorgungsspannung seine Daten halten, kann also kein DRAM oder SRAM sein. Die Größe der Speicher reicht von wenigen Byte bis zu mehreren Mbyte. Folgende Programmspeicher werden eingesetzt:

EPROM und EEPROM Der Mikrocontroller kann beim Kunden programmiert werden, das Programm bleibt änderbar; geeignet für Entwicklung und Test der Programme.

OTP-ROM Der Mikrocontroller kann einmal beim Kunden programmiert werden; geeignet für Kleinserien.

Flash-EEPROM Der Mikrocontroller verwaltet den Flash-Speicher selbst und kann über Kommandosequenzen programmiert werden, auch dann wenn er sich schon im fertigen System befindet: *Feldprogrammierbarer Mikrocontroller* oder auch *In System Programming-Mikrocontroller* (ISP-MC).

Masken-ROM Programmcode wird bei der Herstellung des Mikrocontroller eingearbeitet (Maske), und ist nicht mehr änderbar; geeignet für Großserien.

Nicht-flüchtiges RAM (nonvolatile RAM, NV-RAM) Der Inhalt der Speicherzellen wird vor dem Ausschalten in EEPROM-Zellen übertragen.

Es gibt auch Mikrocontroller, die im Festwertspeicher eine Boot- und Kommunikationsrouti-
ne haben (Controller-BIOS) und weiteren Programmcode über eine Kommunikationsschnittstelle in ein internes oder externes RAM laden. Mikrocontroller, die ausschließlich mit einem
externen Programmspeicher arbeiten sollen, werden als ROM-lose Controller auch ganz ohne
internes ROM gefertigt.

14.2.4   Datenspeicher

Um das System einfach zu halten, wird als On-Chip-Datenspeicher meist SRAM verwendet,
das ja ohne Refresh auskommt. Für Daten, die ohne Spannungsversorgung erhalten bleiben
sollen, besitzen manche Controller einen EEPROM oder NVRAM-Bereich. Die Datenbereiche
eines MC werden nach Funktion unterschieden:

Allgemeiner Datenbereich Zwischenspeicherung von Programmdaten,

Special Function Register Zur Konfiguration und Ansteuerung der Peripheriebereiche
des Mikrocontrollers,

Registerbänke Für Zeiger und evtl. auch arithmetisch/logische Operanden,

Stack Für kurzzeitige Zwischenspeicherung von Daten, in der Größe begrenzt,

Bitadressierbarer Bereich Ein Bereich, in dem ohne Verwendung von Masken auf einzelne
Bits zugegriffen werden kann.

Die Größe der On-Chip-Datenspeicher ist sehr unterschiedlich, von wenigen Bytes bis zu
einigen Kbyte, in der Regel aber deutlich kleiner als der Programmspeicher. Bei der Adressierung von Daten muss zwischen internem und externem Speicher unterschieden werden,
die internen und externen Adressbereiche können sogar überlappen. Register und RAM sind
nicht unbedingt streng getrennt, bei manchen Mikrocontrollern ist das On-Chip-RAM mit
den Registern zu einem großen Register-File zusammengefasst.

14.2.5   Ein-/Ausgabeschnittstellen (Input/Output-Ports)

Input/Output-Ports, kurz IO-Ports, sind für Mikrocontroller besonders wichtig, sie erlauben
den Austausch *digitaler Signale* mit dem umgebenden System. Ein Beispiel: Ein Mikrocontroller, der eine Infrarotfernbedienung steuert, kann über einen digitalen Eingang feststellen,
ob gerade eine Taste gedrückt wird. Über einen digitalen Ausgang kann er die Sendediode ein-
und ausschalten. Über IO-Ports werden also binäre Signale verarbeitet, die mit TTL-Pegeln
dargestellt werden. Alle Mikrocontroller verfügen daher über eigene IO-Ports, diese sind meistens in Gruppen zu 8 Bit organisiert. Typischerweise gehört zu jedem Port ein Datenregister
und ein Richtungsregister, das die Richtung des Datenaustausches (Ein- oder Ausgabe) fest-
legt. Die Portausgänge sind in ihrer Schaltungstechnik einfach gehalten: Die Ausgangsstufen
sind Open-Collector-, Open-Drain- oder Gegentakt-Endstufen. Ports werden auch benutzt,
um externe Busbausteine anzusteuern; in diesem Fall findet man auch Tristate-Ausgänge.
Mikrocontroller-Ports sind oft rücklesbar, d.h. im Ausgabebetrieb kann der anliegende Wert

vom Controllerkern wieder eingelesen werden. Dies erspart die zusätzliche Abspeicherung des Portzustands in RAM-Zellen.

Um einen vielseitigen Mikrocontroller zu erhalten, der aber nicht all zu viele Anschlussstifte hat, werden über die Portanschlussstifte oft alternativ andere Funktionen abgewickelt, z.B. Analogeingang, Zählereingang oder serielle Datenübertragung. Über Konfigurationsregister kann dann per Software die Arbeitsweise dieser Anschlussstifte festgelegt werden.

14.2.6   Zähler/Zeitgeber (Counter/Timer)

Zähler/Zeitgeber-Bausteine sind typische und sehr wichtige Peripheriegruppen, die fast jeder Mikrocontroller besitzt. Schon bei einer einfachen Impulszählung wird der Nutzen dieser Baugruppe offensichtlich: Ohne den Zähler/Zeitgeberbaustein müsste ein Mikrocontroller den betreffenden Eingang in einer Programmschleife ständig abfragen (pollen) und bei jeder zweiten Flanke den Wert einer Speichervariablen inkrementieren. Der Zählerbaustein befreit die CPU von dieser zeitraubenden Aufgabe.

Das Kernstück des Zähler/Zeitgeberbausteins ist ein Zähler, der durch eingehende Impulse inkrementiert oder dekrementiert wird (Abb. 14.1). Im *Zählerbetrieb* (Counter) kommen diese Impulse über einen Anschlussstift von aussen in den Mikrocontroller und werden einfach gezählt.

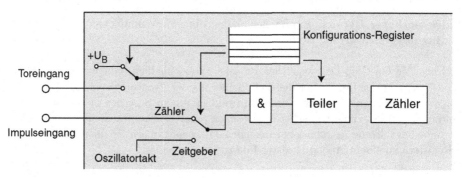

Abbildung 14.1: Eine Zähler/Zeitgeber-Einheit. Die Aktivierung des Toreinganges, die Umschaltung zwischen Zähler- und Zeitgeberfunktion und der Teiler werden jeweils durch Konfigurations-Register gesteuert.

Im *Zeitgeberbetrieb* (Timer) werden die Impulse durch das Herunterteilen des internen Oszillatortaktes gewonnen. Da der Oszillatortakt bekannt ist, sind damit exakte Zeitmessungen möglich. Die Umschaltung erfolgt durch einen Multiplexer. Eine *Torsteuerung* bewirkt, dass nur Impulse auf den Zähler gelangen, wenn der Eingang durch den Toreingang freigegeben ist (Gated Timer). Damit kann z.B. festgestellt werden, über welchen Anteil einer bestimmten Zeitspanne ein Signal HIGH war. Die Umschaltung zwischen Zähler und Zeitgeberfunktion, der Toreingang und der Teilerfaktor werden über ein Konfigurationsregister (z.B. Special Function Register) programmiert. Die Zähler können aufwärts oder abwärts laufen, ihre Zählregister haben eine Breite von 8 bis 24 Bit. Jeder eintreffende Impuls erhöht bzw. erniedrigt das Zählerregister um eins. Der Maximalwert für einen Zähler mit N Bit liegt bei $2^N - 1$, das nächste Inkrement führt zum Zählerüberlauf (Abb. 14.2).

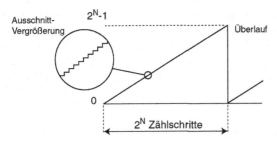

Abbildung 14.2: Ein aufwärts laufender Zähler mit Überlauf und Reload-Wert 0

Beim Überlauf kann der Zählerbaustein einen Interrupt auslösen oder einen Pegelwechsel an einem Anschlussstift bewirken. Nach dem Überlauf muss die Zählung nicht unbedingt bei Null beginnen, der Interrupt-Handler kann auch einen anderen Wert ins Zählerregister laden (Software-Reload). Manche Zähler verfügen über einen *Auto-Reload-Betrieb*, auch *Hardware-Reload* genannt. Dabei wird beim Überlauf ein Wert aus dem Autoreload-Register ins Zählregister übertragen. Der Zähler beginnt danach also nicht beim Startwert Null, sondern beim Reload-Wert und entsprechend schneller kommt es zum nächsten Zählerüberlauf. Über den Reloadwert lässt sich im Zeitgeberbetrieb bequem die Zykluszeit des Zählerüberlaufs einstellen. Die Zeit von einem Zählerüberlauf zum nächsten ist bei einem Zählregister mit N Bit und einer Zählerinkrementzeit T_I

$$T = (2^N - Startwert) \cdot T_I$$

Die Verwertung des Inhalts eines Zählerregisters kann auf zwei Arten erfolgen: Durch *Capture* und durch *Compare*.

Capture-Modus

Durch ein Capture (Auffangen) wird der momentane Inhalt des Zählerregisters in ein Capture-Register übertragen, ohne den Zähler anzuhalten. Das Capture-Register kann von der CPU gelesen werden. Ein Capture kann durch einen Programmbefehl oder ein externes Ereignis, wie z.B. eine Pegeländerung an einem digitalen Eingang, ausgelöst werden.

Compare-Modus

Hier wird der Inhalt des Zählerregisters nach jeder Änderung mit dem Wert in einem Vergleichsregister verglichen. Wenn beide Werte gleich sind, tritt ein Compare-Ereignis ein. Dieses löst, je nach Betriebsart, z.B. einen Pegelwechsel an einem Ausgabestift oder einen Interrupt aus. Typische Verwendungen eines Zählers sind:

- Zählung von Impulsen,
- Messen von Zeiten,
- Erzeugung von Impulsen,
- Erzeugung von pulsweitenmodulierten Signalen.

Wegen der großen Praxisrelevanz dieser Anwendungen haben praktisch alle Mikrocontroller eine mehr oder weniger leistungsfähige Zähler/Zeitgeber-Einheit. Im Folgenden sind daher einige Anwendungsbeispiele geschildert. Wir gehen in diesen Beispielen davon aus, dass ein 16-Bit-Zähler/Zeitgeber zur Verfügung steht, der mit 1 MHz betrieben wird und aufwärts zählt. Ein Zählerinkrement dauert also $1\,\mu$s und der Zähler hat nach $65536 \cdot 1\,\mu$s $= 65.536$ ms einen Überlauf.

Impulsabstandsmessung, Frequenzmessung

Es gibt Sensoren, die eine Impulsfolge aussenden und ihr Messergebnis durch den Abstand der Impulse ausdrücken. Dies stellt eine sehr robuste und störungssichere Übertragung dar und befreit von allen Problemen, die mit der Übertragung analoger Messsignale verbunden sind. Gerade im industriellen Umfeld ist dies ein großer Vorteil. Der Impulsabstand kann nur mit ausreichender Genauigkeit gemessen werden, wenn die zu messende Impulslänge deutlich größer ist als die Dauer des Zählerinkrements. Um den Abstand zweier Impulse zu messen, würde man den Zähler/Zeitgeber als Zeitgeber betreiben, mit der ersten ansteigenden Signalflanke ein Capture durchführen (oder den Zähler auf Null setzen), mit der zweiten ansteigenden Flanke wieder ein Capture durchführen und die Differenz der beiden Zählwerte bilden (Abb. 14.3). Die abschließende Multiplikation dieser Differenz mit der Zählerinkrementzeit von $1\,\mu$s ergibt den gesuchten Impulsabstand. Ein evtl. Zählerüberlauf muss softwaremäßig behandelt werden.

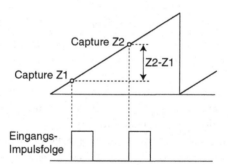

Abbildung 14.3: Ermittlung des zeitlichen Abstands zweier Impulse durch zwei Capture-Befehle

Beispiel Das erste Capture ergibt 5800, das zweite 7450, es fand kein Zählerüberlauf statt. Der Impulsabstand ist $(7450 - 5800) \cdot 1\,\mu$s $= 1.65$ ms.

Als Kehrwert des gemessenen Impulsabstandes ergibt sich sofort die Impulsfrequenz. Eine Impulslängenmessung kann ebenso erfolgen, nur muss das zweite Capture nach der fallenden Flanke des Impulses durchgeführt werden.

Zyklische Interrupts

Um z.B. ein Anzeigeelement regelmäßig durch den Mikrocontroller zu aktualisieren, kann ein zyklischer Interrupt benutzt werden, der regelmäßig durch den Überlauf eines Zeitgebers ausgelöst wird. Der Interrupthandler würde die gewünschte Aktualisierung der Anzeige vornehmen. Bei einem 16-Bit-Zähler und einer Zählerinkrementzeit von $1\,\mu s$ würde also zyklisch nach 65.536 ms eine Aktualisierung der Anzeige vorgenommen. Ist diese Zykluszeit zu groß, so betreibt man den Zeitgeber im Reload-Modus mit einem geeigneten Reload-Wert (Abb. 14.4). So wird z.B. ein Reload-Wert von 55536 (der -10000 entspricht) dazu führen, dass schon nach 10000 Schritten, also 10 ms, ein Zählerüberlauf stattfindet.

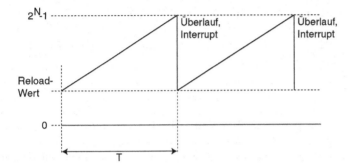

Abbildung 14.4: Der Überlauf eines Zeitgebers kann benutzt werden um zyklische Interrupts auszulösen.

Ist dagegen die Zykluszeit auch mit Reload-Wert 0 noch zu groß, kann man den Interrupthandler so programmieren, dass erst nach mehreren Zählerüberläufen die Aktualisierung erfolgt. Wartet man z.B. vor jeder Aktualisierung 16 mal den Überlauf ab, so erhält man eine Zykluszeit von 65.536 ms · 16 = 1.0486 s. Eine andere Möglichkeit ist die Aktivierung eines Teilers, falls vorhanden (Abb. 14.1).

Impulszählung, Impulsdifferenzen

Bewegliche Teile in Maschinen, wie z.B. Robotern, werden häufig mit so genannten Encodern ausgestattet. Diese geben bei Bewegung eine bestimmte Anzahl von Impulsen pro mm oder Winkelgrad ab. Um diese Impulse zu erfassen, kann man den Baustein auf Zählerbetrieb einstellen und den Zählerstand mehrfach durch Capture erfassen (Abb. 14.5).

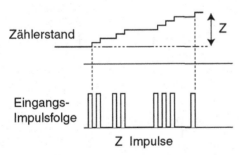

Abbildung 14.5: Impulszählung mit einem Zählerbaustein. Jeder einlaufende Impuls erhöht den Zählwert um eins, mit dem Capture-Befehl kann das Zählregister jederzeit ausgelesen werden.

Wenn der letzte eingelesene Zählerstand gespeichert wird, kann aus der Differenz der Zählerstände der zwischenzeitlich zurückgelegte Weg bzw. Winkel berechnet werden. Für eine echte Geschwindigkeits- bzw. Winkelgeschwindigkeitsmessung kann ein zweiter Baustein als Zeitgeber betrieben werden und zyklisch einen Interrupt erzeugen. Man muss dann nur den ermittelten Weg bzw. Winkel durch die verstrichene Zeit dividieren, um die Geschwindigkeit bzw. Winkelgeschwindigkeit zu erhalten.

Pulsweitenmodulation

Es ergibt sich manchmal die Aufgabe, durch einen Mikrocontroller einen angeschlossenen Baustein in Teilleistung zu betreiben. So möchte man z.B. einen Motor nicht immer mit voller Leistung laufen lassen. Eine Lösung mit einem Digital-Analog-Wandler und einem Verstärker ist aufwändig und teuer. Einfacher ist es, ein *pulsweitenmoduliertes Signal* (*PWM-Signal*) zu benutzen. Dabei wird die Versorgungsspannung zyklisch für kurze Zeit abgeschaltet. Das geht so schnell, dass der Motor nicht ruckelt.[1] Durch die zeitweilige Abschaltung wird aber weniger Leistung übertragen. Bleibt z.B. der Motor zyklisch für 3 ms eingeschaltet und danach für 1 ms ausgeschaltet, so fehlen 25 % der Leistung, der Motor läuft also noch mit 75 % Leistung. Allgemein ergibt sich das Tastverhältnis V zu

$$V = \frac{T_H}{T}$$

wobei T_H die Zeitspanne ist in der das PWM-Signal HIGH ist und T die Zykluszeit des PWM-Signals ist. Das Tastverhältnis liegt zwischen 0 und 1 und gibt den Anteil der aktuell übertragenen Leistung an. Müßte der Mikrocontroller das PWM-Signal softwaremäßig erzeugen, so würde sehr viel Rechenzeit verbraucht. Zum Glück bietet aber die Zähler/Zeitgeber-Einheit die Möglichkeit, das PWM-Signal selbstständig zu erzeugen. Dazu wird durch den Zählerüberlauf ein zyklischer Interrupt erzeugt, der das PWM-Signal auf LOW schaltet. Der Reload-Wert bestimmt wieder die Zykluszeit. Das Schalten des PWM-Signals auf HIGH erfolgt durch ein Compare-Ereignis, wobei der Compare-Wert eine Zahl zwischen dem Relaod-Wert und dem Zählermaximalwert ist (Abb. 14.6).

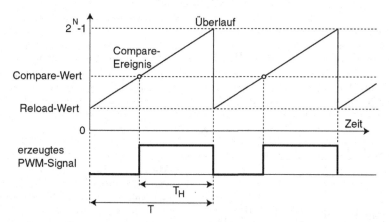

Abbildung 14.6: Erzeugung eines PWM-Signals: Der Reload-Wert bestimmt die Zykluszeit T, der Compare-Wert das Tastverhältnis V.

Beispiel Der Reload-Wert sei 65036 (-500), das ergibt eine Zykluszeit von 500 µs, also ein Signal von 2 kHz. Der Comparewert sei 65236, dann wird immer 200 µs nach dem Reload das Signal von LOW auf HIGH geschaltet und bleibt dann weitere 300 µs auf HIGH bis zum

---

[1] Falls erforderlich, kann das Signal noch durch ein nachgeschaltetes Integrationsglied bzw. Tiefpassfilter geglättet werden.

nächsten Zählerüberlauf mit Reload. Von insgesamt 500 μs ist das Signal also 300 μs HIGH, d.h. das Tastverhältnis ist

$$T_V = \frac{300 \,\mu s}{500 \,\mu s} = 0.6$$

Das PWM-Signal stellt also hier 60% Leistung zur Verfügung.

14.2.7 Analoge Signale

In Embedded Sytems ist es oft erforderlich, mit analogen Signalen zu arbeiten. Solche Signale kennen nicht nur die beiden Bereiche HIGH und LOW, sondern können kontinuierlich alle Spannungswerte zwischen 0 Volt und einer maximalen Spannung annehmen. Analoge Signale werden z.B. von Messfühlern geliefert und repräsentieren dann gemessene physikalische Größen. Ein Beispiel dafür wäre das Signal eines Temperatursensors. Solche Signale können von Mikrocontrollern mit einem *Analogeingang* verarbeitet werden. In anderen Fällen erzeugt der Mikrocontroller mit einem *Analogausgang* analoge Signale, die dann zur Peripherie übertragen werden, beispielsweise zu einem spannungsgesteuerten externen Oszillator.

Analoge Signale können nicht über IO-Ports ein- und ausgegeben werden, diese verarbeiten ja digitale Spannungspegel. Es gibt zwei Möglichkeiten, analoge Signale einzulesen: *Analog-Digital-Umsetzer* und *analoge Komparatoren*. Für die Ausgabe von analogen Signalen gibt es die Möglichkeit, einen *Digital-Analog-Umsetzer* zu benutzen oder mit dem schon besprochenen PWM-Verfahren zu arbeiten.

Analog-Digital-Umsetzer

Analog-Digital-Umsetzer, abgekürzt ADU, (engl. Analog/Digital-Converter, ADC) sind Bausteine, die einen analogen Eingang haben und N digitale Ausgangsleitungen. Ein am Eingang anliegendes analoges Signal wird in eine ganze Zahl umgerechnet und in binärer Darstellung an den N digitalen Ausgangsleitungen ausgegeben (Abb. 14.7).

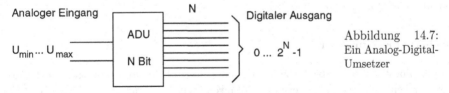

Abbildung 14.7: Ein Analog-Digital-Umsetzer

Die Analog-Digital-Umsetzung hat dann eine *Auflösung* von N Bit. Das analoge Eingangssignal U_e muss im Bereich von $U_{min} \ldots U_{max}$ liegen, die erzeugte digitale Zahl Z liegt für einen Umsetzer mit N Bit im Bereich $0 \ldots 2^N - 1$. Ein 8-Bit-Umsetzer erzeugt beispielsweise Zahlen im Bereich $0 \ldots 255$. Die Umsetzung ist eine lineare Abbildung nach der Formel:

$$Z = \frac{U_e - U_{min}}{U_{max} - U_{min}}(2^N - 1)$$

Die Höhe der Quantisierungsstufen U_{LSB} hängt von der Auflösung des Analog-Digital-Wandlers ab:

$$U_{LSB} = \frac{U_{max} - U_{min}}{2^N - 1}$$

Beispiel An einem ADU mit 10 Bit Auflösung und einem Eingangsbereich von $0..5V$ liegt ein analoges Signal von 3.5V an. Die Umsetzung ergibt einen Digitalwert von $Z = 3.5V/5V \cdot 1024 = 717$. Die Höhe der Quantisierungsstufen ist $5V/1023 = 0.00489V$

Alle Analog-Digital-Umsetzer sind mit Fehlern behaftet. Prinzipiell unvermeidbar ist der *Quantisierungsfehler*, der durch die Rundung auf eine ganze Zahl entsteht. Der Quantisierungsfehler beträgt auch bei einem idealen ADU bis zu $0.5U_{LSB}$. Dazu kommen Fehler durch Fertigungstoleranzen, wie z.B. der Linearitätsfehler. Jeder ADU braucht eine gewisse Zeit für den Wandlungsvorgang. Diese Wandlungszeit begrenzt auch die maximal mögliche Anzahl Wandlungen pro Sekunde, die *Abtastfrequenz*. Die Wandlungszeit hängt stark von der Bauart des Wandlers ab. Alle ADU brauchen eine externe Referenzspannung und bestimmen das Wandlungsergebnis durch Vergleich mit dieser Referenzspannung.

Viele Mikrocontroller haben einen ADU On-Chip, in der Regel mit einer Auflösung zwischen 8 und 12 Bit. Sie wandeln meist nach dem Verfahren der sukzessiven Approximation. Bei einigen Controllern lassen sich U_{min} und U_{max} in Schritten programmieren. Damit kann der Eingangsbereich aufgespreizt und an das analoge Signal angepasst werden. Das ebenfalls erforderliche Abtast-Halte-Glied ist meist auch On-Chip; es sorgt dafür, dass das Signal für den Zeitraum der Wandlung zwischengespeichert wird und konstant bleibt.

Wenn der On-Chip-ADU nicht ausreicht oder keiner vorhanden ist, kann ein externer ADU betrieben und das Ergebnis über die IO-Ports des Mikrocontrollers eingelesen werden.

Analoge Komparatoren

Analoge Komparatoren sind einfacher als Analog-Digital-Umsetzer: Sie haben eine digitale Ausgangsleitung und bestimmen nur, ob die anliegende Signalspannung größer oder kleiner als eine Vergleichsspannung ist. Kommt diese Vergleichsspannung von einem programmierbaren Digital/Analog-Umsetzer, so ist mit entsprechenden Algorithmen auch die Bestimmung des unbekannten analogen Signals möglich.

Digital-Analog-Umsetzer

Digital-Analog-Umsetzer, abgekürzt DAU, (engl. Digital/Analog-Converter, DAC) arbeiten genau umgekehrt wie ADUs: Sie erhalten an ihren digitalen Eingangsleitungen eine Ganzzahl in binärer Darstellung und erzeugen am Ausgang die entsprechende analoge Spannung. Diese ergibt sich gemäß:

$$U_a = \frac{Z}{2^N - 1}(U_{max} - U_{min}) + U_{min}$$

Es sind nur wenige Mikrocontroller mit On-Chip-DAU ausgerüstet, es bleiben aber die Alternativen eines externen DAU oder des PWM-Verfahrens.

14.2.8 Interrupt-System

Ein Mikrocontroller verfügt schon auf seinem Chip über verschiedene vielseitige Peripherie-komponenten. Über die I/O-Ports können weitere, externe Komponenten angeschlossen werden. Der Mikrocontrollerkern muss also eine Vielzahl von Subsystemen ansteuern und bedienen. Ohne das Interruptkonzept müsste die CPU in vielen Abfrageschleifen die Zustandsflags der Peripheriekomponenten abfragen, wertvolle Zeit ginge verloren (s. auch Kap. 8.1.2). Viel effizienter ist es, wenn z.b. der Analog-Digital-Umsetzer durch einen Interrupt signalisiert, dass die Wandlung beendet ist und ein Ergebnis vorliegt. Ebenso kann eine Zähler/Zeitgeber-Einheit mit einem Interrupt ein Compare-Ereignis signalisieren. Durch den Interrupt-Betrieb wird die Effizienz enorm gesteigert und wegen der vielfältigen Peripherie spricht hier noch mehr für das Interrupt-Konzept als bei den Mikroprozessoren. Ein zusätzlicher Aspekt ist die oft geforderte *Echtzeitfähigkeit*, eine garantierte und sichere Reaktion des Mikrocontrollers auf ein Ereignis innerhalb einer definierten maximalen Reaktionszeit. Meldet z.B. der Endschalter eines motorgetriebenen Rolltores, dass das Tor nun (fast) seine Endposition erreicht hat, muss der Mikrocontroller in der Steuerung innerhalb sehr kurzer Zeit den Motor ausschalten.

Wegen der genannten Gründe verfügen fast alle Mikrocontroller über die Möglichkeit der Interrupt-Verarbeitung. Das Interrupt-System erlaubt es, auf ein Peripherieereignis sofort zu reagieren, ohne die entsprechende Komponente ständig abzufragen. Nach der Interrupt-Anforderung wird in der Regel der laufende Befehl noch beendet und danach ein Interrupt-Handler aktiviert, der die Serviceanforderung der Interrupt-Quelle bearbeitet. Die maximale Reaktionszeit lässt sich also überblicken und bei bekannter Taktfrequenz ausrechnen. Ein Problem können hier Multiplikations- und Divisionsbefehle darstellen, die oft viele Takte für die Ausführung brauchen. Manche Mikrocontroller erlauben hier sogar die Unterbrechung dieser Befehle, um die Interrupt-Reaktionszeit klein zu halten. Neben den Peripheriekomponenten kann auch die CPU, d.h. der Controllerkern, in bestimmten Situationen, z.B. bei einem Divisionsfehler, eine *Ausnahme* auslösen. Ausnahmen werden meist etwas anders behandelt und haben höchste Priorität. Einen Überblick über typische Interruptquellen und die auslösenden Ereignisse gibt Tabelle 14.1.

Tabelle 14.1: Interrupt- und Ausnahmequellen bei Mikrocontrollern

Quelle	Ereignisse
Zähler/Zeitgeber	Compare-Ereignis, Zählerüberlauf
Serielle Schnittstelle	Zeichen empfangen, Empfangspuffer voll, Sendepuffer leer, Übertragungsfehler
Analog-Digital-Umsetzer	Umsetzung beendet
I/O Pin (externes Signal)	steigende oder fallende Flanke, HIGH-Signal
CPU	Divisionsfehler, unbekannter Opcode Daten-Ausrichtungsfehler

Wegen der vielen möglichen Quellen muss der Controller also mit vielen und evtl. auch gleichzeitigen Interruptanforderungen umgehen. Wie bei den Prozessoren muss also die Maskierung, Priorisierung und Vektorisierung der Interruptquellen bewerkstelligt werden. Man führt hier aber keinen externen Interrupt-Controller ein, sondern integriert diesen auf dem

Chip. Damit entfällt die Übertragung der Interruptquellen-Nr. via Datenbus. Die meisten modernen Mikrocontroller haben ein ausgefeiltes und flexibel konfigurierbares Interrupt-System mit beispielsweise den folgenden Eigenschaften:

- Jede Interruptquelle kann einzeln aktiviert und deaktiviert (maskiert) werden.
- Für kritische Phasen können zentral alle Interrupts deaktiviert werden.
- Für jede Interruptquelle kann ein eigener Interrupt-Handler geschrieben werden, Größe und Position im Speicher kann durch das Programm festgelegt werden.
- Für jede Interruptquelle kann eine Priorität festgelegt werden, um auch geschachtelte Interrupts zu ermöglichen.
- Das Interrupt-System kann auch im laufenden Betrieb umkonfiguriert werden.

Das Abschalten aller Interrupts ist z.B. während der Konfigurierung des Interrupt-Systems angebracht. Wie erfolgt der Aufruf des Interrupt-Handlers? Es gibt auch hier mehrere Möglichkeiten, z.B.:

Sprungtabelle Für jede vorhandene Interruptquelle wird zu einer bestimmten, festen Adresse im Code verzweigt. Dort kann dann ein ganz kurzer Interrupt-Handler oder ein Sprungbefehl zu einem längeren Interrupt-Handler stehen.

Vektorentabelle In der Interrupt-Vektorentabelle wird für jeden Interrupt die Einsprungadresse eines Interrupt-Handlers hinterlegt. Bei Auslösung eines Interrupts wird dorthin verzweigt.

Die Interrupt-Behandlungsruotine muss vor dem Rücksprung in das unterbrochene Programm alle Register und Flags wiederherstellen. Die meisten Mikrocontroller unterstützen den Programmierer und speichern bei der Auslösung des Interrupts nicht nur die Rücksprungadresse, sondern auch die Flags auf dem Stack. Die Registerinhalte müssen dann mit Transportbefehlen in den allgemeinen Speicher oder den Stack gesichert werden. Manche Mikrocontroller bieten die Möglichkeit, zwischen mehreren Register- Speicherbänken umzuschalten. Der Interruptandler kann dann z.B. zu Beginn der Interruptbehandlung auf eine andere Registerbank schalten und am Ende wieder auf die ursprüngliche Bank zurückschalten. Das Sichern von Registern ist dann überflüssig. Mit dieser zeitsparenden Technik sind moderne Controller vielen Mikroprozessoren weit voraus!

14.2.9   Komponenten zur Datenübertragung

Die Möglichkeit des Datenaustauschs mit anderen Bausteinen oder Systemen ist für Mikrocontroller unentbehrlich. Man denke nur an die Autos der Oberklasse in denen teilweise über 70 Mikrocontroller arbeiten und die natürlich Informationen austauschen müssen. Weitere Beispiele sind der Datenaustausch mit PCs mit intelligenten Displays, Tastaturen, Sensoren, Kartenlesegeräten oder Speicher mit Kommunikationsinterface. Der Datenaustausch wird fast immer seriell aufgebaut um mit wenigen Leitungen auszukommen. Ethernet oder USB sind bei Mikrocontrollern immer noch die Ausnahme. Fast alle Mikrocontroller sind daher mit irgendeiner Art von serieller Schnittstelle ausgestattet. Es sind asynchrone und synchrone Schnittstellen verbreitet, manche Mikrocontroller haben auch mehrere Schnittstellen. Die Schnittstellen tragen Bezeichnungen wie Serial Communication Interface (SCI) oder Universal Synchronous/Asynchronous Receiver/Transmitter (USART) oder Asynchronous/-Synchronous Channel(ASC). Im Folgenden sind die wichtigsten seriellen Schnittstellen kurz beschrieben.

Asynchrones serielles Interface

Jedes Zeichen wird in einem Rahmen übertragen, der aus einem Startbit, 5 bis 8 Datenbit, einem optionalen Paritätsbit und 1 bis 2 Stoppbits besteht. Das Startbit startet den internen Baudratengenerator, der dann die Abtastung der übrigen Bits des Datenrahmens synchronisiert. Das Stoppbit bzw. die Stoppbits grenzen den Datenrahmen gegen den nächst folgenden Datenrahmen ab. Eine Taktleitung wird also nicht gebraucht. Wenn der Baudratengenerator programmierbar ist, kann die Baudrate flexibel eingestellt werden, typisch sind Werte zwischen 1200 Baud und 115200 Baud. Wenn man zusätzlich Bausteine zur Pegelanpassung einsetzt, kann das asynchrone serielle Interface mit RS232-Schnittstellen kommunizieren, z.B. der eines anderen Computers. Dies erklärt die Beliebtheit dieser Schnittstelle. Viele Entwicklungsumgebungen benutzen eine solche Verbindung während der Programmentwicklung: Ein so genanntes Monitorprogramm auf dem Controller empfängt das auszuführende Programm vom Entwicklungsrechner (meist ein PC), speichert es und bringt es zur Ausführung. Dabei können auch Informationen zurück zum Entwicklungsrechner übertragen werden, um z.B. eine evtl. Fehlersuche (Debugging) zu erleichtern.

Inter Integrated Circuit Bus, I^2C

Dieser Bus wird meist kurz als I^2C-Bus bezeichnet. Er wurde von der Fa. Philips für die Kommunikation zwischen digitalen Bausteinen auf einer Leiterplatte oder zwischen Baugruppen in einem System entwickelt. Er kann nur auf wenige Meter Länge ausgedehnt werden und ist besonders in der Video- und Audiotechnik verbreitet. Der I^2C-Bus ist ein synchroner Bus, er benötigt drei Leitungen: Bezugspotenzial (Masse), Serial-Data-Line (SDA) und Serial-Clock-Line (SCL). SCL ist die Taktleitung, sie synchronisiert die Abtastzeitpunkte

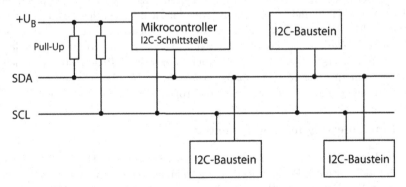

Abbildung 14.8: Mehrere Bausteine gemeinsam mit einem Mikrocontroller am I^2C-Bus.

für gültige Datenbits auf der Datenleitung SDA. Anfang und Ende der Übertragung werden durch festgelegte Signalformen auf SCL und SDA gemeinsam synchronisiert. Man erreicht Datenübertragungsraten von maximal 100 kbit/s. Die I^2C-Bus-Schnittstellen können wechselnd als Sender (Master) oder Empfänger (Slave) arbeiten, ein Arbitrierungsprotokoll sorgt dafür, dass es immer nur einen Master gibt. Jeder Teilnehmer am I^2C-Bus hat eine Adresse und jeder Datensatz beginnt immer mit der Adresse des Empfängers. So können leicht viele I^2C-Bausteine verknüpft werden. Mittlerweile existiert einige Auswahl an I^2C-Komponenten, z.B. Uhren, verschiedene Speicher, Anzeigebausteine, Tastatur-Scanner, ADC, DAC sowie viele spezielle Video- und Audiobausteine.

Serial Peripheral Interface, SPI-Bus

Dieser von der Fa. Motorola (heute Freescale) entwickelte Bus ist für einen ähnlichen Einsatzbereich gedacht, auch er kann nur wenige Meter überbrücken. Hier gibt es allerdings für die beiden Übertragungsrichtungen separate Leitungen: MISO (Master In, Slave Out) und MOSI (Master Out, Slave In). Die Bitsynchronisierung erfolgt über SCK (Serial Clock). Alle SPI-Komponenten werden über ein Freigabesignal (Slave Select, SS) aktiviert, so dass ganze Bussysteme aufgebaut werden können. Es werden Datenraten bis zu 1 Mbit/s erreicht, ähnlich wie beim I^2C-Bus sind zahlreiche Bausteine mit der SPI-Schnittstelle im Handel.

CAN-Bus

Der CAN-Bus (Controller Area Network) wurde von der Firma Bosch ursprünglich für den Kraftfahrzeugbereich entworfen, wird aber mittlerweile auch in ganz anderen Bereichen eingesetzt, z.B. zur Steuerung großer Gebäudeheizungssysteme. Meist wird differentiell über die Leitungen CAN-L und CAN-H übertragen, zusätzlich ist eine Masseleitung vorgeschrieben. Die Übertragung ist asynchron, es werden Datenübertragungsraten bis zu 1 Mbit/s erreicht, wenn die Übertragungsstrecke nicht größer als 40m ist. Auch für den CAN-Bus gibt es einen Arbitrierungsprozess, so dass mit mehreren Busmastern gearbeitet werden kann. Bezüglich der Verarbeitung und Verwaltung der empfangenen Nachrichten unterscheidet man zwischen BasicCAN und FullCAN. Bei der CAN-Kommunikation werden nicht einzelne Stationen adressiert, sondern es werden priorisierte Nachrichten verschickt. Die Empfänger entscheiden dann anhand von Masken und Identifizierungsbits, ob sie die Nachrichten empfangen und weiterverarbeiten. Für den Fall, dass mehrere Stationen gleichzeitig beginnen zu senden, findet ein Arbitrierungsprozess statt. Dabei prüft jeder Sender, ob die von ihm gesendeten Daten korrekt auf dem Bus erscheinen. Falls ja, betrachtet er sich als Bus-Master, falls nein, geht er in den Empfangsmodus und versucht später, erneut zu senden. Der CAN-Bus hat mittlerweile große Verbreitung gefunden und viele Mikrocontroller bieten eine CAN-Bus-Schnittstelle an.

Weitere Datenübertragungskomponenten

Aus dem PC-Bereich kommt der USB-Bus (Universal Serial Bus). Der USB ist ein bidirektionaler Bus mit differentiellen Pegeln, bei dem das Taktsignal aus den Datenbits gewonnen wird. Ein USB-Gerät kann einen USB-Hub enthalten, an den dann weitere USB-Geräte angeschlossen werden können. So lassen sich mit dem USB ganze Bäume von USB-Komponenten aufbauen. Beim USB gibt es mehrere Arten von Kanälen, die verschiedene Datenübertragungsraten anbieten: Low Speed USB mit 1.5 Mbit/s, Medium Speed mit 12 Mbit/s und High Speed USB mit 500 Mbit/s. Einige Mikrocontroller können als USB-Endgerät arbeiten, andere auch als USB-Hub.

Manche Mikrocontroller besitzen eine IrDA-Schnittstelle für die drahtlose Übertragung von Daten mit Infrarotlicht nach IrDA 1.0 (bis 115,2kbit/s) oder IrDA 1.1 (bis 4 Mbit/s). IrDA arbeitet mit Infrarotlicht von 850 ... 900 nm.

14.2.10 Bausteine für die Betriebssicherheit

Da Mikrocontroller auch in Steuerungen eingesetzt werden, deren Fehlfunktion gravierende Folgen haben kann – denken wir nur an große Maschinen – sind sie zum Teil mit speziellen Bausteinen zur Verbesserung der Betriebssicherheit ausgerüstet.

Watchdog-Timer

Ein Mikrocontroller könnte durch einen versteckten Programmfehler oder durch umgebungsbedingte Veränderungen von Speicher- oder Registerinhalten, z.B. Störsignale, in eine Endlosschleife geraten. Damit fällt er praktisch aus und die Steuerung ist blockiert. Diese gefährliche Situation soll ein *Watchdog-Timer* (WDT) vermeiden.

Ein Watchdog-Timer ist ein freilaufender Zähler, der bei Überlauf einen Reset des Mikrocontrollers auslöst. Im normalen Programmablauf muss daher der WDT regelmäßig durch das Programm zurückgesetzt werden um den WDT-Reset zu vermeiden. Dies kann man z.B. in der Hauptprogrammschleife machen, die ständig durchlaufen wird. Gerät das Programm des Controllers dann durch eine Störung ungewollt in eine Endlosschleife, so findet das Zurücksetzen des Watchdog-Timer nicht mehr statt (es sei denn der Rücksetzbefehl des WDT liegt innerhalb dieser Endlosschleife) und dieser löst nach einer gewissen Zeit ein Reset aus (Abb. 14.9). Nun wird das System neu hochgefahren und initialisiert und kann wieder korrekt arbeiten.

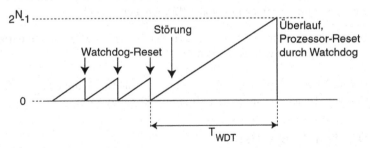

Abbildung 14.9: Ein Watchdog-Timer muss regelmäßig vom Programm zurückgesetzt werden, sonst löst er ein Reset aus.

Kritisch ist auch der Ausfall des Oszillatortaktes. Ein *Oszillator-Watchdog* hat eine eigene Oszillatorschaltung. Er vergleicht ständig den Oszillatortakt mit einer eigenen Oszillatorfrequenz und reagiert bei gravierenden Abweichungen, indem er auf den eigenen Oszillatortakt umschaltet und außerdem ein Reset auslöst.

Brown-Out-Protection

Unter „Brown-Out" versteht man einen kurzzeitigen Einbruch der Versorgungsspannung unter den erlaubten Minimalwert, der aber nicht ausreicht um ein Power-on-Reset auszulösen. Das ist ein kritischer Zustand, da sich z.B. der Inhalt von Speicherzellen verändert haben könnte. Es ist daher sicherer, nach einem Brown-Out ein Reset auszulösen, um den Mikrocontroller neu zu initialisieren. Genau dies tut eine Brown-Out-Protection. Die Schaltschwelle ist entweder fest vorgegeben, z.B. bei 3.8V, oder programmierbar.

Überprüfung der Versorgungsspannung

Speziell für batteriebetriebene Geräte ist ein Baustein zur Überprüfung der Versorgungsspannung (Low-Voltage-Detect, LVD) gedacht. Dieser soll ein Absinken der Versorgungsspannung schon dann feststellen, wenn die Spannung noch im zulässigen Bereich ist. Das Absinken kann dann durch den noch einwandfrei funktionierenden Mikrocontroller angezeigt werden, so dass noch Zeit bleibt, z.B. den Akku zu wechseln.

14.2.11   Energieeffizienz

Gerade bei batteriebetriebenen Geräten ist eine hohe Energieeffizienz und niedrige Stromaufnahme sehr wichtig. Dieses Thema ist in Abschn. 12 behandelt. Bei Mikrocontrollern werden auch die zahlreich vorhandenen Peripheriegruppen in das Energie-Konzept einbezogen. Dazu gibt es folgende Möglichkeiten:

- Peripheriegruppen sind einzeln abschaltbar

- Sogar unbenutzte Teilgruppen von Perpipheriegruppen sind abschaltbar

- Der Mikrocontroller verfügt über mehrere, unterschiedlich schnelle Taktsignale, die den internen Bussen und Peripheriegruppen zugewiesen werden können. So müssen die Peripheriegruppen nicht immer mit hoher Taktfrequenz arbeiten

- Mikrocontroller arbeiten mit verschiedenen Betriebsspannungen; bei niedriger Betriebsspannung brauchen sie weniger Strom.

Diese Konzepte sind heute schon bei einigen Mikrocontrollern umgesetzt, ein schönes Beispiel ist der MSP430 von Texas Instruments. (Abschnitte 9.2 und 14.4)

14.2.12   Die JTAG-Schnittstelle

Digitalbausteine werden immer komplexer und haben auch immer mehr Anschlussleitungen. Die Gehäuse führen die Anschlussleitungen mit immer kleineren Abständen nach außen, wobei auch die Gehäuseunterseiten mit Leitungen bestückt sind. Einen gefertigten Chip in klassischer Art mit einem Nadelbettadapter zu testen, wird also immer schwieriger. Noch komplexer wird die Situation auf den modernen Platinen. Mehrere Chips sitzen dichtgedrängt auf mehrlagigen Platinen und von den zahlreichen Verbindungsleitungen verlaufen viele im Inneren zwischen den Platinen. Unter diesen Umständen ist es kaum noch möglich, die gewünschten Leitungen für einen Test zu kontaktieren.

Seit Mitte der 80er Jahre entwickelte eine Gruppe von Firmen, die *Joint Test Action Group*, kurz *JTAG*, an einem neuen Verfahren: Die Idee war, die Ausgangsleitungen schon im Inneren der Chips abzufragen und die Information seriell nach außen zu leiten. Umgekehrt sollte es auch möglich sein, die Eingangsleitungen mit seriell eingespeisten Signalen (Stimuli) zu versorgen und die Reaktion des Chips zu testen. Dazu werden chipintern in alle Ein- und Ausgangsleitungen so genannte *Boundary-Scan-Cells*, kurz *BSC*, eingeschleift. Die Boundary-Scan-Zellen sind durch eine serielle Datenleitung verbunden. Diese Datenleitung geht durch den TDI-Eingang (Test Data In) in die Zelle hinein, durch den TDO-Ausgang (Test Data Out) wieder hinaus und weiter zur nächsten Zelle. So werden alle relevanten Ein-/Ausgänge in eine große Schleife gelegt, den *Boundary Scan Path*, und können über die serielle Datenleitung erreicht werden.[4]

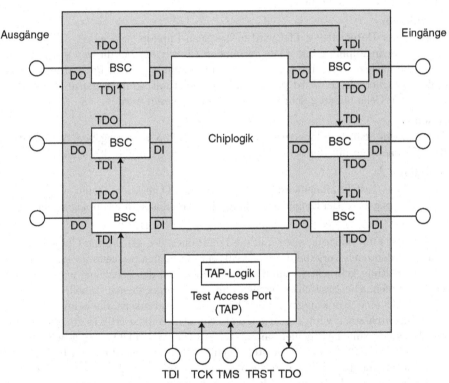

Abbildung 14.10: Digitalbaustein mit JTAG-Schnittstelle. Die Ein- und Ausgangs-leitungen sind durch den Boundary Scan Path verbunden (TDI/TDO).

Über den so genannten *Test Access Port*, kurz *TAP* spricht ein Testgerät (häufig ein PC) die JTAG-Schnittstelle des Bausteines an (Bild 14.10). Die Funktion der fünf TAP-Leitungen ist:

TDI Test Data in

TDO Test Data out

TCK Test Clock, Arbietstakt der JTAG-Schnittstelle

TMS Test Mode Select, unterscheidet Befehl einlesen / Befehl ausführen

TRST Test Reset, optionales Signal, versetzt die Schnittstelle in den Anfangszustand

Die Boundary-Scan-Zelle enthält zwei interne Flipflops um Systemzustände zu speichern, das Scan-Flipflop und das Test-Flipflop. Die Zelle hat folgende Funktionalitäten:

Normalbetrieb

Kein Testbetrieb, die Signale des Chips werden von DI nach DO durchgeleitet.

Auffangen (Capture)

Der Zustand des DI-Signals wird im Scan-Flipflop gespeichert. Damit kann bei den Eingängen das extern anliegende Signal und bei Ausgängen das von der Chiplogik kommende Signal zur Überprüfung gespeichert werden.

Scan-Funktion

Der Zustand der Datenleitung TDI wird in das Scan-Flipflop gespeichert. Da außerdem der Ausgang des Scan-Flipflops mit TDO verbunden ist, werden bei dieser Operation alle Datenbits in die nächste BSC übertragen. Der ganze Boundary Scan Path arbeitet dabei wie ein großes Schieberegister. Wird dies mehrfach wiederholt, können ganze Bitketten in die Boundary Scan Cells hinein geschrieben oder heraus gelesen werden.

Auffrischen

Der Zustand des Scan-Flipflops wird an das Test-Flipflop weitergegeben. Vorbereitung des Testbetriebs nachdem mit der Scan-Funktion die Bitmuster in die BSCs gelangt sind.

Testbetrieb

Der Zustand des Test-Flipflops wird auf den Ausgang DO gegeben. Damit wird ein Stimulus an das System gegeben. Bei Eingängen gelangt der Stimulus an die Chiplogik, bei Ausgängen auf die Leitung.

Mit diesen fünf Funktionen können nun die Funktionen der gefertigten Chips getestet werden. Dazu werden nach Vorgabe der Konstrukteure in langen Sequenzen Signale an die Eingange der Schaltung gebracht (Stimuli) und die Reaktion der Schaltung an den Ausgängen wieder abgegriffen. Die Ergebnisse werden dann mit vorgegebenen Tabellen verglichen. Es ist auch möglich eine Testsequenz in der Chip-Logik zu verankern, die beim Power-on-Reset selbstständig durchlaufen wird, der so genannte Build-In Selftest (BIST). Möglich ist es auch, mehrere Bausteine mit TAP gemeinsam zu testen. Die TDI/TDO-Leitung wird dann in einer Schleife durch die TAPs aller Bausteine geführt. Dadurch wird es zum Beispiel möglich, auf einer Platine mehrere Chips und die Verbindungsleitungen der Platine zu prüfen. Man erhält also hervorragende Testmöglichkeiten und braucht dazu nicht mehr als die 5 seriellen Leitungen zum TAP. Zusätzlich gibt es eine Reihe von Befehlen, die ein JTAG-Controller ausführen kann.[4] Damit kann dann zum Beispiel ein bestimmter TAP vom aktuellen Test ausgenommen werden.

Die JTAG-Schnittstelle hat sich bei Mikroprozessoren und Mikrocontrollern weitgehend durchgesetzt. Man hat daher bald die Funktionalität über die ursprüngliche Aufgabe des Chiptests hinaus erweitert. Speziell für Mikrocontroller wurden via JTAG ganz neue Möglichkeiten eröffnet:

- Programme in den Flash-Speicher zu übertragen
- Komfortables Debugging (Siehe Abschn. 14.3.5)

14.3 Software-Entwicklung

14.3.1 Einführung

Wenn ein Programm für einen PC entwickelt wird, ist es selbstverständlich, dass auch die Programmentwicklung auf einem PC stattfindet. Der PC hat Bildschirm, Tastatur, Maus, Laufwerke usw. und wird zum Editieren, Testen, Debuggen und Speichern des Programms benutzt. Entwicklungssystem und Zielsystem sind also identisch, der erzeugte Maschinencode kann direkt auf dem Entwicklungsrechner ausgeführt werden. Besondere Beachtung erfordern nur Befehle, die spezielle Prozessor-Einheiten wie MMX, SSE oder 3DNow! ansprechen.

Bei einer Mikrocontroller-Entwicklung ist die Situation ganz anders: Der Mikrocontroller kann nicht als Entwicklungssystem benutzt werden, weil er in der Regel weder Bildschirm noch Tastatur hat. Außerdem wird ein Mikrocontroller nicht größer als nötig ausgelegt, auf dem fertigen System ist also kein Platz für platzraubende Entwicklungswerkzeuge. Man braucht also einen separaten Entwicklungsrechner, z.B. einen PC. Das Zielsystem ist aber hinsichtlich Prozessor, Befehlssatz und Peripherie völlig verschieden vom Entwicklungssystem. Der Maschinencode wird durch einen Übersetzer auf dem Entwicklungssystem erzeugt, kann aber nicht mehr auf dem Entwicklungssystem ausgeführt werden, man betreibt *cross-platform*-Entwicklung. Aus diesem Grund braucht man für Mikrocontroller-Entwicklungen spezielle Werkzeuge und die Hersteller bieten eine ganze Palette davon an. Besonders wichtig sind dabei die Möglichkeiten zur Fehlersuche. Kaum ein Programm läuft gleich fehlerfrei, meistens ist eine längere Phase des Testens und Fehlersuchens nötig.

Die Softwareentwicklung für Mikrocontroller und Embedded Systems erfolgte früher überwiegend in Assembler. Assemblersprache bietet den Vorteil absoluter Transparenz und maximaler Kontrolle über das Programm. Ein gut geschriebener Assemblercode ist meistens auch kürzer und effizienter als der von einem Hochsprachen-Compiler erzeugte. Ein Beispiel dafür ist die Parameterübergabe über Register, die wir in den Code-Beispielen zu unseren Beispielarchitekturen diskutiert haben (Abschnitt 9.1.8). Ein Assembler und Linker wird meistens vom Hersteller des Mikrocontrollers mitgeliefert.

Bei größeren Programmen wird die Programmierung in Assembler mühsam und unübersichtlich. Fehler sind jetzt schwerer zu finden. Für mathematische Operationen, wie beispielsweise das Wurzelziehen, braucht man außerdem Bibliotheken, wenn man nicht gerade ein ganz hartgesottener Programmierer ist. Deshalb kommen heute meistens Hochsprachen-Compiler zum Einsatz. Die meist benutzte Programmiersprache ist C, es wird aber auch Basic, Java, Pascal und zunehmend C++ benutzt.

Es kann aber auch heute noch notwendig sein, Assembler zu benutzen, beispielsweise für Prozessorbefehle ohne Hochsprachenäquivalent, bei besondere Hardwarenähe oder zur Performance-Optimierung. Dann wird meist das Programm in C geschrieben und anschließend werden einzelne Abschnitte durch Assembler ersetzt. Nach der Übersetzung fügt dann der Linker die

Codeabschnitte zusammen. Compiler sind beim Hersteller des Mikrocontrollers oder bei Drittanbietern erhältlich. Es gibt für viele Controller auch kostenlose Compiler, wie zum Beispiel den GNU-Compiler GCC.

14.3.2 Programmstruktur

Die Struktur der Programme kann sehr verschieden sein. Sie hängt stark von den jeweiligen Bedingungen und Anforderungen ab, insbesondere von

- Der Größe des Programmspeichers (Reicht der Platz für ein Betriebssystem?)

- Dem Umfang der zu leistenden Funktionalität (Wie viele Funktionen, externe Ereignisse, Busprotokolle, verschachtelte Interrupts und Echtzeitanforderungen liegen vor?)

- Der Komplexität der CPU (Gibt es Speicherschutz-Mechanismen, Privilegierungsstufen u.ä.?)

Die Programmstruktur wird bei einem einfachen Mikrocontrollerboard mit wenigen Aufgaben und wenigen Signalen ganz anders sein als bei einem hochkomplexen eingebetteten System, das viele externe Ereignisse verarbeitet und Echtzeitbedingungen zu verarbeiten hat. Wir wollen mit der einfachsten Programmstruktur beginnen und uns schrittweise zu den komplexeren Strukturen vorarbeiten.[44] Wir werden die verschiedenen Strukturen in angedeutetem C-Code darstellen.

Round-Robin

Round-Robin-Struktur kann man übersetzen als Ringstruktur und so funktioniert es auch: In einer großen Endlosschleife werden alle Systemaufgaben wahrgenommen. Das Round-Robin-Programm initialisiert zunächst die Hardware des Controllers und des Boards und geht dann in eine Endlosschleife; ein Betriebssystem gibt es nicht. Die Programme entsprechen ungefähr dem folgendem Schema:

```
int main(void)
{
  < Hardware initialisieren >

  while(1) {
    if (<Baustein 1 braucht Service) {    // z.B. Tastatur abfragen
      < Baustein 1 bedienen >             // auf Taste reagieren
    }
    if (<Baustein 2 braucht Service) {    // z.B. Sensor abfragen
      < Baustein 2 bedienen >             // Ergebnisse berechnen
    }
    if (<Baustein 3 braucht Service) {    // z.B. Anzeige noch aktuell?
      < Baustein 3 bedienen >             // Anzeige aktualisieren
    }
```

```
    // weitere Bausteine ...
  } // end while
}
```

Eine solche Struktur ist wunderbar einfach und ergibt in vielen Fällen eine effiziente und schnelle Lösung. Das gilt vor allem wenn die Anwendung nicht zeitkritisch und der Prozessor nicht ausgelastet ist. Der Code auf Seite 292 ist ein Beispiel für Round-Robin. Viele Programme beginnen als Round-Robin und werden wegen gewachsener Anforderungen später in andere Strukturen überführt. Die Schattenseite von Round-Robin ist, dass es zunächst keine Aussage darüber gibt, wie lange die Systemreaktion dauert. Jeder Baustein wird erst dann wieder beachtet, wenn er turnusmäßig an der Reihe ist. So lange nur wenige Bausteine benutzt werden, ist das unkritisch, wenn aber immer mehr Bausteine in den Service aufgenommen werden, wächst diese Latenzzeit. Ein weiterer Nachteil ist in der schlechten Energieeffizienz zu sehen: Der Prozessor bearbeitet endlos alle Services in Höchstgeschwindigkeit ohne jemals in einen Low-Power-Mode zu gehen, obwohl die Anforderungen das vielleicht erlauben würden. Die Round-Robin-Struktur ist vor allem wegen ihrer Einfachheit so beliebt, bei komplexeren Anforderungen stößt sie an ihre Grenzen.

Round-Robin mit Interrupts

Diese Struktur macht Gebrauch von den Interrupt-Fähigkeiten der Mikrocontroller. Man aktiviert für alle zeitkritischen Ereignisse einen interruptfähigen Baustein und lässt den nicht zeitkritischen Code in der Hauptschleife. Da die Interrupts (mehr oder weniger) sofort bearbeitet werden erhält man hier eine viel bessere Kontrolle über die Antwortzeiten des Systems. Sehr gut ist es dann, wenn die Prioritäten der Interrupts programmierbar sind, wie z.B. beim Cortex-M3. Dann erhält der Baustein, der am schnellsten bedient werden muss, die höchste Priorität usw. Die niedrigste Priorität hat der Code in der while-Schleife, er kommt nur zur Ausführung, wenn kein Interrupt-Handler aktiv ist. Wenn das nicht akzeptabel ist, muss der Code in den Interrupt-Handler verschoben werden. Die Programmstruktur sieht hier ungefähr so aus:

```
int main(void)
{
// Initialisierung
< Hardware initialisieren, Interrupts aktivieren >
  Daten_von_Baustein1_bereit = 0;
  Daten_von_Baustein2_bereit = 0;
  while(1) {
    if (Daten_von_Baustein1_bereit) {   // z.B. von Tastatur
      Daten_von_Baustein1_bereit = 0;   // Flag zurueck setzen
      <Daten von Baustein 1 verarbeiten> // Neue Daten verarbeiten,
    }                                    // Anzeige aktualisieren

    if (Daten_von_Baustein2_bereit) {   // z.B. von SPI-Schnittstelle
      Daten_von_Baustein2_bereit = 0;   // Flag zurueck setzen
```

```
    <Daten von Baustein 2 verarbeiten> // Neue Daten verarbeiten,
    }                                  // Anzeige aktualisieren

    // Weitere Bausteine ...
    } // end while

  void interrupt handler_zu_Baustein1(void) {
    < Baustein 1 bedienen, Daten bereit stellen >
    Daten_von_Baustein1_bereit = 1;
    }

  void interrupt handler_zu_Baustein2(void) {
    < Baustein 2 bedienen, Daten bereit stellen >
    Daten_von_Baustein2_bereit = 1;
    }

  // weitere Interrupt-Handler ...
}
```

Man kann diese Struktur auch so benutzen, dass alle Aktivitäten innerhalb der Interrupt-Handler stattfinden und die while-Schleife praktisch leer bleibt. Das bietet die Möglichkeit, den Prozessor in der while-Schleife in der Low-Power-Mode (Prozessor wird angehalten) zu versetzen. Jeder Interrupt holt den Prozessor zurück in den Active Mode, der Interrupt-Handler wird abgearbeitet und danach geht der Prozessor wieder in den Low-Power-Mode. So erhält man ein sehr stromsparendes Programm. Ein Beispiel dafür ist auf Seite 295 gezeigt.

Das Round-Robin mit Interrupts ist innerhalb der while-Schleife an die programmierte Reihenfolge gebunden. Wenn diese Codestücke in die Interrupt-Handler verschoben werden, ist man an die Prioritäten der Interrupts gebunden. In beiden Fällen entsteht eine starre Reihenfolge und evtl. für bestimmte Aktivitäten eine große Wartezeit. Dieses Problem behebt die folgende Struktur.

Scheduling aus Warteschlange mit Funktionszeigern

Hier werden ebenfalls Interrupt-Handler benutzt um schnelle Bedienung der Bausteine zu garantieren. Diese Handler legen nach jedem Aufruf einen Funktionszeiger (oder eine Funktionsnummer) auf den zugehörigen niedrig priorisierten Code in einer Warteschlange ab. Ein Scheduler kann nun je nach Betriebssituation entscheiden, in welcher Reihenfolge er diese Funktionen aufruft. Die Struktur sieht ungefähr so aus.

```
int main(void)
{
// Initialisierung
  < Hardware initialisieren, Interrupts aktivieren,
  leere Warteschlange anlegen >
```

```
void Verarbeitung1(void) {
    // Verarbeitung der Daten von Baustein 1
    }

void Verarbeitung2(void) {
    // Verarbeitung der Daten von Baustein 1
    }

while(1) {
  if (Warteschlange_nicht_leer) {
    Rufe_nächste_Verarbeitungsfunktion()   // Scheduler entscheidet, welche
    }
} // end while

void interrupt handler_zu_Baustein1(void) {       // z.B. Tastatur lesen
    < Baustein 1 bedienen, Daten bereit stellen >
    addiere_Nummer1_zu_Warteschlange;
    }

void interrupt handler_zu_Baustein2(void) {       // z.B. Sensor auslesen
    < Baustein 2 bedienen, Daten bereit stellen >
    addiere_Nummer2_zu_Warteschlange;
    }

// weitere Interrupt-Handler ...
}
```

Echtzeit-Betriebssyteme

Wenn die Echtzeitanforderungen härter und das System komplexer wird, hilft ein Echtzeit-Betriebssystem. (Real Time Operating System, RTOS) Dabei werden die ganz dringenden Aufgaben weiterhin im Interrupt bearbeitet. Der restliche Code aber wird auf so genannte Tasks aufgeteilt. Interrupt-Handler und Tasks kommunizieren über Signale und das Echtzeit-Betriebssystem ruft die Tasks auf. Dabei ist es nicht an eine Schleifen-Reihenfolge gebunden und kann sogar einen Task unterbrechen um einen wichtigeren Task vorzuziehen. Den Tasks können Prioritäten zugewiesen werden, wie den Interrupts und das Handling der Signale übernimmt auch das RTOS. Echtzeitbetriebssysteme haben zwar die höchste Komplexität aber auch die meisten Möglichkeiten von den hier vorgestellten Strukturen. Sie haben viele weitere nützliche Einrichtungen um die Tasks zu synchronisieren. Die Struktur der Anwendersoftware wird sehr überschaubar, wenn man den Code des RTOS im Hintergrund lässt.

```
int main(void)
{
// Initialisierung
  < Hardware initialisieren, Interrupts aktivieren
  Tasks aufsetzen>
```

```
void Task1(void) {
    // wartet auf Signal 1,
    // dann Verarbeitung der Daten von Baustein 1
}

void Task2(void) {
    // wartet auf Signal 2,
    // dann Verarbeitung der Daten von Baustein 1
}

void interrupt handler_zu_Baustein1() {     // z.B. Tastatur lesen
    < Baustein 1 bedienen, Daten bereit stellen >
    < Setze Signal 1>
}

void interrupt handler_zu_Baustein2() {     // z.B. Sensor auslesen
    < Baustein 2 bedienen, Daten bereit stellen >
    < Setze Signal 2>
}

// weitere Interrupt-Handler ...
}
```

14.3.3   Header-Dateien

Bei der Programmierung von Mikrocontrollern muss oft direkt auf Steuer- und Statusregister zugegriffen werden, die durch bestimmte feste Hardware-Adressen gekennzeichnet sind. Dort müssen dann ganz bestimmte Bits gelesen und beschrieben werden. Diese Adressen und Bitpositionen sind fix und können im Datenblatt nachgelesen werden.

Machen wir ein praktisches Beispiel: Bei einem MSP430F2272 soll im Steuerregister von Timer-A folgendes eingetragen werden: (Siehe dazu auch Abschn.14.4.3)

- Eingangstakt ist ACLK

- Der Eingangsteiler soll diesen Takt durch 8 teilen

- Betriebsart ist der Continuous Mode

- Der Zähler soll auf Null gesetzt werden.

- Der Zähler soll keine Interrupt auslösen

Der Blick in das Datenblatt ergibt, das das Steuerregister von Timer-A (TACTL) die Hardwareadresse 0162h hat. Der User's Guide verrät uns die Bedeutung der Bits und Bitfelder in diesem Register. (Abb. 14.11)

Um die oben genannten Einstellungen vorzunehmen müssen also die Bitfelder wie folgt beschrieben werden:

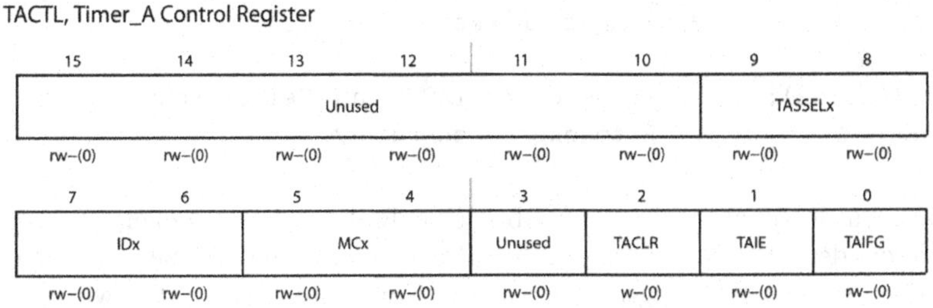

TACTL, Timer_A Control Register

15	14	13	12	11	10	9	8
			Unused			TASSELx	
rw–(0)	rw–(0)	rw–(0)	rw–(0)	rw–(0)	rw–(0)	rw–(0)	rw–(0)

7	6	5	4	3	2	1	0
IDx		MCx		Unused	TACLR	TAIE	TAIFG
rw–(0)	rw–(0)	rw–(0)	rw–(0)	rw–(0)	w–(0)	rw–(0)	rw–(0)

Unused	Bits 15-10	Unused
TASSELx	Bits 9-8	Timer_A clock source select 00 TACLK 01 ACLK 10 SMCLK 11 INCLK
IDx	Bits 7-6	Input divider. These bits select the divider for the input clock. 00 /1 01 /2 10 /4 11 /8
MCx	Bits 5-4	Mode control. Setting MCx = 00h when Timer_A is not in use conserves power. 00 Stop mode: the timer is halted. 01 Up mode: the timer counts up to TACCR0. 10 Continuous mode: the timer counts up to 0FFFFh. 11 Up/down mode: the timer counts up to TACCR0 then down to 0000h.
Unused	Bit 3	Unused
TACLR	Bit 2	Timer_A clear. Setting this bit resets TAR, the clock divider, and the count direction. The TACLR bit is automatically reset and is always read as zero.
TAIE	Bit 1	Timer_A interrupt enable. This bit enables the TAIFG interrupt request. 0 Interrupt disabled 1 Interrupt enabled
TAIFG	Bit 0	Timer_A interrupt flag 0 No interrupt pending 1 Interrupt pending

Abbildung 14.11: Bedeutung der Steuerbits im Register TACTL des Timer_A. Aus dem MSP430 Family User's Guide mit freundlicher Genehmigung von Texas Instruments.

Timer A Source Select (TASSEL)	Bits 9–8	01
Input Divider (ID)	Bits 7–6	11
Mode Control (MC)	Bits 5–4	10
Timer A Clear (TACLR)	Bit 2	1
Timer A Interrupt Enable (TAIE)	Bit 1	0

Wenn man alle Bits in ein 16-Bit-Wort einfügt und die restlichen Bits Null setzt, erhält man die Bitmaske 0000 0001 1110 0100b. Das Bit TAIE wird damit – wie gewünscht – auf Null gesetzt. Wenn wir diesen Wert hexadezimal ausdrücken, ergibt sich 01E4h. Unser C-Code für diese Aufgabe könnte also sein:

```
int *p;                 // Zeiger anlegen

 p= (int*)(0x0162);     // Adresse des TACTL auf Zeiger schreiben
*p = 0x01E4;            // Bitmaske einschreiben
```

Dieser Code würde funktionieren, hat aber eine Reihe von Nachteilen. Zum einen ist er schwer zu lesen, denn bei der Durchsicht des Programmes weiß man zunächst weder, welches Register unter Adresse 162h liegt, noch was die Konstante 01E4 dort bewirkt. Ohne Dokumentation bleibt dieser Code unverständlich. Außerdem ist die Gefahr groß, dass man bei der Bestimmung der Konstanten einen Fehler macht. Der dritte Nachteil fällt erst dann auf, wenn man auf einen anderen Controller wechselt und die Hardwareadressen oder -Funktionen sich ändern: Dann muss man den ganzen Code mühsam durchsehen und manuell ändern. Deshalb geht man besser einen anderen Weg. Man benutzt die vom Hersteller mitgelieferten Header-Dateien. Darin sind symbolische Konstanten sowohl für die Adressen der Register als auch die Steuerbits definiert. Diese Konstanten haben Namen, die der Bezeichnung in der Dokumentation entsprechen, in unserem Fall steht zur Verfügung:

```
#define TASSEL_1     (0x0100)    /* Timer A clock source select: 1 - ACLK  */
#define ID_3         (0x00C0)    /* Timer A input divider: 3 - /8 */
#define MC_2         (0x0020)    /* Timer A mode control: 2 - Continuous up */
#define TACLR        (0x0004)    /* Timer A counter clear */
```

Diese Konstanten können einfach addiert oder durch bitweises ODER verknüpft werden zu einer 16-Bit-Konstante, die alle diese Einstellungen enthält. Der Code würde unter Benutzung dieser Konstanten dann so aussehen:

```
#include <msp430x22x2.h>

TACTL0 = TASSEL_1 + ID_3 + MC_2 + TACLR
```

Ein solcher Code ist wenig fehleranfällig und leicht zu verstehen. Bei Wechsel auf eine andere Hardwareplattform lädt man die neue Headerdatei dazu und mit etwas Glück braucht man seinen Code nicht zu ändern.

14.3.4 Die Übertragung des Programmes auf das Zielsystem

Controller mit internem Programmspeicher

Für Mikrocontroller mit internem Programmspeicher stehen verschiedene Varianten zur Verfügung. Ist der Programmspeicher ein maskenprogrammiertes ROM, kann das bei der Herstellung eingegebene Programm nicht mehr geändert werden. Ist es dagegen ein EPROM (s. Kap. 4), so kann es im Entwicklungslabor mit UV-Licht gelöscht und neu beschrieben werden. Noch praktischer sind die heute üblichen Mikrocontroller mit internem EEPROM- oder Flash-Programmspeicher: Sie können einfach und schnell elektrisch gelöscht und neu beschrieben werden. Die Hersteller bieten dazu passende Programmiergeräte an. Bei den so genannten Piggyback-Gehäusen sind die Leitungen, die sonst zum internen ROM führen an die Gehäuseoberseite zu zwei Reihen von Anschlussstiften geführt. In diese kann dann ein Standard-EPROM oder EEPROM eingesetzt werden. In allen Fällen kann das Programm so oft wie nötig geändert und in den Programmspeicher übertragen werden. Man kann Testläufe in Echtzeit und mit echter Peripherie machen. Der Nachteil liegt darin, dass man keine weitere Kontrolle über das einmal gestartete System hat. Einzelschrittbetrieb, Breakpoints, die Ausgabe von Register- oder Speicherinhalt sind nicht möglich, die Fehlersuche ist also sehr mühsam. Weiterhin gibt es einige Mikrocontroller als OTP-Versionen (One Time Programmable). Sie sind für die ersten Praxistests und für Kleinserien gedacht.

Bootstrap

Den Bootstrap-Mode bieten nur einige Mikrocontroller an. Diese haben in einem internen ROM einen so genannten *Bootloader* gespeichert, ein kleines Programm, das nach dem Einschalten zunächst über eine serielle Schnittstelle das auszuführende Programm lädt und im internen Programmspeicher ablegt. Der Programmspeicher ist hier aus RAM-Bausteinen aufgebaut, so dass man ganz ohne Programmiergerät auskommt. Für den Betrieb dieser Mikrocontroller reicht tatsächlich ein Entwicklungsrechner mit seriellem Kabel und entsprechender Software aus, was sie für manche Zwecke sehr interessant macht.

Controller mit externem Programmspeicher

Hier bieten sich für die Entwicklungsphase weitere Möglichkeiten. Natürlich kann man immer wieder das Programm nach einer Änderung in einen EPROM oder EEPROM-Baustein übertragen, diesen in den externen Speichersockel stecken und das Programm testen. Bequemer ist es aber, einen *EPROM-Simulator* oder einen *RAM-Simulator* zu verwenden. Diese besitzen einen Speicher für das Mikrocontroller-Programm, der vom Mikrocontroller gelesen und vom Entwicklungsrechner beschrieben werden kann. Der externe Programmspeicher wird aus dem Sockel entnommen und stattdessen wird der Stecker des EPROM-Simulators dort aufgesteckt. Der EPROM-Simulator liefert nun das Programm für den Mikrocontroller (Abb. 14.12). Nach einer Änderung kann das Programm schnell und ohne mechanischen Eingriff vom Entwicklungsrechner in den EPROM-Simulator geladen und wieder ausgeführt werden.

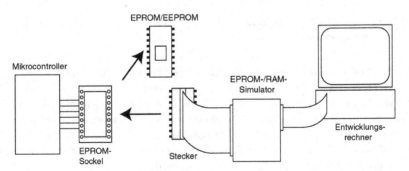

Abbildung 14.12: Ein EPROM-Simulator ersetzt in der Testphase den externen Speicher.

14.3.5   Programmtest

Debugging

Ein „Bug" ist ein Ausdruck für einen Programmfehler und fast jedes Programm enthält anfangs noch einige Bugs. Das Debuggen ist das Aufspüren und entfernen dieser manchmal sehr versteckten Programmfehler. Eingebettete Systeme enthalten oft kein grafisches Display. das Problem ist nun, Informationen aus dem System nach außen zu bringen. Man kann dazu mit Ausgabeanweisungen auf das Display oder, wenn nicht vorhanden, auf eine Leuchtdiode benutzen. Eine bessere Möglichkeit ist eine Ausgabe auf eine freie Schnittstelle, die von dem Entwicklungsrechner empfangen wird. Ein mühsames Debugging dieser Art kann viel Entwicklungszeit verschlingen.

Besser ist ein Debugging mit einer integrierten Entwicklungsumgebung, das auf dem Umweg über den Entwicklungsrechner durchgeführt wird. Dazu braucht man aber eine dedizierte Debugschnittstelle auf dem Mikrocontrollersystem. Dafür hat sich in letzter Zeit die JTAG-Schnittstelle weitgehend durchgesetzt, die auch ein Debugging auf dem Zielsystem unter Einbeziehung der kompletten Peripherie ermöglichen, das *In-System-Debugging*. Ein professionelles Debugging bietet folgende Hilfsmittel:

Haltepunkte (Breakpoints) stoppen das Programm, wenn eine festgelegte Instruktion erreicht wird. Über das Debug-Interface kann dann der Inhalt von Registern und Speicher inspiziert werden, man kann also den Inhalt von Programmvariablen kontrollieren.

Stepping (Einzelschrittbetrieb) führt immer nur die nächste Instruktion aus und stoppt dann wieder; so kann man den Ablauf in jedem Teilschritt verfolgen.

Ein Watchpoint (Beobachtungspunkt) stoppt das Programm, wenn eine bestimmte Variable (Speicherplatz) verändert wurde.

Ein Tracing ("Spurverfolgung" gibt Aufschluss über den Ablauf und die genommenen Verzweigungen im Programm

Patching Ist ein direkter Eingriff mit überschreiben von Speicherinhalt. Patching kann erfolgen, wenn das Programm gestoppt ist.

Ein Profiling ist eher ein statistisches Verfahren, es stellt die Häufigkeit der durchlaufenen Programmzweige dar.

Eine typische Vorgehensweise ist, am Beginn eines kritischen Abschnitts einen Breakpoint zu setzen. Nach erreichen des Breakpoints inspiziert man die relevanten Daten. Dann setzt man entweder weiter unten einen neuen Breakpoint oder geht gleich im Einzelschrittbetrieb weiter. Hat man entdeckt, dass eine Variable einen nicht erwarteten Dateninhalt hat, kann man den erwarteten Wert in diese Variable patchen und versuchen, ob das Programm nun wunschgemäß weiter läuft. Sehr nützlich sind Breakpoints in Interrupt Service Routinen, so erfährt man ob der Interrupt überhaupt ausgelöst wird.

Simulation

Ein sehr preiswertes Hilfsmittel ist der *Simulator*. Er ist ein reines Software-Werkzeug für den Entwicklungsrechner. Man kann damit alle Codesequenzen testen, die sich im Kern des Mikrocontrollers abspielen. Echtzeitverhalten läßt sich nicht testen, ebensowenig Programmbefehle, die Peripheriekomponenten ansprechen. Der Simulator ist also ein Werkzeug mit eng begrenzten Verwendungsmöglichkeiten.

Wenn man mit seiner Entwicklung etwas weiter ist, muss man den Mikrocontroller auch in seiner Systemeinbettung testen. Das Vorgehen hängt nun davon ab, ob das Programm im internen oder externen Programmspeicher liegt. Ein kompaktes Programm kann vollständig im internen Programmspeicher des Mikrocontrollers liegen, ein umfangreiches Programm muss dagegen in einem externen Programmspeicher untergebracht werden. Für diese beiden Fälle stehen unterschiedliche Entwicklungswerkzeuge zur Verfügung.

Evaluation-Board

In Evaluation-Boards sind die Mikrocontroller in eine vollständige und funktionierende Schaltung integriert. Alle Ein- und Ausgänge des Mikrocontrollers sind nach aussen geführt, so dass eine vollständige Verbindung zum Zielsystem hergestellt werden kann. Das Evaluation-Board besitzt eine serielle Schnittstelle für die Verbindung zum Entwicklungsrechner und einen erweiterten Programmspeicher, auf dem ein *Monitor-Programm* residiert. Das Monitor-Programm empfängt das auszuführende Mikrocontroller-Programm vom Entwicklungsrechner, speichert es und startet auf Kommando dessen Ausführung. Die Ausführung kann vom Monitor-Programm überwacht werden. Durch die Rückübermittlung von Daten zum Entwicklungsrechner bieten Monitor-Programme z.T. komfortable Unterstützung, wie z.B.

- Anzeige und Änderung von Register- und Speicherinhalten,
- Einzelschrittbetrieb,
- Setzen und Löschen von Breakpoints,
- Assemblieren und Disassemblieren einzelner Zeilen,
- Direkter Zugriff auf Peripherie.

Evaluation-Boards sind recht beliebte und nicht allzu teure Hilfsmittel, die z.T. auf sehr kleinen Platinen aufgebaut sind und komplett in ein Zielsystem eingesteckt werden. Sie sind für die meisten Tests geeignet, Einschränkungen kommen allerdings zustande, wenn nicht wirklich alle Leitungen des Mikrocontrollers herausgeführt sind.

In-Circuit-Emulatoren

In-Circuit-Emulatoren, kurz ICE, sind die teuersten und leistungsfähigsten Entwicklungswerkzeuge für Microcontroller. Ein In-Circuit-Emulator hilft auch bei schwer zu findenden Fehlern, die z.B. nur gelegentlich auftreten. Der ICE emuliert einen Mikrocontroller wirklich vollständig, d.h. mit allen Signalen und mit echtem Zeitverhalten. Beim Betrieb wird der echte Mikrocontroller aus dem Sockel des Zielsystems gezogen und stattdessen der Anschlussstecker des ICE eingesteckt (Abb. 14.13). Man kann also mit dem fertigen Zielsystem, einschließlich aller Peripheriesignale, testen, und das ist ein großer Vorteil.

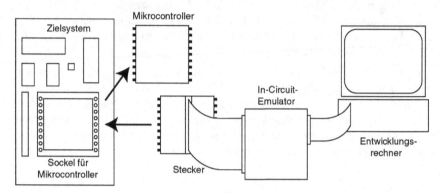

Abbildung 14.13: Ein In-Circuit-Emulator ersetzt in der Testphase den kompletten Mikrocontroller und bietet weitgehende Debug-Möglichkeiten.

Der In-Circuit-Emulator ist ein eigener Computer, oft enthält er einen Controller aus der Familie des emulierten Controllers, der das Programm ausführt. Der In-Circuit-Emulator ist so schnell, dass er in Echtzeit das Programm abarbeitet und gleichzeitig komfortable Möglichkeiten des Debuggens bietet. So kann man komplexe Haltebedingungen formulieren, die sich nicht nur auf Register- oder Speicherinhalte beziehen, sondern z.B. auch auf IO-Ports oder Zählerstände. Ebenfalls sehr nützlich ist eine Trace-Funktion, die ein Protokoll aller Aktivitäten, wie z.B. Speicherzugriffe, Interrupts, Portzugriffe u.a.m. erstellt. Dieses Protokoll ergibt z.B. auch die Laufzeit von Programmabschnitten.

14.3.6   Integrierte Entwicklungsumgebungen

Eine Softwarentwicklung für einen Mikrocontroller erfordert viele Schritte. Zunächst muss ein Programmentwurf gemacht werden, später werden erste Teile des Codes editiert, übersetzt und getestet. Am Ende steht die Freigabe (Release) und die Dokumentation. Häufig gibt es verschiedene Varianten, die verwaltetet werden müssen und bei einem längeren Lebenszyklus braucht man eine Versionsverwaltung. Wenn mehrere Entwickler an dem Projekt arbeiten, müssen deren Beiträge zusammengeführt (integriert) werden.

Integrierte Entwicklungsumgebungen, auch *IDE* (Integrated Development Environment) genannt, bieten alle diese Funktionen in einem System. Zum Editieren steht zunächst ein komfortabler Editor zur Verfügung, in dem mehrere Quelltexte gleichzeitig geöffnet gehalten werden können. Für sein Entwicklungsvorhaben definiert man ein so genanntes *Projekt*. Darin wird festgelegt, welche Hochsprachen- und Assembler-Dateien bei der Code-Erzeugung eingeschlossen werden sollen. In den Projekteinstellungen gibt man genau den Typ des benutzten Mikrocontrollers an. Die IDE bietet Bibliotheksfunktionen an, die ebenfalls zum Projekt hinzugefügt werden. Sehr nützlich sind auch die Header-Dateien, in denen die Adressen der typspezifischen Peripherie-Register auf entsprechende Namen zugewiesen werden. Der Programmierer kann dann mit diesen Namen arbeiten und muss nicht die Hardwareadressen eintragen. Zum Beispiel würde man das Richtungsregister von IO-Port2 am MSP430 nicht unter 0x002A ansprechen sondern mit dem Symbol P2DIR. Die IDE fügt exakt die passende Header-Datei ins Projekt ein.

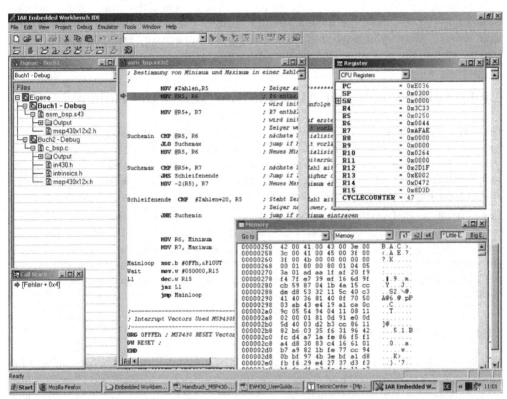

Abbildung 14.14: Oberfläche der IAR Embedded Workbench IDE. Die IDE befindet sich gerade im Debug-Modus, zu sehen sind die Register und ein Ausschnitt aus dem Speicher des angeschlossenen Systems.

Bei der Übersetzung kann man einzelne Dateien oder aber das ganze Projekt übersetzen. Im zweiten Fall werden alle Quelldateien assembliert bzw. compiliert und anschließend gelinkt (zusammengefügt). Wenn ein Mikrocontrollerboard angeschlossen ist, gibt man der IDE die Art der Verbindung an: Seriell, parallel, JTAG usw. Die IDE lädt dann auf Klick das Programm in den Controller und führt es aus. Besonders gut ist es, wenn auch ein echtes Debugging im Controller unterstützt wird, z. B. via JTAG-Schnittstelle. In diesem Fall kann man sogar auf der Zielhardware Breakpoints setzen und im Einzelschritt-Modus das Programm durchgehen. Währenddessen kann man die Register und den Speicher betrachten. Das ist bei der Fehlersuche eine große Hilfe. Abbildung 14.14 zeigt das Arbeitsfenster der IAR Embedded Workbench IDE des Herstellers IAR Systems, mit der die MSP430-Codebeispiele für dieses Buch entwickelt und getestet wurden. Manche Entwicklungsumgebungen, wie zum Beispiel das Codewarrior Development Studio von Freescale Semiconductor, enthalten auch einen Simulator. Dann kann auch ohne echtes Zielsystem schon ein Teil des Codes getestet werden.

Eine IDE übernimmt weitere Aufgaben, zum Beispiel das Abzählen von Arbeitstakten für bestimmte Codeabschnitte. Sie kann auch hilfreich sein, wenn bei der Mikrocontrollerhardware ein Typwechsel stattfindet. Dann können die Hochsprachenanteile vielleicht übernommen werden, wenn die Header-Dateien ausgetauscht werden. Manche IDEs unterstützen auch Arbeitsräume (Workspaces), die dann wiederum mehrere Projekte enthalten können. Damit kann man gut Entwicklungsarbeiten verwalten, bei denen mehrere Versionen einer Software erzeugt werden, die aber auch gemeinsame Dateien benutzen.

14.4 Fallbeispiel: Der MSP430 von Texas Instruments

Die MSP430-Familie von Texas Instruments besteht aus typischen Mikrocontrollern mit reichhaltiger Peripherie und sehr guter Energie-Effizienz. Der Kern dieser Mikrocontroller wurde schon in Abschnitt 9.2 besprochen, über die Leistungsaufnahme finden sich schon einige Details in Abschnitt 12.4.1. Hier wollen wir hauptsächlich auf die Peripherie eingehen, die eine schöne Umsetzung der in den vorhergehenden Abschnitten beschriebenen Technik ist.

Der MSP430 ist als Low-Power-Mikrocontroller entworfen worden. Im Bereich der Peripherie äußert sich das in verschiedenen Details. So sind die Baugruppen der Peripherie, manchmal sogar in Teilen, einzeln abschaltbar um Strom zu sparen. Außerdem kann man meistens entscheiden, welches Taktsignal man den Baugruppen zuweist. Das macht die Aktivierung der Peripheriegruppen in der Software etwas komplizierter, man hat sich aber schnell daran gewöhnt.

14.4.1 Der Watchdog Timer+

Der Watchdog Timer+ des MSP430 enthält einen 16-Bit-Zähler, der aufwärts läuft und bei Erreichen eines eingestellten Endwertes einen Reset (genauer: Ein Power Up Clear) auslöst. (Die Aufgabe von Watchdog-Timern ist in Abschnitt 14.2.10 beschrieben.) Der Watchdog Timer+, auch kurz WDT+, muss deshalb vorher vom Programm auf 0 zurückgesetzt werden, um diesen Reset zu vermeiden. Das geschieht durch Zugriff auf das Bit WDTCNTCL (Watchdog Timer Counter Clear) im Watchdog Timer Control Register, dem zentralen Steuerregister. Wenn das Programm wegen eines Programmfehlers irgendwo „hängen bleibt", kommt es nicht mehr zum Zurücksetzen auf 0 und bald darauf erfolgt der Reset. Der Endwert bestimmt die Länge des WDT-Intervalls und ist einstellbar auf 32768 (Voreinstellung), 8192, 512 oder 64. Je kürzer dieses Intervall, um so häufiger muss der WDT zurückgesetzt werden, um so schneller erfolgt aber auch nach einem Software-Fehler ein Reset.

Beim Watchdog Timer+ hat Sicherheit oberste Priorität. Das Steuerregister ist gegen irrtümliche Zugriffe geschützt: Alle Schreibzugriffe auf das Steuerregister müssen im oberen Byte ein „Passwort" enthalten, den Wert 5Ah, andernfalls erfolgt sofort ein Reset. Nach jedem Reset ist der WDT+ automatisch aktiv, was bei den ersten Programmierversuchen irritieren kann. Man muss sich nun entscheiden ihn abzuschalten oder damit zu arbeiten. Der WDT+ kann mit SMCLCK oder ACLCK getaktet werden. Geht man später in einen der Low-Power-Modes, so akzeptiert der MSP430 bei aktivem Watchdog nur solche LPMs, bei denen die Taktquelle des WDT+ nicht abgeschaltet wird. Fällt der Takt des WDT+ aus, so wird der Watchdog automatisch auf MCLK umgeschaltet, fällt diese auch aus, so wird der DCO aktiviert und als Taktquelle benutzt.

Braucht man den Watchdog nicht, kann man ihn abschalten oder als normalen Intervall-Timer benutzen. Im zweiten Fall wird bei Ablauf des Intervalls ein Interrupt ausgelöst.

Das Watchdog Timer+ Control Register (WDTCTL) enthält unter anderem folgende Bitfelder: [2]

WDTPW WDT Password, 8-Bit-Passwort, nicht auslesbar

WDTHOLD WDTHold, Anhalten des WDT+

WDTTMSEL WDT Mode Select: Watchdog oder intervall timer

WDTCNTCL WDT Counter Clear, setzt den Zähler auf 0 zurück

WDTSSEL WDT Source Select, wählt ACLK oder SMCLK

WDTIS WDT Interval Select, Legt das Zählintervall fest auf 32768, 8192, 512 oder 64 Takte

14.4.2 Digitale Ein- und Ausgänge

Die digitalen Ein-/Ausgänge (I/O-Ports, oder einfach Ports) sind mit P1, P2 usw. bezeichnet, jeder Port hat 8 Leitungen, die wahlweise als Ein- oder Ausgang benutzt werden können. Jeder digitale Port wird durch eine Gruppe von 8-Bit-Registern gesteuert. Alle diese Register haben 8 Bit, die den 8 Leitungen zugeordnet sind, also Bit 0 gehört jeweils zu Leitung 0, Bit 1 zu Leitung 1 usw. Betrachten wir zunächst die Register für Port P1:

P1IN, das Eingangspufferregister Es enthält eine 0, wenn die zugehörige Eingangsleitung LOW ist und eine 1 wenn die Leitung HIGH ist.

P1OUT, das Ausgangspufferregister Wenn hier eine 0 steht, wird die zugehörige Ausgangsleitung auf LOW geschaltet, steht hier eine 1 wird die Leitung HIGH.

P1DIR, das Richtungsregister Jede 0 im Richtungsregister bewirkt, dass die zugehörige Leitung als Eingang betrieben wird, jede 1 bewirkt, dass die zugehörige Leitung als Ausgangsleitung betrieben wird.

P1REN, das Resistor Enable Flag Register Es aktiviert die eingebauten Pull-Up- oder Pull-Down-Widerstände. Diese ziehen offene Eingänge auf definierte Potentiale.

P1SEL, das Port Select Register Eine 1 hier aktiviert für diese Leitung die erste alternative Leitungsfunktion.

P1SEL2, das Port Select 2 Register Eine 1 (und im Register P1SEL) aktiviert für diese Leitung die zweite alternative Leitungsfunktion.

P1IFG, das Interrupt Flag Register Eine 1 zeigt an, ob über diese Leitung ein Interrupt ausgelöst wurde.

---

[2] Zusätzlich wird auch die Funktion des RST/NMI-Eingangs vom WDTCTL gesteuert.

P1IE, das Interrupt Enable Register Eine 1 in diesem Register aktiviert die Interrupt-auslösung durch die zugehörige Leitung bei Pegelwechsel.

P1IES, das Interrupt Edge Select Register Hier wird gewählt, ob der Interrupt bei einer ansteigenden Flanke (Wechsel von LOW auf HIGH) oder bei einer fallenden Flanke ausgelöst werden soll.

Wenn wir einen Blick in die Dokumentation von Texas Instruments werfen, erhalten wir über diese Register weitere Information.[47] Einen Auszug haben wir in Abb. 14.15 dargestellt. In der vierten Spalte finden wir die Hardware-Adresse des entsprechenden Registers. In Spalte 5 ist angegeben, ob das Register nur gelesen (read only) oder auch beschrieben werden kann (read/write). Die letzte Spalte gibt den Zustand nach dem Einschalten an, PUC ist der „Power Up Clear".

Table 8–1. Digital I/O Registers

Port	Register	Short Form	Address	Register Type	Initial State
P1	Input	P1IN	020h	Read only	–
	Output	P1OUT	021h	Read/write	Unchanged
	Direction	P1DIR	022h	Read/write	Reset with PUC
	Interrupt Flag	P1IFG	023h	Read/write	Reset with PUC
	Interrupt Edge Select	P1IES	024h	Read/write	Unchanged
	Interrupt Enable	P1IE	025h	Read/write	Reset with PUC
	Port Select	P1SEL	026h	Read/write	Reset with PUC
	Port Select 2	P1SEL2	041h	Read/write	Reset with PUC
	Resistor Enable	P1REN	027h	Read/write	Reset with PUC

Abbildung 14.15: Die IO-Ports werden über eine Gruppe von Registern gesteuert, hier sind die Register für Port 1 gezeigt. Auszug aus dem Family User's Guide zum MSP430 mit freundlicher Genehmigung von Texas Instruments

Welche Pegel als HIGH und welche als LOW erkannt werden, hängt von der Betriebsspannung ab und kann im Datenblatt des Bausteins nachgesehen werden. Dort findet man ebenfalls die erste und zweite alternative Pinbelegung. Ein MSP430 hat bis zu 8 IO-Ports. Port 2 funktioniert genau so wie Port 1, allerdings heißen die Steuerregister hier P2IN, P2OUT usw. Weil nur Port 1 und Port 2 interruptfähig sind, wird es ab Port 3 etwas einfacher, die Register P1IFG, P1IE und P1IES gibt es hier nicht mehr.

Bei der Programmierung eines IO-Ports sollte man zur Initialisierung zunächst PxDIR (x ist die Portnummer) und falls gewünscht PxREN beschreiben. (Für einen Interrupt-Betrieb wären weitere Schritte notwendig: Den Interrupt aktivieren, die auslösende Flanke festlegen und einen Interrupt-Handler schreiben.) Danach kann man über PxIN und PxOUT den Port benutzen. Wir geben als Beispiel hier ein Programm an, das eine Leuchtdiode blinken lässt, die an der Leitung 0 von Port 1 angeschlossen ist, also P1.0. Mit dem Watchdog Timer wollen wir uns hier noch nicht befassen und schalten ihn ab. Der Endwert in den beiden Zählschleifen ist einfach durch Ausprobieren gefunden worden.

```
/* ************************************************************
   Beispielprogramm blink1.c
   Lässt auf dem Board eine LED endlos blinken

   Kommentar zur Schaltung auf Board:
   Leuchtdioden an P1.0 - P1.7 leuchten wenn Ausgang=L (0)

*/


#include <msp430x22x2.h>  // Header-Datei mit den
                          // Hardwaredefinitionen für genau diesen MC

int main(void) {

    WDTCTL = WDTPW + WDTHOLD;         // watchdog timer anhalten


    // Hardware-Konfiguration
    P1DIR = 0x01;        // Control Register P1DIR beschreiben:
                         // Leitung 0 wird Ausgang, die anderen Eingänge

    while (1)  {                      // Endlosschleife (Round-Robin)
      P1OUT=0x01;                     // LED an Port1.0 ausschalten
      for (i = 50000; i > 0; i--);    // Warteschleife
      P1OUT=0x00;                     // LED an Port1.0 einschalten
      for (i = 50000; i > 0; i--);    // Warteschleife
    }

    return 0;     // Statement wird nicht erreicht
}
```

14.4.3 Der Zähler/Zeitgeber Timer_A

Mit dem Timer_A steht auf dem MSP430 ein mächtiger Zähler-/Zeitgeberbaustein zur Verfügung. Er entspricht im Prinzip der Darstellung in Abb. 14.1 ohne Toreingang. Er besitzt ein 16-Bit-Zählregister mit vier Betriebsarten, einen Einangsteiler und die Wahlmöglichkeit zwischen vier Takteingängen. An den eigentlichen Zähler sind parallel mehrere komplexe Capture/Compare-Einheiten geschaltet, die den aktuellen Inhalt des Zählers nach jedem Zählschritt auswerten. (Abb. 14.16) Die Capture/Compare-Register können direkt mit einer Ausgangsleitung verbunden werden und ohne CPU-Aktivität Ausgangssignale erzeugen.

Schauen wir uns die Betriebsarten der Zählereinheit an:

Halt Mode Zähler steht

Continuous Mode Zähler zählt aufwärts bis zum Endwert 0xFFFF; beim nächsten Takt springt er auf 0000 und zählt dann wieder aufwärts bis zum Endwert.

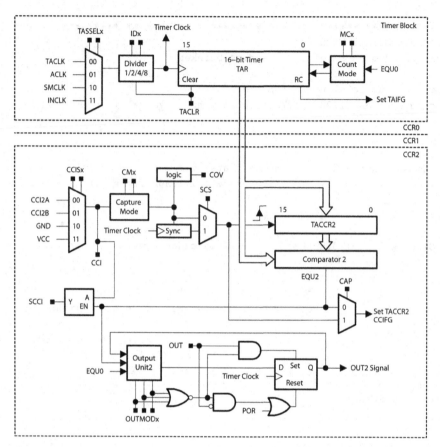

Abbildung 14.16: Timer-A besteht aus der eigentlichen Zählereinheit mit vier Eingängen und einem Vorteiler sowie mehreren daran angeschlossenen Capture/Compare-Einheiten, die den aktuellen Zählerstand auswerten. (Aus dem MSP430 Family User's Guide mit freundlicher Genehmigung von Texas Instruments)

Up Mode Zähler zählt aufwärts bis zu dem Wert, der im TACCR0 (Timer A Capture/Compare-Register 0) hinterlegt ist; beim nächsten Takt springt er auf 0000 und zählt dann wieder aufwärts bis zum Endwert in TACCR0.

Up/Down Mode Zähler zählt aufwärts bis zu dem Wert, der im TACCR0 (Timer A Capture/Compare-Register 0) hinterlegt ist; ab dem nächsten Takt zählt er abwärts bis 0000, dann wieder aufwärts u.s.w.

Für die Programmierung des Timer-A ist vor allem das Steuerregister TACTL (Timer A Control) entscheidend. Darin liegen folgende Bitfelder:

TASSEL Timer A Source Select: Zugeführter Takt ist TAClock, AClock, SMClock oder InClock

ID Input Divider: Teiler 1, 2, 4 oder 8

MC Mode Control: Halt, Continuous, Up oder Up/Down

TACLR Timer A Clear, setzt den Timer auf 0000, wenn mit 1 beschrieben

TAIE Timer A Interrupt Enable, Freischaltung des Interrupts durch Timer

TAIFG Timer A Interrupt Flag, zeigt an, ob ein Interrupt ausgelöst wurde

Wenn der Zähler läuft, kann man im einfachsten Fall das Zählregister TAR einfach vom Programm auslesen lassen: (Variable = TAR) Man kann aber auch sehr gut die Interrupt-Fähigkeit des Timer_A ausnutzen. Jede Capture/Compare-Einheit kann bei Gleichheit des Zählwertes mit dem Vergleichswert einen Interrupt auslösen. Man schreibt nun in die Compare-Register der Capture/Compare-Einheiten den gewünschten Wert ein und bestimmt damit, wann ein Interrupt ausgelöst wird. Wenn der Zähler dann in einer der 3 aktiven Betriebsarten läuft, kommen regelmäßig Interrupts, die für beliebige Aktionen benutzt werden können. Als Beispiel geben wir noch einmal ein Blink-Programm an. Dieses hier wird aber durch den Timer_A gesteuert, dem der Takt eines Uhrenquarzes zugeführt wird, exakt 32768 Hz (AClock). Schreibt man nun in ein Vergleichsregister den Wert 32768, so ist nach exakt einer Sekunde die Gleichheit von Zählregister und Compare-Register erreicht. Läuft der Zähler im Up Mode, so kommt regelmäßig nach einer Sekunde ein Interrupt. Das bildet ein schönes Zeitgerüst für ein Programm, dass einmal pro Sekunde aktiv werden soll. Dazwischen kann der Prozessor in den Sleepmode versetzt werden. Hier nun der Programmcode:

```
/* ********************************************************
   Beispielprogramm blink2.c
   Lässt auf dem Board eine LED endlos blinken
   Zeitraster mit Hilfe des Interrupts von Timer_A

   Kommentar zur Schaltung auf Board:
   Leuchtdioden an P1.0 - P1.7 leuchten wenn Ausgang=L (0)

*/
#include  <msp430x22x2.h>

void main(void)
{
  WDTCTL = WDTPW + WDTHOLD; // Stop  Watchdog Timer

  TACTL = TASSEL_1 + TACLR; // Beschreiben des TimerA-Controlregisters:
                   // - TimerA Source Select = 1 (Eingangstakt ist AClock)
                   // - Clear TimerA-Register  (Zählregister auf 0 setzen)
                   // Input Divider=1, Timer ist im Halt Mode

  TACCTL0 = CCIE;    // Capture/Compare-Unit0 Control-Register beschreiben:
                     // Interrupt-Auslösung durch Capture/Compare-Unit0
                     // freischalten (CCR0)
  TACCR0 = 32768;    // Capture/Compare-Register 0 mit Zählwert beschreiben
```

```
    P1SEL  |= 0x00;         // P1 hat Standard-IO-Funktion
    P1DIR  |= 0x01;         // P1.0 ist Ausgang


    TACTL  |= MC_1;             // Start Timer_A im up mode (Mode Control = 1)
    __enable_interrupt();      // enable general interrupt
                               //   (Interrupts global freischalten)


    __low_power_mode_0();      // low power mode 0:


    while (1);
}


// Timer A0 interrupt service routine
// wird jedesmal aufgerufen, wenn Interrupt CCR0 von TimerA kommt
#pragma vector=TIMERA0_VECTOR
__interrupt void Timer_A0 (void)
{
    P1OUT ^= 0x01;             // Leitung 0 von Port 1 toggeln
}
```

In der Interrupt-Service-Routine können natürlich beliebige Aktionen veranlasst werden, wie z. B. die Abfrage von Sensoren, das Update eines Displays, senden von Daten usw. Die Zykluszeit kann über den Wert in TACCR0 angepasst werden, 8192 ergibt schon Interrupts im Abstand von 250 ms.

Möglich ist natürlich auch ein echtes Capture um den Zeitpunkt externer Ereignisse zu bestimmen. Dazu wird Capture freigeschaltet und eine Eingangsleitung bestimmt. Kommt nun das externe Ereignis in Form einer steigenden oder fallenden Flanke, so wird der Inhalt des Zählregisters direkt in das TACCR0 kopiert und das Flag TAIFG gesetzt. Das geschieht ohne Zutun der CPU und ohne jeden Zeitverlust – im Unterschied zu einer Lösung mit Interrupt-Handler.

Man kann die Capture/Compare-Einheiten auch direkt zur Veränderung eines Ausgangssignales verwenden, z. B. für ein PWM-Signal. Dafür gibt es 8 verschiedene Ausgabemodi (Output modes) und diese bestimmen wie die Leitung bei Erreichen des Comparewertes geschaltet wird. Durch entsprechende Programmierung können so Ausgangssignale erzeugt werden, die weit komplizierter sind als das PWM-Signal in Abb. 14.6. Wenn die Register des Timer_A richtig programmiert sind, wird ein solches Signal ohne Aktivität der CPU erzeugt, auch im Sleepmode. Ein Beispiel dafür ist in Abb. 14.17 gezeigt.

Viele Mitglieder der MSP430-Familie haben auch einen Timer B, der sich nur in Details vom Timer A unterscheidet; eines davon ist, dass der Timer B sieben Capture/Compare-Einheiten besitzt.

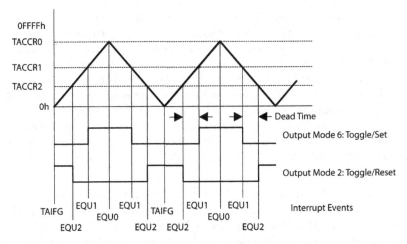

Abbildung 14.17: Die Output-Modi der Capture/Compare-Einheiten können benutzt werden um komplexe Ausgangssignale ohne CPU-Aktivität zu erzeugen. Hier läuft der Zähler im Up/Down-Mode. (Aus dem MSP430 Family User's Guide mit freundlicher Genehmigung von Texas Instruments)

14.4.4 Der 10-Bit-Analog/Digital-Wandler ADC10

Der Aufbau des 10-Bit-ADC ist in Abb. 14.18 vereinfacht gezeigt. Die analogen Signale kommen von außen über einen oder mehrere der analogen Kanäle A0 – A7 oder A12 – A15 (nicht auf allen MSP430 verfügbar) herein. Der Eingangsmultiplexer wählt einen Kanal aus, den er weiter leitet auf den *Sample-and-Hold-Baustein* (S&H).

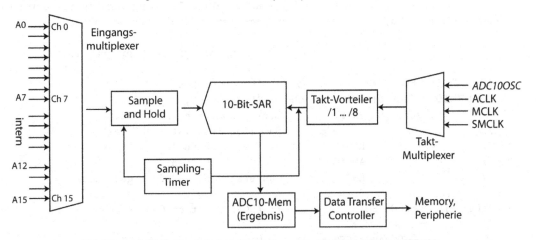

Abbildung 14.18: Vereinfachte Darstellung des 10-Bit-ADC im MSP430.

Die Wandlung wird durch das Steuerbit ADC10SC (Start of conversion) angestoßen. Von nun an ist der Wandler beschäftigt, was durch das Flag ADC10Busy angezeigt wird. Der Sample-and-Hold-Baustein sampelt (registriert) und mittelt das Signal über einen bestimmten Zeitraum, die Sampling-Zeit. Je größer die Sampling-Zeit ist, um so besser werden Signal-

Störungen aller Art ausgemittelt. Die Sampling-Zeit kann beim ADC10 über ein Steuerregister auf 4, 8, 16 oder 64 ADC-Takte eingestellt werden. Nach dem Sampling wird die Verbindung zwischen Multiplexer und S&H geschlossen. Nun kommt die Haltephase (Hold), der Sample-and-Hold-Baustein hält das gemittelte Signal konstant und ruhig an seinem Ausgang bereit, damit der AD-Wandler arbeiten kann. Der Wandler braucht nämlich für jedes Bit einen Takt und in dieser Zeit muss das Signal konstant bleiben. In das SAR-Register wird nun mit jedem Takt ein Bit eingeschrieben, wobei die Vergleichsspannung Vref benutzt wird um das Bit zu bestimmen. Wenn alle 10 Bit ermittelt sind, ist die Wandlung beendet, das Flag ADC10Busy wird gelöscht und ADC10IFG gesetzt. Damit ist angezeigt, dass im Ergebnisregister ADC10MEM das Ergebnis bereitsteht; von dort kann es einfach ausgelesen werden.

Die Gesamtdauer der Wandlung ergibt sich aus 13 Takten für die Wandlung, ein Takt für Start und den Takten der Samplingzeit. Die absolute Wandlungsdauer hängt natürlich noch von dem ausgewählten ADC10-Takt ab. Beim Beschreiben des Steuerregisters muss man zunächst insgesamt den ADC10 freigeben (ENC), und dann die übrigen Felder beschreiben. Man darf nicht vergessen, die Referenzspannung und das ADC10-SAR einzuschalten (REFON, ADC10ON); um Strom zu sparen sind diese defaultmäßig ausgeschaltet. Im folgenden Codeabschnitt ist eine einfache AD-Wandlung samt Konfiguration des ADC10 gezeigt.

```
/* *************************************************************************

// Codeabschnitt einfache AD-Wandlung

// ADC10 konfigurieren
ADC10CTL1 = INCH_6;         // Analogkanal 6 wird ausgewählt,
                            // die alternative Belegung von Digitalport P3.6
ADC10AE0 |= BIT6;           // Analogeingang Kanal 6 freischalten

                            // ADC10 Controlregister 0 programmieren

ADC10CTL0 = ENC;            // Enable Conversion
ADC10CTL0 = SREF_0+ADC10SHT_1+REFON+ADC10ON+ENC;
//  ADC einstellen: SREF:    Eingangsbereich Vss .. Vcc
//                  ADC10SHT: Sampling-Zeit ist 8 ADC-Takte
//                  REFON:    Referenzspannung einschalten
//                  ADC10ON:  ADC10 einschalten
//                  ENC:      Conversion bleibt frei geschaltet

ADC10CTL0 |= ADC10SC;       // ADC10 Start of Conversion
  // Wandlung läuft ...
while((ADC10CTL0&ADC10IFG)==0); // Warten auf Flag ADC10IFG, wenn gesetzt is
                            // Wandlung fertig, ADC10MEM geladen

Ergebnis = ADC10MEM;        // Ergebnis auslesen
//  ... Ergebnis verwerten
```

Der gerade geschilderte Vorgang ist eine einzelne Wandlung eines Kanals. Insgesamt bietet der ADC10 aber vier Möglichkeiten:

- Einfache Einzelkanal-Wandlung

- Einfache Wandlung einer Gruppe von Kanälen

- Endlos wiederholte Wandlung eines einzelnen Kanals

- Endlos wiederholte Wandlung einer Gruppe von Kanälen

Wenn man eine ganze Gruppe von Kanälen wandelt, ist der eingebaute Data Transfer Controller (DTC) des Wandlers sehr nützlich. Er transferiert nach Abschluss der Wandlung automatisch das Ergebnis in einen vorbestimmten Speicherbereich. Der DTC hat einen internen Adresszeiger, der nach jedem Transfer inkrementiert wird. So wird ein Datenverlust durch überschreiben von ADC10MEM vermieden. Bleibt noch zu erwähnen, dass ein Teil der Analogkanäle Zugang zu internen Messwerten bietet: Kanal 12 führt das Signal eines internen Temperatursensors und Kanal 13 die halbe Betriebspannung. Manche MSP430-Modelle haben einen 12-Bit-ADC.

14.4.5 Serielle Schnittstellen

Im Abschnitt 14.2.9 ist beschrieben, dass praktisch alle Mikrocontroller eine serielle Schnittstelle für den Datenaustausch besitzen. Der MSP430 ist da keine Ausnahme und hat sogar besonders flexible serielle Schnittstellen vorzuweisen. Etwas verwirrend ist, dass es in der MSP430-Familie mehrere serielle Schnittstellen gibt: Den USART (Universal Synchronous/Asynchronous Receive Transmit), das USI (Universal Serial Interface) und das USCI (Universal Serial Communication Interface). Es hängt nun vom konkreten Controllertyp ab, welches serielle Interface vorhanden ist. Wir wollen hier kurz auf das USCI eingehen, ein neuerer und sehr vielseitiger Baustein mit mehreren Modulen. Das USCI bietet Hardwareunterstützung für folgende serielle Schnittstellen:

- UART

- IrDA

- SPI

- I^2C

Nicht jeder USCI hat jedes Modul, oft gibt es einen USCI_A und einen USCI_B, und jeder hat eine andere Ausstattung an Modulen.

Im *UART-Mode* (Universal Asynchronous Receive Transmit) kann das USCI Signale erzeugen, die direkt zu einer seriellen Schnittstelle gemäß RS232 kompatibel sind; allerdings nicht mit RS232-Pegel, dazu wird ein externer Pegelwandler gebraucht. Die Daten sind zu einem Frame zusammengefasst, der mit einem Startbit beginnt, dann 5,6,7 oder 8 Datenbits enthält, optional ein Paritätsbit und am Ende ein Stoppbit. Bei asynchronen Übertragungen fehlt die Taktleitung und der Empfänger muss die Abtastzeitpunkte für die Datenleitung mit einem

Baudratengenerator selbst erzeugen. Gestartet wird der Baudratengenerator durch das erste Bit, das keine Information trägt (Startbit). Bei älteren PCs war das durch Teilung eines Taktes von 115200 Hz problemlos möglich und führte zu den bekannten Baudraten. Beispiel: Ein Teiler 12 ergibt eine Baudrate von exakt 115200 : 12 = 9600 Baud. Beim USCI können verschiedene Takte zugeführt werden: Der ACLK-Takt von 32768 Hz oder die SMCLK im MHz-Bereich.

Hat man den hohen Takt anliegen, so kann man im so genannten Oversampling arbeiten: Für jedes Datenbit werden 16 Abtastzeitpunkte erzeugt und mehrfach abgetastet; danach liefert eine Mehrheitsentscheidung den Wert des Datenbits. Das Oversampling-Verfahren ergibt eine größere Robustheit gegen Störungen.

Im einem der Low Power Modes des MSP430 steht evtl. dieser hohe Takt nicht zur Verfügung, sondern nur die 32768 Hz des ACLK-Taktes. Wenn man nun versucht, 9600 Baud durch Herunterteilen von 32768 Hz zu erzeugen, stellt man fest, dass der Teiler 3.41 ist. Man müsste also einen gebrochenen Teiler haben. Das USCI bewältigt dieses Problem, mit der so genannten *Modulation*. Dabei würde in diesem Zahlenbeispiel manchmal nach drei Takten und manchmal erst nach vier Takten die Datenleitung abgetastet. Der Zusatztakt (das Modulationsbit) wird so oft eingeschoben, dass im Mittel die Baudrate von 9600 Baud ungefähr eingehalten wird. Das bedeutet, das die Datenbits nicht immer exakt in der Mitte abgetastet werden, aber ausreichend nah an der Mitte. (Abb. 14.19) Der Programmierer muss für diesen Betrieb die

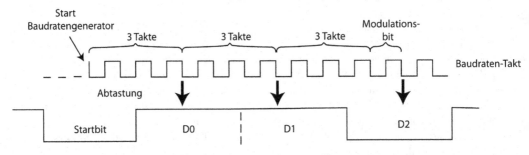

Abbildung 14.19: Um Baudraten zu realisieren, die sich nicht durch glatte Teilung aus dem verfügbaren Takt erzeugen lassen, wird mit Modulationsbits bearbeitet, die manchmal eingeschoben werden.

Modulationsregister programmieren. Im vorliegenden Beispiel wird eine 3 ins Register UCBR (Hauptteiler) eingetragen und 3 ins Register UCBRS (Modulation). Das bedeutet, dass ein Abtastzeitpunkt immer nach drei Takten erzeugt wird und in 8 Takten 3 Modulationsbit zusätzlich eingeschoben werden. Rechnerisch bedeutet das einen Teiler von 3.375, womit die geforderten 3.41 ausreichend angenähert sind.

Weitere Besonderheiten im UART-Mode sind die automatische Baudratenerkennung und das Encodieren und Dekodieren von IrDA-Signalen (Infrared Data Association).

Im *SPI-Mode* ist ein Betrieb mit 3 oder 4 Leitungen möglich, Frames mit 7 oder 8 Bit und eine einstellbare Taktfrequenz im Master Mode. Im Slave Mode kann die Schnittstelle ohne internes Taktsignal arbeiten, also auch in Low Power Mode 4.

Im I^2C-*Mode* unterstützt das USCI eine Zweidraht-Kommunikation mit anderen I^2C-Bausteinen. Diese kann entsprechend der Spezifikation mit 7- oder 10-Bit-Adressen erfolgen, unterstützt

Multimaster-Betrieb, 100 und 400 kBit/s und arbeitet sehr gut auch in den Low Power Modes: Ein Auto-Wake-Up ist möglich und auch ein Slave-Betrieb in LPM4.

Zum Schluss des Kapitels möchten wir noch alle interessierten Leser ermuntern, einmal selbst einen Mikrocontroller auszuprobieren. Evaluation-Boards und Starter-Kits gibt es schon ab ca. 30,-Euro über das Internet und Entwicklungsumgebungen, die für den Anfang ausreichen, sogar kostenlos. Die Dokumentationen kann man kostenlos bei den Herstellern herunter laden und im Internet gibt es einige Foren, auf denen man bei Problemen Rat findet.

14.5 Aufgaben und Testfragen

1. Auf der Basis eines Mikrocontrollers soll ein Kleingerät entwickelt werden. Es ist geplant, später pro Jahr 100000 Stück zu fertigen. Welchen Typ Programmspeicher sehen Sie für die verschiedenen Entwicklungs- und Fertigungsphasen vor?

2. In einem Wäschetrockner, der mit dem Mikrocontroller MSP430 gesteuert wird, soll der Feuchtefühler einmal pro Sekunde ausgelesen werden. Geben Sie an, welche Baugruppen des Mikrocontrollers man verwenden sollte und welche Programmierungsschritte notwendig sind.

3. Ein analoges Signal im Spannungsbereich 0..5V soll mit einer Genauigkeit von 0.3% digitalisiert werden. Kann der ADC10 des MSP430 verwendet werden?

4. Warum ist bei Mikrocontrollern die Stromaufnahme besonders wichtig? Welche Möglichkeiten gibt es bei einem Mikrocontroller, um sie zu reduzieren?

5. Was ist ein Watchdog-Timer?

6. Wie kann man mit einem Mikrocontroller ohne Digital/Analog-Wandler einen elektrischen Verbraucher kontinuierlich mit Teillast betreiben?

Lösungen auf Seite 324.

15 Digitale Signalprozessoren

15.1 Digitale Signalverarbeitung

In der Technik wird an vielen Stellen mit *Signalen* gearbeitet, das heißt mit zeitabhängigen physikalischen Größen, die eine Information transportieren. Die Rauchzeichen der Indianer stellen ebenso ein Signal dar, wie der Luftdruck, der eine Barometerdose zusammendrückt oder der Strom, der in unserem Telefonhörer den Ton hörbar macht. Wenn das Signal zeit- und wertkontinuierlich vorliegt spricht man von *analogen Signalen*. Oft ist es notwendig, diese Signale zu verarbeiten, um

- das Signal zu verändern, z.B. bei einer Rauschunterdrückung,
- Eigenschaften des Signals zu ermitteln, z.B. Frequenzanteile,
- Reaktionen aus dem Signal abzuleiten, z.B. in einer Regelung.

Die klassischen Mittel der Signalverarbeitung sind aktive und passive elektrische Netzwerke. Diese haben aber verschiedene Nachteile, wie Unflexibilität, Alterung und Temperaturabhängigkeit. Diese Nachteile bestehen bei der *digitalen Signalverarbeitung* nicht mehr.

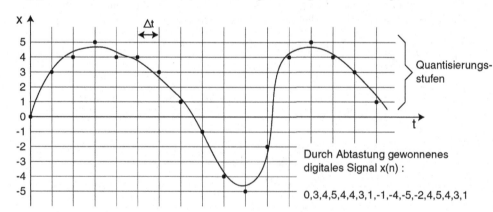

Abbildung 15.1: Durch Abtastung wird aus einem analogen Signal (durchgezogene Kurve) ein digitales Signal gewonnen (schwarze Punkte und Zahlenwerte).

Ein digitales Signal entsteht durch *Abtastung* eines analogen Signals, d.h. die Erfassung und Digitalisierung des Signals in gleichmäßigen Zeitabständen Δt durch einen Analog-Digital-Umsetzer, wie es in Abb. 15.1 gezeigt ist. Das digitale Signal ist zeit- und wertdiskret und wird durch eine ganzzahlige Wertefolge x_n oder in der Programmierung $x[n]$ dargestellt. Der Index n ersetzt die Zeitvariable t, wobei $x[n] = x(n \cdot \Delta t)$ ist. Die Abtastfrequenz

$$f_a = 1/\Delta t$$

ist die Anzahl von Abtastungen pro Sekunde. Für die korrekte Abtastung eines Signals muss das *Nyquist-Kriterium* eingehalten werden:

Die Abtastfrequenz muss größer sein als das Doppelte der größten im Signal enthaltenen Frequenz.

Wenn das Nyquist-Kriterium verletzt ist, kommt es zum *Unterabtastfehler* (*Aliasing*), einer schwerwiegenden Verfälschung des Signals. Unvermeidlich ist der *Quantisierungsfehler*, der durch die Rundung des erfassten analogen Signalwertes auf den nächsten ganzzahligen Wert entsteht. Der Quantisierungsfehler ist in Abb. 15.1 erkennbar: Die Abtastwerte (schwarze Punkte) liegen nicht genau auf dem abgetasteten Signal. Der Quantisierungsfehler wird mit steigender Auflösung des verwendeten Analog-Digital-Umsetzers kleiner (s. auch Abschn. 14.2.7).

Digitale Signalverarbeitung (DSV) ist die numerische Veränderung eines digitalen Signals durch eine arithmetische Rechenvorschrift. Jeder Wert der Ausgangsfolge y_n wird aus der Eingangsfolge x_n und den bisherigen Werten von y_n nach folgender Differenzengleichung gebildet [49],[35]:

$$
\begin{aligned}
y_n &= \sum_{k=0}^{N} a_k\, x_{n-k} - \sum_{k=1}^{M} b_k\, y_{n-k} \qquad (15.1)\\
&= a_0 x_n + a_1 x_{n-1} + a_2 x_{n-2} + \ldots + a_N x_{n-N}\\
&\quad - b_1 y_{n-1} - b_2 y_{n-2} - \ldots - b_M y_{n-M}
\end{aligned}
$$

In dieser allgemeinen Form lassen sich alle wichtigen Algorithmen der digitalen Signalverarbeitung darstellen, z.B. Filterung und Fourieranalyse. Die Funktion der Algorithmen wird vollständig durch die Koeffizientensätze a_i, b_i bestimmt. In Abb. 15.2 ist ein Aufbau zur Abtastung und digitalen Verarbeitung eines Signales gezeigt. Das signalverarbeitende System kann eine Hardwareschaltung oder ein Prozessor sein.

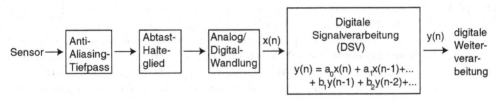

Abbildung 15.2: Aufbau eines Systems zur Abtastung und digitalen Verarbeitung eines analogen Sensorsignales.

Es ist auch möglich, mit einem Digital-Analog-Umsetzer (DAU) das digital verarbeitete Signal wieder in ein analoges Signal zu verwandeln und im analogen Bereich weiterzuverwenden, z.B. bei einer Telefonie- oder Audioanwendung (Abb. 15.3).

Die digitale Signalverarbeitung bietet viele Vorteile. Da der Algorithmus nur durch den Koeffizientensatz bestimmt wird, ist man sehr flexibel. Mit der gleichen Hardware können verschiedene DSV-Algorithmen durchgeführt werden. Auf Software-Ebene können Parameter

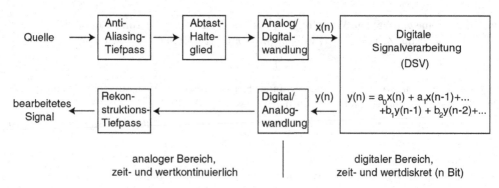

Abbildung 15.3: Digitales Signalverarbeitungssystem mit analogen Ein- und Ausgängen.

und Typ eines DSV-Systems geändert werden, z.B. kann allein durch Änderung der Koeffizienten aus einem Tiefpass ein Bandpass werden. Auch adaptive Filter (automatische Anpassung der Parameter während des Betriebes) lassen sich realisieren. Außerdem gibt es keine Alterung oder Drift und alle Arten der Kalibrierung und Justierung entfallen. Überdies ist die Störsicherheit größer als bei analogen Systemen. Der Entwurf eines Filters und die Bestimmung des Koeffizientensatzes ist eine komplexe Aufgabe und kann hier nicht behandelt werden.

Die digitale Signalverarbeitung hat sich weite Bereiche der Technik erobert, genannt seien hier nur die Telekommunikations-, Audio-, Video-, Fahrzeug-, Medizin-, und Messtechnik. Typischerweise ist dabei Echtzeitverarbeitung notwendig, denn in diesen Anwendungen werden die Ergebnisse der Signalverarbeitung sofort gebraucht, d.h. mit nur unmerklicher Verzögerung. Die Daten müssen also in dem Tempo verarbeitet werden, in dem sie anfallen. Wegen des Nyquist-Theorems kann auch die Abtastrate nicht herabgesetzt werden. Außerdem können die Koeffizientensätze für Gl. 15.1 durchaus 50 und mehr von Null verschiedene Koeffizienten enthalten. Spätestens hier wird deutlich, welche Herausforderung die DSV für die Mikroprozessortechnik darstellt.

Beispiel In einem Audiogerät mit einer Abtastrate von 44,1 kHz fallen pro Sekunde in jedem Kanal 44100 Abtastwerte zu je 16 Bit an (CD-Qualität). Bei einer Filterung mit 40 Koeffizienten und zwei Kanälen sind nach Gl. 15.1 pro Sekunde $44100 \cdot 40 \cdot 2 = 3528000$ Multiplikationen mit anschließender Addition durchzuführen. Für jede Multiplikation müssen außerdem zwei Operanden in die ALU transportiert werden. Zusätzlich müssen $44100 \cdot 2 = 88200$ Datenworte von der Peripherie geladen werden. Da alle angelieferten Eingangswerte unvorhersehbar und neu sind, nützt hier auch ein Datencache nicht.

Die meisten Mikrocontroller sind hier überfordert. Diese Situation führte zur Entwicklung der *digitalen Signalprozessoren*, kurz *DSP*s, die durch ihre spezielle Architektur in der Lage sind, diese Anforderungen zu erfüllen. Digitale Signalprozessoren sind mittlerweile so preiswert, dass sie einen Massenmarkt erobert haben.

15.2 Architekturmerkmale

Die Architektur von digitalen Signalprozessoren ist auf deren spezielle Aufgaben zugeschnitten und unterscheidet sich deutlich von Standardprozessoren und Mikrocontrollern. Bestimmend für die Architektur ist immer der Aspekt der Echtzeitverarbeitung und der dazu notwendigen Transfer- und Verarbeitungsgeschwindigkeit.

15.2.1 Kern

Bussysteme

Die meisten Prozessoren und Mikrocontroller haben eine von-Neumann-Architektur, d.h. einen gemeinsamen Speicher für Programmcode und Daten. Digitale Signalprozessoren dagegen haben in der Regel physikalisch getrennte Speicher für Programmcode und Daten, also *Harvard-Architektur*. Das ermöglicht einen gleichzeitigen Zugriff auf Programm und Daten. Da eine schnelle ALU aber zwei Operanden in einem Takt verarbeiten kann, bieten einige DSPs sogar zwei Datenbereiche mit jeweils eigenem Bus an, die *modifizierte Harvard-Architektur* (Abb. 15.4). In diesem Fall ist es möglich, in einem Takt den nächsten Befehl und zwei Speicheroperanden zu lesen.

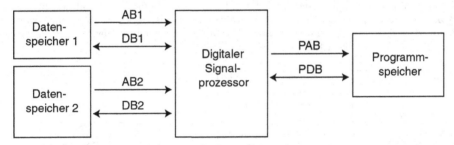

Abbildung 15.4: In einer modifizierten Harvard-Architektur sind der Programmspeicher und zwei Datenspeicher jeweils über ein eigenes Bussystem angeschlossen, um den gleichzeitigen Zugriff zu ermöglichen. Abkürzungen: AB=Adressbus, DB=Datenbus, P=Programm.

Adressierungsmodi

Die meisten DSV-Algorithmen greifen sequenziell auf bestimmte Speicherplätze zu, auf denen Daten oder Konstanten stehen. Eine Hilfe ist hier die meist vorhandene Post-Inkrement- bzw. Post-Dekrement-Adressierung, die nach dem Zugriff automatisch das verwendete Adressregister erhöht bzw. erniedrigt.

Aus Gl. 15.1 wird erkennbar, dass aus dem Strom von Eingangswerten $x[n]$ nur die letzten (N+1) Werte gebraucht werden, alle älteren Werte können gelöscht werden. Das wird ideal mit einem *Ringspeicher* gelöst. Bei einem Ringspeicher wird nach dem Zugriff auf den letzten Platz des Speicherbereiches automatisch wieder auf den ersten Platz zugegriffen. Bei dem Zugriff auf die Koeffizienten a_i und b_i ist es ähnlich, auch hier bietet sich der Lesezugriff im Ringspeicher an. Ringspeicher verursachen softwareseitig natürlich Aufwand – und damit Zeitverlust

– für die Verwaltung der Adress-Zeiger (Abfragen des Adressregisters, Zurücksetzen am Bereichsende). Wenn der Ringspeicher genau die Adressen 0 – 255 belegen würde, könnte man mit einem 8-Bit-Adressregister arbeiten, das immer um eins erhöht wird. Nach dem Wert 255 käme durch Überlauf der Wert 0 zustande und man wäre wieder am Anfang des Ringspeichers. Der Überlauf würde also hardwaremäßig die Zeigerverwaltung ersetzen und man wäre viel schneller.

Die *Modulo-Adressierung* bietet genau diese Möglichkeit für beliebige Puffer an.[1] Hier kann man sozusagen den Registerüberlauf beliebig festlegen, ebenso die Schrittweite der Erhöhung, die nicht unbedingt Eins sein muss. Die Modulo-Adressierung bildet bei jedem Zugriff eine neue Adresse nach folgender Formel:

```
Adresse = Basisadresse + Abstand
Abstand = (Abstand + Schrittweite) MOD Modulowert
```

Der Wert von `Abstand` wird intern verwaltet und ist beim Start Null. Den Modulowert setzt man gleich der Anzahl der Adressen im Ringspeicher. Wenn größere Schrittweiten als Eins verwendet werden, ergeben sich interessante Adressierungsmuster.

Beispiel 1 Ein digitaler Filter arbeitet mit 6 Koeffizienten $a_0 \ldots a_5$, die ab Adresse 160 gespeichert sind. Der Algorithmus erfordert, dass sequenziell auf alle 6 Speicherplätze zugegriffen wird und beim siebten Zugriff wieder auf den ersten, beim achten auf den zweiten usw. Die Modulo-Adressierung wird nun wie folgt aktiviert: Basisadresse = 160, Schrittweite = 1, Modulowert = 6. In der Adressierungseinheit werden dann nach obiger Formel die Adressen berechnet und es ergibt sich folgende Reihenfolge:

Zugriff	Abstand	Adresse	Variable
0	0	160	a_0
1	1	161	a_1
2	2	162	a_2
3	3	163	a_3
4	4	164	a_4
5	5	165	a_5
6	6 → 0	160	a_0
7	1	161	a_1

usw.

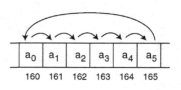

Der Pfeil deutet hierbei die Wirkung des Modulo-Operators an. Die Speicherplätze 160 – 165 werden also wie gewünscht als Ringspeicher adressiert (oben rechts). Diese Adressierung erfolgt ohne jede Adressverwaltung und -berechnung in der Software und ist entsprechend zeitsparend.

Beispiel 2 Die Adressierung erfolgt mit der Basisadresse 160, Modulowert 5 und Schrittweite 3. Wenn auf den Adressen 160 – 164 die Variablen $a_0 \ldots a_4$ gespeichert sind, ergibt sich das folgende Adressierungsschema:

---

[1] Der Modulo-Operator MOD bildet den Divisionsrest, z.B. ist 12 MOD 5 = 2.

Zugriff	Abstand	Adresse	Variable
0	0	160	a_0
1	3	163	a_3
2	$6 \to 1$	161	a_1
3	4	164	a_4
4	$7 \to 2$	162	a_2
5	$5 \to 0$	160	a_0
1	3	163	a_3

usw.

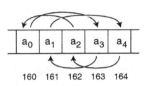

Eine weitere Spezialität ist die *bitreverse Adressierung*, die speziell für die schnelle Fourier-Transformation (FFT) hilfreich ist. Dabei wird ein Teil der Adressbits in umgekehrter Reihenfolge in die Adressbildung einbezogen.

Parallelverarbeitung und Programmsteuerung

Um die notwendige Leistung zu erbringen, ist in die DSP-Architekturen ein hohes Maß von Parallelverarbeitung eingeführt. Der Kern ist RISC-artig aufgebaut und es gibt Befehlspipelining. Neben den üblichen Elementen zur Programmsteuerung (bedingte und unbedingte Sprungbefehle, Unterprogramme, Unterbrechungen) gibt es manchmal spezielle Hardwareeinheiten, um den Ablauf von Schleifen zu beschleunigen. Der übliche Aufbau einer Programmschleife umfasst eine Kontrollstruktur wie *Schleifenzähler aktualisieren – Schleifenzähler abfragen – bedingter Sprungbefehl*. Manche DSPs bieten hier die Möglichkeit, Schleifen mit fester Durchgangsanzahl durch Hardware zu steuern. Dabei werden Sprungziel und Durchgangsanzahl in Spezialregistern hinterlegt und die oben skizzierte Software-Konstruktion entfällt völlig. Dadurch werden für jeden Schleifendurchgang einige Takte eingespart.

Arithmetisch-Logische Einheit (ALU)

Digitale Signalprozessoren verarbeiten Festkommazahlen (s. Abschn. 2.4.3) oder Gleitkommazahlen (s. Abschn. 2.4.4), manche Typen sogar Fest- und Gleitkommazahlen. Die ALUs verfügen über die üblichen arithmetischen Befehle, wobei oft kein Divisionsbefehl vorhanden ist und Divisionen unter Benutzung spezieller ALU-Befehle mehrschrittig ausgeführt werden. Nach der Multiplikation von Festkommazahlen ist grundsätzlich eine Ausrichtung durch ein bitweises Schieben nach rechts notwendig, wobei links Nullen nachgezogen werden (s. Abschn. 2.4.3). Daher verfügen die ALUs über einen *Barrel-Shifter*, der einen Operanden in einem Takt um beliebig viele Stellen verschieben kann.

Die Algorithmen der digitalen Signalverarbeitung werden gemäß Gl. 15.1 durchgeführt, die z.B. in der Programmiersprache C ungefähr folgendermaßen programmiert werden könnte:

```
y[n] = 0;                  /* Initialisierung: Summenvariable=0 setzen */
for (k=0; k<=N; k++)
    y[n] = y[n] + a[k]*x[n-k];    /* Produkte mit x[] bilden und addieren*/
for (k=1; k<=M; k++)
    y[n] = y[n] - b[k]*y[n-k];    /* Produkte mit y[] bilden und addieren*/
```

Man sieht, dass in den Schleifen ständig eine Multiplikation mit anschließender Addition des Produktes zu einer Summe (Akkumulation) ausgeführt wird. Eine Operation nach dem Schema

```
Akkumulator = x * y + Akkumulator
```

nennt man *Multiplizieren-Akkumulieren, Multiply-Accumulate* oder *MAC-Operation*. MAC-Operationen haben in der DSV eine so zentrale Bedeutung, dass DSP-ALUs meist eine spezielle Hardware dafür haben. Mit dem MAC-Befehle können moderne DSPs in einem Taktzyklus zwei Operanden (Fest- oder Gleitkommazahlen) multiplizieren und das Ergebnis zu einem dritten Operanden (Akkumulator-Register) addieren. Um Überläufe zu vermeiden, ist das Akkumulator-Register mehr als doppelt so breit wie die Ausgangsoperanden.

Eine weitere sinnvolle Einrichtung ist die *Sättigungsarithmetik (Saturation, Limitation)* von Werten. Bei Sättigungsarithmetik wird ein Über- oder Unterlauf mit Bereichsüberschreitung durch die Hardware nicht mehr ausgeführt, sondern der betroffene Operand auf den Maximal- bzw. Minimalwert gesetzt. Das ist in der Signalverarbeitung in der Regel wesentlich sinnvoller als ein Überlauf.

Beispiel In einem DSV-Algorithmus wird die Helligkeit eines Bildsignals vorzeichenlos mit acht Bit dargestellt. Der Wert 0 stellt also Dunkelheit dar, 255 die größte Helligkeit. Eine Erhöhung des Helligkeitswertes 255 um 1 würde durch den Überlauf im vorzeichenlosen 8-Bit-Zahlenraum eine 0 ergeben, also Dunkelheit. Dies ergibt keinen Sinn, es ist wesentlich besser, mit Sättigung zu arbeiten und den Zahlenwert auf dem Maximalwert 255 zu belassen.

15.2.2 Peripherie

DSPs tauschen ständig Daten mit ihrer Umwelt aus und müssen daher über Peripheriegruppen verfügen, die dies ermöglichen. Die meisten DSPs verfügen über eine Host-Busschnittstelle (Adressbus, Datenbus) über die sowohl externe Speicher als auch Peripherie via E/A-Zugriff angesprochen werden kann. Die Host-Busschnittstelle kann allgemein gehalten oder proprietär sein. Fast immer sind auch synchrone serielle Schnittstellen vorhanden, an die typischerweise Analog-Digital-Umsetzer und Digital-Analog-Umsetzer mit seriellem Interface angeschlossen werden, die mit bis zu 4 MBit/s arbeiten. Zur Entlastung der CPU ist auf vielen DSPs ein DMA-Controller vorhanden, der den Datentransport zwischen Peripherie und Speicher übernimmt. Manche DSPs sind, ähnlich den Mikrocontrollern, mit viel Peripherie On-Chip ausgestattet, so dass sie fast allein stehend betrieben werden können. Zu dieser Art Peripherie zählen Allzweck-E/A-Leitungen (General-Purpose-I/O), Analog-Digital-Umsetzer, Digital-Analog-Umsetzer, PWM-Ausgänge, u.a.m.

15.3   Fallbeispiel: Die DSP56800-Familie von Freescale

Die DSPs aus Freescales 56800-Familie haben einen gemeinsamen typischen DSP-Kern, an dem sich fast alle bisher besprochenen Merkmale wiederfinden [21], [37], [17]. Die Peripherie dagegen ist je nach Modell verschieden. Die meisten 56800-DSPs haben so viel Peripherie on-Chip, dass ein Einsatz in der Art eines Mikrocontrollers möglich ist. Es ist ein Interruptsystem vorhanden, bei dem jede Peripheriegruppe des DSP als Interruptquelle auftreten kann und zusätzlich ein bis zwei maskierbare Eingänge für externe Interrupts vorhanden sind. Wir betrachten hier nur einige interessante Architekturmerkmale der DSP56800-Familie.[2]

15.3.1 Kern der DSP56800

Die Hauptblöcke Steuerwerk (Program Controller), Adresswerk (Adress Generation Unit) und Daten-ALU (Data-ALU) verfügen jeweils über eigene Registersätze und arbeiten selbstständig und parallel. Die DSP56800 besitzen einen RISC-Kern mit einer dreistufigen Pipeline (Befehlslesestufe, Dekodieren, Ausführen). Auf diese Pipeline muss bei der Programmierung manchmal Rücksicht genommen werden. Es liegt eine modifizierte Harvard-Struktur mit drei Datenbussen vor: Programm-Datenbus (PDB), Core Global Data Bus (CGDB) und X-Memory Data Bus Two (XDB2). XDB2 ist ein unidirektionaler Bus, über den nur gelesen werden kann. Dem stehen drei Adressbusse gegenüber: Der Program Address Bus (PAB), X-Memory Address Bus One (XAB1) und X-Memory Address Bus Two (XAB2). Über ein Businterface können externer Speicher und E/A-Baugruppen mit speicherbezogener Adressierung angesprochen werden. Eine Besonderheit ist der prozessorinterne Hardware-Stack (HWS) mit zwei Speicherplätzen.

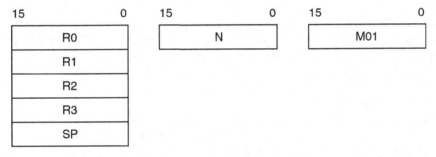

Abbildung 15.5: Die Register der Adresserzeugungseinheit des DSP56800.

Die Adresserzeugungseinheit (*Address Generation Unit*) enthält die vier Adressregister R0 – R3, ein Stackpointer-Register (SP), ein Offset-Register (N) und ein Modifier-Register (M01), wie in Abb. 15.5 dargestellt ist. Für die Adresserzeugung stehen eine Modulo-Arithmetik-Einheit und eine Inkrement/Dekrement-Einheit zur Verfügung, die durch die genannten Register gesteuert werden. Die möglichen Adressierungsarten sind registerdirekt, registerindirekt, unmittelbar und absolut (Adresse im Befehl enthalten). Alle erzeugten Adressen sind 16 Bit breit. Die Adressausgabe erfolgt auf die drei Adressbusse PAB, XAB1 und XAB2. Für die registerindirekte Adressierung mit R0 und R1 bestehen folgende Möglichkeiten:

- Einfache Adressierung,
- Adressierung mit Postinkrement, linear oder mit Modulo-Arithmetik,
- Adressierung mit Postdekrement, linear oder mit Modulo-Arithmetik,

---

[2] Die 56800-Familie hat einen vergleichsweise einfachen Kern, viele andere DSPs sind wesentlich komplexer und leistungsfähiger. Deren Darstellung würde aber den knappen Rahmen dieses Buches sprengen.

- Adressierung mit Post-Aktualisierung durch Offset-Register N, linear oder mit Modulo-Arithmetik,

- Adressierung mit Inhalt von N als Index,

- Adressierung mit Displacement.

Beispiel 1 Wir betrachten einen Lesezugriff auf das X-Memory mit dem folgenden Befehl:

```
MOVE ... , M01
MOVE A0, X:(R1)+
```

Die Adressierung ist registerindirekt durch R1. Das gelesene Datenwort wird ins Register A0 der ALU transportiert, anschließend wird R1 inkrementiert (Postinkrement). Ob eine einfache, lineare Inkrementierung oder eine Modulo-Arithmetik zur Anwendung kommt, bestimmt der Inhalt des Modifier-Registers M01. Dieses wird deshalb zuvor entsprechend geladen. In der folgenden Variante wird R1 nicht um eins, sondern um den Inhalt von N erhöht; wieder bestimmt M01, ob Modulo-Arithmetik angewendet wird.

```
MOVE ... , M01
MOVE A0, X:(R1)+N
```

Beispiel 2 Um das Beispiel 1 zur Modulo-Adressierung auf S. 306 auf einem DSP56800 zu programmieren, muss man beachten, dass in den unteren 13 Bit des Modifier-Registers M01 immer (Modulowert-1) hinterlegt wird. Außerdem muss die Startadresse des Puffers ein Vielfaches von 8 sein. Es ergibt sich folgende Befehlssequenz:

```
; Initialisierung
MOVE #5, M01        ; Modulowert und Puffergroesse sind 6,
                    ; Modulo-Adressierung aktiviert für R0
MOVE #160, R0       ; Startadresse 160 in R0 legen

; registerindirekter Zugriff auf externen Speicher, Postinkrement
MOVE X:(R0)+, X0    ; adressiert Speicherplatz 160
MOVE X:(R0)+, X0    ; adressiert Speicherplatz 161
MOVE X:(R0)+, X0    ; adressiert Speicherplatz 162
MOVE X:(R0)+, X0    ; adressiert Speicherplatz 163
MOVE X:(R0)+, X0    ; adressiert Speicherplatz 164
MOVE X:(R0)+, X0    ; adressiert Speicherplatz 165
MOVE X:(R0)+, X0    ; adressiert Speicherplatz 160
MOVE X:(R0)+, X0    ; adressiert Speicherplatz 161
; usw.
```

Soll die Schrittweite größer als eins sein, muss sie im N-Register hinterlegt werden und der Zugriff mit dem Befehl MOVE X:(R0)+N, X0 erfolgen. Wie schon erwähnt, ergeben sich dann interessante Abfolgen an Adressen.

Die Adresserzeugungseinheit kann in einem Befehlszyklus zwei Datenadressen bereitstellen, über die Operanden geladen werden, beide Adressen nach dem Zugriff aktualisieren und gleichzeitig den nächsten Befehlslesezyklus ausführen. Das ist wichtig um die schnelle ALU auslasten zu können. Man darf aber nicht vergessen, dass die 56800-DSPs mit einer Pipeline arbeiten. Die nachfolgende Befehlssequenz wird vom Assembler beanstandet, weil sie in der Pipeline zu einer nicht aufgelösten Read-After-Write-Datenabhängigkeit (s. Abschn. 11.1) bei R2 führt:

```
; registerindirekte Adressierung
MOVE #10, R2        ; R2 mit Adresse 10 belegen
MOVE X:(R2)-, X0    ; Adressierung durch R2 mit Postdekrement
```

Das Steuerwerk der 56800-DSPs verfügt über die Möglichkeit, Schleifen durch die Hardware kontrollieren zu lassen. Dazu sind die beiden Register *Loop Counter* (LC) und *Loop Address* (LA) vorhanden (Abb. 15.6).

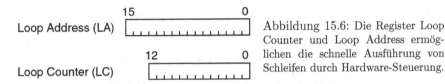

Abbildung 15.6: Die Register Loop Counter und Loop Address ermöglichen die schnelle Ausführung von Schleifen durch Hardware-Steuerung.

Die Schleifenausführung mit Hardware-Steuerung wird durch zwei Befehle unterstützt: REP und DO. Der REP-Befehl (Repeat) wiederholt den nachfolgenden Befehl. Die Anzahl der Wiederholungen wird im REP-Befehl als Argument angegeben, maximal 8191. Das Steuerwerk legt diese Zahl in das LC-Register und dekrementiert es bei jedem Schleifendurchgang. Die Schleife wird verlassen, wenn LC gleich Null ist.

Beispiel 3 Der REP-Befehl soll benutzt werden, um einen MOVE-Befehl mit Postinkrement sechs mal auszuführen und die Speicherplätze 200 – 205 mit dem Inhalt von A0 (hier 0) zu beschreiben.

```
MOVE #200, R0      ; Startadresse 200
MOVE #0,A0         ; A0 mit 0 belegen
REP #6             ; nachfolgenden Befehl 6 mal ausführen
MOVE A0, X:(R0)+   ; Zugriff auf X-Memory über R0, Postinkrement
```

Mit dem DO-Befehl kann ein ganzer Block von Befehlen unter Hardware-Steuerung wiederholt werden. Im DO-Befehl stehen zwei Argumente: Die Anzahl der Wiederholungen und ein Ausdruck, der die Adresse des ersten Befehles hinter der Schleife angibt. Das Steuerwerk speichert die Anzahl in LC, die Adresse des Schleifenendes in LA und die Rücksprungadresse (Schleifenanfang) im Hardwarestack. In jedem Durchgang wird Programmzähler mit der Adresse des Schleifenendes verglichen. Ist diese Adresse erreicht, wird abgefragt ob LC gleich Null ist. Wenn nicht, wird LC dekrementiert und zum Schleifenanfang gesprungen. Wenn LC gleich Null ist, wird mit dem nächsten Befehl nach der Schleife fortgesetzt.

Beispiel 4 Mit der folgenden Befehlsfolge werden 20 aufeinanderfolgende Speicherworte in Register Y0 geladen, dazu jeweils der Wert 10 addiert und wieder zurückgespeichert.

```
DO #20, DO_ENDE        ; Beginn der DO-Schleife
MOVE X:(R0),Y0         ; Speicherwort nach Y0 laden,
ADD 10,Y0              ; 10 addieren
MOVE Y0,X:(R0)+        ; speichern, Adress-Postinkrement
DO_ENDE:               ; Ende der DO-Schleife
```

Die *Daten-ALU* der 56800-DSPs ist in Abb. 15.7 gezeigt. Die Quelloperanden kommen aus den Registern X0, Y0 oder Y1 mit je 16 Bit oder aus dem verketteten Y1-Y0-Register mit 32 Bit.

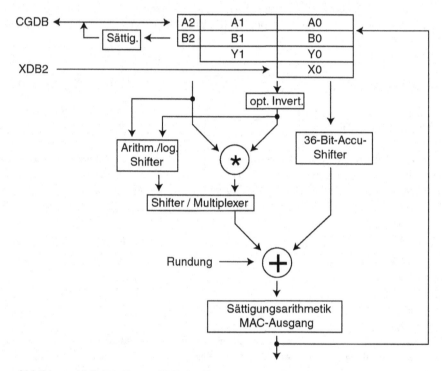

Abbildung 15.7: Die Daten-ALU der Freescale 56800-Familie enthält einen Addierer und einen Multiplizierer, die zusammen eine MAC-Einheit bilden.

Das Akkumulator-Register A besteht aus den beiden 16-Bit-Registern A0 und A1 und kann das 32-Bit-Ergebnis einer 16 mal 16-Bit-Multiplikation aufnehmen. Damit der Akkumulator A die Summe mehrerer Multiplikationen ohne Überlauf aufnehmen kann, hat er die 4-Bit-Erweiterung A2, so dass insgesamt 36 Bit zur Verfügung stehen. Ebenso ist Akkumulator B aufgebaut. Alle Register können über den CGDB erreicht werden, X0 zusätzlich über den XDB2. Die ALU kann alle üblichen logischen und arithmetischen Befehle ausführen.[3] Die Architektur zeigt aber, dass sie insbesondere für MAC-Operationen entworfen ist: Das Ergebnis des Hardware-Multiplizierers (16 mal 16 Bit) ist auf einen 36-Bit-Addierer geführt,

---

[3] Divisionen werden schrittweise mit dem DIV-Befehl ausgeführt.

der es zu dem Inhalt eines Akkumulators addiert. Der Ausgang des Addierers ist wieder zu den Akkumulatoren zurückgeführt, wo das Zwischenergebnis für die nächste MAC-Operation abgelegt wird. Für notwendige Ausrichtungen stehen mehrere Shifter zur Verfügung und auf die Resultate kann Sättigungsarithmetik angewandt werden. Um einen hohen Datendurchsatz zu erreichen wurde ein beträchtliches Maß an Parallelität realisiert: Der DSP56800 kann in einem einzigen Befehlszyklus (entspricht zwei Taktzyklen)

- eine 16 mal 16-Bit-Multiplikation ausführen,
- eine 36-Bit-Addition mit einem Akkumulator ausführen,
- das Ergebnis in einen Akkumulator einschreiben,
- die beiden Operandenregister nachladen,
- die beiden Adresszeiger aktualisieren,
- den nächsten Befehl lesen,
- über die seriellen Schnittstellen Daten empfangen oder senden.

Beispiel 5 Es soll ein Multiplizieren-und-Akkumulieren von zwei mal zehn Operanden ausgeführt werden, die im Speicher liegen. Bei dieser Aufgabe kann der DSP56800 seine Stärken ausspielen. Man kann die Speicheroperanden über zwei der R_i-Register adressieren und die Produkte in Register A akkumulieren, das zuvor auf Null gesetzt wird. Bei Verwendung der DO-Schleife und des mächtigen MAC-Befehls mit Post-Inkrement der Zeigerregister wird für jedes Multiplizieren-Akkumulieren tatsächlich nur noch ein Befehlszyklus gebraucht:

```
        CLR A                          ; Akkumulator A = 0
        MOVE X:(R0)+,Y0 X:(R3)+,X0     ; X0 und Y0 vorbesetzen
        DO #10,MAC_ENDE                ; Do-Schleife, 10 Durchgänge
        MAC X0,Y0,A X:(R0)+,Y0 X:(R3)+,X0 ; Multipliz. X0, Y0, Akkumulieren in A
                                       ; Y0 nachladen, Adr. in R0, R0 inkrem.
                                       ; X0 nachladen, Adr. in R3, R3 inkrem.
MAC_ENDE  :
        ASR A                          ; Abschließende Ausrichtung Register A
```

15.3.2 DSP-Peripherie am Beispiel des DSP56F801

Als Beispiel für ein Mitglied der Freescale-56800-Familie stellen wir stichpunktartig den DSP56F801 vor. Er wird mit bis zu 80 MHz getaktet und kann bis zu 40 Millionen Befehle pro Sekunde ausführen. Der Speicher ist durchgängig in 16-Bit-Worten organisiert. Der Programmspeicher besteht aus 8188 Worten Flash-Speicher und 1024 Worten SRAM, der Datenspeicher aus 2048 Worten Flash und 1024 Worten SRAM. Dazu kommen 2048 Worte Boot-Flash-Speicher. Die Flash-Speicher können über die Schnittstellen des Chips auch in der Schaltung programmiert werden (Feld-Programmierung). Es sind 6-PWM-Kanäle vorhanden, mit denen beispielsweise Elektromotoren angesteuert werden können. Zwei 12-Bit-Analog-Digital-Umsetzer mit je vier Kanälen erlauben das direkte Einlesen analoger Signale. Für die serielle Kommunikation stehen eine SPI-Schnittstelle (Serial Peripheral Interface) sowie eine SCI-Schnittstelle (Serial Communication Interface) zur Verfügung. Für allgemeine Zwecke sind 11 Allzweck-EA-Leitungen (GPIO) vorhanden. Der DSP56F801 wird vom Hersteller Freescale für verschiedene Arten von Maschinensteuerungen, Encoder, Beleuchtungssteuerungen, Rausch-Unterdrückung und viele weitere Anwendungen empfohlen [20].

15.4 Aufgaben und Testfragen

1. Nennen Sie Architekturmerkmale, die typisch für die ALU und das Adresswerk von DSPs sind und bei typischen Allzweck-Mikroprozessoren nicht zu finden sind.

2. Auf den Speicheradressen 400 – 406 liegen die Koeffizienten eines Algorithmus wie folgt: $a_0, b_1, a_1, b_2, a_2, b_3, a_3$. Der Zugriff soll mittels Modulo-Adressierung endlos erfolgen in der Reihenfolge $a_0, a_1, a_2, a_3, b_1, b_2, b_3$. Bestimmen Sie die Werte für Basisadresse, Modulowert und Schrittweite gemäß Abschn. 15.2.1, mit denen man die verlangte Adressierung erreicht.

3. Bestimmen Sie, auf welche Speicherplätze und in welcher Reihenfolge durch die nachfolgende Befehlssequenz zugegriffen wird.

```
MOVE #320, R0
MOVE #6, M01
MOVE #3, N
REP #8
MOVE A0, X:(R0)+N
```

4. Die Interrupt-Service-Routine eines DSP56800 soll bei jedem Interrupt ein Datenwort von einer Peripherie-Baugruppe einlesen, die an Adresse FFE0h in das X-Memory eingeblendet wird. Das Datenwort soll in einem Ringpuffer abgelegt werden, der sich auf den Adressen 40h – 5Fh des X-Memory befindet. Das Adressregister soll R0 sein, der Peripheriezugriff kann mit MOVEP erfolgen, Hexadezimalzahlen wird ein $ vorangestellt. Entwerfen Sie

   a) die Befehle die einmalig zur Vorbereitung des Interrupt-Betriebes gebraucht werden,

   b) die Befehlsfolge für die Interrupt-Service-Routine.

Lösungen auf Seite 324.

Lösungen zu den Aufgaben und Testfragen

Zu Kapitel 1: Einführung

1. Mechanische Rechner ab dem 17. Jahrhundert, Röhrenrechner ab Mitte der 40er Jahre, Transistorrechner ab 1961 und Mikroprozessoren ab 1969.

2. Ansteuerung der übrigen Funktionseinheiten und Verarbeitung der Daten.

3. Signalprozessoren, Mikrocontroller, Arithmetik-Prozessoren, Kryptographieprozessoren.

4. Ein Harvardrechner kann gleichzeitig auf Daten und Befehle zugreifen, ist aber aufwändiger im Aufbau.

5. Nach dem Mooreschen Gesetz ergibt sich in drei Jahren eine Vervierfachung der Transistorzahl und somit eine Halbierung der Strukturbreite; in zwölf Jahren wäre demnach die Strukturbreite also auf 1/16 also ca. 6 nm abgesunken. Der Abstand der Atome im Festkörper liegt aber in der Größenordnung von 0.5 nm und bei Strukturen aus wenigen Atomlagen treten quantenphysikalische Effekte auf; die Prognose für 2027 kann nicht mit dem Mooreschen Gesetz gemacht werden!

Zu Kapitel 2: Informationseinheiten und Informationsdarstellung

1. 8 Bit, 64 Bit

2. MSB = Bit 31

3. 64 KByte, 16 MByte, 4 Gbyte

4. a) 46E7h, 18151d b) 011111010010b, 2002d c) 5BA0h, 0101101110100000b

5. Bei a) und c) das Übertragsbit (Carryflag), bei b) und d) das Überlaufbit (Overflow)

6. Invertieren und Inkrementieren ergibt 11111101 und 10100111; -160 liegt bei 8-Bit-Zahlen außerhalb des darstellbaren Bereiches (-128 ... +127).

7. Die Invertierung einer Binärziffer kann durch $\bar{a}_i = (1 - a_i)$ beschrieben werden. Aus Gl. 2.3 ergibt sich damit für $\bar{Z}$

$$\bar{Z} = \sum_{i=0}^{n-1} \bar{a}_i \cdot 2^i = -(1 - a_{n-1}) \cdot 2^{n-1} + \sum_{i=0}^{n-2} (1 - a_i) \cdot 2^i$$

$$= -2^{n-1} + a_{n-1} \cdot 2^{n-1} + (2^{n-1} - 1) - \sum_{i=0}^{n-2} a_i \cdot 2^i$$

$$= a_{n-1} \cdot 2^{n-1} - \sum_{i=0}^{n-2} a_i \cdot 2^i - 1 = -Z - 1$$

Das entspricht Gl. 2.4.

8. 0 ... 01001011b

9. 1.125

Zu Kapitel 3: Halbleiterbauelemente

1. Von den beiden Dioden ist die obere in Durchlassrichtung gepolt, die untere in Sperrrichtung. Zwischen den Dioden liegt also +5V. Dadurch wird T1 gesperrt und T2 leitend. Am Ausgang ergibt sich also eine Spannung von annähernd $0V$.

2. Drain, Source und Gate, Ansteuerung erfolgt über das Gate.

3. Der Kollektorstrom beträgt ein Vielfaches des Basisstromes, z.B. 100 mal so viel.

4. Aus dem Vergleich von Abb. 3.3 mit Abb. 3.5 ergibt sich: CMOS-Pegel können ohne Probleme in TTL-Eingänge gespeist werden; TTL-Pegel können nicht ohne weiteres in CMOS-Eingänge gespeist werden, weil bei TTL-Ausgängen der HIGH-Pegel nur $2.4V$ garantiert, der CMOS-Eingang aber mindestens $3.5V$ braucht.

Zu Kapitel 4: Speicherbausteine

1. a) Masken-ROM, b) 4 Wort- und 8 Bitleitungen, c) 5 Adressbits, davon 2 für den Zeilendekoder und 3 für den Spaltendekoder, d) 32 Bit, e) 0,0,1,0

2. a) MROM, b) SRAM, c) PROM, d) EPROM oder EEPROM.

3. Größer, die Ausgänge Q und $\bar{Q}$ würden sonst nie LOW-Pegel erreichen.

4. Mit Dielektrika, durch dreidimensionale Gestaltung und durch Faltung.

5. Jede Zelle enthält 4 oder 6 Transistoren, das ergibt einen viel größeren Stromverbrauch als bei DRAMs.

6. Ohne Adressmultiplexing 22 Anschlüsse, mit symmetrischer 11/11-Adressierung nur noch 11.

7. 2048 x 1024 ergibt 2M Adressen zu je 4 Bit, also 8 MBit = 1 MByte. Die Adressierung ist 11/10. Nach 64 ms muss jede Zelle wieder einen Refresh erhalten, bei 2048 Zeilen muss in Abständen von 31 μs ein Zeilenrefresh stattfinden.

8. Ein 9/11-DRAM hat 512 Zeilen und 2048 Spalten. Bei jedem Schreib- und Lesevorgang werden also 2048 Schreib-/Leseverstärker aktiviert, innerhalb der Retention-Zeit müssen 512 Zeilen einen Refresh erhalten. Ein 11/9-DRAM hat 2048 Zeilen und 512 Spalten. Es gibt nur 512 Schreib-/Leseverstärker, der Baustein braucht deshalb weniger Strom; wegen der 2048 Zeilen muss aber vier mal so oft ein Zeilenrefresh stattfinden.

9. Das Auslesen eines ganzen Blockes von Daten aus dem Hauptspeicher nach Übermittlung der Startadresse.

10. Beim Auslesen aus einer Bank bleiben die anderen Bänke betriebsbereit. Dadurch kommt man beim Wechsel auf eine neue Speicheradresse mit einer gewissen Wahrscheinlichkeit auf eine betriebsbereite Bank, die durchschnittliche Zugriffszeit wird verringert.

11. Bei 133 MHz dauert jeder Bustakt 7.5 ns. DDR-SDRAM überträgt mit jedem Takt zwei Worte, hier also 128 Bit d.h. 16 Byte. Für 32 Byte werden 2 Takte, d.h. 15 ns, gebraucht.

12. Der Hauptvorteil ist die Nicht-Flüchtigkeit, das Funktionsprinzip ist in Abschn. 4.4 erklärt.

Zu Kapitel 5: Ein- und Ausgabe

1. Es wird ein Ausgabebaustein gebraucht, dieser enthält ein Flipflop für jede Ausgangsleitung.

2. Steuerwort 99h.

3. Alle Ports arbeiten im Modus 0, Port A: Ausgabe, Ports B und C: Eingabe.

Zu Kapitel 6: Systembus und Adressverwaltung

1. Der Zustand der Busleitung (HIGH/LOW) wird nur durch einen Baustein bestimmt, alle anderen Bausteine dürfen den Leitungszustand nicht beeinflussen. Die Ausgänge müssen daher über einen hochohmigen Zustand verfügen. Man muss außerdem die Lastfaktoren der Busteilnehmer beachten.

2. LOW, HIGH, hochohmig

3. Ein Open-Collector-Ausgang kann eine Leitung in den LOW-Zustand bringen, aber nicht in den HIGH-Zustand. Dies muss durch den externen Pull-Up-Widerstand übernommen werden.

4. Ein bidirektionaler Bustreiber ist in Abb. 6.7 dargestellt.

5. Der Baustein belegt die acht Systemadressen von 240h bis 247h, dabei ist 240h die Basisadresse. Das Adress-Aufteilungswort ist wie folgt:

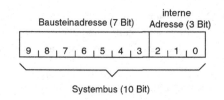

6. a) 4 MByte, b) 32 Chips, c) 4 Bänke, d) 128 MByte, e) 512 MByte, f) 8000000h – FFFFFFFh.

7. Chip 3 auf Modul 1.

8. a) Ein FSB1066 überträgt 1066 Megabit/s pro Leitung; bei QDR werden mit jedem Takt 4 Bit übertragen, daher f=1066/4=266 MHz.
   b) Bei 64 Leitungen ergeben sich 64 mal 1066 = 68224 Megabit/s oder 68224/8 = 8528 Megabyte/s.
   c) CPU-Takt/ Bustakt = 2660 MHz / 266 MHz = 10 (Taktmultiplikator)

9. 2964d = 0B94h; nach Vertauschung der Bytes erhält man 940Bh = 37899d.

Zu Kapitel 7: Einfache Prozessoren

1. 13 Byte

2. Die Aktivierung der Systembus-Schnittstelle und der Adressdekoder entfällt; oft ist auch der Prozessor höher getaktet als der Speicherbus.

3. Die Abfolge der Steuersignale ist ungefähr:
   1. Programmzähler auf den Adressbus legen.
   2. Aktivierung der externen Steuerleitungen für Lesezugriff im Speicher.
   3. Opcode von Datenbus entnehmen und im Befehlsregister einspeichern.
   4. Dekodierung des Opcodes.
   5. Programmzähler inkrementieren.
   6. Programmzähler auf den Adressbus legen.
   7. Aktivierung der externen Steuerleitungen für Lesezugriff im Speicher.
   8. Adress-Operand von Datenbus entnehmen und in Adresspuffer-Register legen.
   9. Adresspuffer-Register auf Adressbus legen.
   10. Aktivierung der externen Steuerleitungen für Lesezugriff im Speicher.
   11. Datenwort von Datenbus entnehmen und auf internen Bus legen.
   12. Einspeicherimpuls für Register 1 erzeugen, Datenwort wird vom internen Bus übernommen.
   13. Programmzähler inkrementieren.
   Dieser Befehlszyklus enthält insgesamt drei Buszyklen.

4. $15 \cdot 0.5$ ns $= 7.5$ ns.

5. a) M=L, $\overline{C_n}$=H, S_3=H, S_2=L, S_1=L, S_0=H,
   b) M=H, S_3=H, S_2=H, S_1=H, S_0=L,
   c) M=H, S_3=L, S_2=H, S_1=L, S_0=H.

6. 90h

7. 72h

8. Siehe S. 101.

9. Siehe S. 102.

10. Dadurch beginnt der Prozessor erst zu arbeiten, wenn alle anderen Bausteine stabil laufen.

Zu Kapitel 8: Besondere Betriebsarten

1. Wenn externe Geräte Daten liefern, muss Datenverlust durch Pufferüberlauf vermieden werden.

2. Maskierung, Registrierung, Vektorisierung und Priorisierung der Interrupt-Anforderungen, Abwicklung des Interrupt-Anforderungs- und Bestätigungszyklus mit dem Prozessor und Verwaltung des Systemzustands.

3. Es erfolgt keine Zwischenspeicherung im DMA-Controller. Der DMA-Controller sorgt nur dafür, dass eine Komponente sendet und eine andere Komponente die Daten direkt vom Bus abnimmt.

Zu Kapitel 9: Beispielarchitekturen

1. Es ist A=10h

2.
```
   CLRA      ; A=0, Z=1
   ADD #80   ; A=50h, kein Flag
   ADD #80   ; A=A0h, V=1, N=1 da Überlauf und negativ
   ADD #80   ; A=F0h, V=0, N=1 da negativ aber kein neuer Überlauf
   ADD #32   ; A=10h, rechnerisches Ergebnis 272 nicht mehr darstellbar,
             ; da größer als 255, deshalb Übertrag:
             ; A=16=10h, C=1
   SUB #16   ; A=0, Z=1
             ; nicht genannte Flags = 0.
```

3. Der Stackaufbau nach PSHH ist
   Adresse 14F: 07h
   Adresse 14E: 08h
   Adresse 14D: 09h
   Die Registerinhalte nach letztem Befehl sind: A=09, H=09, X=07

4. Die Schleife wird 8 mal durchlaufen und der Inhalt des Akkumulators ist A=18h (24d).

5. Der Inhalt der Speicherzellen zwischen 40h und 50h ist in der folgenden Tabelle aufgeführt; alle anderen Speicherzellen bleiben unverändert.

Adresse	Inhalt	Adresse	Inhalt
42h	0Ah	46h	0Eh
43h	0Bh	47h	0Fh
44h	0Ch	48h	10h
45h	0Dh	49h	11h

6. Der Grund liegt im Stackaufbau: Der Stackpointer verweist bei der CPU08 immer auf den ersten freien Platz unterhalb des Stacks. Eine unveränderte Übertragung des Stackpointers in das Zeigerregister H:X ergäbe also einen ungültigen Zeiger. Umgekehrt würde eine unveränderte Übertragung des H:X-Registers den Stackpointer auf eine schon belegte Stackadresse verweisen lassen mit der Gefahr des Datenverlustes.

7. Durch INCX wird nur X verändert, ein eventueller Übertrag wird nicht an H weitergegeben, H:X arbeitet also nicht als 16-Bit Zeiger.

8. Set Carry Bit

9. Weil POP ein Autoinkrement braucht, das im Adresswerk ohnehin verfügbar ist; PUSH braucht aber ein Autodekrement, das in den elementaren Transportbefehlen nicht verfügbar ist.

Zu Kapitel 10: Speicherverwaltung

1. a) 000B05h wird unterteilt in: Virtuelle Seite 1, Offset 305h. Virtuelle Seite 1 wird laut Seitentabelle abgebildet auf physikalische Seite 2, diese ist präsent, es wird kein Seitenfehler ausglöst. Physikalische Adresse ist 1305h. Umsetzung stimmt mit Abb. 10.2 überein.

   b) 001440h wird unterteilt in: Virtuelle Seite 2, Offset 440h. Virtuelle Seite 2 wird abgebildet auf physikalische Seite 14, diese ist nicht präsent. Es wird ein Seitenfehler ausgelöst, die Behandlungsroutine lädt die Seite und trägt die neue physikalische Seitenadresse in der Seitentabelle ein. Daraus ergibt sich die neue physikalische Adresse.

2. $0.7 \cdot 1 + 0.3 \cdot 8 = 3.1$ Wartetakte; bei 5 ns Taktzykluszeit entspricht das 15.3 ns

3. Die Wortadresse in der Cache-Line ist in allen Fällen 4, d.h. die Bytes 4–7 werden adressiert.

   a) Zeilennummer unvorhersehbar, da nur durch Ersetzungsstrategie bestimmt; Tag ist 0000 0000 0010 1010 0010 0101 0110b.

   b) Zeile 86 da Index=1010110b, Tag ist 0 0000 0000 0101 0100 0100b.

   c) Satz 22 da Index=010110b, je nach Vorgeschichte auf Weg 0 oder Weg 1; Tag ist 00 0000 0000 1010 1000 1001b.

4. Die Kapazität des Caches ist $128 \cdot 16 = 2048$ Byte. Ein Datenbereich von 1 KByte = 1024 Byte umfasst 64 Blöcke zu je 16 Byte. Es werden beim ersten Durchgang 64 aufeinanderfolgende Cache-Zeilen gefüllt, weil sich nach jedem 16-Byte-Block der Index um eins erhöht. Ab dem zweiten Durchgang hat man also 100% Trefferquote. Für einen Bereich von 2 KByte gilt das gleiche, hier werden alle 128 Cache-Zeilen geladen. Werden

4 KByte sequenziell durchadressiert, so werden die ersten 2048 Adressen sequenziell im Cache abgelegt und füllen sequenziell alle 128 Zeilen. Der 129-te Block überschreibt den ersten Block, weil der 7-Bit-Index wieder den Anfangswert hat. Der 130-te Block überschreibt den zweiten Block im Cache usw. Die zweite Hälfte des 4 KByte-Bereiches überschreibt vollständig die erste Hälfte. Beim zweiten und allen folgenden Durchgängen hat man bei jedem Wechsel auf eine andere Cache-Line einen Fehltreffer.

5. Vorüberlegung: Die Kapazität des Caches ist $128 \cdot 16 = 2048$ Byte, die aufzunehmende Datenmenge ist 2560 Byte.

a) und c) LRU- und FIFO-Ersetzung: Treffer nur innerhalb neu geladener Cache-Zeilen, weil die Cache-Zeilen vor einem Folgezugriff überschrieben werden.

b) Bei LFU-Ersetzung kommt es auf die Vorgeschichte und den Zeitraum der Erfassung an, hier ist keine Aussage möglich.

c) Bei Random-Ersetzung hält der Cache immer 80% der relevanten Cache-Zeilen mit rein zufälliger Verteilung, die Trefferquote ist daher deutlich über 80%.

6. a) Der vollassoziative Cache bringt bis zu 64 Blöcke unabhängig von der Adresse im Cache unter. Da in der Programmsequenz nur 4 Blöcke angesprochen werden, hat er ab dem zweiten Durchgang 100% Trefferquote.

b–d) Für die anderen Fälle muss der Index bestimmt werden, dieser liegt wie folgt: b) Bits 9 – 4, c) Bits 8 – 4, d) Bits 7 – 4. Daraus ergibt sich: Die angegebenen Adressen werden immer auf Index 9 abgebildet. Die Ergebnisse für die beiden ersten Durchgänge sind in der folgenden Tabelle gezeigt. Es bedeutet T: Treffer, F: Fehltreffer; 0,1,2,3: Wege; T0: Treffer in Weg 0 usw.

Adresse	b) Direkt abbildend		c) Zweifach assoziativ		d) Vierfach assoziativ	
	1.Durchg.	2.Durchg.	1.Durchg.	2.Durchg.	1.Durchg.	2.Durchg.
00002091h	F	F	F0	F0	F0	T0
00005492h	F	F	F1	F1	F1	T1
00002093h	F	F	T0	T0	T0	T0
00005494h	F	F	T1	T1	T0	T1
0000109Ah	F	F	F0	F0	F2	T2
0000F49Bh	F	F	F1	F1	F3	T3
0000109Ch	F	F	T0	T0	T2	T2
0000F49Dh	F	F	T1	T1	T3	T3

Aus dieser Tabelle liest man ab: Trefferrate ab dem zweiten Durchgang bei b) 0%, bei c) 50% und bei d) 100%. Die Kapazität der Caches ist in allen Fällen 1024 Byte.

7. a) Selektor in DS ist 0017h, d.h. Index=2, TI=1, RPL=3. Da RPL=CPL, ist die Benutzung des Selektors erlaubt und EPL=3. Es erfolgt ein Zugriff auf Deskriptor 2 (Index) der LDT (TI=1). Der Deskriptor enthält folgende Informationen: Basis=028000h, Limit=200h, P=1 (Segment präsent), DPL=3, S=1 (Anwendungssegment), E=0 (Datensegment), E/C=0 kein expand down, W=1 (Segment beschreibbar), A=1 (Segment wurde schon benutzt). Der Offset 1A0h ist kleiner als das Limit 200h und es ist DPL=EPL. Der Zugriff ist erlaubt, die physikalische Adresse ist 00028000h+000001A0h = 000281A0h.

b) Selektor in SS ist 0007h, d.h. Index=0, TI=1, RPL=3. Da RPL=CPL, ist die Benutzung des Selektors erlaubt und EPL=3. Es erfolgt Zugriff auf Deskriptor 0 der LDT. Dieser enthält die Informationen Basis=A100h und Limit=10800h. Die Zugriffsrechte des Selektors stehen dem Zugriff nicht entgegen, aber der Offset 1F000h ist größer als das Limit, es tritt eine Schutzverletzung auf, Abbruch des Zugriffs.

c) Selektor in ES ist 000Fh, d.h. Index=1, TI=1, RPL=3. Da RPL=CPL, ist die Benutzung des Selektors erlaubt und EPL=3. Es erfolgt Zugriff auf Deskriptor 0 der LDT. Dessen DPL ist 0 (höchste Privilegstufe), daher reicht EPL=3 nicht für einen Zugriff aus, es tritt eine Schutzverletzung auf.

8. a) 40 (inc eax)   b) 46 (inc esi)
   c) FF 03 (inc dword ptr [ebx])   d) FF 86 00 02 00 00 (inc dword ptr [esi+200h])
   e) 8B 01 (mov eax,dword ptr [ecx])
   f) 8B B7 00 04 00 00 (mov esi,dword ptr [edi+400h])
   g) 26 8B 50 10 (mov edx,dword ptr es:[eax+10h])
   h) 64 8B 45 50 (mov eax,dword ptr fs:[ebp+50h])

Zu Kapitel 11: Skalare und Superskalare Architekturen

1. Der LOAD-Befehl führt zu Verzögerungen, selbst bei einem L1-Cache-Treffer. Weiterhin: RAW-Abhängigkeit zwischen LOAD und SUB bei R1, Verbesserung durch Load-Forwarding. RAW-Abhängigkeit besteht zwischen SUB und ADD bei R2, Verbesserung durch Result-Forwarding.

2. a) Die Ausführung der Befehlsfolge in richtiger Reihenfolge und ohne Register-Umbenennung ist in der nachfolgenden Abbildung gezeigt:

Takt-zyklus	Dekoder1	Dekoder2	Ganzzahl-Einheit1	Ganzzahl-Einheit2	Gleit-komma-einheit	Load/Store
1	FADD	FSUB				
2	ADD				FADD	
3	SUB		ADD		FADD	
4			ADD		FADD	
5			ADD		FADD	
6	COPY	LOAD	SUB		FSUB	
7			SUB		FSUB	
8			SUB		FSUB	
9	...		COPY		FSUB	
10			COPY			
11			COPY			
12	...					LOAD
13						LOAD
14						LOAD
15						LOAD

b) Es ändert sich nichts gegenüber a), weil die Datenabhängigkeiten parallele Bearbeitung verhindern.

c) Die Datenabhängigkeit zwischen dem SUB und dem COPY-Befehl wird durch Registerumbenennung aufgehoben, die Ausführung der Befehlsfolge in veränderter Reihenfolge und mit Register-Umbenennung erfolgt entsprechend der nachfolgenden Abbildung:

Takt-zyklus	Dekoder1	Dekoder2	Ganzzahl-Einheit1	Ganzzahl-Einheit2	Gleit-komma-einheit	Load/Store
1	FADD	FSUB				
2	ADD	SUB			FADD	
3	COPY	LOAD	ADD		FADD	
4	...		ADD	COPY	FADD	
5			ADD	COPY	FADD	
6	...	...	SUB	COPY	FSUB	
7	...		SUB		FSUB	LOAD
8			SUB		FSUB	LOAD
9					FSUB	LOAD
10						LOAD

d) Keine der aufgeführten Maßnahmen würde die Ausführungszeit der Befehlsfolge weiter verkürzen. Die Aufgabenstellung soll zeigen, dass nicht die Hardwareressourcen, sondern die inneren Abhängigkeiten die Parallelisierung begrenzen.

3. Nach Amdahls Gesetz ist der Speedup maximal 1.666, also sind max. 66% zu erwarten.

4. 2^{50} Byte = 1 Petabyte (ca. 1 Milliarde GigaByte), siehe auch Seite 8.

Zu Kapitel 12: Energieeffizienz von Mikroprozessoren

1. Siehe Gleichung 12.2 auf Seite 239.

2. Nach Gl.12.2 ist die Leistung bei 0.8 MHz nur noch ein Drittel von 42 W also 14 W. Die mittlere Leistung im Beobachtungszeitraum ist $P = 0.5 \cdot 0W + 0.4 \cdot 14W + 0.1 \cdot 42W = 9.8W$

3. Gemäß Datenblatt und Abb.12.2 wird für 12 MHz Takt mindestens eine Versorgungsspannung von 2.7 V gebraucht, 2,5 V reicht nicht aus.

4. Der Energieinhalt des Akkus ist $11V \cdot 4Ah = 44Wh$. Diese wären verbraucht in einer Zeit von $44Wh/250W = 0.176h = 10,5$ Minuten.

Zu Kapitel 13: Single Instruction Multiple Data (SIMD)

Da es sich um ganze Zahlen handelt, werden MMX-Befehle benutzt. Die Vektoren werden in MMX-Register geladen, addiert/subtrahiert, und das Ergebnis abgespeichert:

1. ```
   _asm{
     movq mm0,a
     movq mm1,b
     paddw mm0,mm1    // für a) ; psubw mm0,mm1 für b)
     movq a,mm0
   }
   ```
   Ergebnis: a) (5,7,9,0) und b) (3,3,3,0).

2. Der Ablauf entspricht im Wesentlichen dem Beispiel auf S. 253:
   ```

```
_asm{
  movq mm0,a
  movq mm1,b
  pmaddwd mm0,mm1
  movq mm1,mm0
  psrlq mm0, 32
  paddd mm0,mm1          // Ergebnis 38
  movd Skalarprodukt, mm0
}
```

Zu Kapitel 14: Mikrocontroller

1. In der ersten Entwicklungsphase wird man häufig ein neues Programm einspielen und Fehler suchen und beseitigen, günstig ist hier ein In-Circuit-Emulator. Falls nicht vorhanden, kann mit einer Flash-ROM- oder EEPROM-Variante des Controllers gearbeitet werden. Für einen Beta-Test mit beschränkter Stückzahl kann eine EPROM- oder OTP-Version benutzt werden, für die endgültige Version in großer Stückzahl ist Masken-ROM die billigste Lösung.

2. Man sollte einen zyklischen Interrupt mit einem Zeitgeber erzeugen und in der Interrupt-Service-Routine den Sensor auslesen. Schritte: Interrupt-Service-Routine schreiben – Interruptvektor/Sprungbefehl auf diese Routine eintragen – Wählen eines geeigneten Vorteilers für den Zähler; wenn innerhalb einer Sekunde ein Überlauf möglich ist: Kaskadierung eines zweiten Timers – Berechnung der Anzahl Zählerzyklen bei diesem Takt in einer Sekunde – Reload-Register mit diesem Wert laden – Zähler abwärts laufen lassen – Interrupt freigeben. Wegen höherer Betriebssicherheit: Watchdog-Timer aktivieren.

3. Der ADC10 des MSP430 hat einen 10-Bit-A/D-Umsetzer, bei einer Genauigkeit von ± 1 LSB ergibt sich eine Genauigkeit von $2/1024 = 0.002$ also 0.2 %; die geforderte Genauigkeit wird also mit dem ADC10 erreicht.

4. Weil Mikrocontroller oft in batteriebtriebenen Geräten eingesetzt werden; Möglichkeiten zur Verkleinerung der Stromaufnahme: Verkleinerung der Taktfrequenz, Abschaltung der CPU, Abschaltung von Peripheriebausteinen, Anhalten des Oszillators.

5. Ein Watchdog-Timer (Wachhund) ist ein freilaufender Zähler, der bei Überlauf einen Reset auslöst; dies soll genau dann geschehen, wenn das Programm nicht mehr ordnungsgemäß läuft und der WDT dadurch nicht mehr rechtzeitig zurückgesetzt wurde.

6. Mit einem PWM-Signal.

Zu Kapitel 15: Digitale Signalprozessoren

1. Bei der ALU: MAC-Einheit, Sättigungsarithmetik.
   Beim Adresswerk: Modulo-Adressierung, bitreverse Adressierung.

2. Basisadresse=400, Modulowert=7, Schrittweite=2.

3. Es ist Basisadresse=320, Modulowert=7, Schrittweite=3. Daraus ergibt sich der Zugriff in der Adress-Reihenfolge 320, 323, 326, 322, 325, 321, 324, 320 usw.

4. Der Puffer umfasst 32 Adressen ab Adresse 64; Vorbereitungsbefehle:

```
MOVE #64, R0    ; Adresszeiger auf Pufferanfang
MOVE #31, M01   ; (Puffergroesse-1) in M01 Register
```

In der Interrupt-Service-Routine:

```
MOVEP X:($FFE0), X0  ; Peripherie-Gerät absolut adressieren
MOVE X0, X:(R0)+     ; Datenwort in Ringpuffer, Postinkrement R0
```

Literaturverzeichnis

[1] ACPI *Advanced Configuration and Power Interface Specification* Version 4.0a, April 2010, www.acpi.com

[2] Altenburg, J. , Bögeholz, Harald: *Mikrocontroller-Praxis* Teil 1–4, c't Magazin 24/2003, 25/2003, 5/2004, 6/2004

[3] ARM Ltd: *Cortex-M3* Technical Reference Manual, Revision: r1p1 www.arm.com

[4] Bähring, H.: *Mikrorechner-Technik*, Bd.1. Mikroprozessoren und Digitale Signalprozessoren, Bd.2. Busse, Speicher, Peripherie und Mikrocontroller, Springer–Verlag, 3. Aufl., Berlin, 2002

[5] Baetke, F.: *IA-64: Strickmuster für den Computer der Zukunft*, Spektrum der Wissenschaft, Rechnerarchitekturen, Dossier 4/2000, S.74

[6] Barrett, S.F., Pack, D.J. *Embedded Systems*, Design and Applications with the 68HC12 and HCS12, Pearson Education, 2005

[7] Bauer, F.L.: *Informatik*, Führer durch die Ausstellung, Deutsches Museum, München, 2004

[8] Beierlein, Th. und Hagenbruch, O.: *Taschenbuch Mikroprozessortechnik*, Fachbuchverlag Leipzig, München, Wien, 1999

[9] Benz, B.: *Spannungsfeld, Prozessoren: Sparsamkeit kontra Stabilität und Taktfrequenz*, c't Magazin 17/2010, S.166

[10] Benz, B.: *Nachbrenner – Prozessor-Turbos von AMD und Intel*, c't Magazin 16/2010, S.170

[11] Benz, B.: *Phenom inside – AMDs Vierkernprozessoren im Detail*, c't Magazin 2/2008, S.80

[12] Beuth, K.: *Elektronik 2 – Bauelemente*, Vogel Buchverlag, 15.Aufl., Würzburg, 1997

[13] Beuth, K.: *Elektronik 4 – Digitaltechnik*, Vogel Fachbuch Verlag, 9.Aufl., Würzburg, 1992

[14] Bleul, A.: *Computer ad astra*, c't Magazin 5/1999, S.108

[15] Brinkschulte, U., Ungerer, T.: *Mikrocontroller und Mikroprozessoren*, Springer, Berlin 2002

[16] Elektronikpraxis: *Energieeffizienz und Eco-Design*, Sonderheft, Würzburg, April 2008

[17] El-Sharkawy, M.: *Digital Signal Processing Applications with Motorola's DSP56002 Processor*, Prentice Hall, London, 1996

[18] Flik, Th.: *Mikroprozessortechnik*, Springer-Verlag, 7. Aufl., Berlin, 2005

[19] König, P.: *Sparprogramm - Am Rechner Geldbeutel und Umwelt schonen*, c't Magazin 4/2008, S.78

[20] Freescale Inc.: *Technical Data DSP56F801 16-bit Digital Signal Processor, Rev. 15*, 10/2005

[21] Freescale Inc.: *DSP56800 16-Bit Digital Signal Processor, Family Manual, Rev. 3.1*, 11/2005

[22] Hennessy, J.L. und Patterson, D.A.: *Rechnerarchitektur* Vieweg-Verlag, Braunschweig/Wiesbaden 1994.

[23] Herrmann, P.: *Rechnerarchitektur*, Vieweg-Verlag, 3. Aufl., Braunschweig/Wiesbaden 2002

[24] Infineon Technologies AG,: *Halbleiter* , Publicis MCD Corporate Publishing, 2.Aufl., Erlangen und München, 2001

[25] Infineon Technologies: *C167CR/SR Derivatives, 16-Bit Single-Chip Microcontroller* Data Sheet V3.3, 2.2005, User's Manual V3.2, 5.2003, www.infineon.com

[26] Intel Corporation: *Intel® 64 and IA-32 Architectures Software Developer's Manual* Volume 1: Basic Architecture, 2010, Volume 2,3 : Instruction Set Reference, 2010, Volume 4,5: System Programming Guide, 2010, alle: www.intel.com

[27] Intel Corporation: *Intel Itanium Architecture* Software Developer's Manual Volume 1: Application Architecture, Rev. 2.2, 2006, Volume 2: System Architecture, Rev. 2.2, 2006, Volume 3: Instruction Set Reference, Rev. 2.2, 2006, alle: www.intel.com

[28] Johannis, R.: *Handbuch des 80C166*, Feger+Co. Hardware+Software Verlags OHG, Traunstein, 1993

[29] Koopman, P.: *Microcoded Versus Hard-wired Control*, BYTE 2987, Jan. 1987, S.235

[30] Kopp, C.: *Moore's law and its implication for information warfare*, 3rd International AOC EW Conference, Jan. 2002

[31] Lindner, H.: Brauer, H. und Lehmann, C., *Taschenbuch der Elektrotechnik und Elektronik*, Fachbuchverlag Leipzig, 8. Aufl., München, Wien, 2004

[32] Malone, S.M.: *Der Mikroprozessor, eine ungewöhnliche Biographie*, Springer-Verlag, Berlin, Heidelberg, 1996

[33] Mengel, St., Henkel, J.: *Einer speichert alles, MRAM – der lange Weg zum Universalspeicher*, c't Magazin 18/2001, S.170

[34] Messmer, H.P.: *Das PC-Hardwarebuch*, Addison-Wesley Deutschland, 6. Aufl., München, 2000

[35] Mildenberger, O.: *System- und Signaltheorie* Vieweg-Verlag, Braunschweig/Wiesbaden 1995.

[36] Müller, H. und Walz, L.: *Elektronik 5 – Mikroprozessortechnik*, Vogel Buchverlag, Würzburg, 2005

[37] Nus, P.: *Praxis der digitalen Signalverarbeitung mit dem DSP-Prozessor 56002*, Elektor-Verlag, Aachen, 2000

[38] Rohde, J.: *Assembler GE-PACKT*, mitp-Verlag, Bonn, 2001

[39] Schmitt, G.: *Mikrocomputertechnik mit dem Controller C 167* , Oldenbourg-Verlag, 2000

[40] Stiller, A.: *Architektur für echte Programmierer, IA-64, EPIC und Itanium* c't Magazin 13/2001, S.148

[41] Stiller, A.: *Die Säulen des Nehalem – Die Core-Architektur des neuen Intel-Prozessors*, c't Magazin 25/2008, S.174

[42] Stiller, A.: *Mikronesische Bauwerke – Architektur und Performance der Netbook-Prozessoren*, c't Magazin 18/2008, S.96

[43] Sturm, M.: *Mikrocontrollertechnik* am Beispiel der MSP430-Familie, Hanser-Verlag 2006

[44] Simon, D.E.: *An Embedded Software Primer* Pearson, 1999

[45] Tanenbaum, A.S. und Goodman, J.: *Computerarchitektur*, 5. Aufl., Pearson Studium, München, 2006

[46] Texas Instruments: *MSP430x22x2, MSP430x22x4 Mixed Signal Controller datasheet*: www.ti.com

[47] Texas Instruments: *MSP430x2xx Family User's Guide* www.ti.com

[48] Windeck, C.: *Spar-O-Matic, Stromsparfunktionen moderner x86-Prozessoren*, c't Magazin 15/2007, S.200

[49] Werner, M.: *Signale und Systeme* Vieweg-Verlag, 2. Aufl., Braunschweig/Wiesbaden 2005.

[50] Wittgruber, F.: *Digitale Schnittstellen und Bussysteme*, 2. Aufl., Vieweg-Verlag, Braunschweig/Wiesbaden, 2002

[51] Yiu, J., *The definitive guide to the ARM Cortex-M3*, Newnes, 2. Ed.l., Amsterdam, 2010

Sachwortverzeichnis

386, 189
8255, 59
56800, 308
74181, 94

Abtastfrequenz, 268
Abtastung, 302
Abwärtskompatibilität, 108
ACPI, 242, 246
AD-Umsetzer, 267
ADC, 267, 297
Address-Multiplexing, 43
Adress-Aufteilungswort, 71
Adressbereich, 74
Adressbus, 5, 62, 71
Adressbus-Puffer, 99
Adresse, 70
Adressierung
    Basis-, 96
    Basis-indizierte, 97
    direkte, 96
    Index-, 97
    indizierte, 97
    nachindizierte, 98
    registerindirekte, 96, 199
    speicherindirekt, 97
    unmittelbare, 95
    vorindizierte, 98
Adressierungsarten, 96
Adressleitungen, 5, 99
Adressrechner, 96
Adresswerk, 309
Adresswort, 71
ADU, 267
Advanced RISC Machines Ltd, 156
AIM, 35
Akkumulator, 94, 121
Akzeptoren, 19

Aliasing, 303
alignment, 79
allgemeine Schutzverletzung, 192, 193
ALU, 93, 307, 309
Amdahls Gesetz, 218
Analog-Digital-Umsetzer, 267, 302, 308, 313
Analogausgang, 267
Analoge Signale, 267
Analogeingang, 267
arithmetisch/logische Einheit, 93, 307, 309
Arm Cortex-M3, 156
ARM-Prozessoren, 156
ASCII-Zeichensatz, 9
Assembler, 106
Assemblersprache, 106
Auflösung, 267
Ausgabe, 56
Ausgabebausteine, 5
Ausgangslastfaktor, 24
Ausnahmen, 116
Ausrichtung, 79
Auto-Reload-Betrieb, 263
Avalanche Induced Migration, 35

Bank, 50
Barrel-Shifter, 307
Basisregister, 96
Baustein-Freigabe, 65
Befehls-Pipelining, 203
Befehlslesezyklus, 87
Befehlssatz, 103
Befehlszyklus, 88, 92
Biased-Exponent, 15
bidirektionale Bustreiber, 66
big-endian, 80
Bit, 7
Bit Banding, 164
Bitleitungen, 32

bitreverse Adressierung, 307
Bootloader, 285
Bootvorgang, 108
Boundary Scan Path, 275
Boundary-Scan-Cells, 275
Branch Prediction, 208
Branch-History-Tabelle, 208
Brown-Out, 274
BSC, 275
Bulk, 20
Burst, 47
Burst EDO-DRAM, 47
Bus, 4, 62
    asynchroner, 68
    synchroner, 67
Bus Receiver, 66
Bus Snooping, 189
Bus snooping, 219
Bus Transceiver, 66
Bus-Skew, 69
Busarbitration, 69
Busleitungen, 4
Busmaster, 69
Busprotokoll, 62
Busspezifikation, 67
Bustreiber, 65
Busy-Waiting, 112
Buszyklus, 92
Byte, 7

Cache
    -Kohärenz, 187
    -Konsistenz, 187
    direkt abbildender, 184
    mehrfach assoziativer, 185
    n-fach-assoziativer, 185
    n-Wege-, 185
    teilassoziativer, 185
    vollassoziativer, 184
Cache Clear, 189
Cache Flush, 189
Cache Lines, 183
Cache-Fehltreffer, 181
Cache-Line, 181
Cache-Speicher, 181
Cache-Treffer, 181

Cache-Zeilen, 183
CAN-Bus, 272
Capture, 263, 296
Carry Flag, 11, 95
CAS, 43
CAS-Before-RAS-Refresh, 46
Central Processing Unit, 4
Chip, 21
Chip Enable, 65
Chip-Select, 65
Chipsätze, 81
CISC, 101
CMOS, 25
CMSIS, 168
Compare, 263, 295
Complex Instruction Set Computer, 101
Control Speculation, 234
Control Unit, 91
Copy-Back-Strategie, 188
Core-Architektur, 227
CoreSight, 169
Cortex-M3, 156
Cortex-Prozessoren, 156
counter, 262
CPU, 4

DAC, 268
Daisy-Chaining, 69, 113
Data Speculation, 233
Daten-Hazards, 205
Datenabhängigkeit, 205, 311
Datenbus, 5, 62
Datenbus-Puffer, 99
Datenleitungen, 5, 99
DAU, 268
DDR-SDRAM, 48
Debugging, 169, 286
Dekodierung, 87
Delay-Branch-Technik, 207
Demand-Paging, 175
Derivate, 259
Deskriptoren, 191
Dezimalsystem, 9
Die, 21
Digital-Analog-Umsetzer, 267, 268, 308
digitale Signalprozessoren, 304

Digitale Signalverarbeitung, 303
Dioden-Transistor-Logik, 27
Direct Memory Access, 117
direkte Adressierung , 124
Dirty-Bit, 175
Displacement, 96
DMA, 117
DMA-Controller, 117
Donatoren, 19
Double Data Rate-SDRAM, 48
Drain, 20
DRAM, 40
   -Fertigung, 51
   EDO-, 47
   synchrones, 47
DSP, 304
DTL, 27
Dual Inline Memory Modules, 46

E/A-Adressierung
   isolierte, 75
   speicherbezogene, 75
E/A-Bausteine, 56, 70, 99
E/A-Zugriff, 70, 75, 112, 113, 197, 308
Echtzeit-Betriebssystem, 281
Echtzeitfähigkeit, 269
ECL, 27
EEPROM, 37
Effective Privilege Level, 193
Einchip-Computer, 258
Eingabe, 56
Eingabebausteine, 5
Eingangslastfaktor, 24
eingebettete Systeme, 258
Einkristall, 19
Embedded Systems, 4, 258
Emitter Coupled Logic, 27
Enable, 65
Energieeffizienz, 237
EPIC, 231
EPL, 193
EPROM, 2, 36
EPROM-Simulator, 285
Erholungszeit, 45
erweiterte Adressierung, 331
Evaluation-Board, 287

Exception, 165
Exceptions, 116
Execution-Trace-Cache, 226

FAMOST, 35
Fan-In, 24
Fan-Out, 24
Fast Page Mode, 47
Feldeffekttransistor, 19
Ferroelektrische RAM, 54
Festwertspeicher, 34
FET, 19, 238
   selbstleitender, 21
   selbstsperrender, 20
First-Level-Cache, 182
Flags, 95
Flash-Speicher, 37
Fließbandverarbeitung, 203
Flipflop, 38
Floating Gate, 35
FPM, 47
Fragmentierung
   externe, 179
   interne, 174
Frontsidebus, 82
Fusible Link, 35

ganze Zahlen
   vorzeichenbehaftete, 10
   vorzeichenlose, 10
Gate, 20
Gated Timer, 262
Gates, 190
GDT, 191
Gegentakt-Endstufe, 64
General Protection Fault, 192
gepackte Daten, 249
Giant Magnetoresistive Effect, 53
Giftbit, 215
Gleitkommaformat
   doppelt genaues, 15
   einfach genaues, 15
Globale Deskriptorentabelle, 191
Grabenkondensatoren, 41

Hardware-Reload, 263
Harvard-Architektur, 5, 305

Hidden-Refresh, 46
Hint-Befehle, 164
hochohmiger Zustand, 63
Hyperthreading, 216

I^2C-Bus, 271, 300
I/O-Adressing
    Isolated, 75
    Memory Mapped, 75
I/O-Ports, 56
IA-32, 189
IC, 21
ICE, 287
IDE, 288
IDT, 191
IGFET, 20
In-Circuit-Emulator, 287
in-order-issue, 209
In-System-Debugging, 286
Interrupt-Behandlungsroutine, 112
Interrupt-Handler, 112
Indexregister, 96, 121
inhärente Adressierung, 123
Inklusion, 188
Instruction Set Architecture, 107
Integrated Circuits, 21
Integrated Development Environment, 288
Integrationsgrad, 22
Integrierte Schaltkreise, 21
Intel
    80386, 189, 223
    Itanium, 231
    Pentium 4, 189, 223, 226, 250
    Pentium II, 189
    Pentium III, 189, 224, 251
Intel 64-Architektur, 223
Inter IC-Bus, 271
Interleaving, 47
Interrupt, 112, 259, 263, 309
    -Auslösung, 113
    -Behandlungsroutine, 112
    -Behandlungsruotine, 270
    -Priorisierung, 113
    -System, 269
    präziser, 213
    zyklischer, 265

Interrupt Enable Flag, 116
Interrupt-Behandlungsroutinen, 112
Interrupt-Controller, 115, 116
Interrupt-Deskriptoren-Tabelle, 191
Interrupt-Freigabe-Bit, 116
Interrupt-Service-Routine, 112
Interrupt-Vektor, 114
Interrupt-Vektorisierung, 114
Interrupteingang
    maskierbarer, 116
    nicht maskierbarer, 116
Interruptquellen, 69, 269
IO-Gatterblock, 44
IO-Permission-Bitmap, 197
IO-Privilege-Level, 197
IrDA, 273, 300
ISA, 107

Joint Test Action Group, 275
JTAG, 275

Kernspannung, 246

L1-Cache, 182
L2-Cache, 182
Langsame störsichere Logik, 27
Lastfaktoren, 24
Latenzzeit, 204
LDT, 191
Least Significant Bit, 8
Lesezyklus, 33
Limitation, 308
lineare Adresse, 193
little-endian, 81
Load Forwarding, 206
Load/Store-Architektur, 102
logische Adresse, 173
Lokale Deskriptorentabelle, 191
Loop Stream Decoder, 227
Loop-Unrolling, 216
LOW-aktives Signal, 65
LSB, 8
LSL, 27

MAC-Befehl, 251, 253, 308
MakroOp-Fusion, 227
Maschinenbefehle, 87

Maschinencode, 87, 198
Maschinenwort, 7
Maschinenzyklen, 92
Memory Management Unit, 177
Memory Protection Unit, 167
MESI-Kohärenz-Protokoll, 189
MicroOp-Fusion, 227
Mikroarchitekturebene, 107
Mikrocode, 92, 100, 235
Mikrocode-ROM, 91, 100
Mikrocomputer, 2, 4
Mikrocontroller, 258
Mikrooperationen, 209
Mikroprogrammierung, 91, 100
Mikroprozessor, 2
Mikrorechnersystem, 4
MIPS, 101
MMU, 177
MMX-Einheit, 250
Mnemonic, 106
MOD-R/M-Byte, 198
modifizierte Harvard-Architektur, 305
Modulation, 300
Modulo-Adressierung, 306
Monitor-Programm, 287
Mooresches Gesetz, 4
MOSFET, 20
Most Significant Bit, 8
MRAM, 53
MROM, 34
MSB, 8
Multiplexing, 69
Multiplizieren-Akkumulieren, 251, 308
Multitasking, 177
Multithreading, 216
MXCSR-Register, 255

n-leitend, 19
NaN, 17
NAND-Schaltglied, 29
Negation, 29
Nehalem, 227
Nested Vector Interrupt Controller, 165
Netburst Micro-Architecture, 226
Nibble, 7
NMI, 116

NMOS, 25
No-Write-Allocate-Strategie, 188
Non-cacheable-Area, 188
Normalisierung, 15
Northbridge, 84
Nullbit, 95
Nur-Lese-Speicher, 34
NV-RAM, 37
NVIC, 165
Nyquist-Kriterium, 303

ODER-Verknüpfung, 28
Opcode, 87
Opcode Fetch, 87
Open-Drain-Ausgänge, 63
orthogonaler Befehlssatz, 141
Orthogonalität, 108
Oscillator-Watchdog, 273
OTPROM, 35
out of order execution, 212
Output Enable, 65
Overflow Flag, 13, 95
Overlays, 173
Ovonic Unified Memory, 54

p-leitend, 19
P6, 227
P6-Mikroarchitektur, 224
packed data, 249
Page, 51
Paging, 173, 195, 231
Parameter, 137
Paritätsbit, 95
Parity Flag, 95
PC, 2, 46, 47, 59, 66–68, 74, 81, 112, 118,
    173, 183, 195, 225, 249, 250, 271,
    277
PCI-Express, 82
    Lane, 82
PCIe, 82
Performance Monitor, 225
Personal Computer, 2
Pipeline, 107, 204, 209, 309, 311
    -Hemmnisse, 204
PLL, 84
Plug and Play, 74
PMOS, 25

Poison Bit, 215
Polling, 112
Prädikation, 216, 233
Präfix-Byte, 198
precharge time, 45
Privilege Levels, 189
privilegierte Befehle, 190
Program Counter, 122
Programmierimpuls, 35
Programmzähler, 5, 87, 104
PROM, 35
Protected Mode, 189
Protected Virtual Address Mode, 189
Prozessor, 4
PSR, 159
pulsweitenmoduliertes Signal, 266
PWM-Signal, 266

Quantisierungsfehler, 268, 303
QuickPath Interconnect, 229

räumliche Lokalität, 181
RAM, 31
    dynamisches, 40
    ferroelektrisches, 52
    magnetoresistives, 52, 53
    nicht-flüchtiges, 37, 260
    nonvolatile, 37, 260
    NV-, 260
    statisches, 38
RAM-Simulator, 285
Random Access Memory, 31
RAS, 43
RAS-Only-Refresh, 46
RAW-Hazard, 205
Read Only Memory, 31, 34
Read-After-Write-Hazard, 205
Reduced Instruction Set Computer, 101
Refresh, 41, 46
Register, 89, 261
Register Renaming, 214
Register-Bypass, 206
Register-Rotation, 235
Register-Umbenennung, 214
Registeradressierung, 96
Registerfenster, 103, 231
Registersatz, 89, 259

Reset-Vektor, 108
Resourcenkonflikte, 204
Result Forwarding, 206
RISC, 101
ROM, 31, 34
RTOS, 281

Sättigungsarithmetik, 251, 308
Sample-and-Hold-Baustein, 297
Saturation, 308
Schaltkreisfamilien, 23
Schnittstellen, 58
Schreib-/Lese-Speicher, 31
Schreibzyklus, 33
Scoreboard, 211
Scrambling, 51
SDRAM, 47, 50
Second-Level-Cache, 182
Segmenttabelle, 179
Seitenauslagerung, 173
Seitenersetzung, 176
Seitenfehler, 175
Seitentabelle, 174
Selektor, 191
Service-Anforderungen, 111
Sign Flag, 95
Signal-Laufzeit, 23
Signale, analoge, 302
Signalverarbeitung, digitale, 302
signed binary numbers, 11
SIMD, 249
Simulator, 287
Single Inline Memory Modules, 46
Single Instruction Multiple Data, 249
Single-Chip-Computer, 258
Skalarität, 102
Skalierung, 97
Slave, 69
Source, 20
Southbridge, 84
SPD-EEPROM, 47
Special Function Register, 261
Speedstep, 247
Speicher-Latenzzeit, 181
Speicherbandbreite, 181
Speichermodell, flaches, 194

Speichermodule, 46
Speichersegmentierung, 177, 191
Speichersteuerung, 43
spekulative Ausführung, 208, 215
spekulative Laden, 229
spekulatives Laden, 215, 233
Spezialregister, 90
SPI, 272, 313
Spiegeladressen, 71, 74
Sprungvorhersage
    dynamische, 208
    statische, 208
SRAM, 38
SSE-Einheit, 251
SSE2, 251
SSE3, 256
Stack, 98
Stack Technology, 42
Stackpointer, 98, 122
Standard-TTL, 24
Standardmikrocontroller, 258
Stapeltechnik, 42
Statusregister, 95
Steuerbus, 5, 62
Steuerleitungen, 5, 99
Steuerwerk, 89, 91, 101, 259, 309, 311
Streaming SIMD Extension, 251
Strukturbreite, 22
super-pipelined, 214
Superskalarität, 102
Swapping, 179
Symmetrischen Multiprocessing, 219

Tag, 183
Taktgenerator, 6, 109
Taktzyklus, 67, 92
TAP, 275
Task State Segment, 197
TDP, 229, 245
Test Access Port, 275
Tetrade, 7
Thermal Design Power, 229, 245
Thrashing, 177, 185
Thread, 216
timer, 262
Timing, 33, 67

TLB, 197
Transistor-Transistor-Logik, 24
Translation Lookaside Buffer, 197
Traps, 116
Treiber, 65
Trench-Technologie, 41
Tristate-Ausgang, 65
TTL, 24
Tunnel Magnetoresistive Effect, 53
Tunnelstrom, 53
Turbo Boost, 229

UART, 299
Überlauf, 13
Überlaufbit, 13, 95
Überschuss-Exponent, 15
Übertragsbit, 11, 95
Uncore, 229
UND-Gatter, 28
UND-Verknüpfung, 28
Universal Serial Bus, 272
Universalregister, 90
unmittelbare Adressierung, 123
Unterabtastfehler, 303
Unterbrechung, 112
Unterprogramm, 129
Urladeprogramm, 108
USB, 272
USCI, 299

Vektorprozessor, 249
Vergleicher, 71
Verlustleistung, 23
very long instruction word, 216
virtuelle Adressen, 173
virtueller Speicher, 173
VLIW, 216
von-Neumann-Maschine, 1
von Neumann-Architektur, 5
Vorladeschaltkreise, 44
Vorladezeit, 45
vorzeichenbehaftete ganze Zahlen, 11
Vorzeichenbit, 12, 95

Wartetakt, 67
Watchdog-Timer, 273
WDT, 273, 290

Wort, 7
Wortleitungen, 32
Write-After-Read-Hazard, 207
Write-Allocate-Strategie, 188
Write-Through-Strategie, 188

Zähler/Zeitgeber, 262, 293
Zeichensatz, 9
zeitliche Lokalität, 181
Zeitmarkenzähler, 225
Zentraleinheit, 4
Zero Flag, 95
Zugriffszeit, 33
Zweierkomplement-Darstellung, 13
Zyklusklau, 118
Zykluszeit, 33